中等职业学校数控加工类专业理实一体化教材
技工院校数控加工类专业理实一体化教材（中级技能层级）

车工工艺与技能

（第二版）

孔凡宝◎主编

中国劳动社会保障出版社

简介

本书根据中等职业学校教学计划和教学大纲组织编写，主要内容包括认识车削，车台阶轴，车槽和切断，加工衬套，车圆锥，加工螺纹，滚花、车成形面和车偏心工件等。本书由孔凡宝任主编，尚念鹏任副主编，陈修刚、盖兵、车磊、王慎水、柴鹏飞、商忠伟参加编写，许秦、曾峰任主审，鲁国军参加审稿。

图书在版编目（CIP）数据

车工工艺与技能 / 孔凡宝主编．-- 2 版．-- 北京：中国劳动社会保障出版社，2024. --（中等职业学校数控加工类专业理实一体化教材）（技工院校数控加工类专业理实一体化教材）. -- ISBN 978-7-5167-6389-6

Ⅰ. TG510. 6

中国国家版本馆 CIP 数据核字第 20241MS137 号

中国劳动社会保障出版社出版发行

（北京市惠新东街 1 号　邮政编码：100029）

*

北京市艺辉印刷有限公司印刷装订　新华书店经销

787 毫米 ×1092 毫米　16 开本　21 印张　398 千字

2024 年 12 月第 2 版　2024 年 12 月第 1 次印刷

定价：53.00 元

营销中心电话：400-606-6496

出版社网址：https://www.class.com.cn

https://jg.class.com.cn

前　言

为了更好地适应技工院校数控加工类专业的教学要求，全面提升教学质量，我们组织有关学校的骨干教师和行业、企业专家，在充分调研企业生产和学校教学情况，广泛听取教师对教材使用反馈意见的基础上，对技工院校数控加工类专业理实一体化教材（中级技能层级）进行了修订。

本次教材修订工作的重点主要体现在以下几个方面：

第一，更新教材内容，体现时代发展。

根据数控加工类专业毕业生所从事岗位的实际需要和教学实际情况的变化，合理确定学生应具备的能力与知识结构，对部分教材内容及其深度、难度做了适当调整。

第二，反映技术发展，涵盖职业技能标准。

根据相关职业和专业领域的最新发展，在教材中充实新知识、新技术、新设备、新工艺等方面的内容，体现教材的先进性。教材编写以国家职业技能标准为依据，内容涵盖钳工、车工、铣工、电切削工等国家职业技能标准的知识和技能要求。

第三，精心设计形式，激发学习兴趣。

在教材内容的呈现形式上，尽可能利用图片、实物照片和表格等形式将知识点生动地展示出来，力求让学生更直观地理解和掌握所学内容。针对不同的知识点，设计了许多贴近实际的互动栏目，以激发学生的学习兴趣，使教材“易教易学，易懂易用”。

第四，开发配套资源，提供教学服务。

本套教材配有学生指导用书和方便教师上课使用的多媒体电子课件，可以通过技工教育网（https://jg.class.com.cn）下载。另外，在部分教材中使用了二维码技术，针对教材中的教学重点和难点制作了动画、视频、微课等多媒体资源，学生使用移动终端扫描二维码即可在线观看相应内容。

第五，升级印刷工艺，提升阅读体验。

部分教材将传统黑白印刷升级为四色印刷，提升学生的阅读体验，使教材中的插图、表格等内容更加清晰、明了，更符合学生的认知习惯。

本次教材的修订工作得到了江苏、山东等省人力资源和社会保障厅及有关学校的大力支持，在此我们表示诚挚的谢意。

目　录

项目一
认 识 车 削

任务一 初 识 车 削

学习目标

1. 了解车削在机械制造业中的地位。
2. 了解车削的基本内容，判断车削的工件种类。
3. 了解《车工工艺与技能》课程的性质。
4. 掌握安全生产操作规程。

任务描述

要熟练地操作车床，首先要认识它。

在教师带领下参观车削实训车间，体验车间生产氛围，认识机械制造业中应用最广泛的设备——车床，了解车削的应用范围和加工特点，了解《车工工艺与技能》课程的性质。

相关理论

一、车削在机械制造业中的地位

机械制造车间有一台台各种各样的高速运转的机器，这些高速运转的机器就是通常讲的金属切削机床，如车床、铣床、磨床、钻床、数控车床、加工中心等。通常情况下，在机械制造企业中，车床占机床总数的30%～50%，操作这些机床的人员分别称为普通车工（见图1-1a）、铣工、磨工、钳工、数控车工和加工中心操作工等，其中普通车工占比最多。

车工是操作车床进行工件旋转表面切削加工的人员，车削加工（见图1-1b）在机械制造业中占有举足轻重的地位。

随着科技的进步，车削技术已经发展为数控车削（见图 1-2），数控车床的数量也已占到数控机床总数的 25%左右。

a)

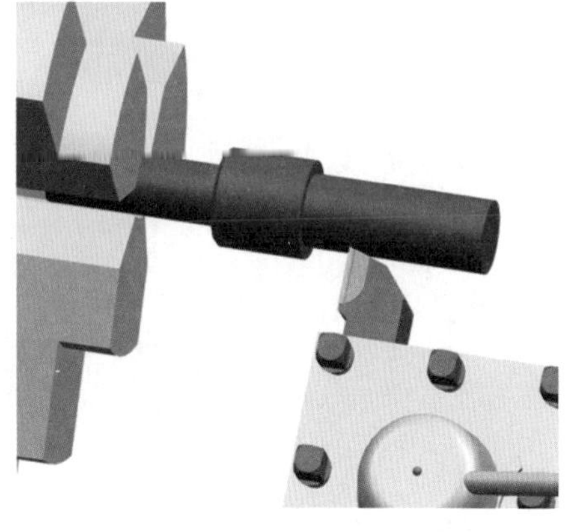

b)

图 1-1　普通车工和车削加工

a）普通车工　b）车削加工

图 1-2　数控车削

二、车削的基本内容

车削的加工范围很广，就其基本内容来说，有车外圆、车端面、切断和车槽、钻中心孔、钻孔、扩孔、车孔、铰孔、车圆锥、车螺纹、滚花、车成形面、车复杂工件和车细长轴等，见表 1-1。

如果在车床上装上一些辅具和夹具，还可进行镗削、磨削、研磨和抛光等。

表 1–1　车削的基本内容

图示	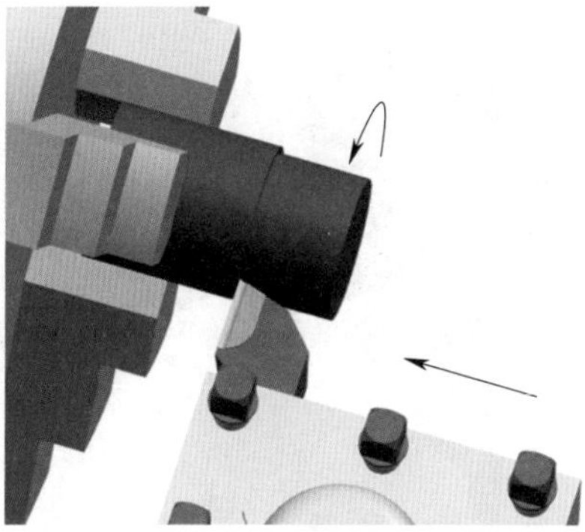	
基本内容	车外圆	车端面
图示	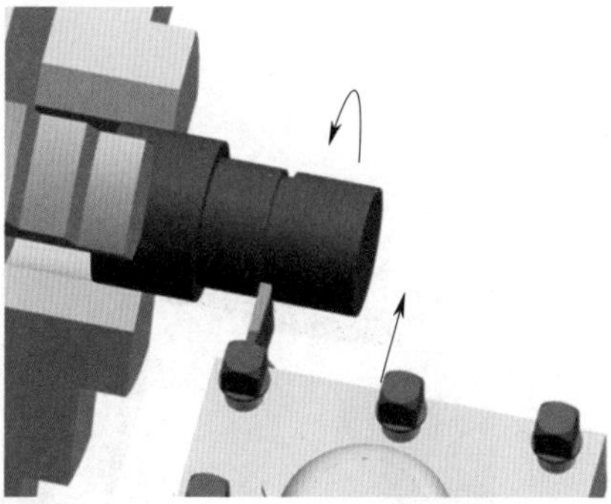	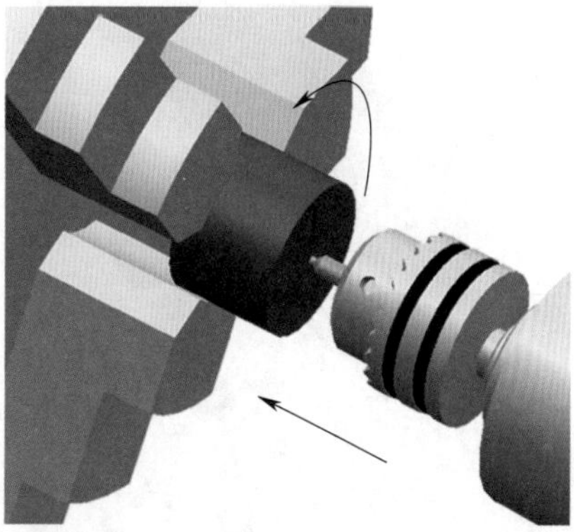
基本内容	切断和车槽	钻中心孔
图示	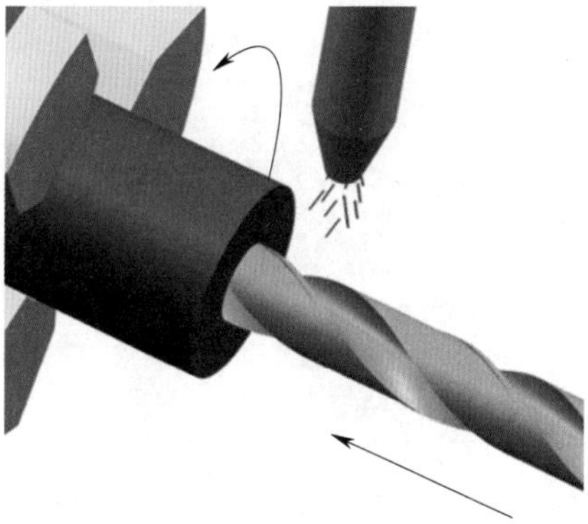	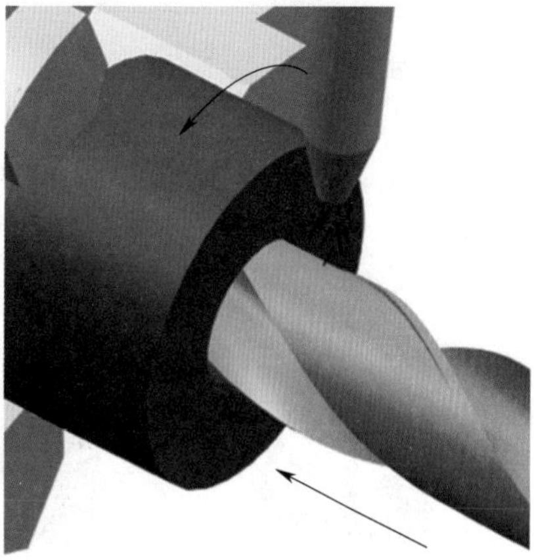
基本内容	钻孔	扩孔

续表

图示	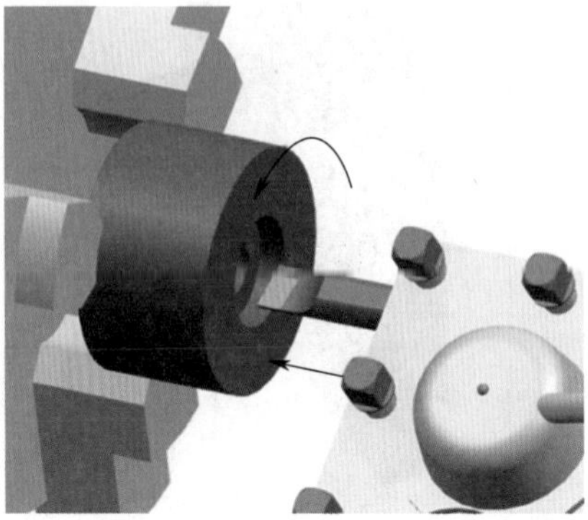	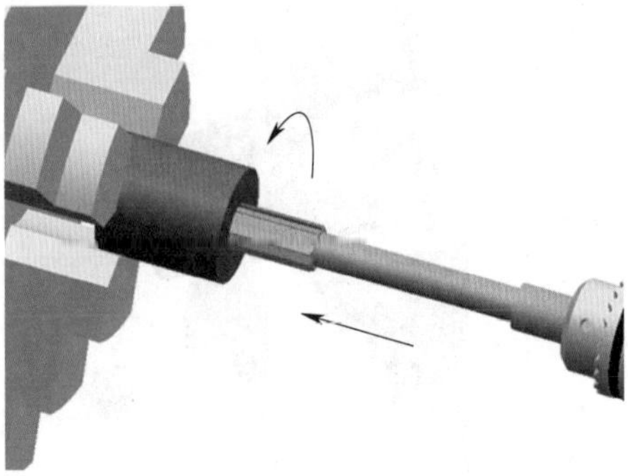
基本内容	车孔	铰孔
图示	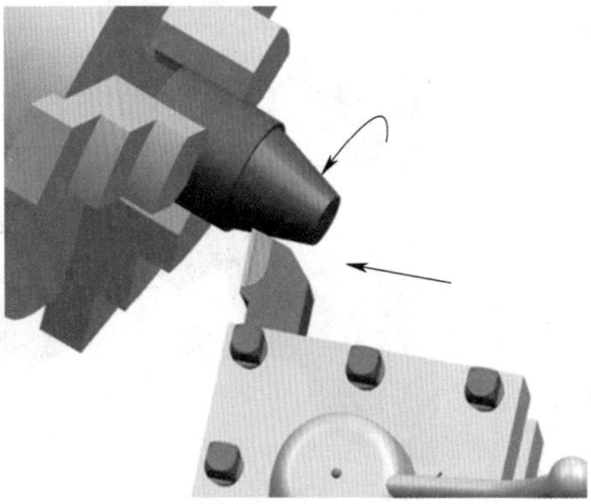	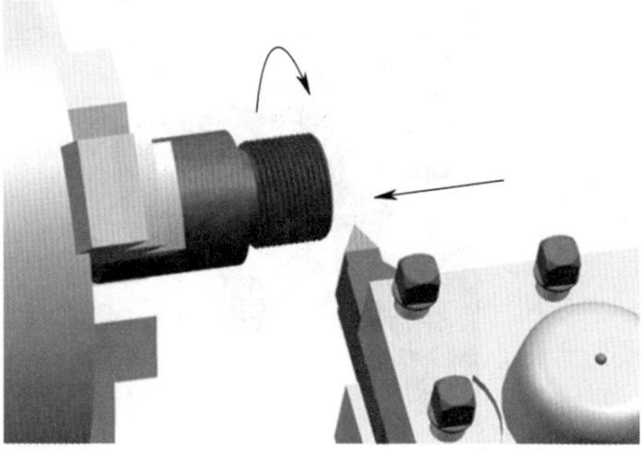
基本内容	车圆锥	车螺纹
图示	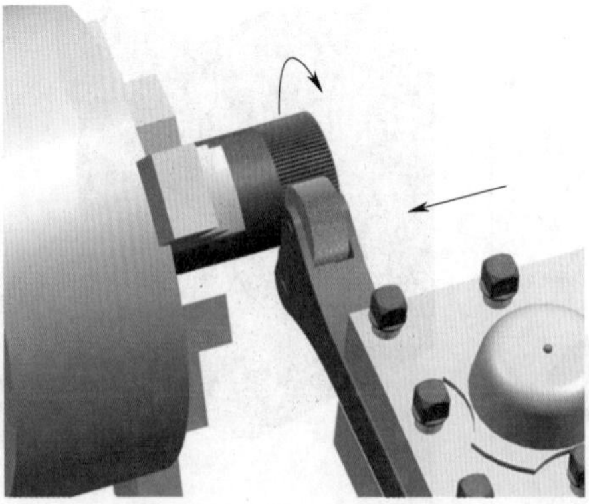	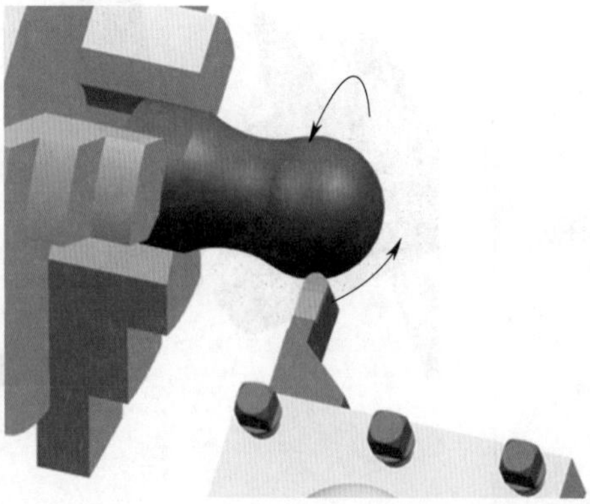
基本内容	滚花	车成形面

续表

图示	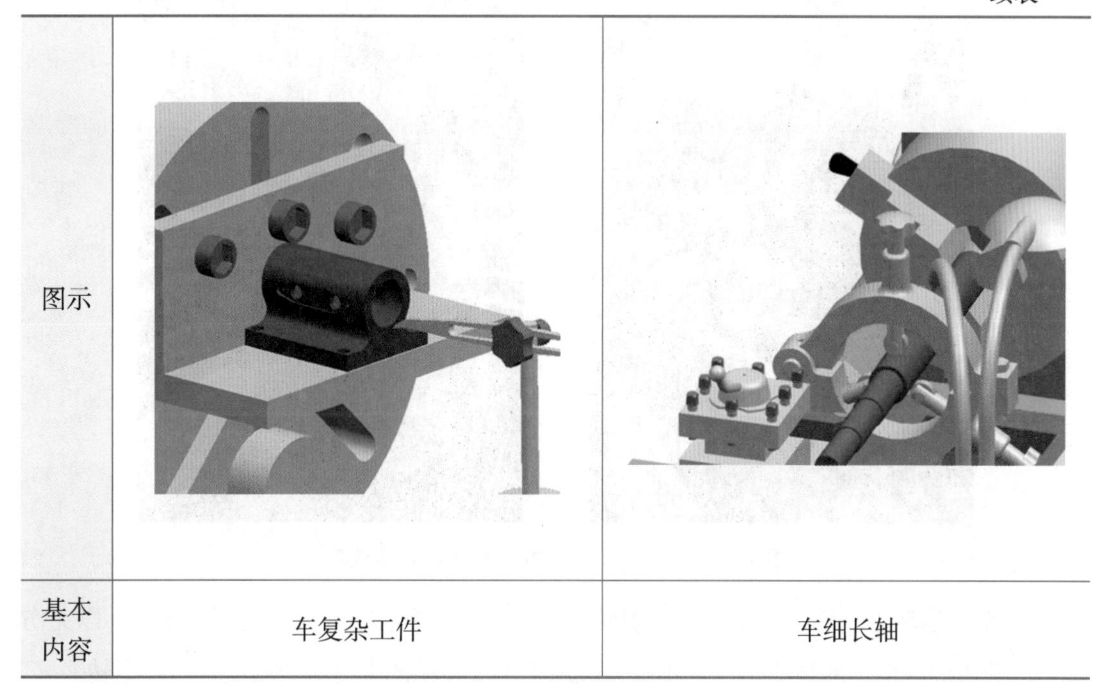	
基本内容	车复杂工件	车细长轴

三、《车工工艺与技能》课程的性质

《车工工艺与技能》是根据技术先进、经济合理的原则，研究将毛坯车削成合格工件的加工方法与过程的一门技术和学科。它是中等职业学校/技工院校机械类车工专业集工艺理论知识和技能训练方法于一体的专业课，是广大操作工、技术人员和科技工作者在长期的车削实践中不断总结、长期积累、逐步升华而成的车工专业工艺与技能一体化课程。

四、车削时的安全操作规程

1. 工作时应穿长袖紧口工作服，不得系领带。长发的学生应戴工作帽，并将长发扎紧后塞入帽子里，夏季禁止穿裙子和凉鞋操作机床；否则，长发和裙子会卷入机床而造成伤害（见图 1-3）。在车床上操作时不允许戴手表、手套及佩戴戒指等首饰。

2. 工作时，头不能离工件太近，以防止切屑飞入眼中。为防止切屑崩碎而飞散伤人，必须戴防护眼镜。

3. 工作时，必须集中精力，注意手、身体和衣服不能靠近正在旋转的机件，如工件、卡盘、丝杠、带轮、传动带、齿轮等。

4. 工件和车刀必须装夹牢固，以防飞出伤人，卡盘必须装有保险装置。工件装夹好后，卡盘扳手必须随即从卡盘上取下。

5. 装卸工件、更换刀具、测量工件尺寸及变换速度时必须先停机。

图 1-3　长发和裙子会卷入机床而造成伤害

6. 车床运转时，不得用手摸工件表面。尤其是加工螺纹时，严禁用手摸螺纹，以免伤手。严禁用棉纱擦拭回转的工件。不准通过用手顶住转动的卡盘的方式使其停止运转。

7. 应用专用铁钩清除切屑，绝不允许直接用手清除切屑。

8. 棒料毛坯从主轴孔尾端伸出不能太长，并应使用料架（见图 1-4）或挡板，以防止棒料毛坯甩弯后伤人。

9. 不要随意拆装电气设备，以免发生触电事故。

10. 切削液对人的皮肤有刺激作用，经常接触可能会引起皮疹或感染，应尽量少接触；如果无法避免，接触后要尽快洗手。

11. 一定时间、一定强度的噪声会对听觉造成永久性损伤，因此，可以佩戴降噪耳塞（见图 1-5）等听力保护装置，并应尽量避免制造噪声。

12. 工作中若发现机构、电气装备有故障，应立即关闭电源并及时报修，由专业人员检修，未经修复不得使用。

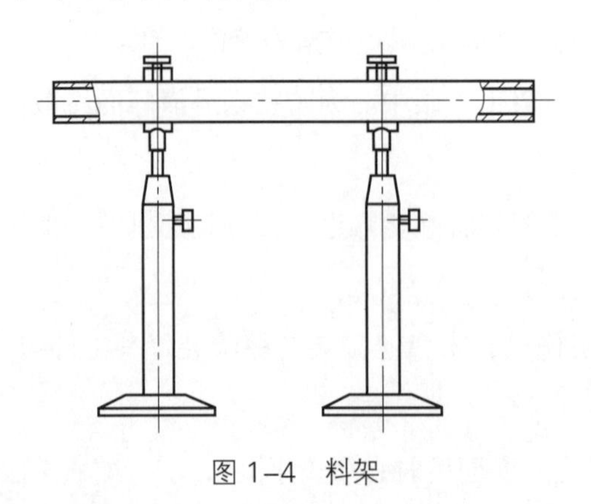

图 1-4　料架

图 1-5　降噪耳塞

任务实施

组织学生进行一次参观活动。

一、做好安全防护

1. 正确穿着工作服，按图 1-6 所示扣紧领扣、袖口和下摆。
2. 戴防护眼镜，如图 1-7 所示。
3. 穿工作鞋，如图 1-8 所示。

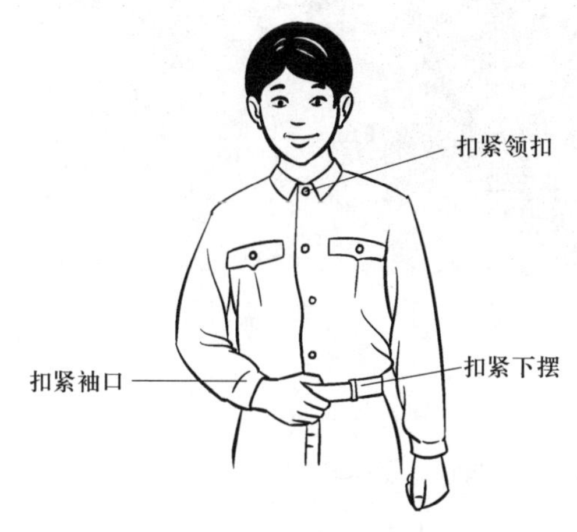

图 1-6　正确穿着工作服

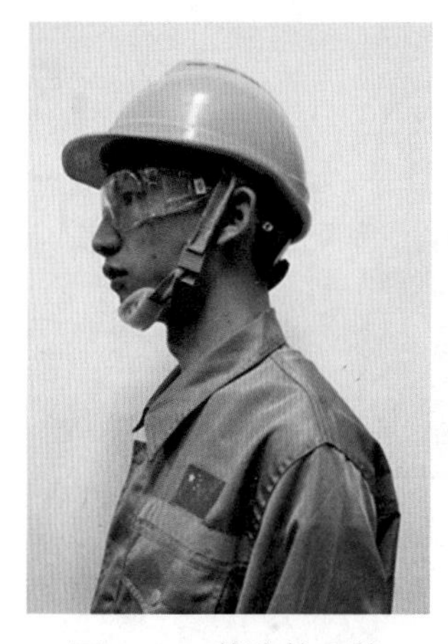

图 1-7　戴防护眼镜

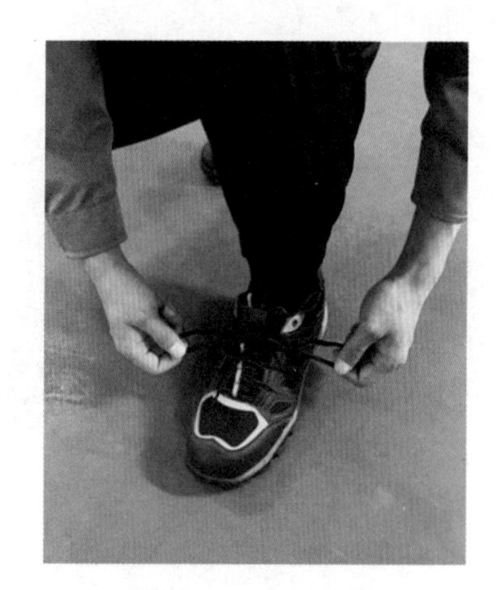

图 1-8　穿工作鞋

二、参观车削实训车间，体验车间生产氛围

步入车削实训车间，看到的是一台台各种各样正在运转着的车床，学生在教师的指导下操作这些机床，如图 1-9 所示。

图 1-9　车削实训车间

三、认识最常用的车床——卧式车床

了解车床的基本结构，才能够正确操作及维护车床。CA6140 型卧式车床如图 1-10 所示。

CA6140 型卧式车床各部分的结构和作用见表 1-2。

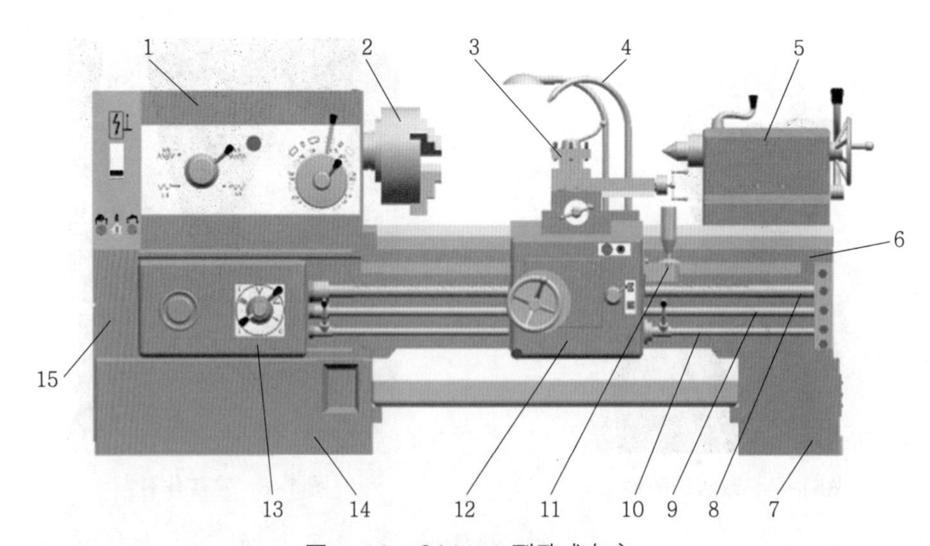

图 1-10　CA6140 型卧式车床

1—主轴箱　2—卡盘　3—刀架部分　4—切削液管　5—尾座　6—床身　7、14—床脚　8—丝杠　9—光杠　10—操纵杆　11—快移机构　12—溜板箱　13—进给箱　15—交换齿轮箱

表 1-2　CA6140 型卧式车床各部分的结构和作用

名称	结构	作用
主轴箱（主轴变速箱）	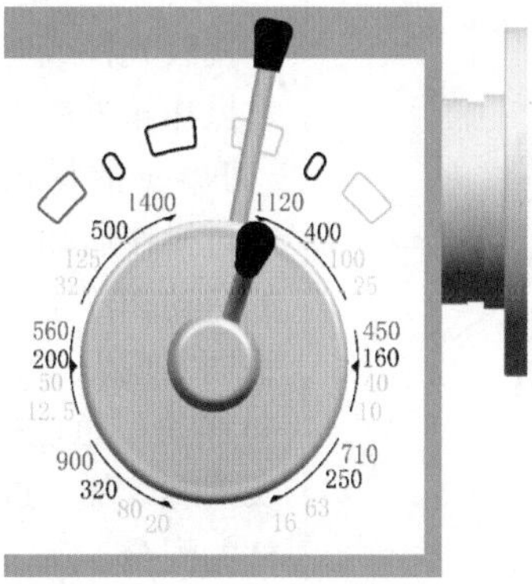	支承主轴，带动工件做旋转运动。箱外有手柄，变换手柄位置可使主轴得到多种转速。卡盘装在主轴上，卡盘夹持工件做旋转运动
交换齿轮箱	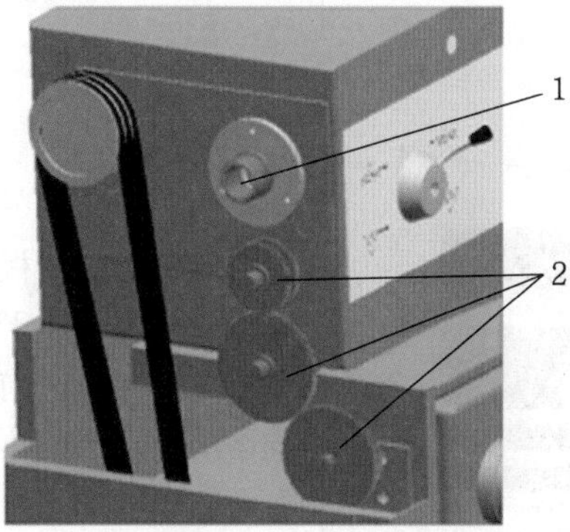 1—主轴　2—交换齿轮	将主轴箱传递过来的旋转运动传递给进给箱。更换箱内的交换齿轮，配合进给箱变速机构，可以车削各种螺距（或导程）的螺纹，并满足车削时纵向和横向不同进给量的需求
进给箱	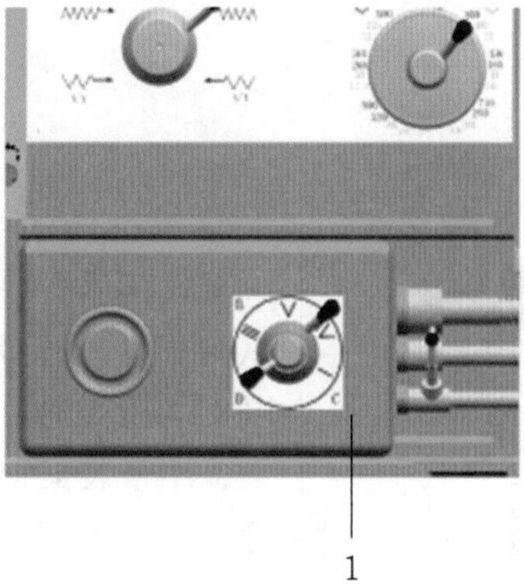 1—进给箱	进给箱是进给传动系统的变速机构。它把交换齿轮箱传递过来的运动经过变速后传递给丝杠或光杠

续表

名称	结构	作用
溜板箱	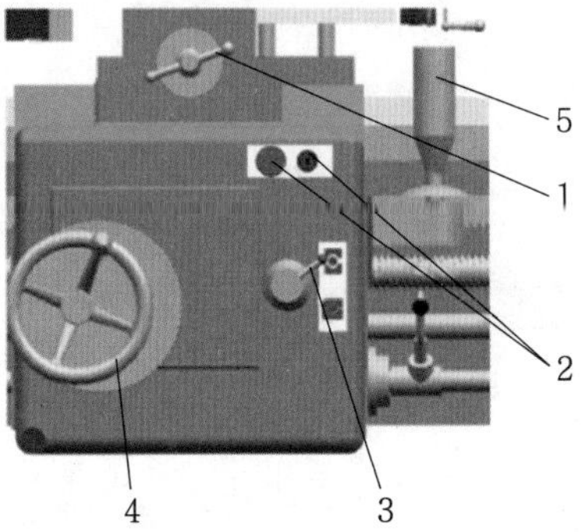 1—中滑板手柄　2—启动、停止按钮 3—开合螺母手柄　4—床鞍手轮　5—快速移动手柄	接收光杠或丝杠传递的运动，通过操作箱外的手柄、手轮实现车刀（刀架）的横向进给和纵向进给，通过操作启动、停止按钮实现机床的启动和停止；通过操作快速移动手柄实现刀架的快速横向移动和纵向移动；通过操作开合螺母手柄，实现螺纹加工过程中开合螺母和丝杠的配合
刀架部分	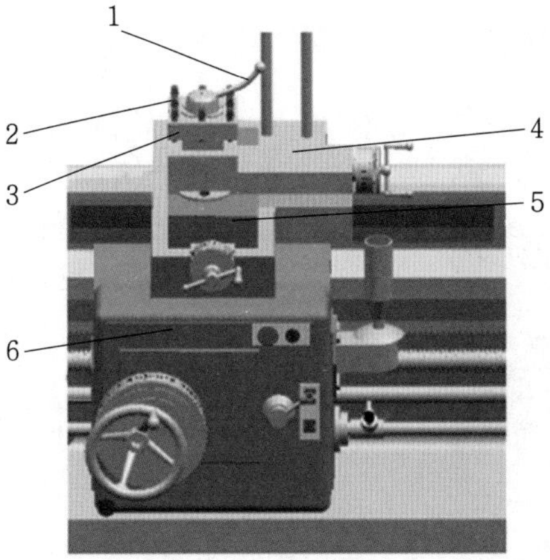 1—锁紧手柄　2—刀柄压紧螺钉　3—刀架 4—小滑板　5—中滑板　6—床鞍	由床鞍、中滑板、小滑板和刀架等组成。刀架用于装夹车刀并带动车刀做纵向、横向运动和斜向、曲线运动，从而使车刀完成工件各种表面的车削加工
尾座	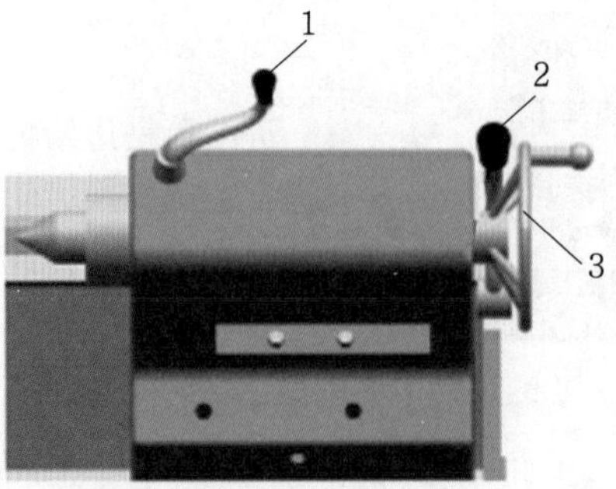 1—套筒锁紧手柄　2—尾座紧固手柄　3—手轮	安装在床身导轨上，并沿此导轨纵向移动。主要用来安装后顶尖，以支承较长的工件；也可安装钻夹头，用来装夹中心钻、钻头或铰刀等

续表

名称	结构	作用
床身	1—床身　2—导轨	床身是车床的大型基础部件，它有两条精度很高的导轨（V形导轨和矩形导轨），主要用于支承及连接车床的各部件，并保证各部件在工作时有准确的相对位置
照明、冷却装置	1—照明灯　2—切削液管	照明灯使用安全电压，为操作者提供充足的光线，保证操作环境明亮、清晰 切削液被冷却泵加压后，通过切削液管喷射到切削区域

四、参观车削实习作品

在参观车削实训车间时，可同时参观历届学生的车削实习作品，如图 1-11 所示。

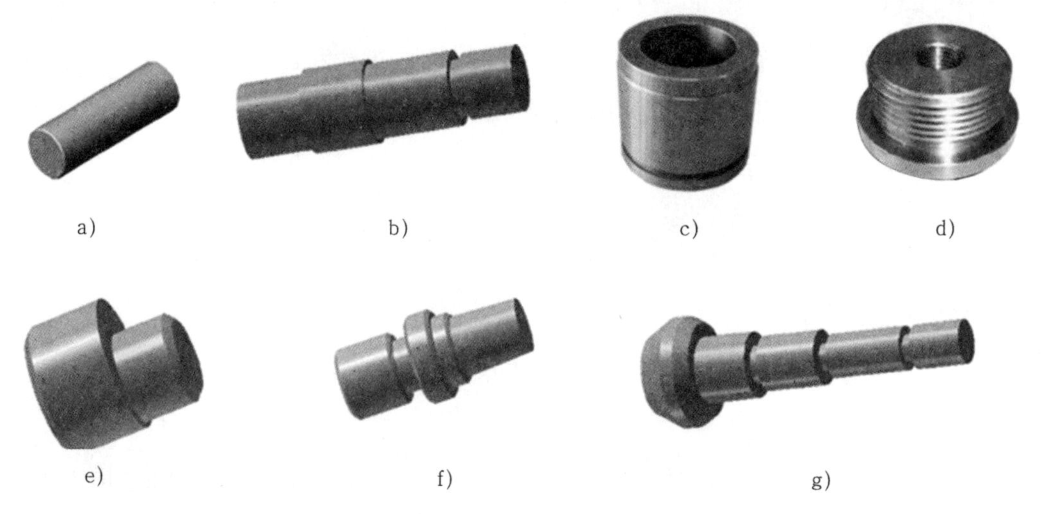

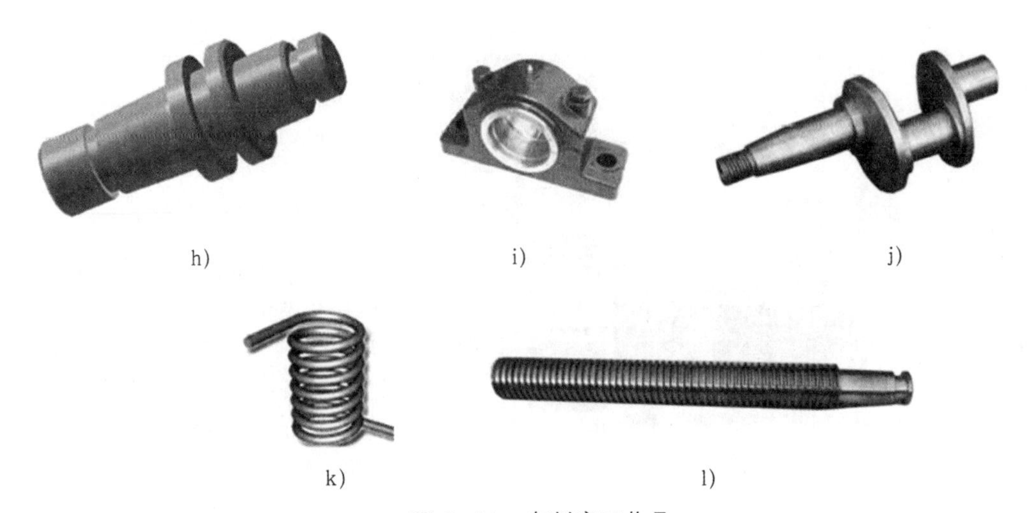

h)　　i)　　j)

k)　　l)

图 1–11　车削实习作品

a）光轴　b）台阶轴　c）轴套　d）丝堵　e）偏心轴　f）锥度台阶轴　g）锥齿轮轴
h）锥度心轴　i）轴承座　j）曲轴　k）弹簧　l）梯形螺纹轴

任务测评

根据学生指导用书项目一任务一中的任务测评，通过自评和小组合作相结合的方式，对任务完成情况进行综合评价（后面每一个任务都有任务测评环节，不再赘述）。

任务二　车床的润滑和日常维护

学习目标

1. 能独立完成启动车床前的准备工作和结束操作后的清洁工作。
2. 了解车床润滑、维护与保养的重要意义。
3. 掌握车床日常润滑部位和润滑方式。
4. 掌握车床润滑、维护与保养的方法。

任务描述

爱护车床是操作者应具备的基本品质。培养人机感情，应从坚持车床的日常润滑、维护与保养开始。

对车床的所有摩擦部位进行润滑是为了保证车床的正常运转，减小磨损和功率损失，保证加工精度及延长车床使用寿命。

本任务将带领学生完成对 CA6140 型卧式车床的润滑操作，从而了解车床日常清洁、维护、保养的部位以及车床的润滑情况，养成安全文明生产的习惯。

相关理论

一、车削时的安全文明生产

1. 启动车床前应做的工作

（1）检查车床各部分机构和防护装置是否完好。

（2）检查各手柄是否灵活，其空挡或原始位置是否正确。

（3）检查各注油孔并进行润滑。

（4）启动车床后使主轴低速空转 2 ~ 3 min，待车床运转正常后才能工作。若发现车床有故障，应立即停机并申报检修。

2. 主轴变速必须先停机，变换进给箱手柄位置应在低速或停机状态进行。为保持丝杠的精度，除车削螺纹外，不能使用丝杠进行机动进给。

3. 工具、夹具和量具等工艺装备的放置要稳妥、整齐，合理地摆放在固定的位置，以便操作时取用，用后应放回原处。主轴箱盖上不应放置任何物品。

4. 工具箱内的工具应分类摆放。精度高的工具应放置稳妥，重物放在下层，轻物放在上层。不可随意乱放，以免工具损坏和丢失。

5. 正确使用及爱护量具；经常保持清洁，用后擦净、涂油并放入盒内，从工具室借用的量具应及时归还。量具必须定期检验，以保证其度量准确。

6. 不允许在卡盘和床身导轨上敲击或校直工件，床面上不准放置工具或工件。装夹、找正较重的工件时，应用木板保护床面。下班时若工件不卸下，应用千斤顶支承。

7. 车刀磨损后应及时刃磨，不允许用钝刃车刀继续车削，以免增加车床负荷而损坏车床，影响工件表面的加工质量和生产效率。

8. 批量生产的工件，首件应送检。在确认合格后，方可继续加工。精车完的工件要注意进行防锈处理。

9. 毛坯、半成品和成品应分开放置。半成品和成品应堆放整齐，轻拿轻放，严防碰伤工件表面。

10. 图样、工艺卡片应放置在便于阅读的位置，并注意保持其清洁和完整。

11. 使用切削液前，应在床身导轨上涂润滑油。若车削铸铁或气割下料的工件，应擦去导轨上的润滑油。铸件上的型砂、杂质应尽量去除干净，以免损坏床身导轨面。切削液应定期更换。

12. 工作场地周围应保持清洁、整齐，避免堆放杂物，防止被绊倒。

13. 结束操作后应做的工作

（1）将用过的物品擦净后归位。

（2）清理机床，清除切屑，擦净机床各部位的油污。按规定加注润滑油。

（3）将床鞍摇至床尾一端，各转动手柄放到空挡位置。

（4）把工作场地打扫干净。

（5）关闭电源。

二、车床的润滑方式

CA6140 型卧式车床的不同部位采用了不同的润滑方式，常用的有以下几种：

1. 浇油润滑

浇油润滑常用于外露的滑动表面，如床身导轨面和滑板导轨面等。一般用油壶浇油润滑。

2. 溅油润滑

溅油润滑常用于密闭的箱体中，如车床主轴箱中的传动齿轮将箱底的润滑油溅射到箱体上部的油槽中，然后经油槽内的油孔流到各润滑点进行润滑。

3. 油绳导油润滑

如图 1-12a 所示，油绳导油润滑利用毛线既易吸油又易渗油的特性，通过毛线把油引入润滑点，间断地滴油润滑，常用于进给箱和溜板箱的油池中。一般用油壶对毛线和油池浇注润滑油。

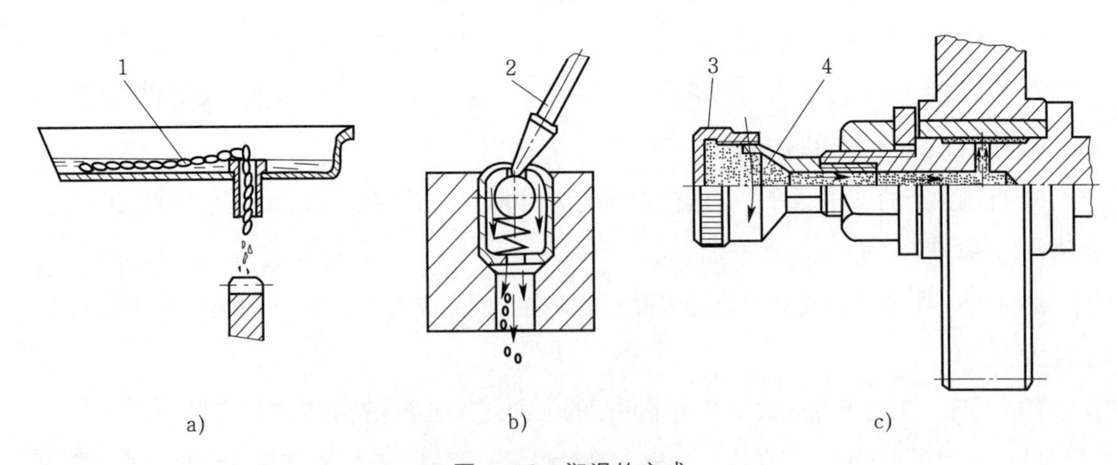

图 1–12　润滑的方式

a）油绳导油润滑　b）弹子油杯润滑　c）油脂杯润滑

1—毛线　2—油枪　3—油脂杯盖　4—润滑脂

4. **弹子油杯润滑**

如图 1-12b 所示，弹子油杯润滑是指定期地用油枪端头的油嘴压下油杯上的弹子，将润滑油注入。油嘴撤去后，弹子又恢复原位，封住注油口，以防止灰尘和切屑入内。常用于尾座、中滑板和小滑板上的摇动手柄以及丝杠、光杠、操纵杆支架的轴承处。

5. **油脂杯润滑**

如图 1-12c 所示，油脂杯润滑是指事先在油脂杯中加满钙基润滑脂，需要润滑时，拧进油脂杯盖，则杯中的润滑脂就被挤压到润滑点（如轴承套等）中去。常用于交换齿轮箱中交换齿轮架的中间轴或不便于经常润滑处。

6. **油泵循环润滑**

油泵循环润滑常用于转速高、需要大量润滑油连续强制润滑的场合，如主轴箱、进给箱内许多润滑点均采用这种润滑方式。

三、车床的润滑系统和润滑要求

识读图 1-13 所示 CA6140 型卧式车床的润滑系统标牌，可以了解该车床润滑系统的润滑要求，包括润滑周期、润滑方法、润滑部位和润滑剂牌号等，见表 1-3。

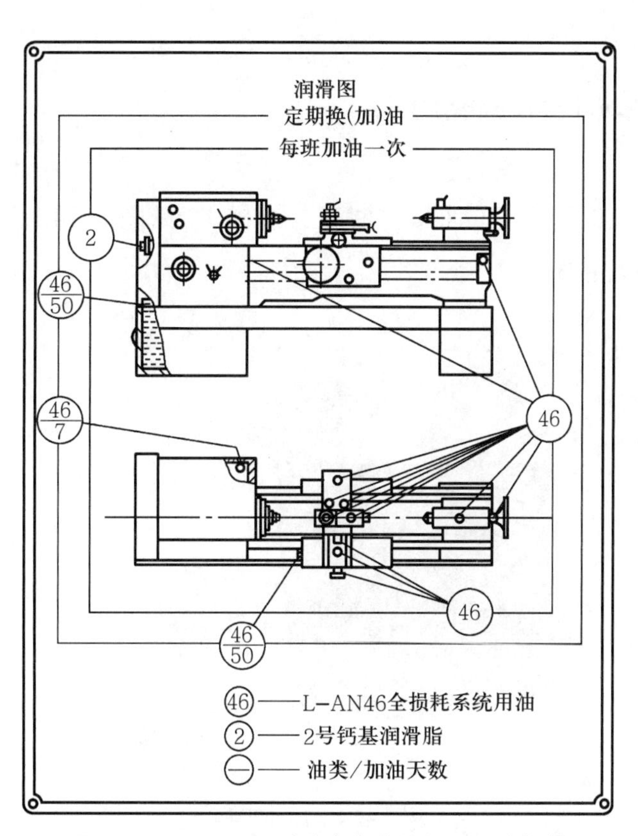

图 1-13 CA6140 型卧式车床的润滑系统标牌

表 1–3　CA6140 型卧式车床润滑系统的润滑要求

润滑周期	数字	含义	符号	润滑方法	润滑部位	数量
每班	整数形式	“○”中的数字表示润滑油牌号，每班加油 1 次	②	用 2 号钙基润滑脂进行润滑，每班拧进油脂杯盖 1 次	交换齿轮箱中交换齿轮架的中间轴	1 处
			㊻	使用牌号为 L–AN46 的全损耗系统用油（相当于 30 号机油），每班加油 1 次	多处，参见图 1–13	13 处
经常性	分数形式	“$\frac{分子}{分母}$”中分子表示润滑油牌号，分母表示两班制工作时换（添）油间隔的天数（每班工作时间为 8 h）	$\frac{46}{7}$	分子“46”表示使用牌号为 L–AN46 的全损耗系统用油，分母“7”表示加油间隔为 7 天	主轴箱后面电气箱内的床身立轴套	1 处
			$\frac{46}{50}$	分子“46”表示使用牌号为 L–AN46 的全损耗系统用油，分母“50”表示换油间隔为 50 ~ 60 天	左床脚内的油箱和溜板箱	2 处

任务实施

一、每天对车床进行的润滑工作

1. 操作准备

准备好棉纱、加油工具（油枪、油壶、油桶）（见图 1–14）、2 号钙基润滑脂、L–AN46 全损耗系统用油等。

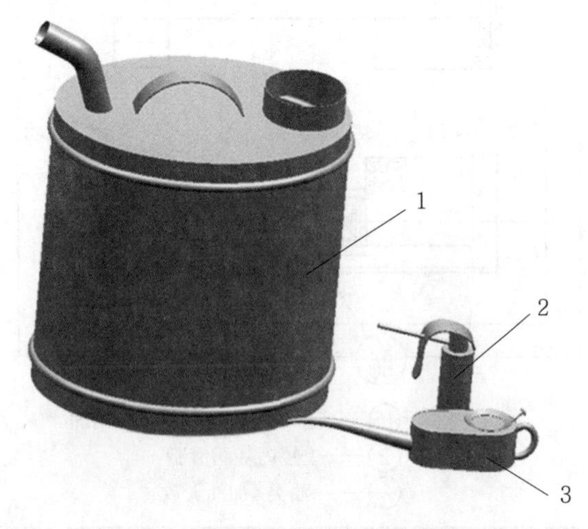

图 1–14　加油工具

1—油桶　2—油枪　3—油壶

2. 擦拭车床润滑表面

在加油润滑前，应用棉纱擦拭车床润滑表面，具体步骤见表 1-4。

表 1-4　擦拭车床润滑表面的步骤

步骤	图示
用棉纱擦拭小滑板导轨面	
用棉纱擦拭中滑板导轨面	
用棉纱擦拭尾座套筒表面	

续表

步骤	图示
用棉纱擦拭尾座导轨面	
用棉纱擦拭床鞍导轨面	

3. 润滑内容

每天对车床进行润滑时，必须按照图 1-15 所示的 CA6140 型卧式车床每天润滑点的分布图，遵照表 1-5 所列的车床每天的润滑内容进行润滑。

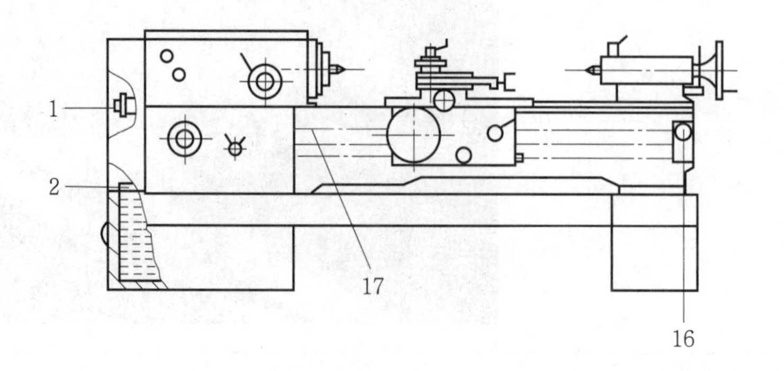

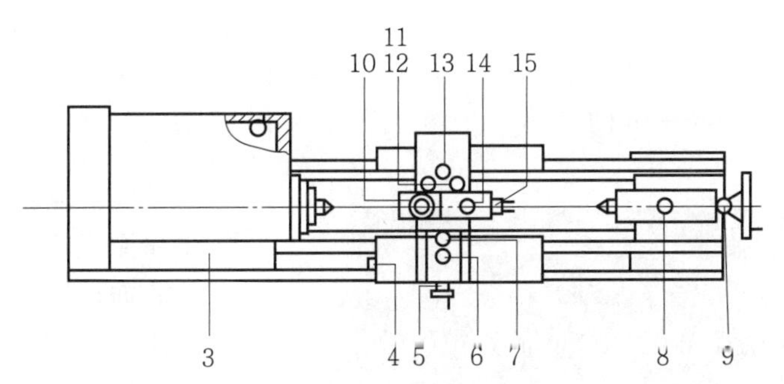

图 1-15　CA6140 型卧式车床每天润滑点的分布图

1 ~ 17—润滑点

表 1-5　车床每天的润滑内容

部位	润滑点	方式	润滑步骤	润滑油
主轴箱	1—油窗　2—油管　3—齿轮　4—油泵	油泵循环润滑和溅油润滑	（1）启动电动机，观察主轴箱油窗内已有油输出 （2）电动机空转 1 min 后主轴箱内形成油雾，油泵循环润滑系统使各润滑点得到润滑，主轴方可启动 （3）如果油窗内没有油输出，说明润滑系统有故障，应立即检查断油原因。一般原因是主轴箱后端的三角形过滤器堵塞，应用煤油进行清洗	L-AN46 全损耗系统用油

续表

部位	润滑点	方式	润滑步骤	润滑油
进给箱和溜板箱	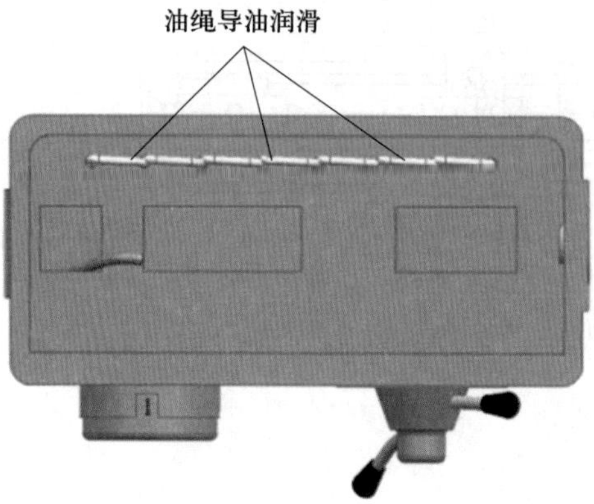 油绳导油润滑 a）进给箱  b）溜板箱油标	溅油润滑和油绳导油润滑	（1）观察进给箱和溜板箱油标内的油面，应不低于油标中心线；否则，应向油箱（图1-15中润滑点2、4）注入新润滑油 （2）使主轴低速空转1～2 min，使进给箱内的润滑油通过溅油润滑的方式对各齿轮进行润滑。冬天尤其要重视此项操作 （3）进给箱还要用其上部的储油槽进行油绳导油润滑。每班应用油壶给储油槽（图1-15中润滑点3）加一次油	L-AN46全损耗系统用油
丝杠、光杠和操纵杆的轴颈	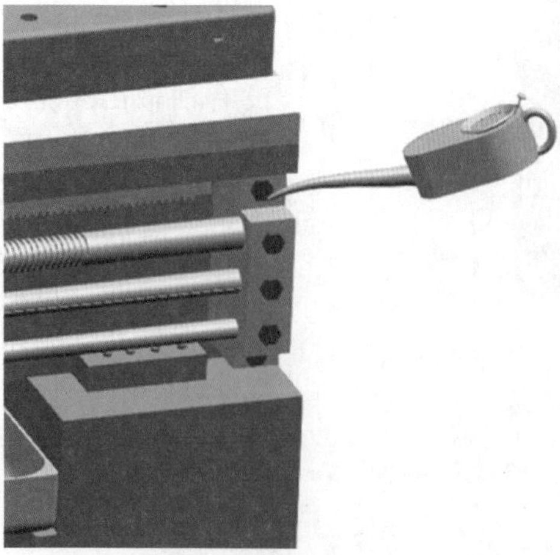 a）后托架储油池的注油润滑	油绳导油润滑和弹子油杯润滑	（1）丝杠、光杠和操纵杆轴颈的润滑是通过后托架储油池内的油绳导油润滑方式实现的，每班应用油壶给储油池（图1-15中润滑点16）加一次油	

续表

部位	润滑点	方式	润滑步骤	润滑油
丝杠、光杠和操纵杆的轴颈	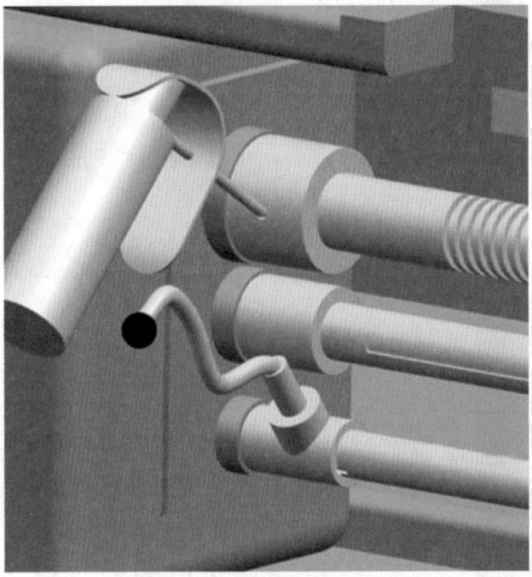 b）丝杠左端的弹子油杯润滑	油绳导油润滑和弹子油杯润滑	（2）用油枪对丝杠左端的弹子油杯（图1–15中润滑点17）进行注油润滑	L–AN46全损耗系统用油
床鞍、导轨面和刀架部分	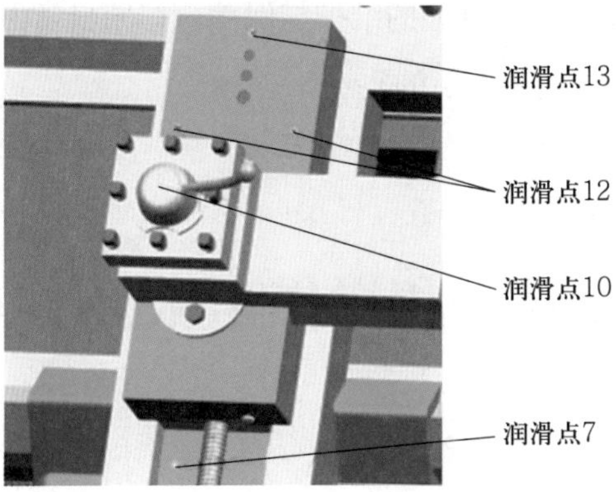 润滑点13 润滑点12 润滑点10 润滑点7	浇油润滑和弹子油杯润滑	（1）每班工作前后都要擦净床身导轨和中滑板、小滑板的燕尾导轨 （2）用油壶浇油润滑各导轨表面 （3）摇动中滑板手柄，露出油盒并打开油盒盖，用油壶注满油盒（图1–15中润滑点7）并盖好油盒盖 （4）每班应用油枪对刀架和中滑板、小滑板丝杆轴颈处的弹子油杯（图1–15中润滑点5、6、10、11、12、13、14、15）进行注油润滑	

续表

部位	润滑点	方式	润滑步骤	润滑油
尾座	润滑点8 润滑点9	弹子油杯润滑	每班用油枪对尾座上的弹子油杯（图1-15中润滑点8和9）进行注油润滑	L-AN46全损耗系统用油
交换齿轮箱中间齿轮轴	中间齿轮轴	油脂杯润滑	每班把交换齿轮箱中的中间齿轮轴头的螺塞拧进一次，使轴内的润滑脂供应到轴与套之间（图1-15中润滑点1）进行润滑	2号钙基润滑脂

二、完成车床日常保养工作

为了保证车床的加工精度，延长其使用寿命，保证加工质量，提高生产效率，车工除了要能熟练地操作机床，还必须学会对车床进行合理的维护与保养。车床日常保养的工作内容参见“相关理论”中“车削时的安全文明生产”的要点。

任务二 车削运动和操作车床

学习目标

1. 掌握车削运动。
2. 能指出车削时工件上形成的表面。
3. 熟悉车床手柄和手轮的位置及其用途。
4. 具备车床空运转的操作技能。

任务描述

车床是一种重要的金属切削机床。车削时工件相对于刀具旋转，刀具沿工件轴线纵向或横向运动，从而完成对工件的加工。车床主要用于加工各种回转表面和回转体的端面。

操作车床前，先要熟练操作车床上的各操作手柄和手轮，熟悉各操作手柄和手轮的作用。本任务将在教师带领下了解车床各操作机构并掌握其操作方法，从而加深对车床的认识。

相关理论

一、车削运动

车削时，为了切除多余的金属，必须使工件和车刀产生相对的车削运动。按运动的作用不同，车削运动可分为主运动和进给运动两种，如图 1-16 所示。

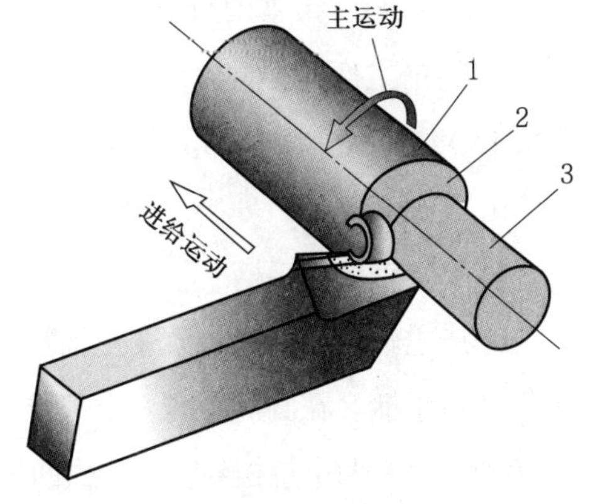

图 1-16　车削运动

1—待加工表面　2—过渡表面　3—已加工表面

1. 主运动

主运动是指机床的主要运动，它消耗机床的主要动力，通常主运动的速度较高。车削时，工件的旋转运动是主运动。

2. 进给运动

进给运动是指使工件的多余材料不断被去除的切削运动，如车外圆时的纵向进给运动、车端面时的横向进给运动等。图 1-16 所示的进给运动为纵向进给运动。

二、工件上形成的表面

车削时，工件上形成已加工表面、过渡表面和待加工表面。

1. 已加工表面

已加工表面是指工件上经车刀车削后产生的新表面。

2. 过渡表面

过渡表面是指工件上由切削刃正在切削的那部分表面。

3. 待加工表面

待加工表面是指工件上有待切除的表面。

图 1-17 所示为车外圆、车孔和车端面时工件上形成的三个表面。

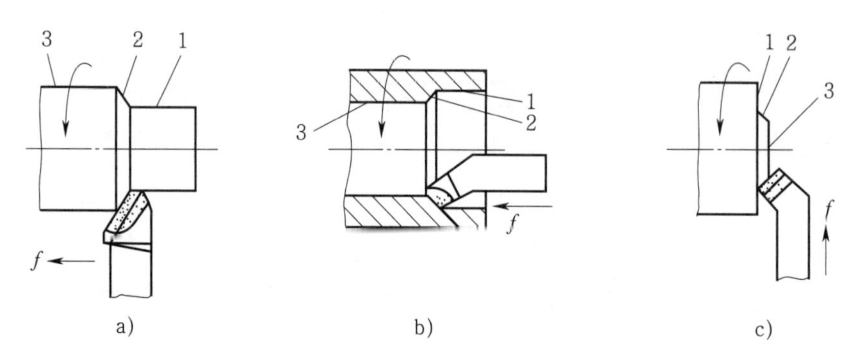

图 1–17　车削时工件上形成的三个表面

a）车外圆　b）车孔　c）车端面

1—已加工表面　2—过渡表面　3—待加工表面

三、CA6140 型卧式车床的操作手柄

在加工工件前，首先应熟悉车床手柄和手轮的位置及其用途，然后练习其基本操作。CA6140 型卧式车床各部位名称见表 1–6。

1. 主轴箱手柄

（1）主轴变速手柄

车床主轴的变速通过改变主轴箱正面右侧两个叠套的长、短手柄 1、2 的位置来控制。外面的短手柄 2 在圆周上有六个挡位，每个挡位都有由四种颜色标示的四级转速；里面的长手柄 1 除有两个空挡外，还有由四种颜色标示的四个挡位，如图 1–18 所示。

表 1–6　CA6140 型卧式车床各部位名称

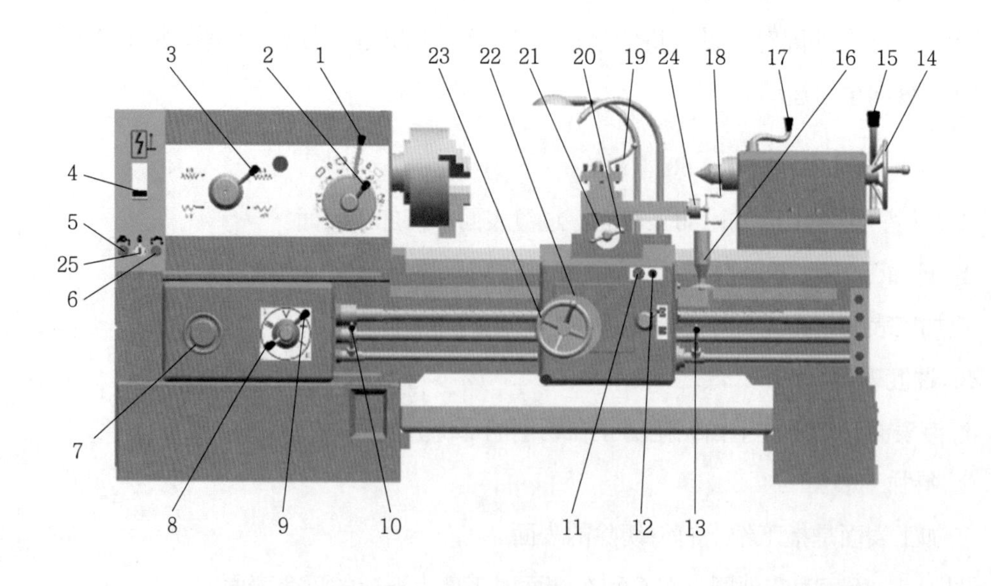

续表

编号	名称	编号	名称
1、2	主轴变速（长、短）手柄	15	尾座快速紧固手柄
3	加大螺距及左、右螺纹变换手柄	16	机动进给手柄和快速移动按钮
4	电源总开关（有“ON”和“OFF”两个位置）	17	尾座套筒锁紧手柄
5	电源开关锁（有 1 和 0 两个位置）	18	小滑板手柄
6	冷却泵总开关	19	刀架转位及固定手柄
7、8	进给量和螺距变换手轮、手柄	20	中滑板手柄
9	螺纹种类和丝杠、光杠变换手柄	21	中滑板刻度盘
10、13	主轴正、反转操纵手柄	22	床鞍刻度盘
11	停止（或急停）按钮（红色）	23	床鞍手轮
12	启动按钮（绿色）	24	小滑板刻度盘
14	尾座套筒移动手轮	25	照明灯开关

（2）加大螺距及左、右螺纹变换手柄

主轴箱正面左侧的手柄 3 是加大螺距及左、右螺纹变换手柄，用于变换螺纹的旋向，它有四个挡位，如图 1-19 所示。纵向、横向进给车削时，一般放于右上角的挡位 4 处。

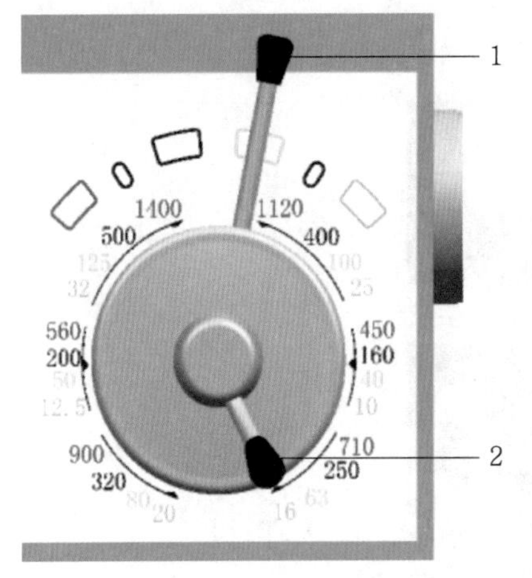

图 1-18　主轴变速手柄

1—长手柄　2—短手柄

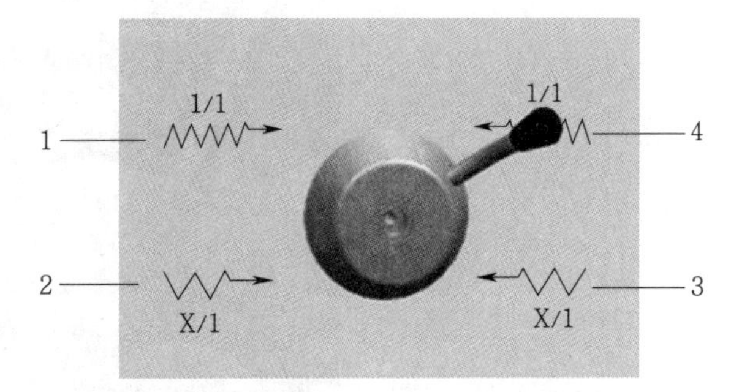

图 1-19　加大螺距及左、右螺纹变换手柄

1—左旋正常螺距（或导程）　2—左旋扩大螺距（或导程）

3—右旋扩大螺距（或导程）　4—右旋正常螺距（或导程）

2. 进给箱手柄

如图 1-20 所示，车床进给箱正面左侧有一个手轮 7，有 1 ~ 8 共八个不同的挡位。右侧有里外叠装的两个手柄 8、9，里手柄 9 有 A、B、C、D 共四个挡位，是螺纹种类和

丝杠、光杠变换手柄；外手柄 8 有Ⅰ、Ⅱ、Ⅲ、Ⅳ、Ⅴ共五个挡位，是进给量和螺距变换手柄。实际操作中，应先根据加工要求确定进给量和螺距，再根据进给箱油池盖上的螺纹和进给量调配表，扳动手轮和手柄，使其到达正确位置。

当外手柄 8 处于正上方时是第Ⅴ挡，此时交换齿轮箱的运动不经进给箱变速，而与丝杠直接相连。

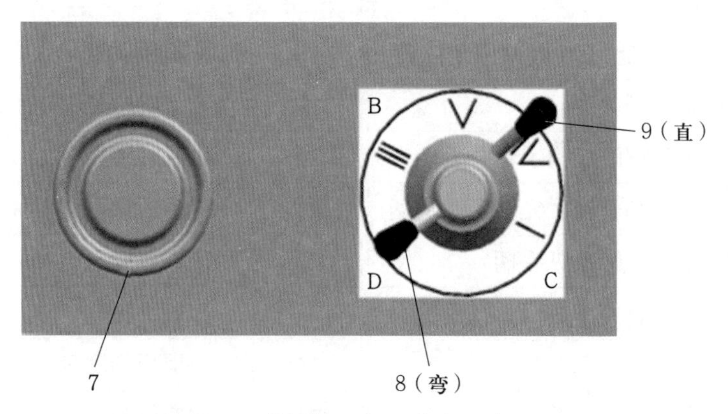

图 1-20　进给箱手柄（编号同表 1-6）

7—进给量和螺距变换手轮　8—进给量和螺距变换手柄（外手柄）
9—螺纹种类和丝杠、光杠变换手柄（里手柄）

3. 刻度盘

如图 1-21 所示，床鞍、中滑板、小滑板的移动依靠手轮和手柄来实现，移动的距离依靠刻度盘来控制，车床刻度盘的使用方法见表 1-7。

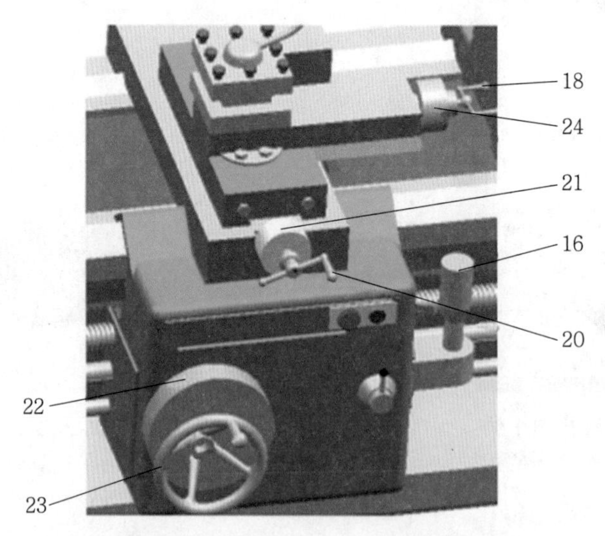

图 1-21　溜板箱及刀架部分（编号同表 1-6）

16—机动进给手柄和快速移动按钮　18—小滑板手柄　20—中滑板手柄　21—中滑板刻度盘
22—床鞍刻度盘　23—床鞍手轮　24—小滑板刻度盘

表 1-7 车床刻度盘的使用方法

刻度盘	度量移动的距离	手动时操作	机动时操作	整圈格数	车刀移动距离 /（mm·格 $^{-1}$）
床鞍刻度盘	纵向移动距离	床鞍手轮	机动进给手柄和快速移动按钮	300	1
中滑板刻度盘	横向移动距离	中滑板手柄		100	0.05
小滑板刻度盘	纵向移动距离	小滑板手柄	无机动进给	100	0.05

任务实施

一、刀架部分和尾座的手动操作

1. 刀架部分的手动操作

（1）床鞍

逆时针转动溜板箱左侧的床鞍手轮 23，床鞍向左纵向移动，简称“鞍进”；反之向右移动，简称“鞍退”。

（2）中滑板

顺时针转动中滑板手柄 20，中滑板向远离操作者的方向移动，即横向进给，简称“中进”；反之，中滑板向靠近操作者的方向移动，即横向退出，简称“中退”。

（3）小滑板

顺时针转动小滑板手柄 18，小滑板向左移动，简称“小进”；反之向右移动，简称“小退”。

（4）刀架

逆时针转动手柄 19，刀架随之逆时针转动，可以调换车刀；顺时针转动手柄 19，锁紧刀架。

操作提示

当刀架上装有车刀时，转动刀架，其上的车刀也随之转动，应避免车刀与工件、卡盘或尾座相撞。要求在刀架转位前就把中滑板向后退出适当距离。

2. 刻度盘的操作

（1）床鞍刻度盘

转动床鞍手轮 23，每转过 1 格，床鞍移动 1 mm；刻度盘逆时针转过 200 格，床鞍向左纵向进给 200 mm。

（2）中滑板刻度盘

转动中滑板手柄 20，每转过 1 格，中滑板横向移动 0.05 mm；刻度盘顺时针转过 20

格，中滑板横向进给 1 mm。

（3）小滑板刻度盘

转动小滑板手柄 18，每转过 1 格，小滑板纵向移动 0.05 mm；刻度盘顺时针转过 10 格，小滑板向左纵向进给 0.5 mm。

操作提示

空　行　程

现象：转动床鞍手轮、中滑板和小滑板手柄时，由于丝杆与螺母之间的配合存在间隙，会产生空行程，即刻度盘已转动，而刀架并未同步移动。

要求：使用刻度盘时，要先反向转动适当格数，消除配合间隙，再正向慢慢转动手轮和手柄，带动刻度盘转过所需的格数，如图 1–22a 所示。

消除措施：如果刻度盘多转动了格数，绝不能简单地退回（见图 1–22b），而必须向相反方向退回全部空行程（通常反向转动 1/2 圈），再转到所需要的刻度位置（见图 1–22c）。消除刻度盘空行程的方法如图 1–22 所示。

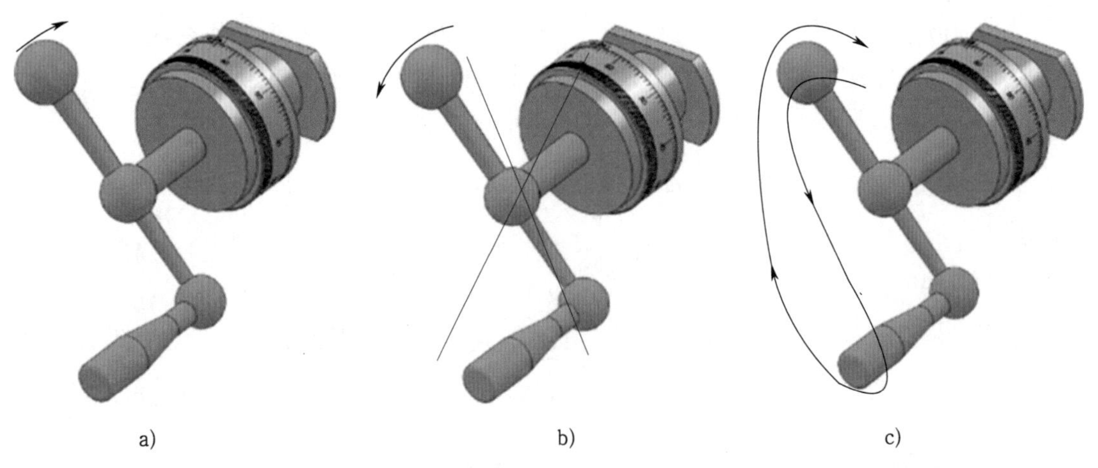

图 1–22　消除刻度盘空行程的方法

3. 尾座的操作

（1）尾座套筒的进退和固定

逆时针扳动尾座套筒锁紧手柄 17，松开尾座套筒。顺时针转动尾座套筒移动手轮 14，使尾座套筒伸出，简称“尾进”；反之，尾座套筒缩回，简称“尾退”。顺时针扳动手柄 17，可以将尾座套筒固定在所需的位置。

（2）尾座位置的固定

顺时针（向远离操作者的方向）扳动尾座快速紧固手柄 15，松开尾座。把尾座沿床身纵向移到所需的位置，逆时针（向靠近操作者的方向）扳动手柄 15，快速地把尾座固定在床身上。

二、车床的变速操作和空运转练习

1. 车床启动前的准备步骤

步骤 1：检查车床开关、手柄和手轮是否处于中间空挡位置，如主轴正、反转操纵手柄 10、13 要处于中间的停止位置，机动进给手柄 16 要处于十字槽中央的停止位置等。

步骤 2：将交换齿轮保护罩前面开关面板（见图 1-23）上的电源开关锁 5 旋至“1”位置。

步骤 3：向上扳动电源总开关 4，由“OFF”至“ON”位置，即电源由“断开”至“接通”状态，车床得电（见图 1-23）。同时，床鞍上的刻度盘照明灯亮。

步骤 4：按下图 1-23 所示开关面板上的照明灯开关 25，车床照明灯亮。

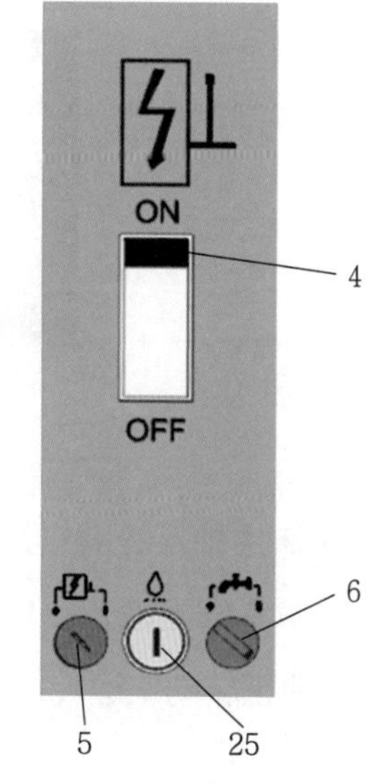

图 1-23　开关面板（编号同表 1-6）

4—电源总开关　5—电源开关锁

6—冷却泵总开关　25—照明灯开关

2. 车床主轴的变速操作

以调整车床主轴转速 40 r/min 为例，变速操作步骤见表 1-8。

表 1-8　车床主轴的变速操作步骤

图示	步骤	内容	示例
1—长手柄　2—短手柄	步骤 1	找出要调整的车床主轴转速在圆周哪个挡位上	找出 40 r/min 在圆周右边位置上的挡位
	步骤 2	将短手柄 2 拨到此位置上，并记住该数字的颜色	短手柄 2 指向黑色箭头
	步骤 3	相应地将长手柄 1 拨到与该数字颜色相同的挡位上	将长手柄 1 拨到黄颜色的挡位上

3. 车床主轴正转的空运转操作

步骤 1：按照表 1-8 中车床主轴的变速操作步骤，变速至 12.5 r/min。

步骤 2：按下床鞍上的绿色启动按钮（见图 1-24），启动电动机，但此时车床主轴不转。

步骤 3：观察车床主轴箱的油窗和进给箱、溜板箱的油标，完成每天的润滑工作。

步骤 4：将进给箱右下侧的主轴正、反转操纵手柄 13 向上提起，实现主轴正转，此时车床主轴转速为 12.5 r/min。

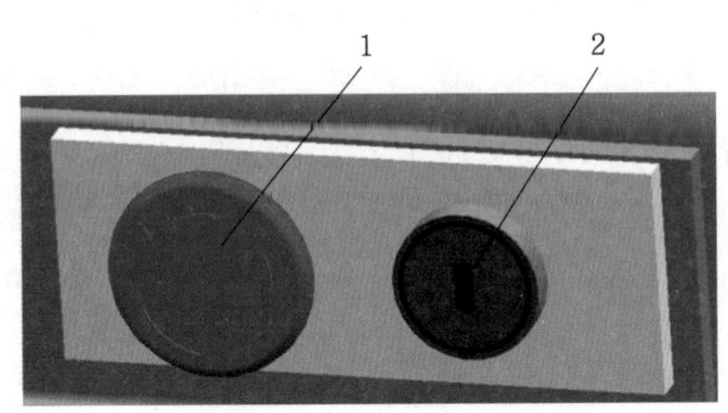

图 1-24　床鞍上的操作按钮

1—停止（或急停）按钮（红色）　2—启动按钮（绿色）

4. 车床主轴反转的空运转操作

只要将车床主轴正、反转操纵手柄 13 向下扳动，即可实现车床主轴反转，其他操作与车床主轴正转的空运转操作相同。

操作提示

主轴正、反转操纵手柄 13 不要由正转直接扳回反转，应由正转经中间停止位置稍停 2 s 左右再扳至反转位置，这样有利于延长车床的使用寿命。

5. 车床停止的操作

步骤 1：使主轴正、反转操纵手柄 13 处于中间位置，车床主轴停止转动。

步骤 2：按下床鞍上的红色停止（或急停）按钮，如图 1-24 所示。

如果车床需长时间停止，则必须再完成步骤 3、4。

步骤 3：向下扳动电源总开关 4，由“ON”至“OFF”位置，即电源由“接通”至“断开”状态，车床不带电。同时，床鞍上的刻度盘照明灯灭。

步骤 4：将开关面板上的电源开关锁 5 旋至“0”位置，再把钥匙拔出并收好。拔出钥匙后，电源总开关 4 无法合上，车床不会得电。

三、进给箱的变速操作

进给箱的变速操作是根据车床进给箱上的进给量调配表（见表 1-9），变换主轴箱、进给箱上手轮与手柄的位置并调整纵向和横向进给量实现的。

例如，在表 1-9 中选择纵向进给量为 2.57 mm/r 时，其手柄、手轮变换的步骤见表 1-10。

表 1-9　进给量调配表（节选）

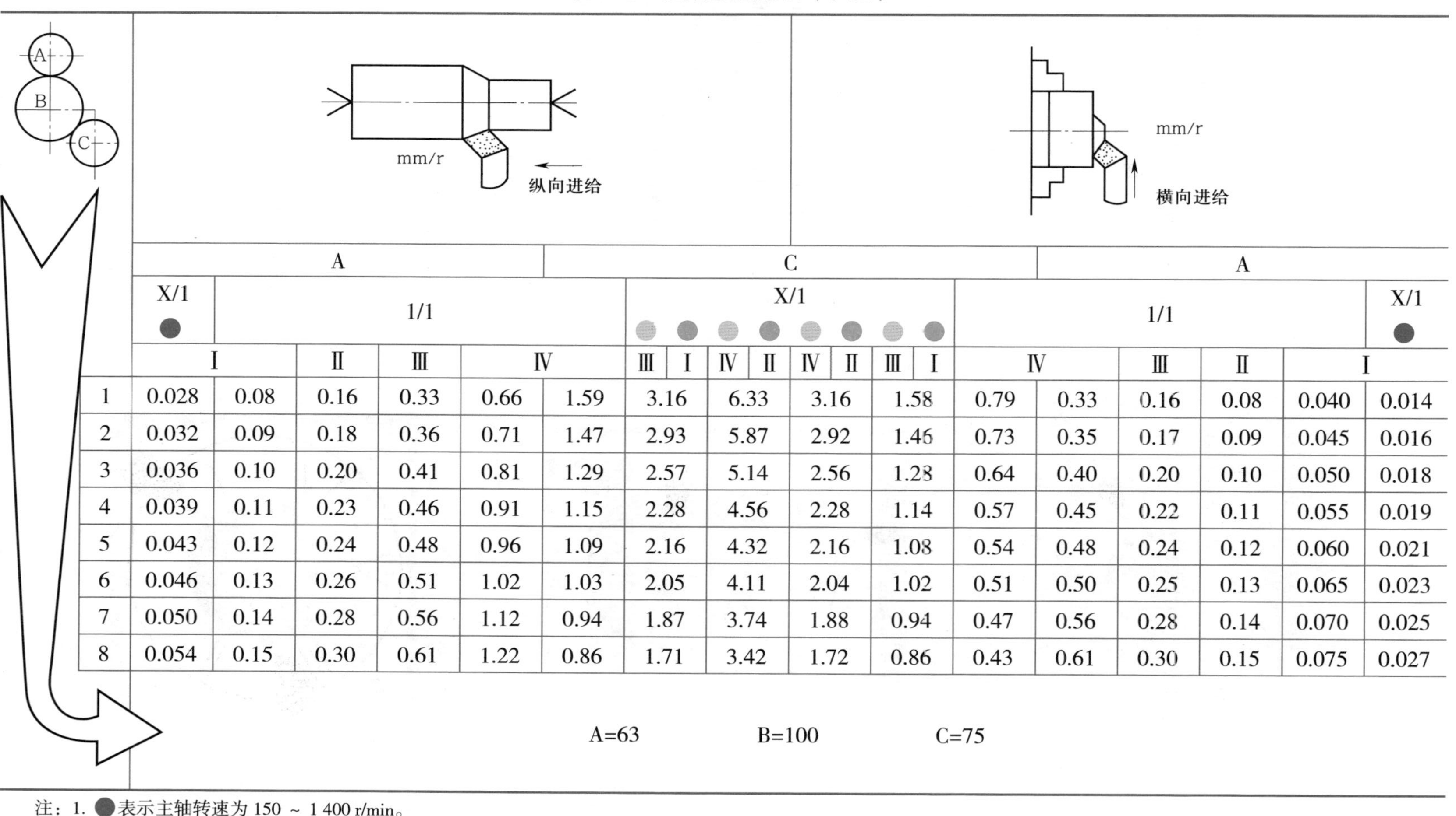

	A					C				A					
	X/1	1/1				X/1				1/1					X/1
	Ⅰ		Ⅱ	Ⅲ	Ⅳ	Ⅲ / Ⅰ	Ⅳ / Ⅱ	Ⅳ / Ⅱ	Ⅲ / Ⅰ	Ⅳ		Ⅲ	Ⅱ	Ⅰ	
1	0.028	0.08	0.16	0.33	0.66	1.59	3.16	6.33	3.16	1.58	0.79	0.33	0.16	0.08	0.040	0.014
2	0.032	0.09	0.18	0.36	0.71	1.47	2.93	5.87	2.92	1.46	0.73	0.35	0.17	0.09	0.045	0.016
3	0.036	0.10	0.20	0.41	0.81	1.29	2.57	5.14	2.56	1.28	0.64	0.40	0.20	0.10	0.050	0.018
4	0.039	0.11	0.23	0.46	0.91	1.15	2.28	4.56	2.28	1.14	0.57	0.45	0.22	0.11	0.055	0.019
5	0.043	0.12	0.24	0.48	0.96	1.09	2.16	4.32	2.16	1.08	0.54	0.48	0.24	0.12	0.060	0.021
6	0.046	0.13	0.26	0.51	1.02	1.03	2.05	4.11	2.04	1.02	0.51	0.50	0.25	0.13	0.065	0.023
7	0.050	0.14	0.28	0.56	1.12	0.94	1.87	3.74	1.88	0.94	0.47	0.56	0.28	0.14	0.070	0.025
8	0.054	0.15	0.30	0.61	1.22	0.86	1.71	3.42	1.72	0.86	0.43	0.61	0.30	0.15	0.075	0.027

A=63　　B=100　　C=75

注：1. ●表示主轴转速为 150 ~ 1 400 r/min。

●表示主轴转速为 40 ~ 125 r/min。

●表示主轴转速为 10 ~ 32 r/min。

2. 应用此表时应与主轴箱上加大螺距及左、右螺纹变换手柄以及进给箱上进给量和螺距变换手轮、手柄 7 和 8 上的各标牌符号配合使用。

表 1–10　纵向进给量为 2.57 mm/r 时手柄、手轮变换的步骤（手柄编号同表 1–6）

步骤	图示	说明
步骤 1	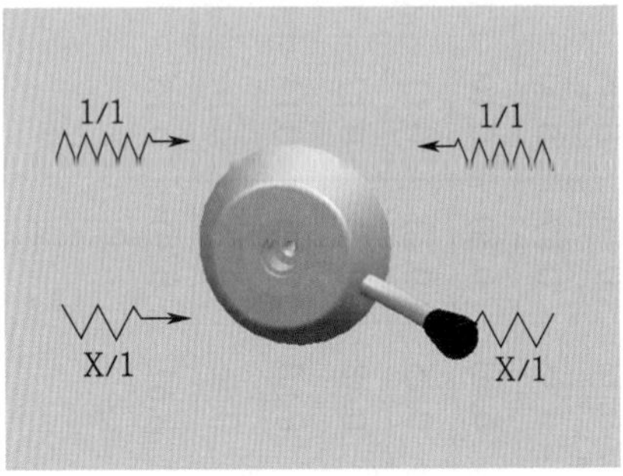	依据表 1–9，把主轴箱正面左侧的加大螺距及左、右螺纹变换手柄放在右下角“X/1”位置
步骤 2	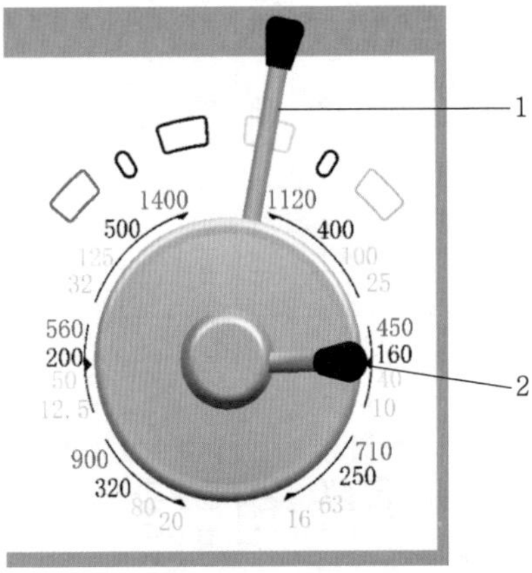	依据表 1–9 选择主轴转速，调整主轴箱正面右侧主轴变速手柄 1、2 的位置，长手柄 1 在黄颜色位置，短手柄 2 指向黑色箭头，即选择主轴转速为 40 r/min
步骤 3	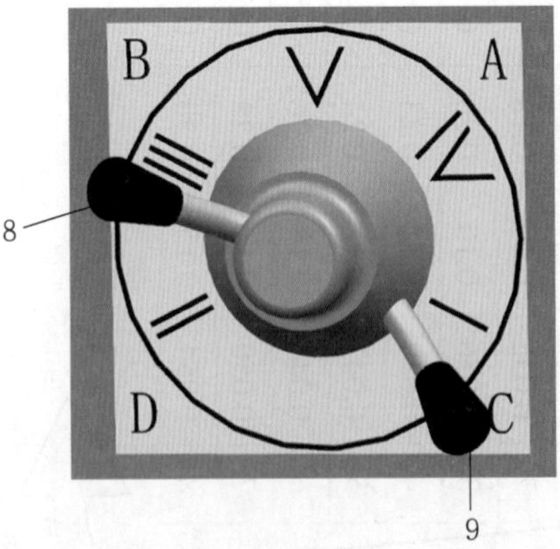	依据表 1–9，把进给箱正面右侧的里手柄 9 放在“C”的位置，外手柄 8 放在“Ⅲ”的位置

续表

步骤	图示	说明
步骤 4	3 手轮位置是“3”　7	依据表 1-9，向外拉出手轮 7，选择位置“3”后再将手轮推进去

四、刀架的机动进给操作

1. 纵向机动进给操作

（1）向左扳动溜板箱右侧的机动进给手柄 16，使刀架向左纵向机动进给。

（2）向右扳动机动进给手柄 16，刀架向右纵向机动进给。

2. 横向机动进给操作

（1）向前扳动机动进给手柄 16，使刀架向前横向机动进给。

（2）向后扳动机动进给手柄 16，刀架向后横向机动进给。

五、刀架的快速移动操作

1. 纵向快速移动操作

（1）向左扳动机动进给手柄 16，同时按下手柄顶部的快速移动按钮，使刀架向左快速纵向移动。

（2）放开快速移动按钮，快速电动机停止转动；向右扳动机动进给手柄 16，同时按下手柄顶部的快速移动按钮，使刀架向右快速纵向移动。

2. 横向快速移动操作

（1）向前扳动机动进给手柄 16，同时按下手柄顶部的快速移动按钮，使刀架向前快速横向移动。

（2）放开快速移动按钮，快速电动机停止转动；向后扳动机动进给手柄 16，同时按下手柄顶部的快速移动按钮，使刀架向后快速横向移动。

操作提示

➢ 当刀架纵向快速移到离卡盘或尾座有一定距离时，应立即放开快速移动按钮，停止快速移动，变成纵向机动进给，以避免刀架因来不及停止而撞击卡盘或尾座。

➢ 当中滑板向前伸出较远时，应立即停止快速移动或机动进给，避免因中滑板悬伸太长而使燕尾导轨受损，影响运动精度。

➢ 在离卡盘或尾座的一定距离处，可在导轨上画出一条安全警示线，也可在中滑板伸出的极限位置附近画出一条安全警示线。

任务四　装卸三爪自定心卡盘的卡爪

学习目标

1. 了解三爪自定心卡盘的规格和结构。
2. 能识别三爪自定心卡盘卡爪的号码。
3. 能快速装卸三爪自定心卡盘的卡爪。

任务描述

三爪自定心卡盘是车床上应用最广泛的一种通用夹具，用以装夹工件并随主轴一起旋转做主运动，能够自动定心装夹工件，快捷方便，一般用于精度要求不高、形状规则（如圆柱形、正六边形等）的中、小型工件的装夹，如图 1–25 所示。

本任务是掌握三爪自定心卡盘的装卸方法，以便于掌握工件的装夹方法。

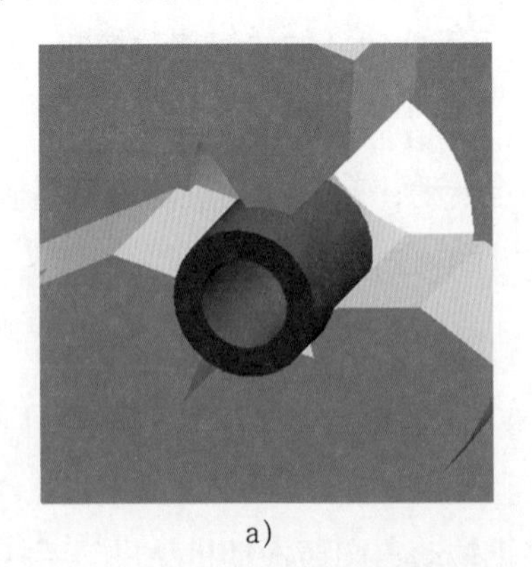
a）

b）

图 1–25　用三爪自定心卡盘装夹工件
a）装夹圆柱形工件　b）装夹正六边形工件

相关理论

一、三爪自定心卡盘卡爪的类型和规格

三爪自定心卡盘卡爪的类型有正卡爪和反卡爪，如图 1-26 所示。正卡爪用于装夹外圆直径较小、内孔直径较大的工件，反卡爪用于装夹外圆直径较大的工件。

三爪自定心卡盘常用的规格有 ϕ150 mm、ϕ200 mm、ϕ250 mm 三种。

a)

b)

图 1-26　三爪自定心卡盘
a）正卡爪　b）反卡爪

二、三爪自定心卡盘的结构

三爪自定心卡盘的结构如图 1-27 所示，它主要由卡盘壳体、三个卡爪、三个带方孔的小锥齿轮、一个大锥齿轮等零件组成。将卡盘扳手的方榫插入小锥齿轮 3 端部的方孔

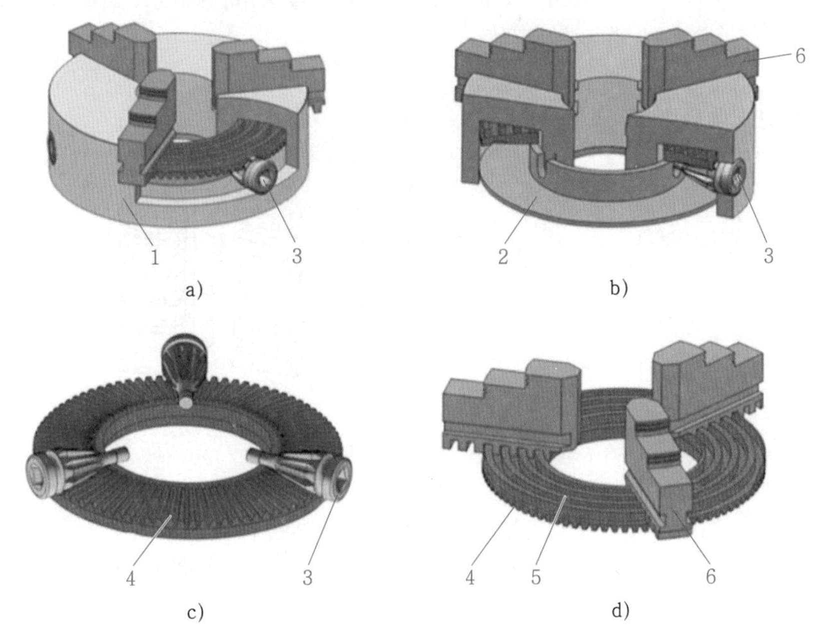

图 1-27　三爪自定心卡盘的结构
1—卡盘壳体　2—防尘端盖　3—带方孔的小锥齿轮　4—大锥齿轮　5—平面螺纹　6—卡爪

中，转动卡盘扳手使小锥齿轮 3 转动，并带动大锥齿轮 4 回转。大锥齿轮 4 的背面有平面螺纹 5，与卡爪 6 的端面螺纹相啮合，大锥齿轮回转时，平面螺纹带动与其啮合的三个卡爪同时沿径向夹紧或松开工件。

任务实施

一、卡爪安装前的准备工作

步骤 1：卡爪安装前应切断电动机电源，即向下扳动电源总开关，使其由“ON”至“OFF”位置。

步骤 2：将卡盘和待安装卡爪的各表面（尤其是定位配合表面）擦净并涂油。

步骤 3：在靠近主轴处的床身导轨上垫一块木板，以保护导轨面不受意外撞击。

二、三爪自定心卡盘卡爪的装卸

装卸三爪自定心卡盘卡爪的步骤和内容见表 1-11。

表 1-11　装卸三爪自定心卡盘卡爪的步骤和内容

步骤	内容
步骤 1：识别三爪自定心卡盘卡爪的号码并对其排序	（1）观察卡爪侧面的号码 （2）若卡爪侧面的号码不清晰，则可把三个卡爪并排放在一起，以卡爪端面螺纹牙与卡爪夹持面的距离 h 的大小为准，螺纹牙最靠近卡爪夹持面的为 1 号卡爪，螺纹牙最远离卡爪夹持面的为 3 号卡爪 3　1　2　h 1—1 号卡爪　2—2 号卡爪　3—3 号卡爪
步骤 2：安装 1 号卡爪	将卡盘扳手的方榫插入卡盘壳体圆柱面上的方孔中，顺时针方向旋转卡盘扳手，以驱动大锥齿轮背面的平面螺纹，当平面螺纹的凸起部分转到将要接近卡盘壳体上的 1 槽时，将 1 号卡爪插入槽内

续表

步骤	内容
步骤 2：安装 1 号卡爪	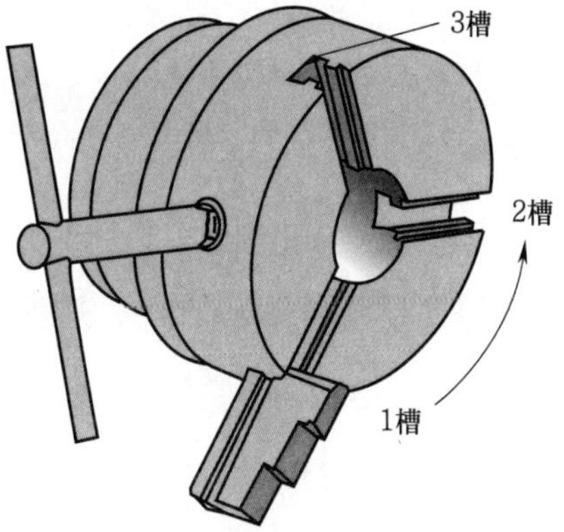
步骤 3：安装 2 号卡爪	继续顺时针转动卡盘扳手，用同样的方法在卡盘壳体的 2 槽装入 2 号卡爪
步骤 4：安装 3 号卡爪	用同样的方法在卡盘壳体的 3 槽装入 3 号卡爪
步骤 5：拆卸三爪自定心卡盘的卡爪	按照与安装卡爪相反的步骤拆卸三爪自定心卡盘的卡爪

操作提示

- 卡盘高速旋转时必须夹持着工件；否则，卡爪会在离心力作用下飞出伤人。
- 卡盘扳手用后必须随即取下。
- 三爪自定心卡盘的极限转速 $n<1\ 800$ r/min。

任务五 认识车刀

学习目标

1. 了解常用车刀的种类和用途。
2. 掌握车刀切削部分几何要素的名称和主要作用。
3. 能指出测量车刀角度的三个基准坐标平面。
4. 掌握车刀切削部分的几何参数及其主要作用，并能进行初步选择。
5. 掌握常用车刀材料的分类和应用。
6. 能判别左车刀和右车刀。
7. 了解车刀几何角度的标注方法。

任务描述

机械制造业中的车刀、钻头等的各种切削角度是人类智慧的结晶，是人们在长期实践中的经验总结。任何工件在加工前，先要根据其形状和精度要求选用合适的车刀，合理地确定车刀几何角度。

本任务是要认识车刀，了解常用车刀的种类和用途、常用车刀材料的种类和应用，掌握车刀切削部分的几何角度及其主要作用，并能根据工件的加工要求合理选择车刀。

相关理论

一、车刀的种类和用途

车削时，需根据不同的车削要求选用不同种类的车刀，常用车刀的种类和用途见表 1-12。

表 1-12　常用车刀的种类和用途

车刀种类	焊接车刀	用途	车削示例	硬质合金不重磨车刀
90°车刀（偏刀）	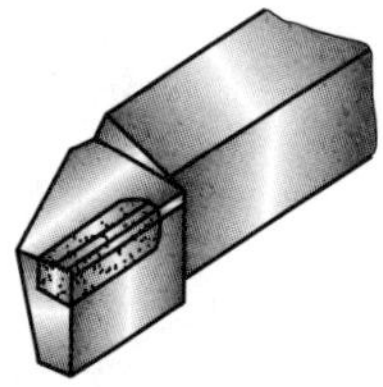	车削工件的外圆、台阶和端面	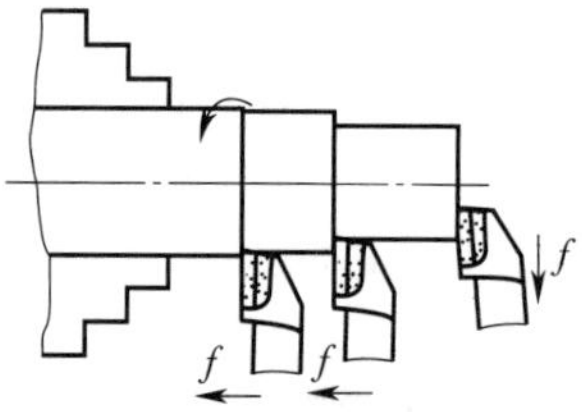	
75°车刀	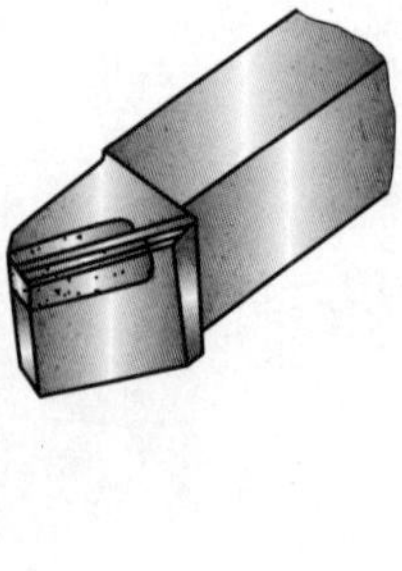	车削工件的外圆和端面	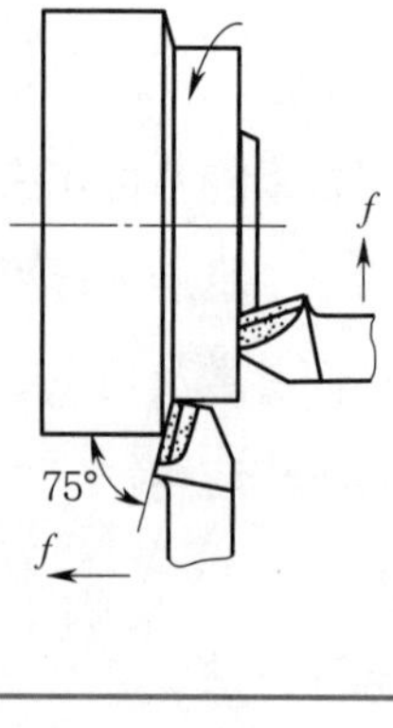	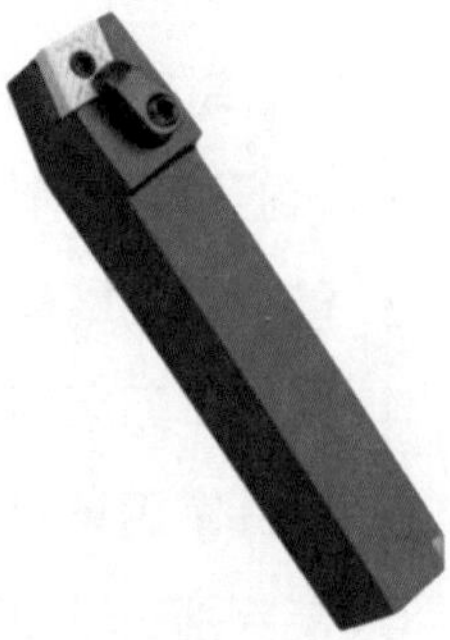

续表

车刀种类	焊接车刀	用途	车削示例	硬质合金不重磨车刀
45°车刀（弯头车刀）	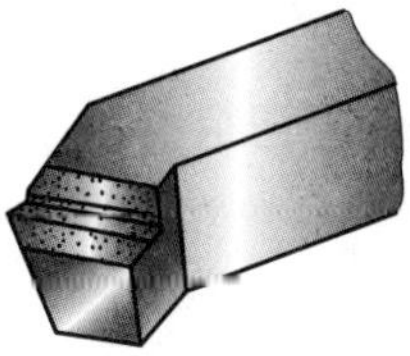	车削工件的外圆、端面或进行45°倒角	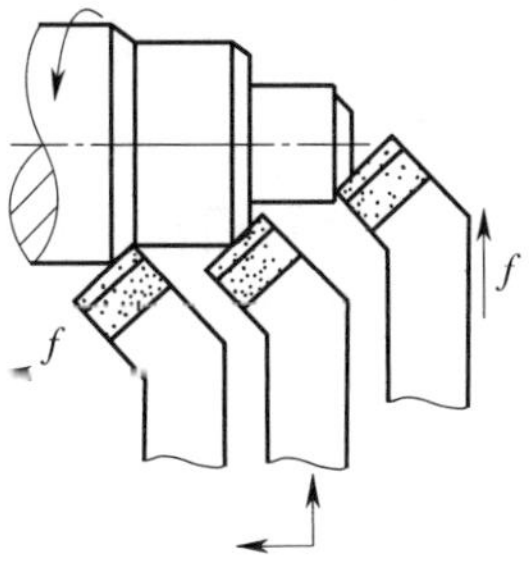	
切断刀	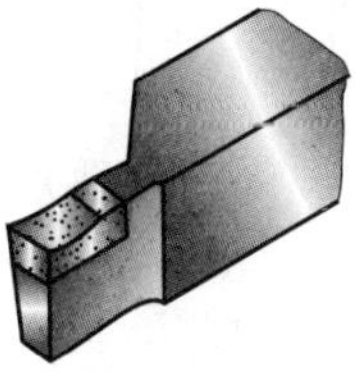	切断或在工件上车槽	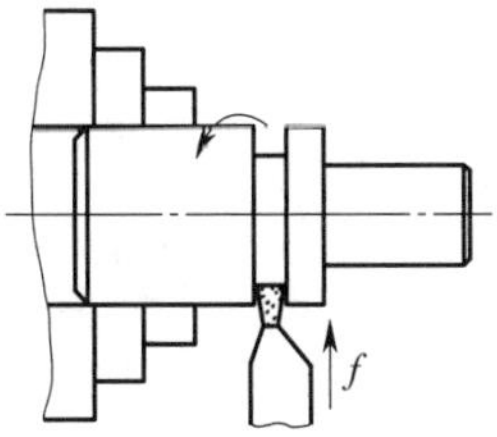	
内孔车刀		车削工件的内孔	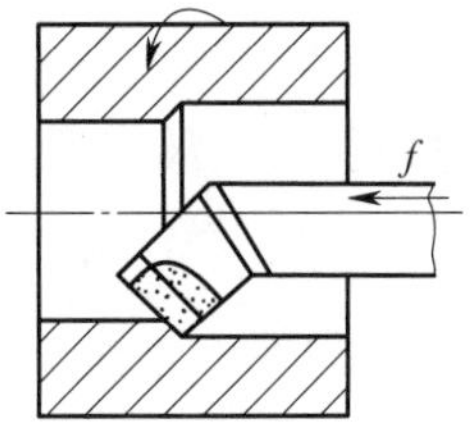	
圆头车刀	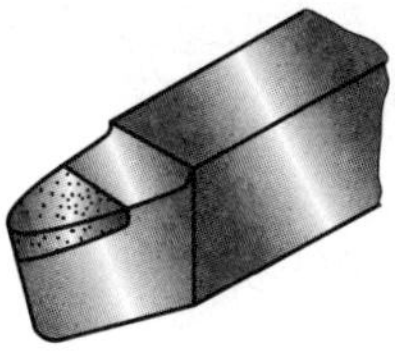	车削工件的圆弧面或成形面	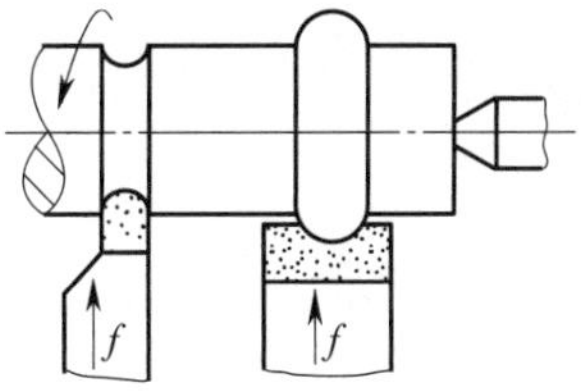	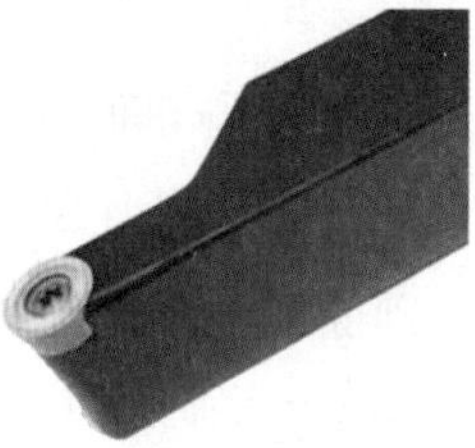
螺纹车刀	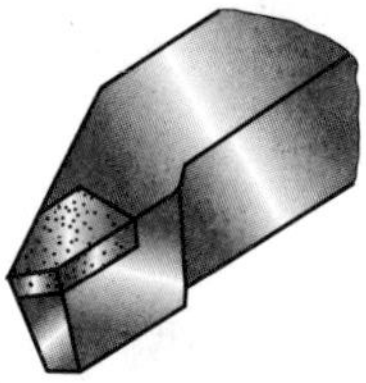	车削螺纹	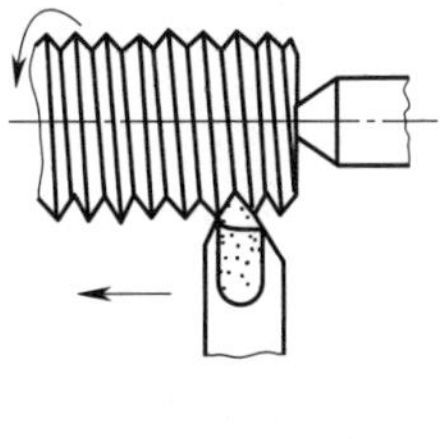	

二、车刀的组成部分和切削部分的几何要素

1. 车刀的组成部分

车刀由刀头（或刀片）和刀柄两部分组成。刀头担负切削工作，故又称切削部分；刀柄是车刀装夹在刀架上的夹持部分。

2. 车刀切削部分的几何要素

图 1-28 所示为车刀的结构，可以看出，刀头由若干刀面和切削刃组成。

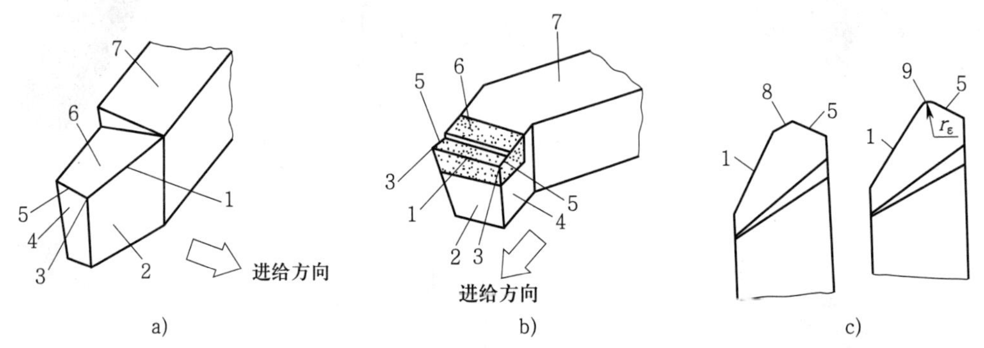

图 1-28　车刀的结构

a）75° 车刀　b）45° 车刀　c）过渡刃

1—主切削刃　2—主后面　3—刀尖　4—副后面　5—副切削刃

6—前面　7—刀柄　8—直线形过渡刃　9—圆弧形过渡刃

（1）前面 A_γ

刀具上切屑流过的表面称为前面，又称前刀面。

（2）后面 A_α

后面分为主后面和副后面。与工件上过渡表面相对的刀面称为主后面 A_α；与工件上已加工表面相对的刀面称为副后面 A'_α。后面又称后刀面，一般是指主后面。

（3）主切削刃 S

前面和主后面的交线称为主切削刃。它担负着主要的切削工作，在工件上加工出过渡表面。

（4）副切削刃 S'

前面和副后面的交线称为副切削刃。它配合主切削刃完成少量的切削工作。

（5）刀尖

主切削刃和副切削刃汇交的一小段切削刃称为刀尖。为了提高刀尖强度及延长车刀使用寿命，多将刀尖磨成圆弧形或直线形过渡刃（见图 1-28c），圆弧形过渡刃又称刀尖圆弧，一般硬质合金车刀的刀尖圆弧半径 r_ε=0.5 ~ 1 mm。

不同车刀刀头的上述组成部分并不完全相同。例如，75° 车刀由三个刀面、两条切削刃和一个刀尖组成，如图 1-28a 所示；而 45° 车刀却有四个刀面（其中两个副后面）、三条切削刃（其中两条副切削刃）和两个刀尖，如图 1-28b 所示。

三、测量车刀角度的三个基准坐标平面

为了测量车刀的角度，需要假想三个基准坐标平面，即基面、切削平面和正交平面，如图 1-29 所示。

1. **基面** p_r

通过切削刃上某选定点，垂直于该点主运动方向的平面称为基面，如图 1-30a 所示。

对于车削，一般可认为基面是水平面。

2. **切削平面** p_s

通过切削刃上某选定点，与切削刃相切并垂直于基面的平面称为切削平面。其中，选定点在主切削刃上的为主切削平面 p_s，选定点在副切削刃上的为副切削平面 p_s'，如图 1-30b 所示。切削平面一般是指主切削平面。

对于车削，一般可认为切削平面是铅垂面。

图 1-30c 所示为基面和主切削平面、副切削平面的位置。

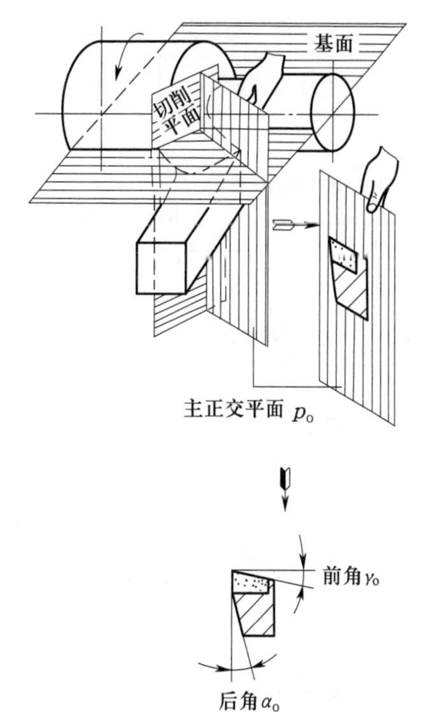

图 1-29 测量车刀角度的三个基准坐标平面

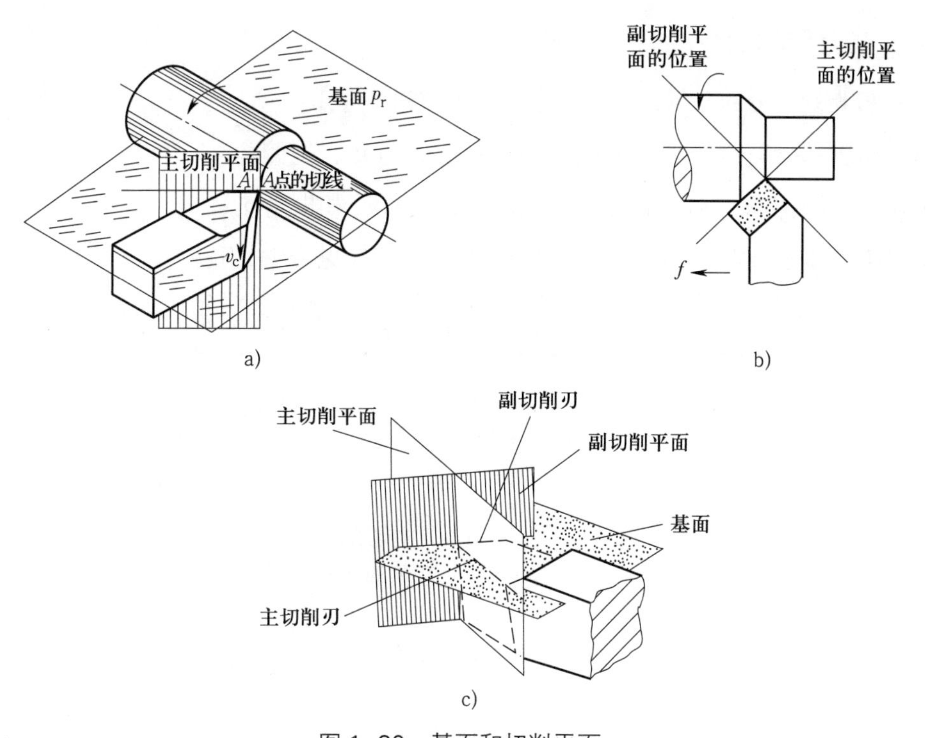

图 1-30 基面和切削平面

a）基面和主切削平面 b）主切削平面和副切削平面的位置 c）基面和主切削平面、副切削平面的位置

3. 正交平面 p_o

通过切削刃上某选定点，并同时垂直于基面和切削平面的平面称为正交平面；也可以认为，正交平面是指通过切削刃上某选定点，垂直于切削刃在基面上投影的平面，如图 1–31 所示。

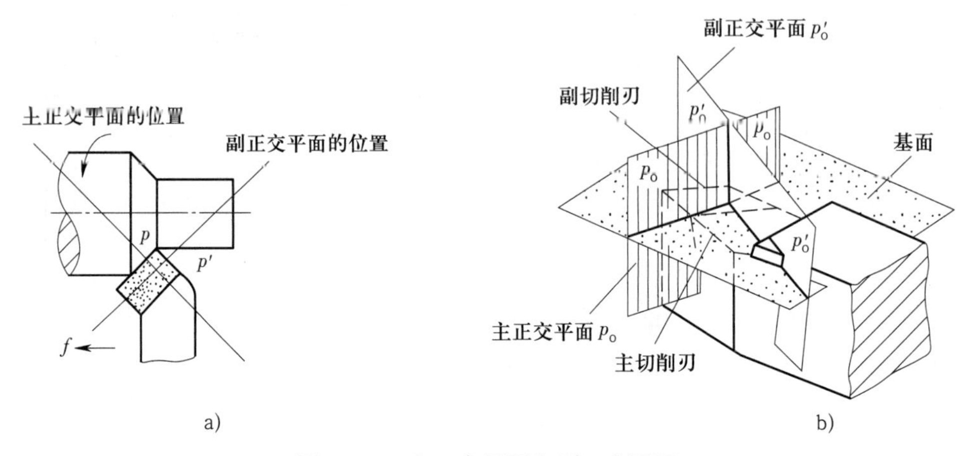

图 1–31　主正交平面和副正交平面

a）主正交平面和副正交平面的位置　b）基面和主正交平面、副正交平面

通过主切削刃上 p 点的正交平面简称主正交平面 p_o，通过副切削刃上 p' 点的正交平面简称副正交平面平 p_o'。正交平面一般是指主正交平面。

对于车削，一般可认为正交平面是铅垂面。

四、车刀切削部分的几何参数

1. 车刀切削部分的几何角度及其主要作用和初步选择

车刀切削部分有六个独立的基本角度：主偏角 κ_r、副偏角 κ_r'、前角 γ_o、主后角 α_o、副后角 α_o' 和刃倾角 λ_s，还有两个派生角度：刀尖角 ε_r 和楔角 β_o。

车刀切削部分的几何角度及其主要作用和初步选择见表 1–13。

表 1–13　车刀切削部分的几何角度及其主要作用和初步选择

所在基准坐标平面	图示	角度	定义	主要作用	初步选择
基面 p_r		主偏角 κ_r	主切削刃在基面上的投影与进给方向间的夹角	改变主切削刃的受力和刀头散热性能，影响切屑的厚度	1. 应先考虑工件的形状，如加工工件的台阶时，必须选取 $\kappa_r \geqslant 90°$；加工中间切入的工件表面时，一般选用 κ_r=45° ~ 60°，如图 1–32 所示

续表

所在基准坐标平面	图示	角度	定义	主要作用	初步选择
			常用车刀的主偏角有 45°、60°、75° 和 90°		2. 要根据工件的刚度和工件材料选择。工件的刚度高或工件材料较硬，应选较小的主偏角；反之，应选较大的主偏角
基面 p_r	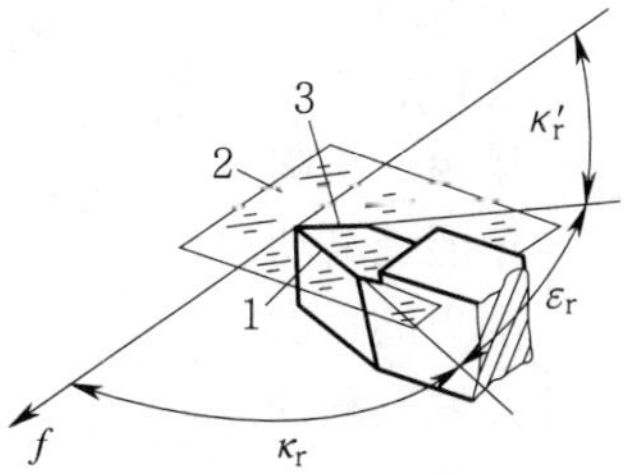 1—主切削刃　2—基面 3—副切削刃 f—进给方向	副偏角 κ_r'	副切削刃在基面上的投影与背离进给方向间的夹角	减小副切削刃与已加工表面间的摩擦。减小副偏角，可减小工件表面粗糙度值；但副偏角不能太小，否则使背向力增大	1. 一般副偏角 κ_r'= 6° ~ 8° 2. 精车时，如果在副切削刃上刃磨修光刃，则取 κ_r'=0 3. 加工中间切入的工件表面时，副偏角 κ_r'= 45° ~ 60°，如图 1–32 所示
		刀尖角 ε_r	主切削刃和副切削刃在基面上投影间的夹角	影响刀尖强度和散热性能	可用下式计算： $\varepsilon_r=180°-(\kappa_r+\kappa_r')$
主正交平面 p_o	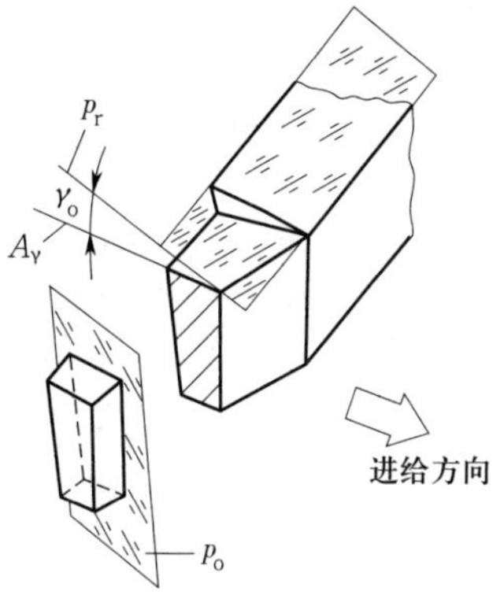 进给方向	前角 γ_o	前面和基面间的夹角（见表 1–14）	影响刃口的锋利程度和强度，影响切削变形和切削力。前角增大，	1. 车削塑性材料（如钢料）或工件材料较软时，可选择较大的前角；车削脆性材料（如灰铸铁）或工件材料较硬时，可选择较小的前角

续表

所在基准坐标平面	图示	角度	定义	主要作用	初步选择
主正交平面 p_o				能使车刀刃口锋利，减小切削变形，可使切削省力，并使切屑顺利排出。负前角能提高切削刃的强度并使其耐冲击	2. 粗加工，尤其是车削有硬皮的铸件、锻件时，应选取较小的前角；精加工时，应选取较大的前角 3. 车刀材料的强度低、韧性较差时（如硬质合金车刀），前角应取较小值；反之（如高速钢车刀），前角可取较大值 一般选择车刀前角 γ_o=-5° ~ 35°。车削中碳钢（如45钢）工件，用高速钢车刀时选取 γ_o=20° ~ 25°；用硬质合金车刀粗车时选取 γ_o=10° ~ 15°，精车时选取 γ_o=13° ~ 18°
		主后角 α_o	主后面和主切削平面间的夹角（见表1–14）	减小车刀主后面与工件过渡表面间的摩擦	1. 粗加工时，应取较小的主后角；精加工时，应取较大的主后角 2. 工件材料较硬时，主后角宜取小值；工件材料较软时，主后角宜取大值 一般选择车刀主后角 α_o=4° ~ 12°。车削中碳钢工件，用高速钢车刀时，粗车选取 α_o=6° ~ 8°，精车选取 α_o=8° ~ 12°；用硬质合金车刀时，粗车选取 α_o=5° ~ 7°，精车选取 α_o=6° ~ 9°

续表

所在基准坐标平面	图示	角度	定义	主要作用	初步选择
主正交平面 p_o		楔角 β_o	前面和后面间的夹角	影响刀头截面积的大小，从而影响刀头的强度	可用下式计算：$\beta_o=90°-(\gamma_o+\alpha_o)$
副正交平面 p'_o		副后角 α'_o	副后面和副切削平面间的夹角	减小车刀副后面与工件已加工表面间的摩擦	1. 副后角 α'_o 一般磨成与主后角 α_o 相等 2. 对于切断刀等特殊情况，为了保证刀具的强度，副后角应取较小的数值，$\alpha'_o=1°\sim2°$
主切削平面 p_s		刃倾角 λ_s	主切削刃与基面间的夹角	控制排屑方向。当刃倾角为负值时，可提高刀头强度，并在车刀受冲击时保护刀尖	见表 1-15

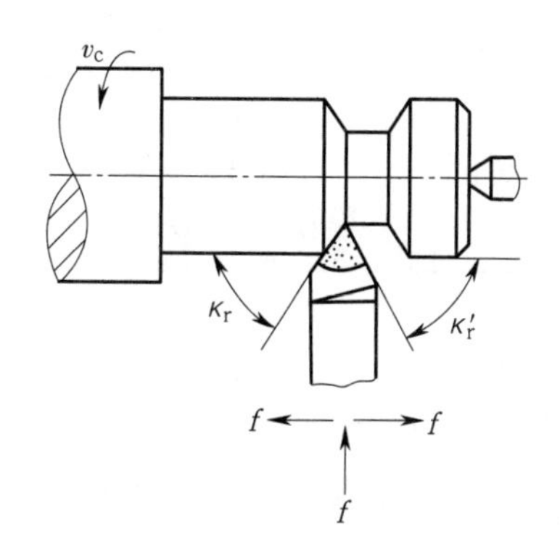

图 1-32　加工中间切入的工件表面时车刀的主偏角和副偏角

2. 车刀部分角度正负值的规定

在车刀切削部分的基本角度中，主偏角 κ_r 和副偏角 κ_r' 没有正负值规定，但前角 γ_o、主后角 α_o 和刃倾角 λ_s 有正负值规定。

（1）车刀前角和后角正负值的规定

车刀前角和后角分别有正值、零度和负值三种情况，其正负值的规定见表 1-14。

表 1-14　车刀前角和后角正负值的规定

角度值		$\gamma_o>0°$	$\gamma_o=0°$	$\gamma_o<0°$
前角 γ_o	图示	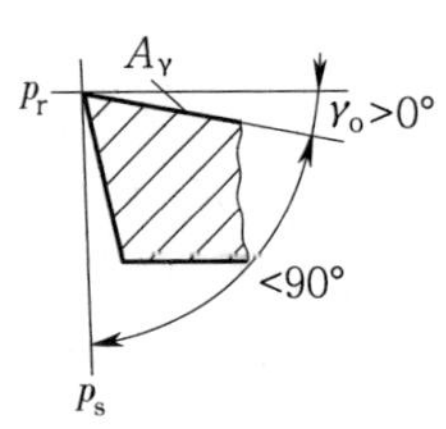	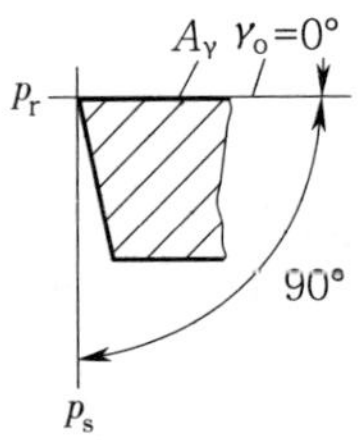	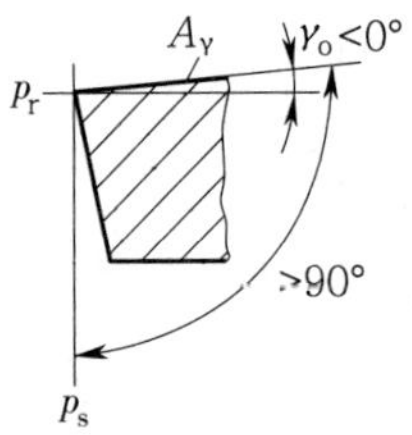
	正负值规定	前面 A_γ 与切削平面 p_s 间的夹角小于 90° 时	前面 A_γ 与切削平面 p_s 间的夹角等于 90° 时	前面 A_γ 与切削平面 p_s 间的夹角大于 90° 时
角度值		$\alpha_o>0°$	$\alpha_o=0°$	$\alpha_o<0°$
后角 α_o	图示	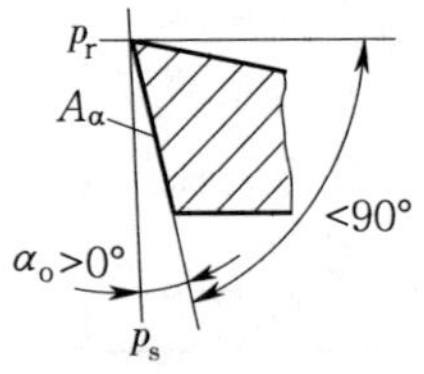	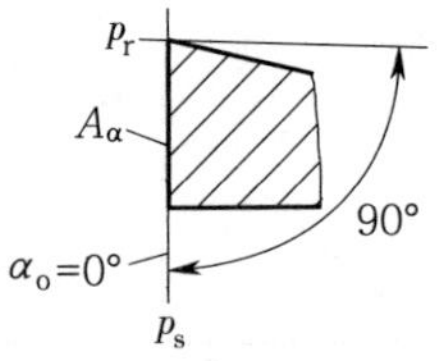	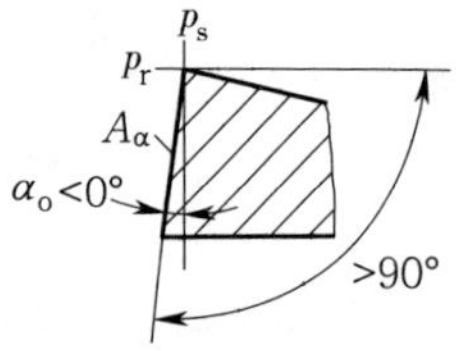
	正负值规定	后面 A_α 与基面 p_r 间的夹角小于 90° 时	后面 A_α 与基面 p_r 间的夹角等于 90° 时	后面 A_α 与基面 p_r 间的夹角大于 90° 时

（2）车刀刃倾角 λ_s 正负值的规定

车刀刃倾角有正值、零度和负值三种情况，刃倾角正负值的规定和使用情况见表 1-15，具体包括车削时排出切屑的情况、刀尖强度和冲击点先接触车刀的位置、适用场合等内容。

表1-15 刃倾角正负值的规定和使用情况

角度值	$\lambda_s>0°$	$\lambda_s=0°$	$\lambda_s<0°$
正负值的规定	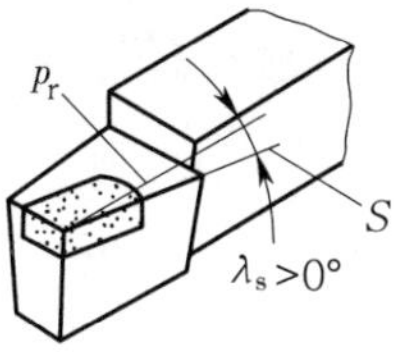 p_r S $\lambda_s>0°$	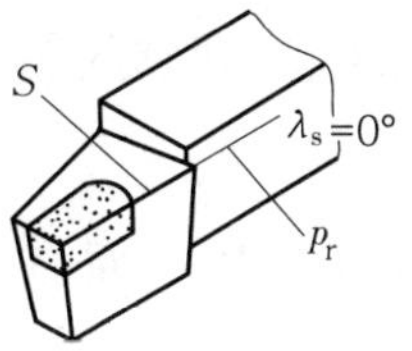 S $\lambda_s=0°$ p_r	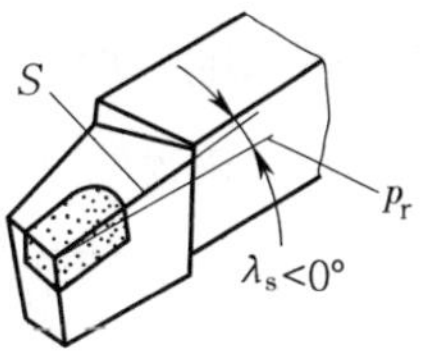 S p_r $\lambda_s<0°$
	刀尖位于主切削刃 S 的最高点	主切削刃 S 与基面 p_r 平行	刀尖位于主切削刃 S 的最低点
车削时排出切屑的情况	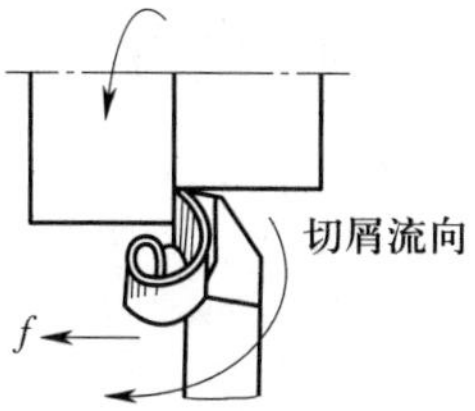 切屑流向 f	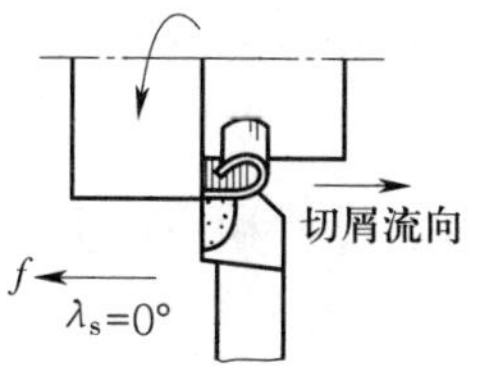 切屑流向 f $\lambda_s=0°$	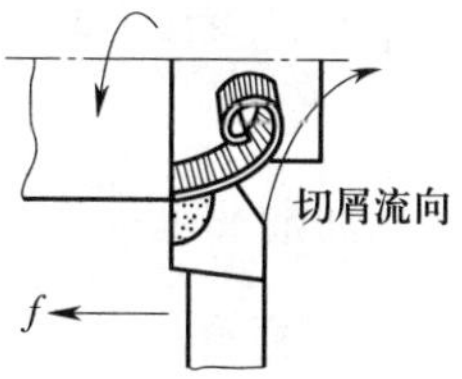 切屑流向 f
	切屑排向工件的待加工表面方向，切屑不易擦毛已加工表面，车出的工件表面粗糙度值小	切屑基本上沿垂直于主切削刃的方向排出	切屑排向工件的已加工表面方向，容易划伤已加工表面
刀尖强度和冲击点先接触车刀的位置	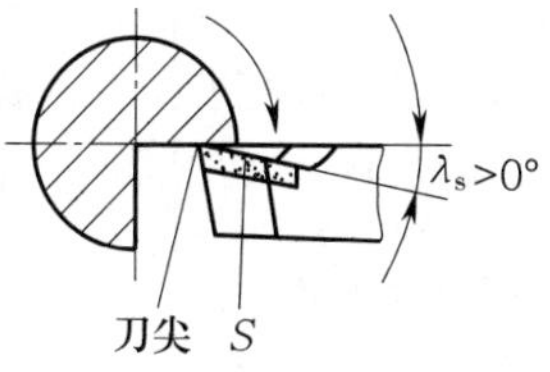 $\lambda_s>0°$ 刀尖 S	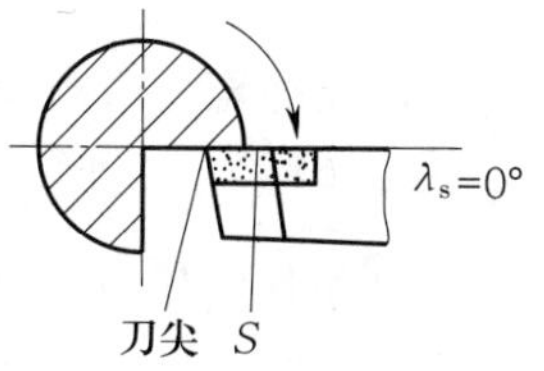 $\lambda_s=0°$ 刀尖 S	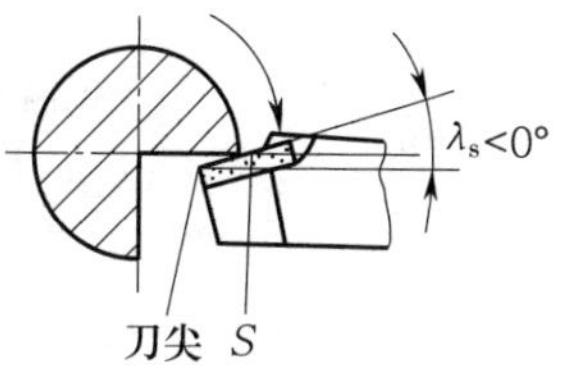 $\lambda_s<0°$ 刀尖 S
	刀尖强度较低，尤其是在车削不圆整的工件受冲击时，冲击点先接触刀尖，刀尖易损坏	刀尖强度一般，冲击点同时接触刀尖和切削刃	刀尖强度高，在车削有冲击的工件时，冲击点先接触远离刀尖的切削刃处，从而保护了刀尖
适用场合	精车时，λ_s 应取正值，$0°<\lambda_s<8°$	工件圆整、余量均匀的一般车削时，$\lambda_s=0°$	断续车削时，为了提高刀头强度，λ_s 应取负值，一般 λ_s 为 $-15°\sim-5°$

五、常用车刀材料

车刀切削部分在很高的切削温度下工作，经受强烈的摩擦，并承受很大的切削力和冲击，以及需要较容易地加工出刀具角度，因此，车刀切削部分的材料必须具备的基本性能包括：较高的硬度、较好的耐磨性、足够的强度和韧性、较好的耐热性和导热性、良好的工艺性和经济性。

目前，车刀切削部分常用的材料有高速钢和硬质合金两大类。

1. 高速钢

高速钢是含钨（W）、钼（Mo）、铬（Cr）、钒（V）等合金元素较多的工具钢。高速钢刀具制造简单，刃磨方便，容易通过刃磨得到锋利的刃口；而且韧性较好，常用于承受冲击力较大的场合。高速钢特别适用于制造各种结构复杂的成形刀具和孔加工刀具，如成形车刀、螺纹刀具、钻头和铰刀等。但是，高速钢的耐热性较差，因此不能用于高速切削。

高速钢的类别、常用牌号、性质和应用见表 1-16。

2. 硬质合金

硬质合金是目前应用最广泛的一种车刀材料。硬质合金的硬度、耐磨性和耐热性均优于高速钢，切削钢时，切削速度可达 220 m/min 左右。其缺点是韧性较差，承受不了大的冲击力。

表 1-16　高速钢的类别、常用牌号、性质和应用

类别	常用牌号	性质	应用
钨系	W18Cr4V （18-4-1）	性能稳定，刃磨及热处理工艺控制较方便	金属钨的价格较高，用量将逐渐减少
钨钼系	W6Mo5Cr4V2 （6-5-4-2）	最初是国外为解决缺钨问题而研制出来的，用以取代 W18Cr4V。其高温塑性与冲击韧度都超过 W18Cr4V，而其切削性能却与 W18Cr4V 大致相同	用于制造热轧工具，如麻花钻等
	W9Mo3Cr4V （9-3-4-1）	这是根据我国资源的实际情况而研制的刀具材料，其强度和韧性均比 W6Mo5Cr4V2 好，高温塑性和切削性能良好	用量逐渐增多

各类硬质合金的用途、性能、适用的加工阶段、常用牌号以及对应的旧牌号见表 1-17。

表 1-17　各类硬质合金的用途、性能、适用的加工阶段、常用牌号以及对应的旧牌号

类别	用途	常用牌号	性能		适用的加工阶段	对应的旧牌号
			耐磨性	韧性		
K 类（钨钴类）	适用于加工铸铁、有色金属等脆性材料或冲击较大的场合。但在切削难加工材料或振动较大（如断续切削塑性金属）等特殊情况时也较合适	K01	↑	↓	精加工	YG3
		K20			半精加工	YG6
		K30			粗加工	YG8
P 类（钨钴钛类）	适用于加工钢或其他韧性较好的塑性金属，不宜用于加工脆性金属	P01	↑	↓	精加工	YT30
		P10			半精加工	YT15
		P30			粗加工	YT5
M 类［钨钛钽（铌）钴类］	既可加工铸铁、有色金属，又可加工碳钢、合金钢，故又称通用合金	M10	↑	↓	精加工、半精加工	YW1
	主要用于加工高温合金、高锰钢、不锈钢以及可锻铸铁、球墨铸铁、合金铸铁等难加工材料	M20			半精加工、粗加工	YW2

任务实施

一、左车刀和右车刀的判别

按进给方向的不同，车刀可分为左车刀和右车刀两种。车刀的分类和判别方法见表 1-18。

表 1-18　车刀的分类和判别方法

车刀的分类	右车刀	左车刀
45° 车刀（弯头车刀）	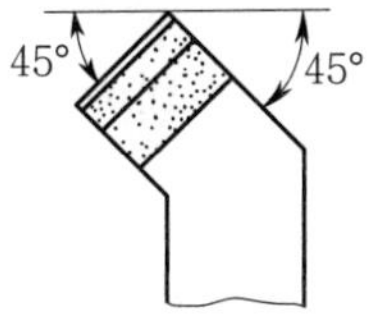 45° 45° 45° 右车刀	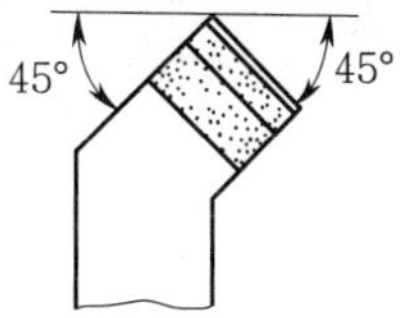 45° 45° 45° 左车刀
75° 车刀	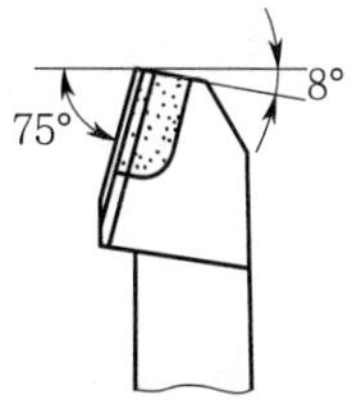 75° 8° 75° 右车刀	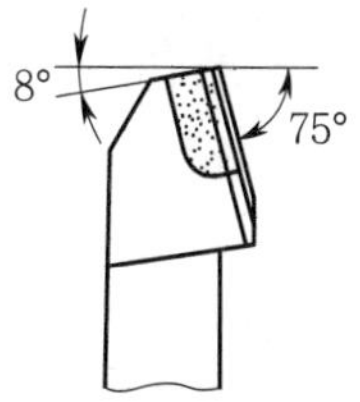 8° 75° 75° 左车刀

续表

车刀的分类	右车刀	左车刀
90°车刀（偏刀）	6°～8° 90° 右偏刀（又称正偏刀）	6°～8° 90° 左偏刀
说明	右车刀的主切削刃在刀柄左侧，由车床的右侧向左侧纵向进给	左车刀的主切削刃在刀柄右侧，由车床的左侧向右侧纵向进给
左车刀和右车刀判别方法	将右手张开，手心向下，右手放在刀柄的上面，指尖指向刀头方向，如果主切削刃与右手拇指在同一侧，则该车刀为右车刀	反之，则为左车刀

二、车刀几何角度的标注

硬质合金外圆车刀切削部分几何角度的标注如图 1–33 所示。

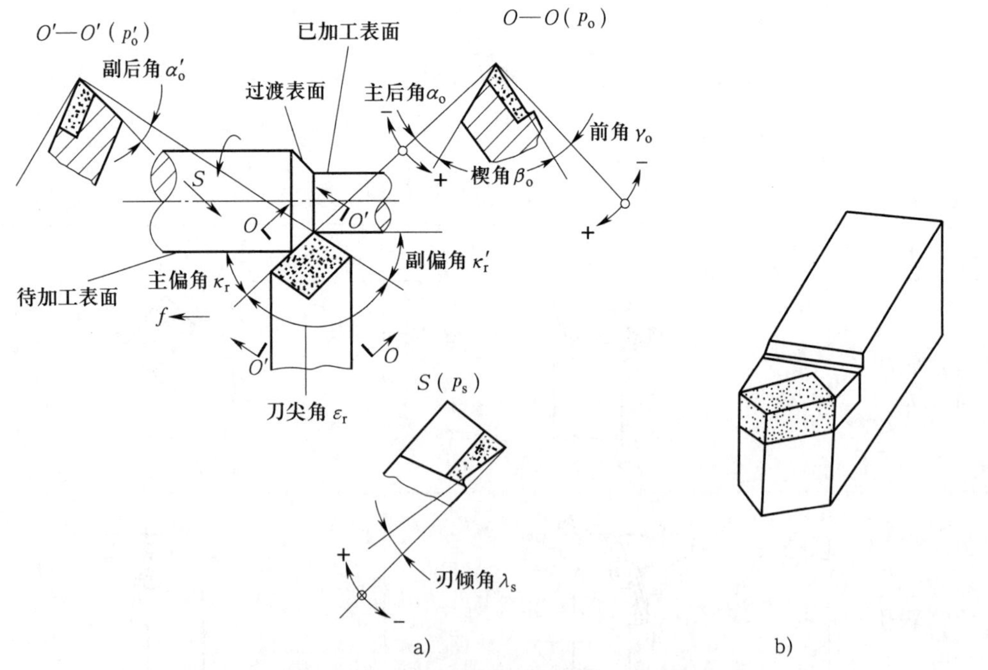

图 1–33　硬质合金外圆车刀切削部分几何角度的标注

a）车刀切削部分几何角度的标注　b）车刀外形图

任务六 刃磨车刀

学习目标

1. 具有根据刀具材料选择砂轮的能力。
2. 掌握正确使用砂轮机的技能。
3. 能刃磨 90° 硬质合金焊接车刀。

任务描述

选择好车刀后，必须通过刃磨来得到合适的切削刃和正确的车刀几何角度；在车削过程中，车刀切削刃将逐渐变钝从而失去切削能力，这时也只有通过刃磨才能恢复切削刃的锋利状态和正确的车刀角度。因此，车工不仅要能合理地选择车刀几何角度，还必须熟练地掌握车刀的刃磨技能。

本任务将以 90° 硬质合金焊接车刀为例，练习车刀的刃磨。45° 车刀、75° 车刀和 90° 车刀的刃磨方法基本相同。

相关理论

一、砂轮

刃磨车刀前，先要根据车刀材料选择砂轮的种类；否则将达不到良好的刃磨效果。

刃磨车刀的砂轮大多采用平形砂轮，精磨时也可采用杯形砂轮，如图 1–34 所示。

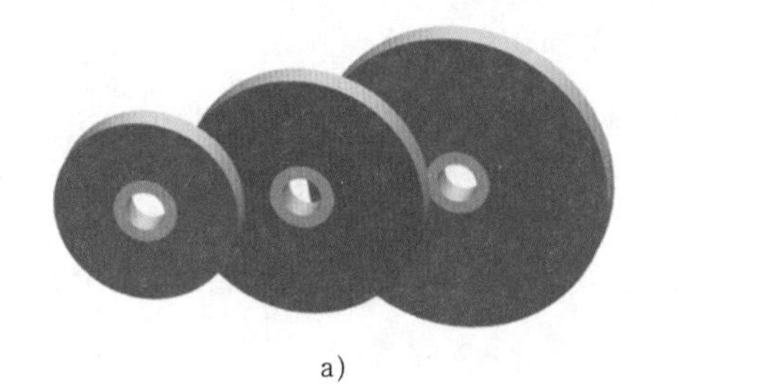

a）

b）

图 1–34 砂轮
a）平形砂轮 b）杯形砂轮

按磨料不同，常用的砂轮分为氧化铝砂轮和碳化硅砂轮两类，砂轮的种类、颜色和适用场合见表 1–19。

表 1-19　砂轮的种类、颜色和适用场合

砂轮的种类	颜色	适用场合
氧化铝砂轮	白色	刃磨高速钢车刀和硬质合金车刀的刀柄部分
碳化硅砂轮	绿色	刃磨硬质合金车刀的硬质合金部分

二、砂轮机

砂轮机是用来刃磨各种刀具、工具的常用设备，由机座 1、防护罩 2、电动机 3、砂轮 4 和控制开关 5 等部分组成，如图 1-35 所示。

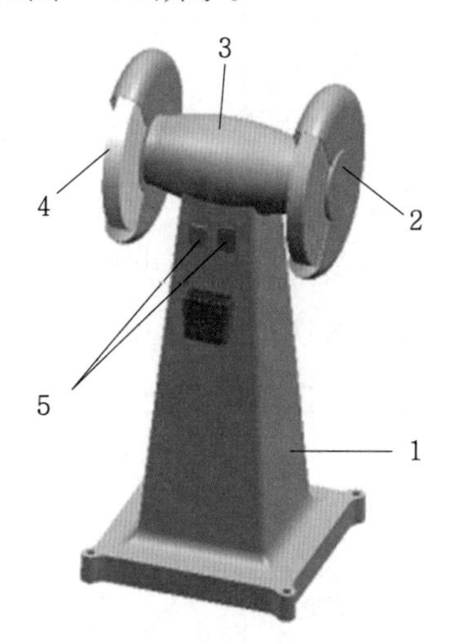

图 1-35　砂轮机

1—机座　2—防护罩　3—电动机　4—砂轮　5—控制开关（绿色和红色两个开关）

砂轮机上有绿色和红色两个控制开关，用于控制砂轮机的启动和停止。

操作提示

➤ 新安装的砂轮必须严格检查。在使用前要检查其外表有无裂纹，可用硬木轻敲砂轮，检查其声音是否清脆，如果有碎裂声必须更换砂轮。

➤ 砂轮在试转合格后才能使用。新砂轮安装完毕，先点动或低速试转，若无明显振动，再改用正常转速，空转 2 ~ 3 min，情况正常后才能使用。

➤ 安装后必须保证砂轮装夹牢靠，运转平稳。砂轮机启动后，应在砂轮旋转平稳后再进行刃磨。

➤ 砂轮旋转速度应略小于允许的线速度，速度过高会爆裂伤人，过低又会影响刃磨质量。

➤ 若砂轮跳动明显，应及时修整。平形砂轮一般可用砂轮刀在砂轮上来回修整（见图 1-36），杯形细粒度砂轮可用金刚石笔或硬砂条修整。

➤ 刃磨结束后，应随手关闭砂轮机电源。

三、刃磨姿势和方法

刃磨车刀时，操作者应站立在砂轮机的侧面，以防砂轮碎裂时碎片飞出伤人，还可防止砂粒飞入眼中。双手握车刀，两肘应夹紧腰部，这样可以减少刃磨时的抖动。

刃磨时，车刀应放在砂轮水平中心位置，刀尖略微上翘 3° ~ 8°，车刀接触砂轮后应沿砂轮左右方向水平移动；车刀离开砂轮时，刀尖需向上抬起，以免砂轮碰伤已磨好的切削刃。

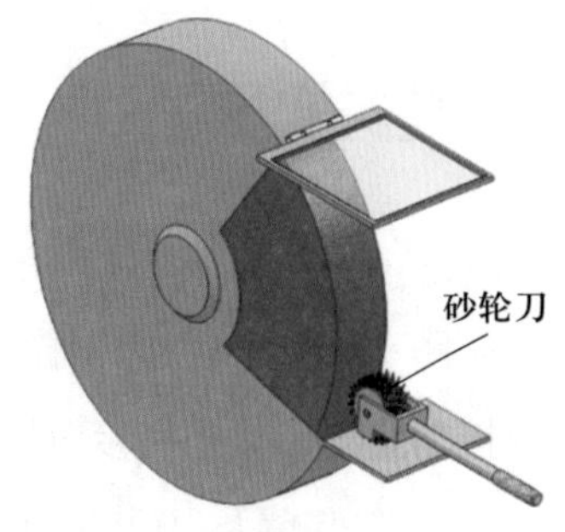

图 1–36　用砂轮刀修整砂轮

操作提示

➢ 使用砂轮机时应充分认识到越是简单的高速旋转的设备就越危险。刃磨时须戴防护眼镜，操作者应站立在砂轮机的侧面，一台砂轮机以一人操作为好。

➢ 如果砂粒飞入眼中，不能用手去擦，应立即去医务室将其清除干净。

➢ 使用平形砂轮时，应尽量避免在砂轮的侧面刃磨车刀。

➢ 刃磨高速钢车刀时应及时冷却，以防切削刃退火而导致车刀硬度降低。而刃磨硬质合金焊接车刀时则不能浸水冷却，以防刀片因骤冷而崩裂。

➢ 刃磨车刀时，砂轮旋转方向必须是由切削刃向刀柄底部方向转动，以免切削刃出现锯齿形缺陷。

➢ 刃磨车刀时不能用力过大，以免打滑伤手。

➢ 刃磨时严禁戴手套或用纱布等包住刀柄进行磨削。

四、测量车刀角度

车刀磨好后，必须测量其角度是否符合图样要求，常用样板进行测量。

一般可用图 1-37 所示的方法，先用样板测量车刀的主后角 α_o，然后测量楔角 β_o。如果这两个角度已符合要求，那么前角 γ_o 也是正确的。

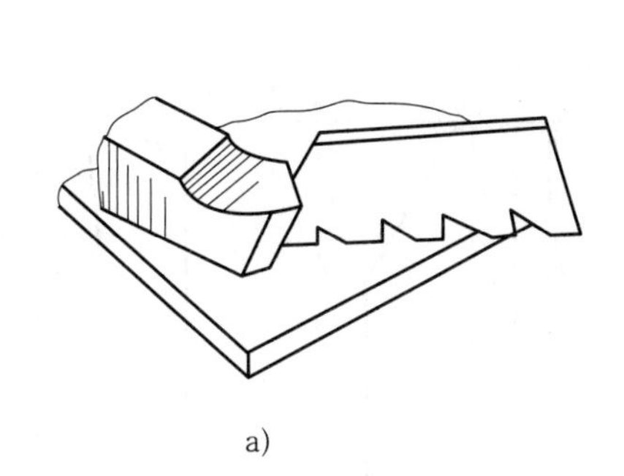

a)

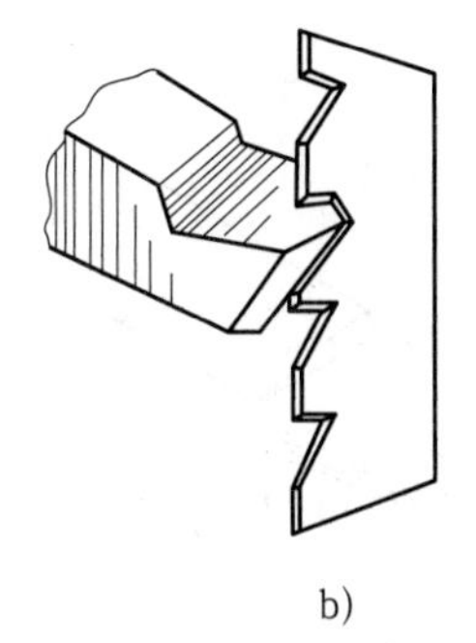

b)

图 1–37　用样板测量车刀的角度

a）测量主后角 α_o　b）测量楔角 β_o

任务实施

一、识读 90° 硬质合金焊接车刀图

图 1-38 所示为车削钢料用的 90° 硬质合金焊接车刀，又称偏刀。识读 90° 硬质合金焊接车刀图，其几何参数如下：

1. 主偏角 κ_r=90°，副偏角 κ_r'=8°。

2. 前角 γ_o=15°。

3. 主后角 α_o=8° ~ 11°。

4. 刃倾角 λ_s=5°。

5. 断屑槽宽度为 5 mm。

6. 刀尖圆弧半径 r_ε=0.8 mm。

7. 倒棱宽度为 0.5 mm，倒棱前角为 −5°。

二、工艺分析

1. 以图 1-38 所示的 90° 硬质合金焊接车刀为例，练习磨刀。

2. 可以先用 20 mm × 20 mm × 150 mm 的 45 钢的钢条练习磨刀，再刃磨 90° 硬质合金焊接车刀。

3. 45° 车刀、75° 车刀的刃磨方法与 90° 车刀基本相同。

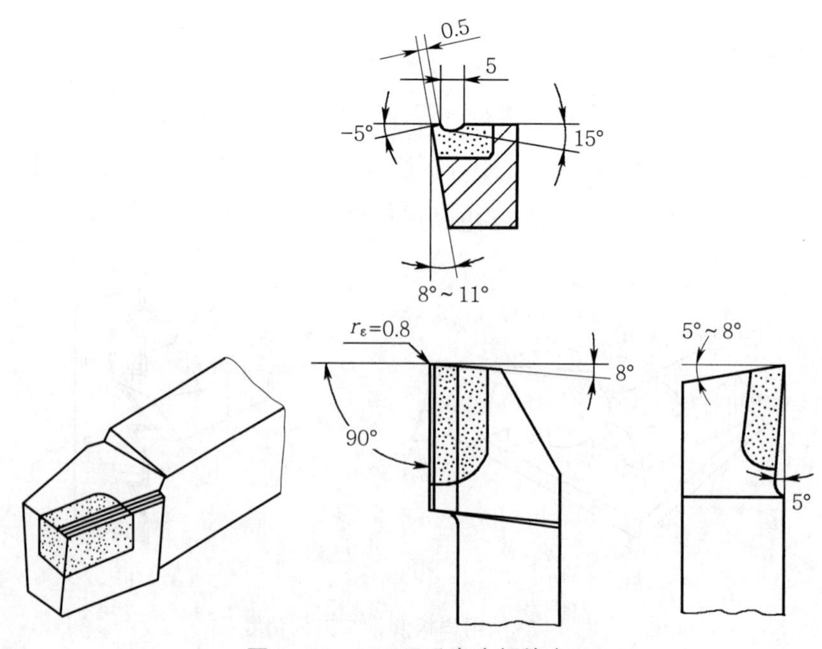

图 1-38　90° 硬质合金焊接车刀

三、准备工作

1. 工具

准备 20 mm × 20 mm × 150 mm 的 45 钢的钢条和 90° 硬质合金焊接车刀。

2. 设备

准备若干台砂轮机（配氧化铝、碳化硅砂轮）。

3. 砂轮的选用

针对刃磨 90° 硬质合金焊接车刀的不同部位，选用不同的砂轮，见表 1-20。

表 1-20 刃磨 90° 硬质合金焊接车刀时砂轮的选用

刃磨车刀的部位	刃磨车刀刀柄	粗磨车刀切削部分	刃磨断屑槽	精磨车刀切削部分
选用的砂轮	粒度为 F24 ~ F36、硬度为 K 或 L 的白色氧化铝砂轮	粒度为 F36 ~ F60、硬度为 G 或 H 的绿色碳化硅砂轮		粒度为 F180 或 F220、硬度为 G 或 H 的绿色碳化硅砂轮

4. 量具和油石

准备角度样板、游标万能角度尺、油石。

四、刃磨步骤

90° 硬质合金焊接车刀的刃磨步骤见表 1-21。

表 1-21 90° 硬质合金焊接车刀的刃磨步骤

步骤	内容	图示
步骤 1：磨主后面	人站在砂轮左侧面，两脚分开，腰稍弯，右手捏住车刀刀头，左手握住车刀刀柄，刀柄与砂轮轴线平行，车刀放在砂轮水平中心位置 磨出主后面、主后角（角度为 8° ~ 11°）、主偏角（角度约为 90°）	砂轮水平中心位置

续表

步骤	内容	图示
步骤 2：磨副后面	人站在砂轮偏右侧一些，右手捏住车刀刀头，左手握住车刀刀柄，其他与磨主后面相同，同时磨出副后面、副后角（角度为 5° ～ 8°）、副偏角（角度为 8°）	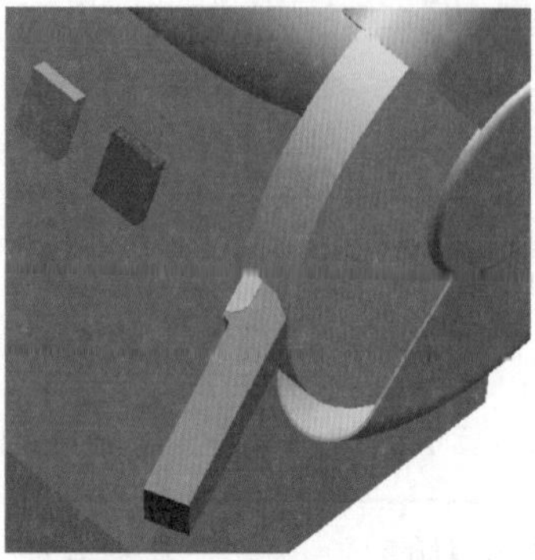
步骤 3：磨前面	一般是左手捏住车刀刀头，右手握住车刀刀柄，刀柄保持平直，磨出前面	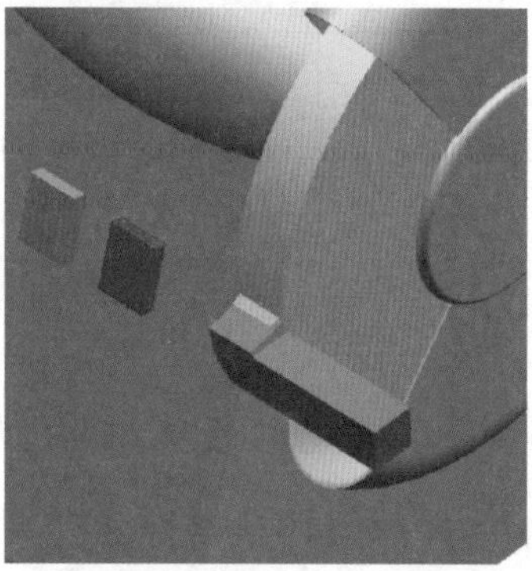
步骤 4：磨断屑槽	断屑槽常见的有圆弧形和直线形两种。断屑槽的宽度对断屑的影响很大。一般来说，断屑槽宽度减小，会使切屑弯曲半径减小，弯曲变形和弯曲应力增大，容易断屑 左手拇指与食指捏住车刀刀柄上部，右手握住车刀刀柄下部，刀头向上。刀头前面接触砂轮的左侧交角处，并与砂轮外圆周面成一夹角（车刀上的前角由此产生，前角为 15°）	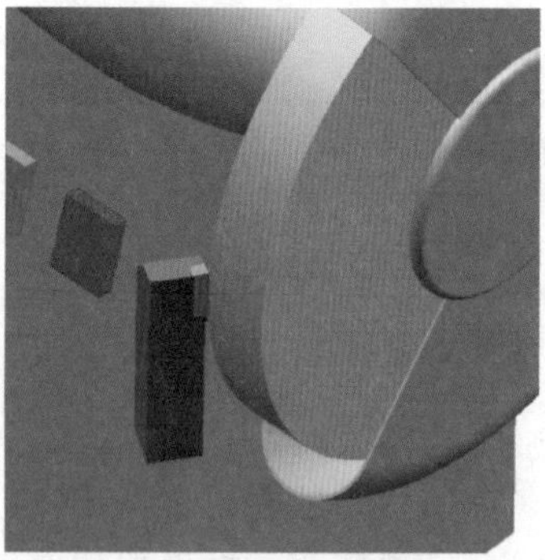
	磨好后正确的断屑槽	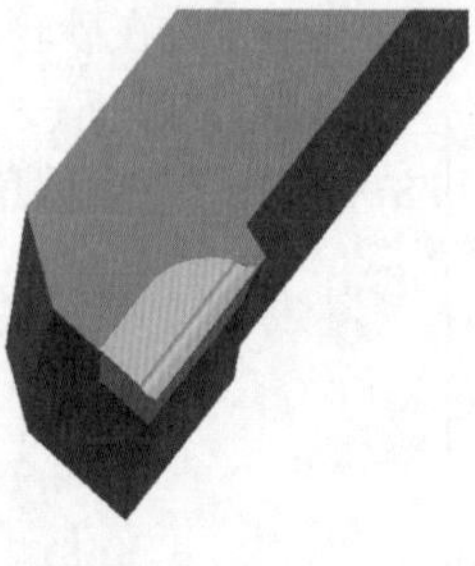

续表

步骤	内容	图示
步骤 4：磨断屑槽	不正确的断屑槽	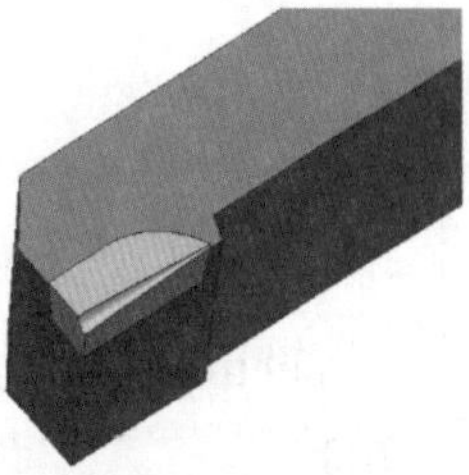
步骤 5：磨负倒棱	为了提高主切削刃的强度，改善其受力和散热条件，通常在车刀的主切削刃上磨出负倒棱。负倒棱的倾斜角度为 −5° ~ −10°，其宽度为（0.4 ~ 0.8）f（f 为进给量） 刃磨时，要使主切削刃的后端向刀尖方向逐渐轻轻接触砂轮，车刀前面与砂轮外圆周面形成负倒棱的角度	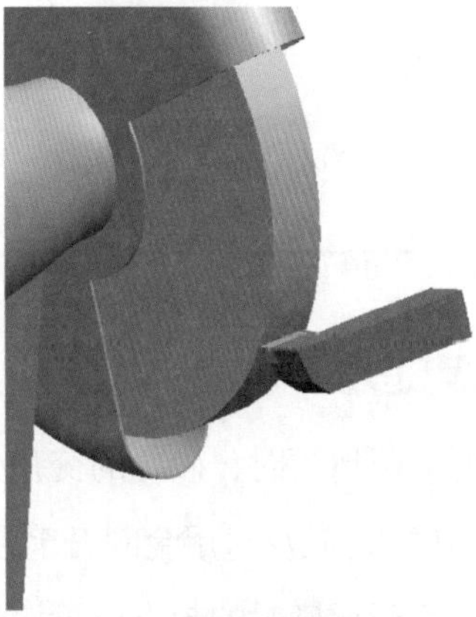
步骤 6：磨刀尖处过渡刃	为了提高刀尖强度，改善散热条件，使车刀耐用，刀尖处应磨有过渡刃，过渡刃有圆弧形和直线形两种 以右手捏住车刀前端为支点，左手握住车刀柄部，刀柄后半部分向下倾斜一些，车刀主后面与副后面交接处自下而上地轻轻接触砂轮，使刀尖处具有 0.8 mm 左右的小圆弧刃或短直线刃	
步骤 7：研磨车刀	在砂轮上刃磨的车刀，可以发现其刃口上呈微观凹凸不平状态，所以手工刃磨的车刀还应用细油石研磨其切削刃 研磨时，手持油石贴平车刀各面平行移动，要求动作平稳，用力均匀	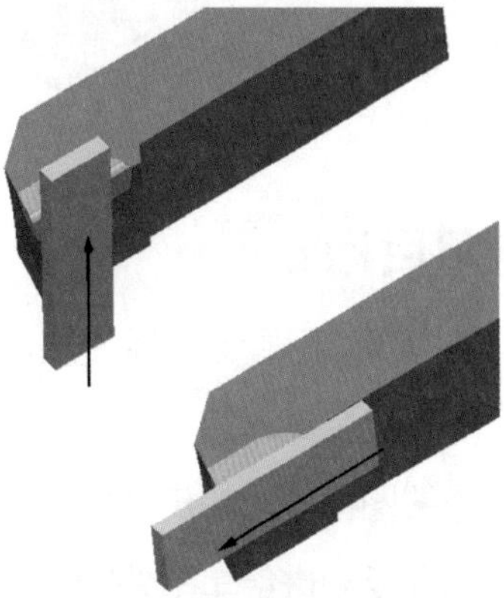

续表

步骤	内容	图示
步骤 8：测量车刀角度	可以用游标万能角度尺测量车刀角度	

操作提示

➤ 刃磨断屑槽时，砂轮的交角处应经常保持尖锐或具有一定的圆弧。当砂轮棱边磨损出较大圆角时，应及时用金刚石笔或硬砂条修整。

➤ 刃磨断屑槽时的起点位置应该与刀尖、主切削刃离开一定距离，防止将主切削刃和刀尖磨塌。一般起点位置与刀尖的距离等于断屑槽长度的 1/2 左右，与主切削刃的距离等于断屑槽宽度的 1/2 再加上倒棱的宽度。

➤ 刃磨断屑槽时不能用力过大，车刀应沿刀柄方向上下缓慢移动。要特别注意保护刀尖，避免把断屑槽的前端口磨塌。

➤ 刃磨过程中应反复检查断屑槽的形状、位置和前角的大小。对于尺寸较大的断屑槽，可分为粗磨和精磨两个阶段，尺寸较小的则可一次刃磨成形。

任务七　手动进给车削体验

学习目标

1. 掌握切削用量的选择方法。
2. 能正确装夹车刀。
3. 能按图样要求的尺寸独立完成光轴的车削。
4. 掌握手动进给车削外圆、端面和倒角的方法。

任务描述

任务六学习了车刀的刃磨，本任务将用任务六中磨好的车刀车削轴类工件中最简单的一种轴——光轴，验证车刀的刃磨质量，并掌握光轴的车削方法。

初次的手动进给车削体验，要求学生初步具备手动进给车削外圆、端面和倒角的技能。

相关理论

一、切削用量的基本概念

切削用量是切削加工过程中切削速度、进给量和背吃刀量的总称。切削用量直接影响工件加工质量、刀具的磨损和刀具寿命、机床的动力消耗和生产效率。因此，必须合理选择切削用量。下面以图 1-39 所示的外圆车削为例进行说明。

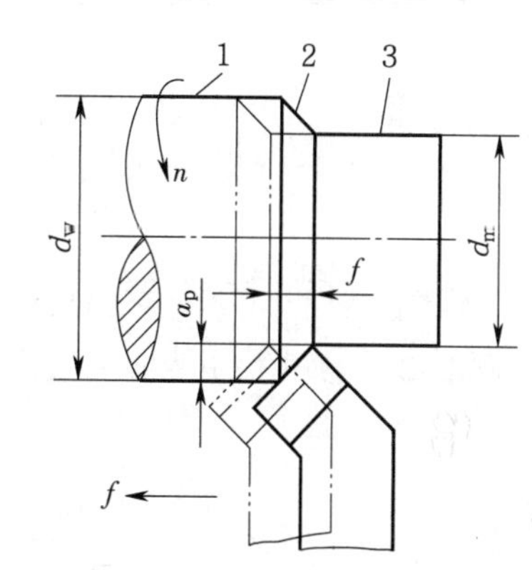

图 1-39 车削外圆时的切削用量

1—待加工表面 2—过渡表面 3—已加工表面

1. 切削速度 v_c

切削速度是指切削刃选定点相对于工件待加工表面在主运动方向上的瞬时速度，单位为 m/min。

车削时切削速度的计算公式为：

$$v_c=\frac{\pi dn}{1\ 000}\approx\frac{dn}{318}$$

式中 v_c——切削速度，m/min；

d——工件的直径，mm；

n——车床主轴转速，r/min。

例 1-1 车削直径为 60 mm 的工件外圆，选定的车床主轴转速为 560 r/min，求切削速度。

解：

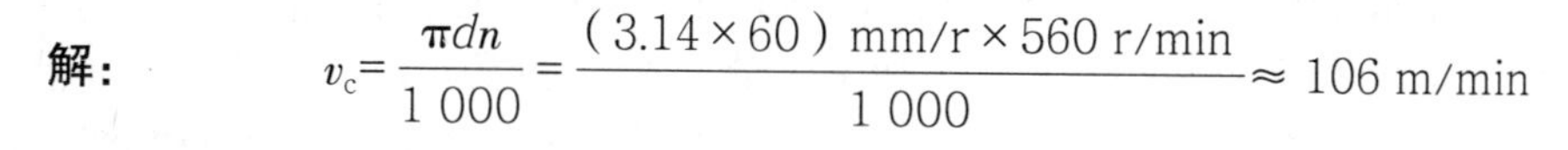

$$v_c=\frac{\pi dn}{1\ 000}=\frac{(3.14\times 60)\ \text{mm/r}\times 560\ \text{r/min}}{1\ 000}\approx 106\ \text{m/min}$$

操作提示

在实际生产中，往往已知工件直径，需根据工件材料、刀具材料和加工要求等因素选定切削速度，再将切削速度换算成主轴转速，以便于调整机床，这时可把切削速度的公式改写成 $n=\frac{1\ 000v_c}{\pi d}$。

如果计算所得的车床转速与车床铭牌上所列的转速有出入，应选取铭牌上与计算值接近的转速。

2. 进给量 f

进给量是指工件每转一转，车刀沿进给方向移动的距离，它是衡量进给运动大小的参数。进给量分为纵向进给量和横向进给量。纵向进给量是指沿车床床身导轨方向的进给量，横向进给量是指垂直于车床床身导轨方向的进给量。

3. 背吃刀量 a_p

工件上已加工表面和待加工表面间的垂直距离称为背吃刀量，也就是每次进给时车刀切入工件的深度。车削外圆时，背吃刀量可按下式计算：

$$a_p=\frac{d_w-d_m}{2}$$

式中 a_p——背吃刀量，mm；

d_w——工件待加工表面直径，mm；

d_m——工件已加工表面直径，mm。

例 1–2 已知工件待加工表面直径为 95 mm，现一次进给车至直径为 90 mm，求背吃刀量。

解： $a_p=\frac{d_w-d_m}{2}=\frac{95\text{ mm}-90\text{ mm}}{2}=2.5\text{ mm}$

二、切削用量的选择原则

切削用量的选择原则见表 1–22。

表 1–22 切削用量的选择原则

加工阶段	粗车	半精车和精车
选择原则	考虑到提高生产效率并保证合理的刀具寿命，首先要选用较大的背吃刀量，然后选择较大的进给量，最后根据刀具寿命选择合理的切削速度	必须保证加工精度和表面质量，同时还必须兼顾必要的刀具寿命和生产效率
背吃刀量	在保留半精车余量（1 ~ 3 mm）和精车余量（0.1 ~ 0.8 mm）后，加工余量应尽量一次车去	由粗加工后留下的余量确定。用硬质合金车刀车削时，最后一刀的背吃刀量不宜太小，以 a_p>0.1 mm 为宜
进给量	在工件刚度和强度允许的情况下，可选用较大的进给量	一般多采用较小的进给量
切削速度	切削中碳钢时平均切削速度为 80 ~ 100 m/min，切削合金钢时平均切削速度为 50 ~ 70 m/min，切削灰铸铁时平均切削速度为 50 ~ 70 m/min	用硬质合金车刀精车时，一般多采用较高的切削速度（80 m/min 以上）；用高速钢车刀精车时，宜采用较低的切削速度

三、车刀的装夹

将刃磨好的车刀装夹在刀架上的操作过程称为车刀的装夹，如图 1-40 所示。车刀装夹得正确与否，直接影响车削的顺利进行和工件的质量。所以，在装夹车刀时要满足以下要求：

1. 车刀装夹在刀架上的伸出部分应尽量短，以提高车刀的刚度。伸出长度为刀柄厚度的 1 ~ 1.5 倍。车刀下面垫片的数量要尽量少（一般为 1 ~ 2 片），并与刀架边缘对齐。

2. 保证车刀的实际主偏角 κ_r。例如，车台阶时 90° 车刀（偏刀）一般保证粗车时 κ_r=85° ~ 90°，精车时 κ_r=90° ~ 93°，如图 1-41 所示。

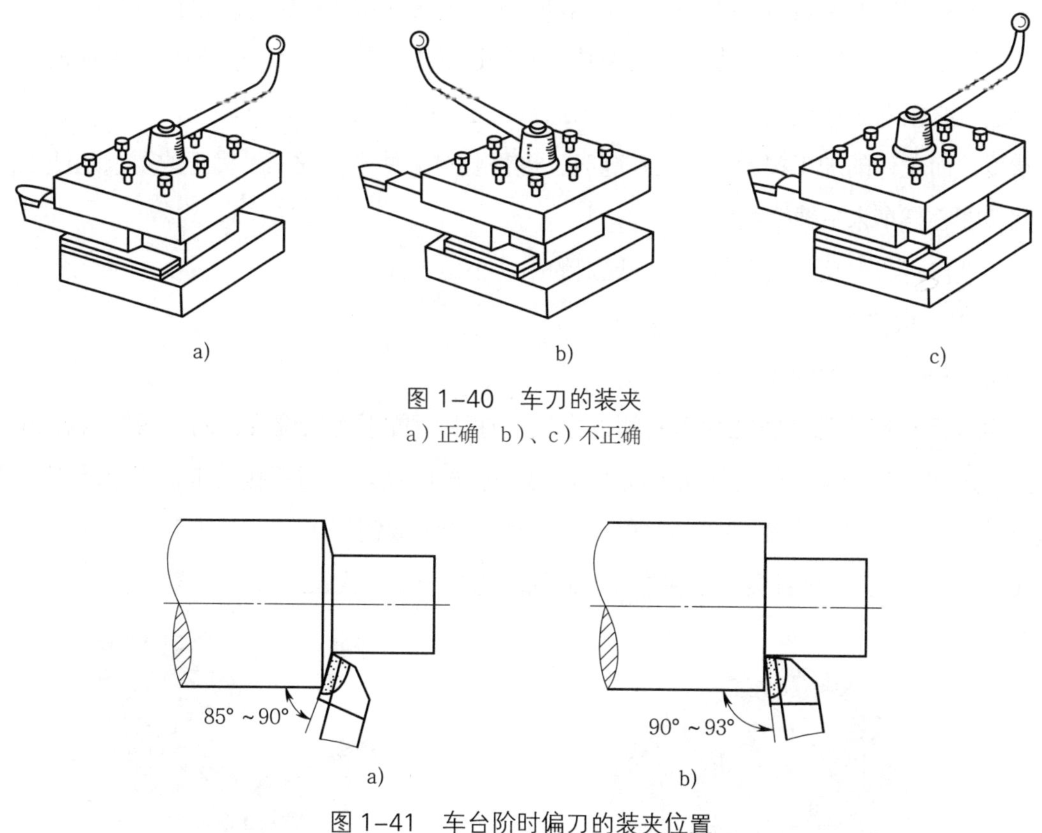

图 1-40　车刀的装夹

a）正确　b）、c）不正确

图 1-41　车台阶时偏刀的装夹位置

a）粗车　b）精车

3. 至少用两个刀柄压紧螺钉逐个轮流压紧车刀，以防止车削时产生振动。

4. 增减车刀下面的垫片，使车刀刀尖与工件轴线等高（见图 1-42a）。若刀尖对不准工件轴线，在车至端面中心时会留有凸台（见图 1-42b、c）。若刀具韧性较好，刀尖高于工件轴线时，凸台阻止车刀不能前进；刀尖低于工件轴线时，车刀从凸台下穿过。若刀具脆性较大，如使用硬质合金车刀，车到中心处凸台会使刀尖崩碎（见图 1-42c）。

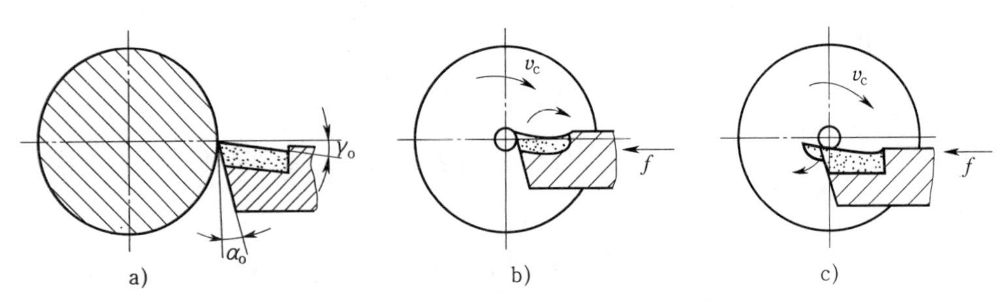

图 1-42　车刀刀尖与工件轴线的位置

a）等高　b）高于工件轴线　c）低于工件轴线

四、工件的装夹及找正

1. 工件的装夹

用三爪自定心卡盘装夹工件时能够自动定心，一般不需要找正，如图 1-43 所示。但在装夹较长的工件时，工件上离卡盘夹持部分较远处的回转中心不一定与车床主轴轴线重合，这时必须对工件进行找正。此外，当三爪自定心卡盘因使用时间较长而失去应有的夹持精度，而工件的加工精度要求又较高时，也需要对工件进行找正。找正的要求是使工件的回转中心与车床主轴轴线重合。

三爪自定心卡盘适用于装夹形状规则的中、小型工件。

2. 工件的找正

（1）粗加工工件的找正

用卡爪轻夹工件，将主轴箱右侧的主轴变速手柄置于空挡位置，划线盘放置在适当位置，用划针尖触及工件悬伸端外圆表面，如图 1-44 所示。用手拨动卡盘，带动工件缓慢转动，观察划针尖与工件表面接触情况，用铜棒（或铜锤）轻轻敲击工件悬伸端，如图 1-45 所示，直至划针尖与工件外圆表面间隙均匀一致，找正结束，夹紧工件。

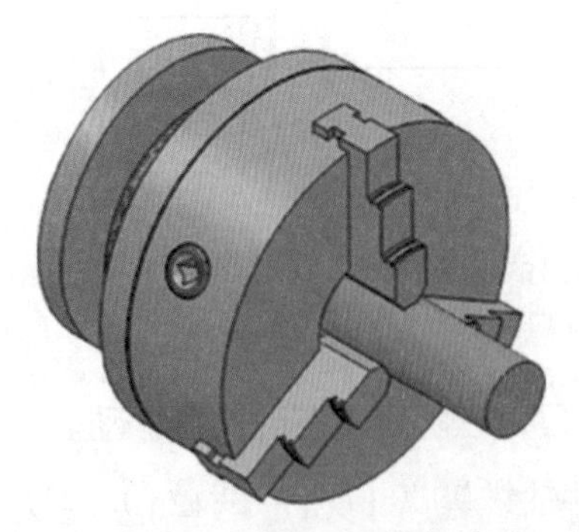

图 1-43　用三爪自定心卡盘装夹工件

图 1-44　用划线盘找正

（2）精加工工件的找正

用卡爪轻夹工件，将百分表的磁性表座吸在车床固定不动的表面（如导轨面）上，调整表架位置，使百分表测头垂直指向工件悬伸端外圆表面径向最高点，如图 1-46 所示，用手拨动卡盘，带动工件缓慢转动，用铜棒（或铜锤）轻轻敲击工件悬伸端，直至工件每转中百分表读数的最大差值小于工件的几何公差，找正结束，夹紧工件。

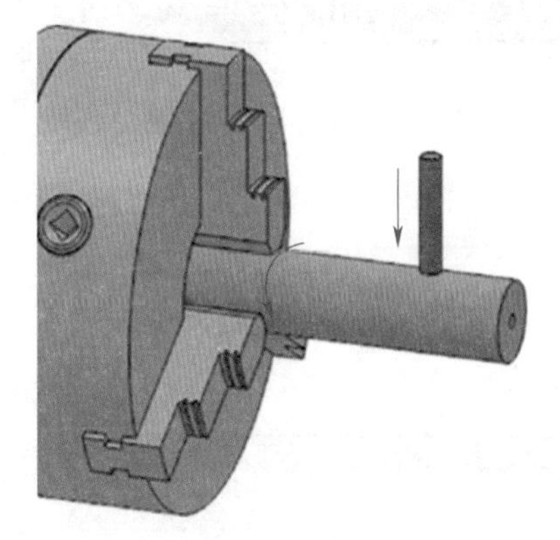

图 1-45 用铜棒敲击工件

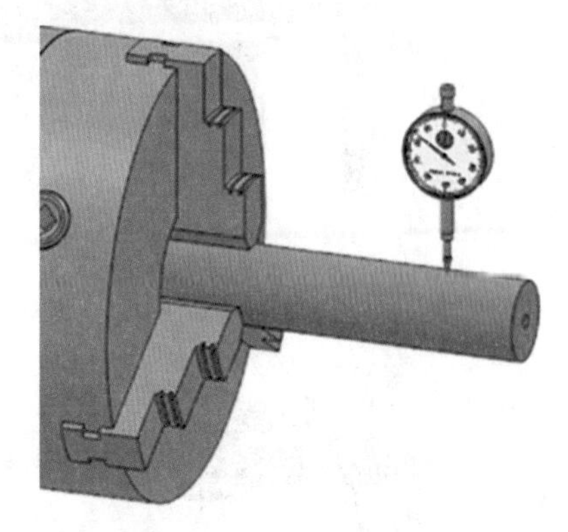

图 1-46 用百分表找正

五、车工常用量具

1. 游标卡尺

游标卡尺是车工应用最多的通用量具，其结构简单，使用方便。游标卡尺可分为三用游标卡尺和双面游标卡尺，如图 1-47 所示。

（1）游标卡尺的结构

1）三用游标卡尺。三用游标卡尺的结构和形状如图 1-47a 所示，主要由主标尺和游标尺等组成。使用时，旋松固定游标尺的制动螺钉即可测量。刀口外测量爪用来测量工件的外径和长度，刀口内测量爪用来测量工件的孔径和槽宽，深度尺用来测量工件的深度和台阶的长度。

2）双面游标卡尺。双面游标卡尺的结构和形状如图 1-47b 所示，为了调整尺寸方便和测量准确，在游标尺上增加了微动装置。旋紧固定微动装置的制动螺钉 7，再松开制动螺钉 3，用手指转动滚花螺母 9，通过小螺杆 10 即可微调游标尺。刀口外测量爪用来测量槽底直径或两孔间的孔距，圆弧内、外测量爪用来测量工件的外径、长度和孔径。

注意：测量孔径时，游标卡尺的读数值必须加上圆弧内测量爪的厚度 b（b 一般为 10 mm）。

（2）游标卡尺的读数方法

游标卡尺的测量范围分别为 0 ~ 125 mm、0 ~ 150 mm、0 ~ 200 mm、0 ~ 300 mm 等。游标卡尺的分度值有 0.02 mm、0.05 mm 和 0.1 mm 三种。游标卡尺是以游标尺的“0”线为基准进行读数的，下面以图 1-48 所示的分度值为 0.02 mm 的游标卡尺为例，其读数分为以下三个步骤：

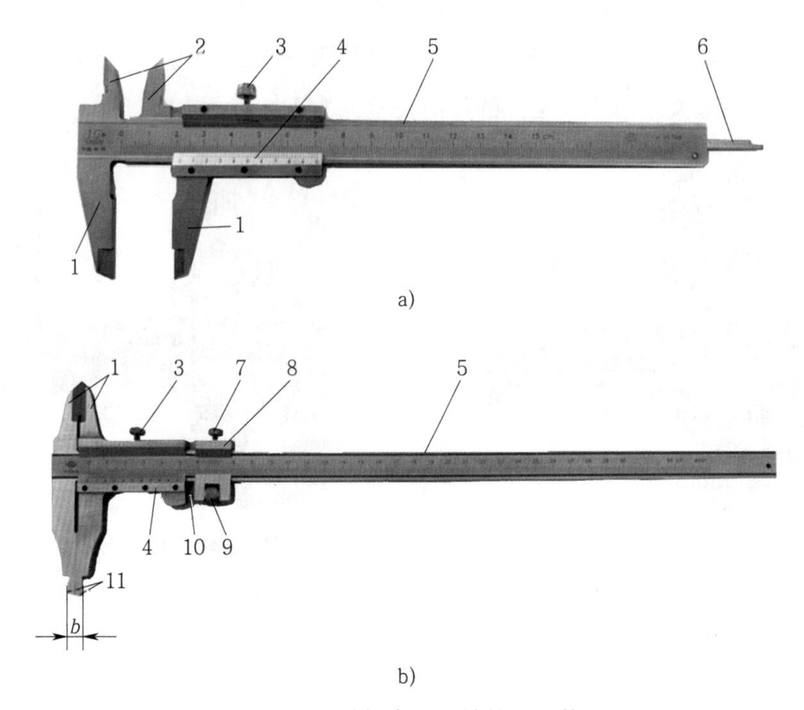

图 1-47　游标卡尺的结构和形状

a）三用游标卡尺　b）双面游标卡尺

1—刀口外测量爪　2—刀口内测量爪　3、7—制动螺钉　4—游标尺　5—主标尺　6—深度尺

8—微动装置　9—滚花螺母　10—小螺杆　11—圆弧内、外测量爪

1）读整数。首先读出主标尺上游标尺“0”线左边的整毫米数，主标尺上每格为 1 mm，即读出整毫米数为 90 mm。

2）读小数。用与主标尺上某刻线对齐的游标尺上的刻线格数，乘以游标卡尺的分度值，得到小数毫米值，即读出小数部分为 21 × 0.02 mm=0.42 mm。

3）整数加小数。最后将两项读数相加，即为被测表面的尺寸，即 90 mm+0.42 mm= 90.42 mm。

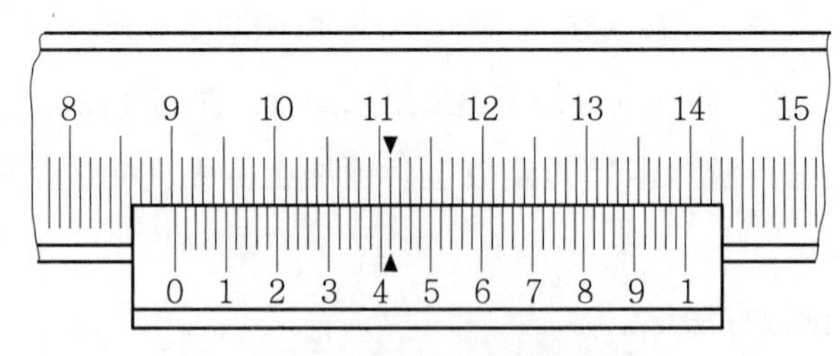

图 1-48　游标卡尺的读数方法

（3）游标卡尺的使用方法

旋松固定游标尺用的制动螺钉，即可移动游标尺调节内、外测量爪进行测量。外量爪用来测量工件的外径和长度，如图 1-49a 所示；内量爪可以测量孔径、孔距和槽

宽，如图 1-49b 所示；深度尺可用来测量工件的深度和台阶的长度，如图 1-49c 所示。

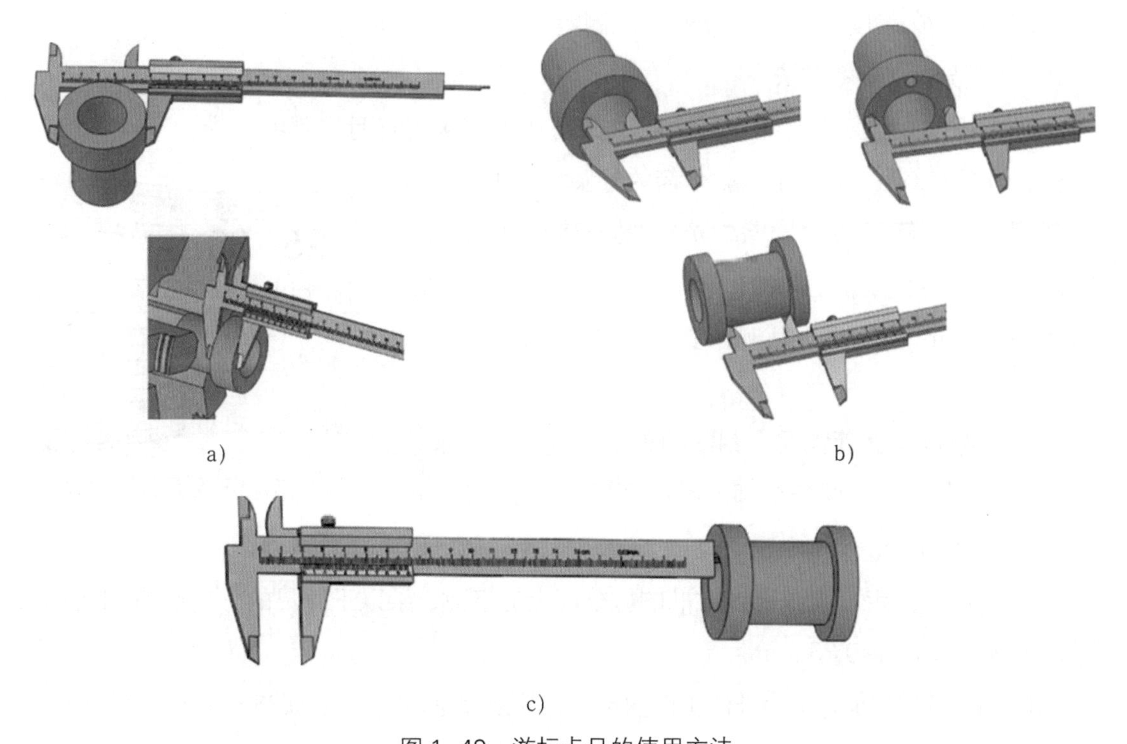

图 1-49　游标卡尺的使用方法

a）测量外径和长度　b）测量孔径、孔距和槽宽　c）测量深度和台阶的长度

2. 外径千分尺

外径千分尺是各种千分尺中应用最多的一种，简称千分尺，主要用于测量工件外径和外形尺寸，外径千分尺的分度值为 0.01 mm。

（1）千分尺的结构

外径千分尺属于螺旋测微量具，其结构如图 1-50 所示。

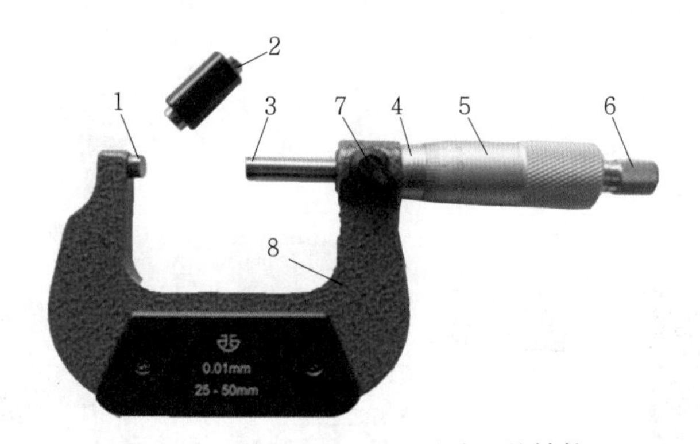

图 1-50　25 ~ 50 mm 千分尺的结构

1—砧座　2—校对量棒　3—测微螺杆　4—固定套管　5—微分筒

6—测力装置（棘轮）　7—锁紧手柄　8—尺架

由于测微螺杆的长度受到制造上的限制，其位移量一般为 25 mm。因此，按测量范围分，常用外径千分尺的规格有 0 ~ 25 mm、25 ~ 50 mm、50 ~ 75 mm、75 ~ 100 mm 等。使用时应根据被测工件的尺寸，选择相应测量范围的千分尺。

（2）千分尺的读数方法

千分尺的固定套管上刻有基准线，在基准线的两侧有两排刻线，上、下两条相邻刻线的间距为每格 0.5 mm。微分筒的外圆锥面上刻有 50 格刻度，微分筒每转动一格，测微螺杆移动 0.01 mm，所以千分尺的分度值为 0.01 mm。下面以图 1-51 所示的 25 ~ 50 mm 千分尺为例，其读数分为以下三个步骤：

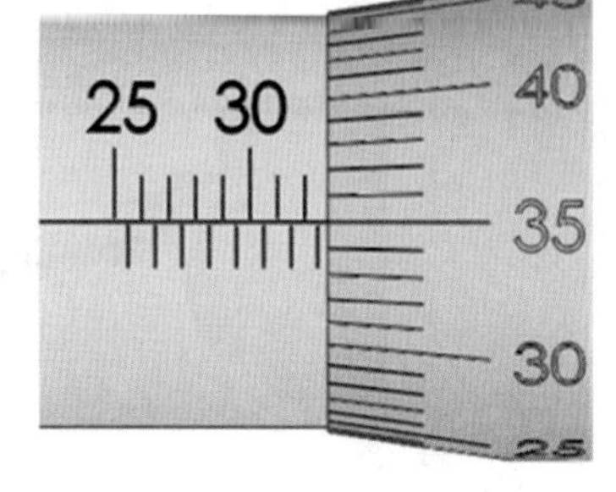

图 1-51　千分尺的读数方法

1）读出固定套管上露出刻线的整毫米数和半毫米数。注意固定套管上、下两条相邻刻线的间距为每格 0.5 mm，即可读出 32.5 mm。

2）读出与固定套管基准线对准的微分筒上的格数，乘以千分尺的分度值 0.01 mm，即为 35 × 0.01 mm=0.35 mm。

3）两项读数相加，即为被测工件的尺寸，其读数为 32.5 mm+0.35 mm=32.85 mm。

（3）千分尺的使用方法

测量工件尺寸前，应检查千分尺的零位，即检查微分筒上的零线与固定套管上的基准线是否对齐（见图 1-52），若未对齐，应用配套扳手进行调整。

测量工件时，先转动千分尺的微分筒，待测微螺杆的测量面接近工件被测表面时，再转动测力装置，使测微螺杆的测量面接触工件表面，当听到 2 ~ 3 声“咔咔”声响后即可停止转动，读取工件尺寸。为防止尺寸变动，可转动锁紧装置，锁紧测微螺杆，如图 1-53 所示。

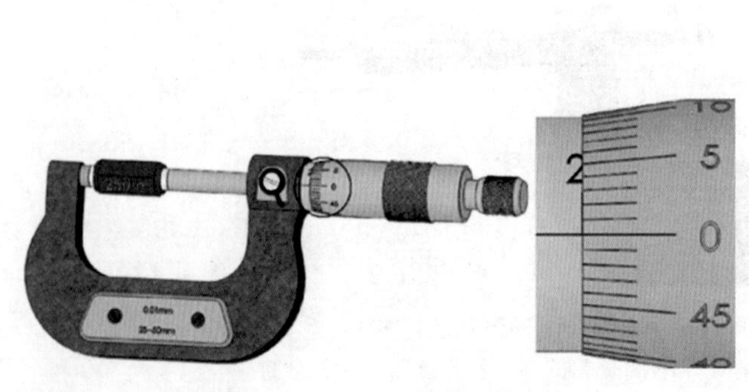

图 1-52　千分尺零位的校正

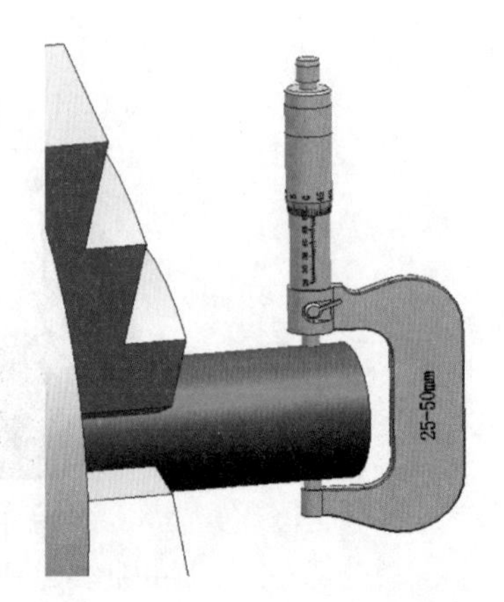

图 1-53　千分尺的使用方法

任务实施

一、识读光轴图样

图 1-54 所示为光轴图样。

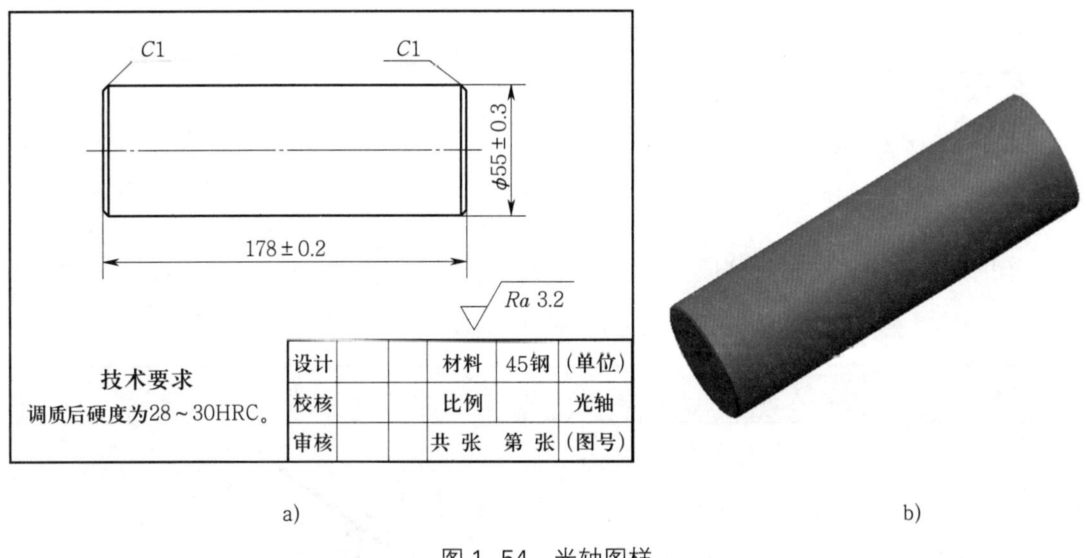

图 1-54 光轴图样
a）零件图 b）实物图

1. 尺寸公差

光轴的外圆直径为（55±0.3）mm，工件的总长为（178±0.2）mm，倒角为 *C*1 mm。

2. 表面粗糙度

图样右下角的符号"$\sqrt{Ra\ 3.2}$"表示光轴的所有表面有相同的表面粗糙度要求，即光轴的外圆表面、左右两端面和倒角的圆锥表面的表面粗糙度 *Ra* 值均为 3.2 μm。

3. 技术要求

本工件除了有加工尺寸要求，技术要求为"调质后硬度为 28 ～ 30HRC"，即材料经过调质，达到洛氏硬度 28 ～ 30HRC。

二、工艺分析

1. 本任务加工工件的图样如图 1-54 所示。

2. 工件材料为 45 钢，是中碳钢。

3. 图样中的"*C*1"表示倒角角度为 45°，倒角的轴向长度为 1 mm。

4. 加工中应粗、精车光轴的一端后，再掉头车端面保证总长，最后粗、精车光轴的另一端。

三、准备工作

1. 工件

毛坯尺寸：ϕ60 mm × 180 mm。材料：45 钢。数量：1 件 / 人。

2. 工艺装备

准备 90° 车刀、钢直尺、分度值为 0.02 mm 的 0 ~ 200 mm 游标卡尺、50 ~ 75 mm 千分尺、0.2 mm × 25 mm × 140 mm 的铜皮。

3. 设备

准备 CA6140 型卧式车床。

四、车削步骤

车削光轴的步骤见表 1-23。

表 1-23　车削光轴的步骤

步骤	内容	图示
步骤 1：装夹工件	将卡盘扳手的方榫插入卡盘外圆上的方孔中，转动卡盘扳手，使卡爪张开	
	将工件放入三爪自定心卡盘的卡爪内，工件伸出卡爪长度为 100 mm，用钢直尺测量	

续表

步骤	内容	图示
步骤1：装夹工件	左手握住卡盘扳手，右手握住加力管，用力转动卡盘扳手，夹紧工件	
步骤2：装夹90°车刀	（1）刀尖对准主轴回转中心 1）顶尖对准法（见图a）。使车刀刀尖与尾座顶尖等高 2）测量刀尖高度法（见图b）。装刀时根据车床主轴的中心高，用钢直尺测量车床导轨到刀尖的高度装刀	a) b)
	（2）紧固车刀 紧固车刀前先目测刀柄中心线与工件轴线是否垂直；如不符合要求，则对车刀进行调整。车刀位置正确后，再用专用刀架扳手将前、后两个刀柄压紧螺钉逐个轮流拧紧。刀架扳手不允许套上加力管，以防止损坏刀柄压紧螺钉 （3）检查 当刀柄压紧螺钉压紧后，检查刀尖是否还与主轴回转中心对齐；否则应进行调整	

续表

步骤	内容	图示
步骤3：调整车床	（1）调整车床主轴变速手柄，将主轴转速调至粗车时的转速300 r/min （2）调整进给量手柄，将进给量调至粗车时的进给量0.25 mm/r	
步骤4：粗、精车端面	启动车床使工件旋转，移动中滑板和床鞍，使90°车刀的刀尖轻轻接触工件端面后，退出中滑板（床鞍不动）；再移动床鞍或小滑板，控制背吃刀量（小于0.5 mm），摇动中滑板手柄做横向进给，由工件外缘向中心车削端面	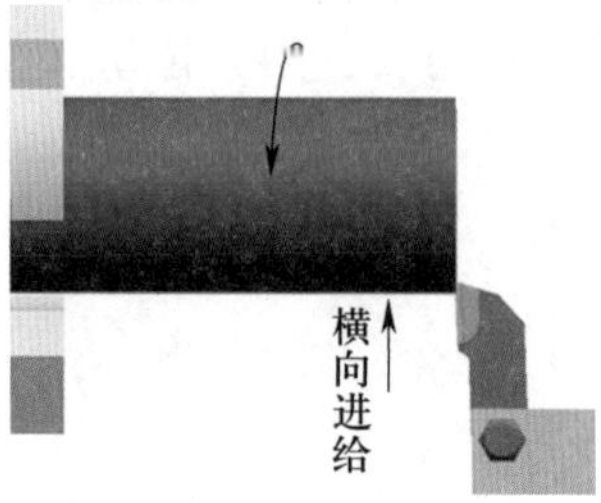 横向进给
步骤5：外圆试车削	（1）对刀 左手摇动床鞍手轮，右手摇动中滑板手柄，使车刀刀尖趋近并轻轻接触工件待加工表面，以此作为确定中滑板进刀的零点位置，然后反向摇动床鞍手轮（此时中滑板手柄不动），使车刀向右离开工件3 ~ 5 mm	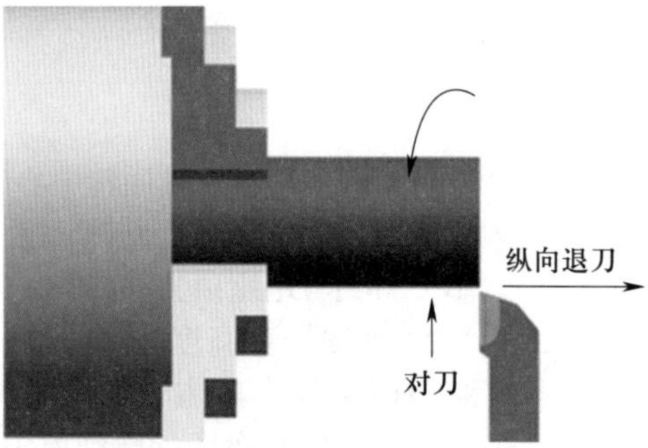 纵向退刀 对刀
	（2）进刀 摇动中滑板手柄，使车刀横向进给1 mm，通过中滑板上的刻度盘进行控制及调整	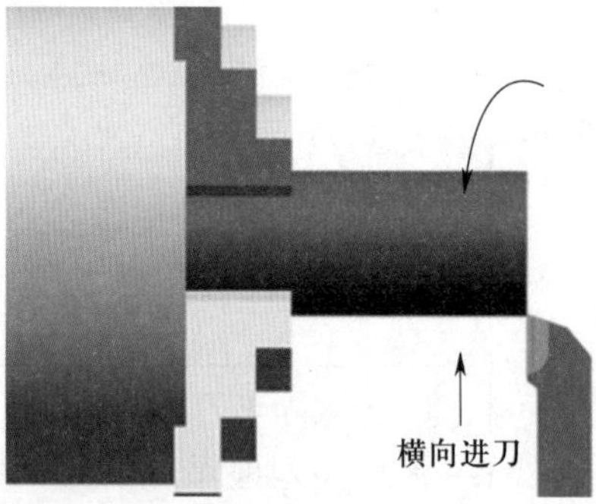 横向进刀
	（3）试车削 试车削的目的是调整车刀横向进给量，保证工件的直径。车刀在进刀后，纵向进给车削工件2 mm左右时，纵向快速退出车刀，停车测量。根据测量结果，相应调整车刀横向进给量，控制工件外圆至ϕ57 mm	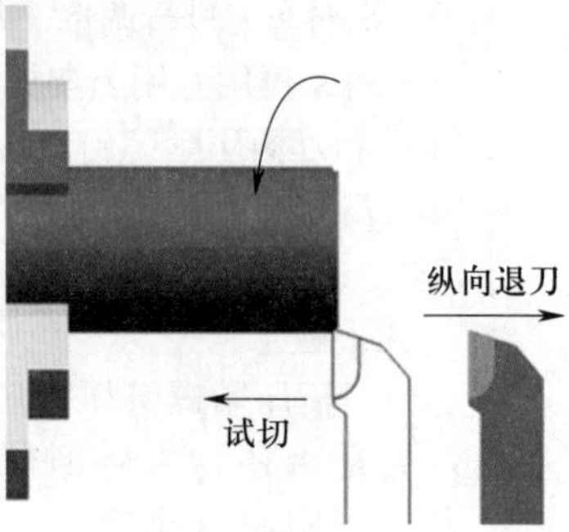 纵向退刀 试切

续表

步骤	内容	图示
步骤6：粗、精车一端外圆	（1）粗车 用90°车刀将外圆粗车至ϕ57 mm，长度车至90 mm左右，并用游标卡尺进行测量 （2）选用精车时的主轴转速500 r/min，进给量为0.2 mm/r （3）将外圆精车至ϕ（55 ± 0.3）mm，并用千分尺进行测量	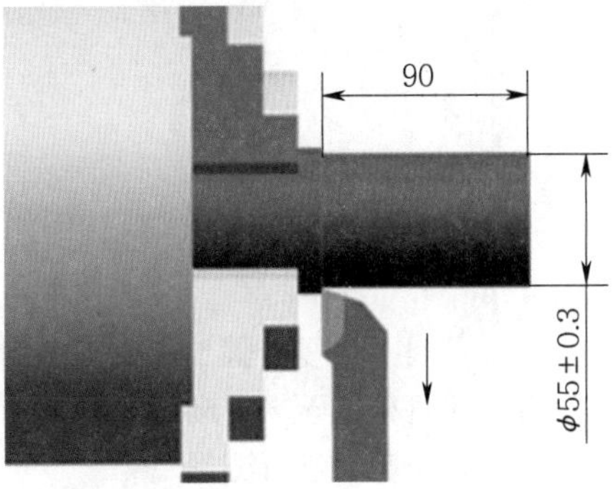
	（4）倒角 转动刀架，使90°车刀的主切削刃成45°角，紧固刀架，移动床鞍和中滑板，使主切削刃至外圆和端面的相交处，倒角C1 mm	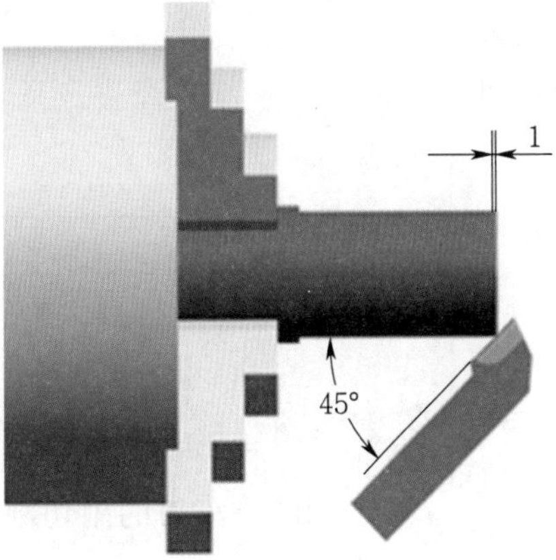
步骤7：车端面，保证工件总长	（1）卸下工件，测量工件的实际总长，计算好加工余量 （2）用铜皮包住已经加工好的外圆，掉头装夹，保证台阶与卡爪的距离为5 ~ 10 mm （3）粗、精车端面，保证工件总长为（178 ± 0.2）mm，用游标卡尺进行测量	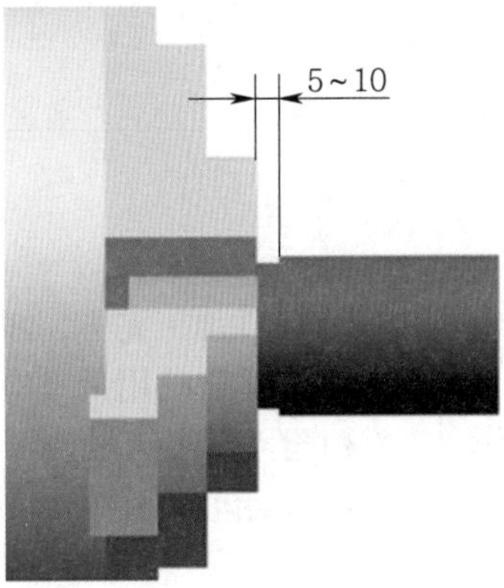

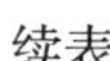

续表

步骤	内容	图示
步骤8：粗、精车另一端外圆	（1）重复步骤5和6，粗、精车工件外圆至 ϕ（55±0.3）mm，并用千分尺进行测量	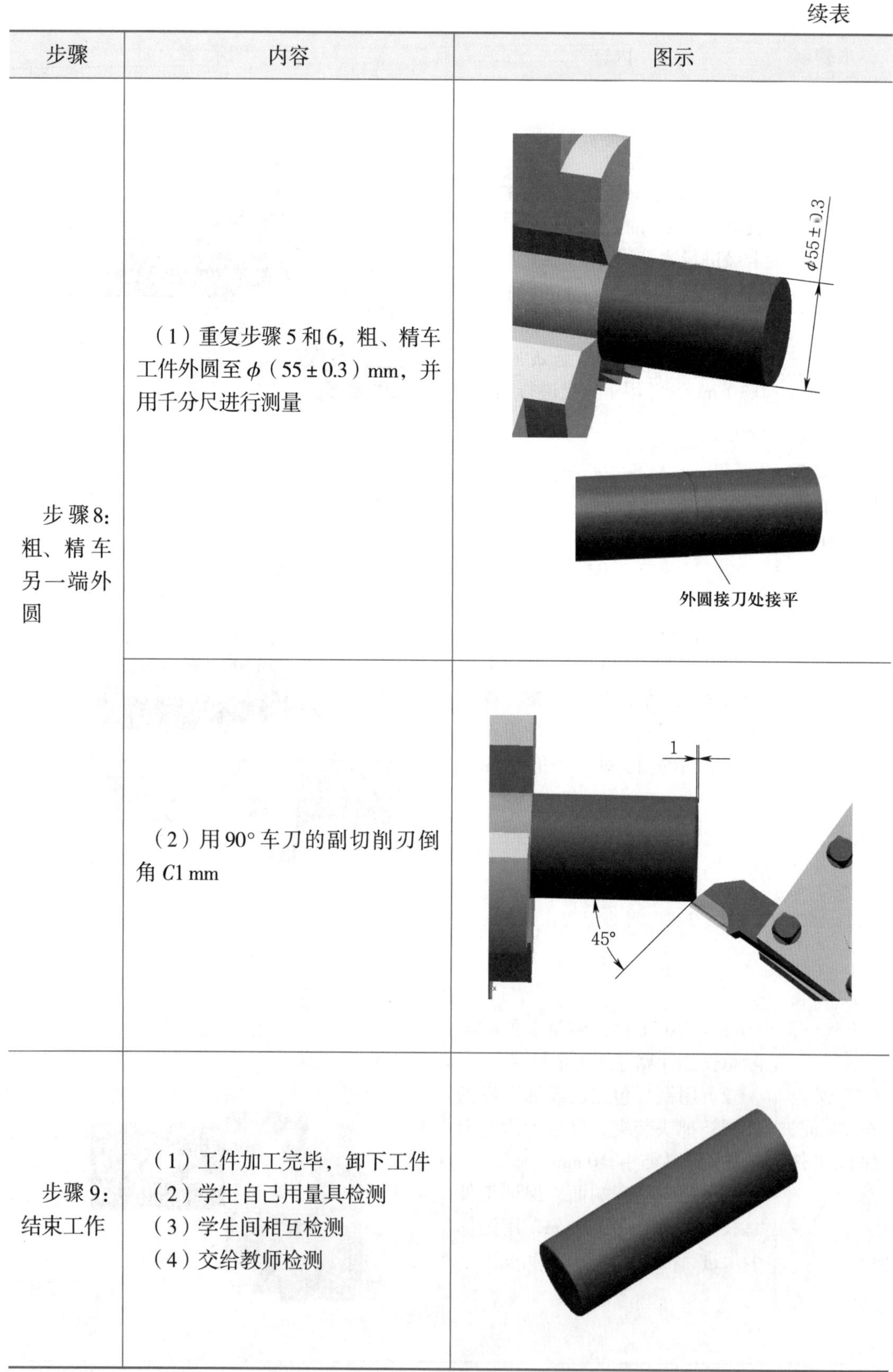
	（2）用90°车刀的副切削刃倒角 C1 mm	
步骤9：结束工作	（1）工件加工完毕，卸下工件 （2）学生自己用量具检测 （3）学生间相互检测 （4）交给教师检测	

操作提示

➢ 进行手动进给车削练习时，应把有关进给手柄放在空挡位置。

➢ 车削前应检查滑板位置是否正确，工件装夹是否牢靠，卡盘扳手是否取下。

➢ 检查车刀是否装夹正确，刀柄压紧螺钉是否拧紧，刀架锁紧手柄是否锁紧。

➢ 变换主轴转速时应先停机后变速；否则容易使齿轮的轮齿折断。

➢ 车削时应先启动车床后再进刀，车削完毕应先退刀再停止车床；否则车刀容易损坏。

➢ 若工件端面中心留有凸台，原因是车刀刀尖没有对准工件轴线。

➢ 若工件端面凹凸不平，原因是背吃刀量过大，车刀磨损，床鞍没有锁紧，刀架和车刀紧固力不足而产生位移，使用 90° 车刀时装刀后主偏角大于 90° 。

项目二
车 台 阶 轴

任务一 选择车台阶轴用车刀

学习目标

1. 能合理选用车台阶轴用车刀。
2. 能选择粗车刀、精车刀切削部分的几何参数。
3. 能刃磨并保证粗车刀、精车刀切削部分的几何参数。
4. 会选择车刀材料。

任务描述

图 2-1 所示的台阶轴是典型的轴类工件，一般由外圆柱面、端面、台阶、倒角和中心孔等结构要素构成。车削台阶轴时，除了保证图样上标注的尺寸精度和表面质量等要求，一般还应达到一定的形状公差和跳动公差要求，图 2-1 中的台阶轴就提出了圆柱度和径向圆跳动公差要求。

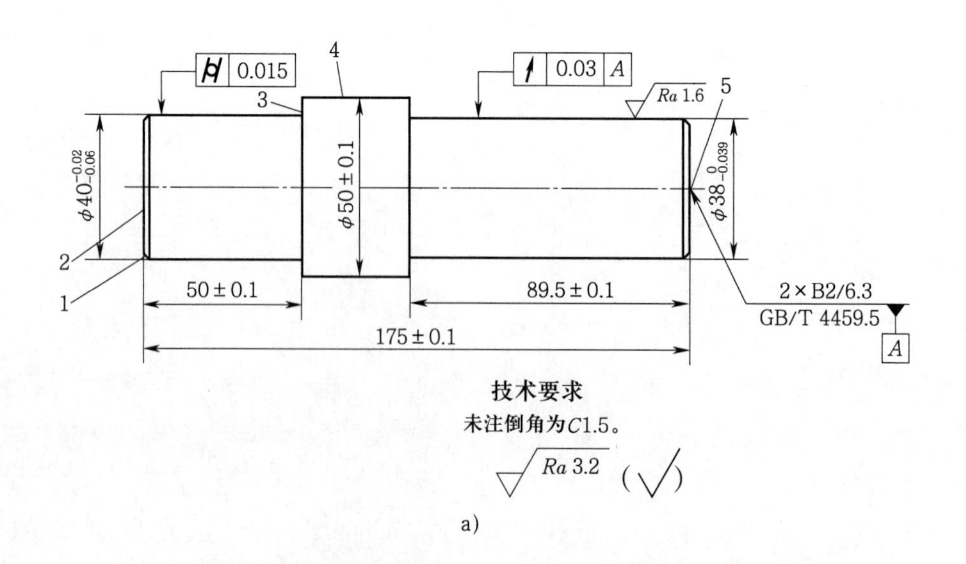

a)

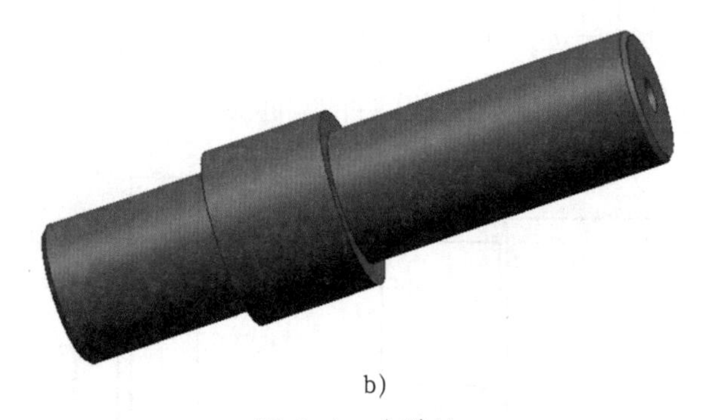

b）

图 2-1 台阶轴

a）零件图 b）实物图

1—倒角 2—端面 3—台阶 4—外圆柱面（外圆） 5—中心孔

车削工件时一般分为粗车和精车两个阶段。

粗车和精车的目的不同，对所用车刀的要求也存在着较大差别。本任务将根据不同的加工阶段和工件的结构特点，先合理选用车刀，再确定车刀合理的几何参数。

相关理论

一、车台阶轴常用的车刀

常用的车外圆、端面和台阶用车刀的主偏角有 45°、75°和 90°等几种。

1. 45°车刀

45°车刀的刀尖角 ε_r=90°，刀尖强度和散热性都较好。常用于车削工件的端面及进行 45°倒角，也可用来车削长度较短的外圆，如图 2-2 所示。

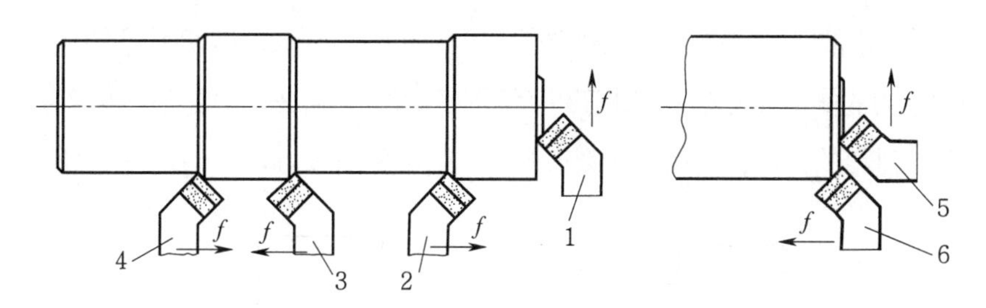

图 2-2 45°车刀的应用

1、3、6—右车刀 2、4、5—左车刀

2. 75°车刀

75°车刀的刀尖角 ε_r > 90°，刀尖强度高，较耐用。75°车刀适用于粗车台阶轴的外圆，也可对加工余量较大的铸件、锻件外圆进行强力车削；75°左车刀还适用于车削铸件、锻件的大端面，如图 2-3 所示。

3. 90°车刀

90°车刀的应用如图 2-4 所示，右偏刀一般用来车削工件的外圆、端面和右向台阶。

因为其主偏角较大，不易使工件产生径向弯曲。左偏刀一般用来车削工件的外圆和左向台阶，也适用于车削直径较大且长度较短的工件的端面。

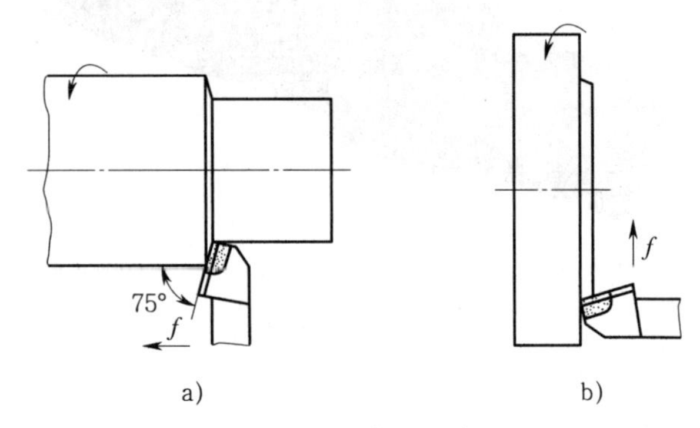

图 2-3　75°车刀的应用

a）用 75°右车刀车外圆　b）用 75°左车刀车端面

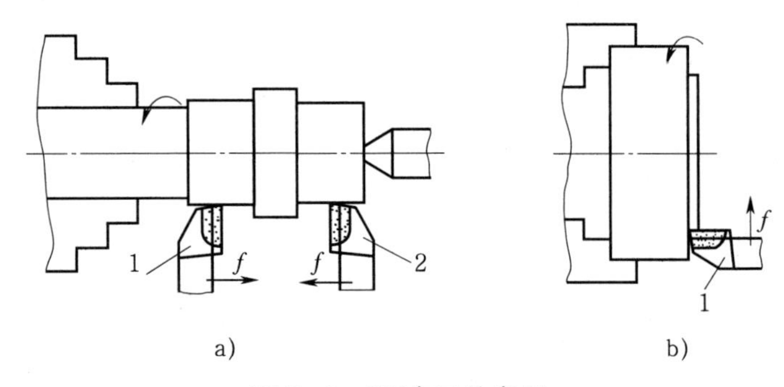

图 2-4　90°车刀的应用

a）用左偏刀和右偏刀车台阶　b）用左偏刀车端面

1—左偏刀　2—右偏刀

用右偏刀车端面时，如果车刀由工件外缘向中心进给，则采用副切削刃车削。当背吃刀量较大时，因切削力的作用会使车刀扎入工件而形成凹面（见图 2-5a）；为防止产生凹面，可采用由中心向外缘进给的方法，利用主切削刃进行车削（见图 2-5b），但是背吃刀量应小些。

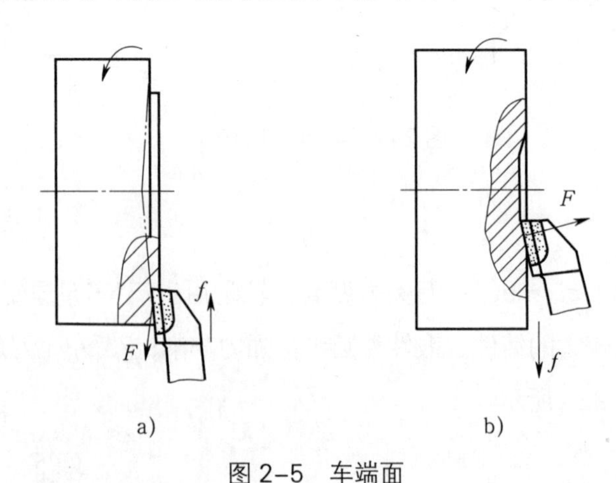

图 2-5　车端面

a）右偏刀由外缘向中心进给形成凹面　b）右偏刀由中心向外缘进给

二、车台阶轴用车刀的几何参数

1. 外圆粗车刀几何参数的选择

为了适应粗车时背吃刀量大和进给速度快的特点，粗车刀要有足够的强度，能在一次进给中车去较多的余量。选择粗车刀几何参数的一般原则如下：

（1）主偏角 κ_r 不宜太小；否则车削时容易引起振动。当工件外圆形状允许时，主偏角最好选择为 75° 左右，以使车刀有较大的刀尖角（ε_r）。这样，车刀不但能承受较大的切削力，还有利于切削刃散热。

（2）为了提高刀头强度，前角 γ_o 和主后角 α_o 应选小些，但必须注意，前角太小会使切削力增大。

（3）粗车刀一般采用负刃倾角，即 λ_s=-3° ~ 0°，以提高刀头强度。

（4）粗车塑性金属（如中碳钢等）时，为使切屑能自行折断，应在车刀前面上磨出断屑槽。常用的断屑槽有直线形和圆弧形两种，断屑槽的尺寸主要取决于背吃刀量和进给量。

操作提示

➤ 为了提高刀尖强度，改善散热条件，使车刀耐用，刀尖处应磨有过渡刃。采用直线形过渡刃时，过渡刃偏角 $\kappa_{r\varepsilon}=\dfrac{1}{2}\kappa_r$，过渡刃长度 b_ε=0.5 ~ 2 mm，如图 2-6 所示。

➤ 为了提高切削刃的强度，主切削刃上应磨有倒棱，倒棱宽度 $b_{\gamma1}$=（0.5 ~ 0.8）f，倒棱前角 γ_{o1}=-10° ~ -5°，如图 2-7 所示。

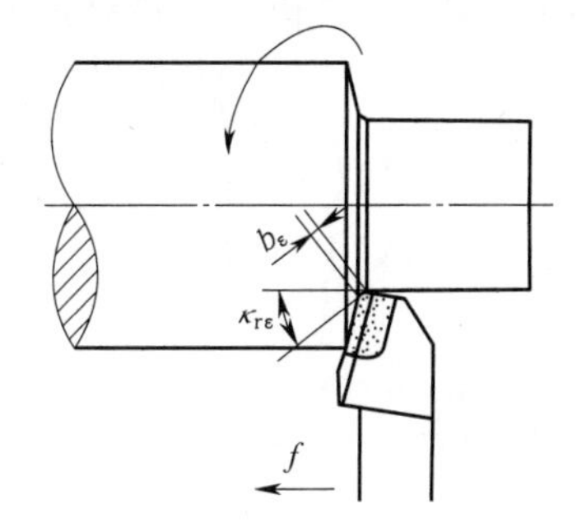

图 2-6　直线形过渡刃

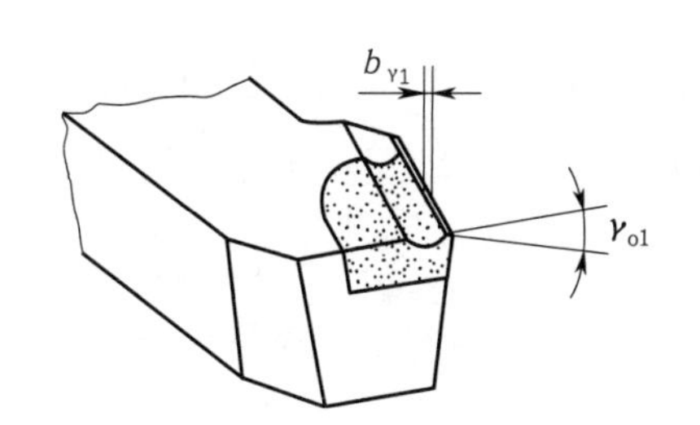

图 2-7　倒棱

2. 外圆精车刀几何参数的选择

要求精车刀锋利，切削刃平直、光滑，必要时还可磨出修光刃，但是对车刀强度的要求相对不高。精车时，必须保证使切屑排向工件的待加工表面。精车刀几何参数的选择原则如下：

（1）应取较小的副偏角 κ_r' 或在副切削刃上磨出修光刃。一般修光刃长度 b_ε'=（1.2 ~ 1.5）f，如图 2-8 所示。

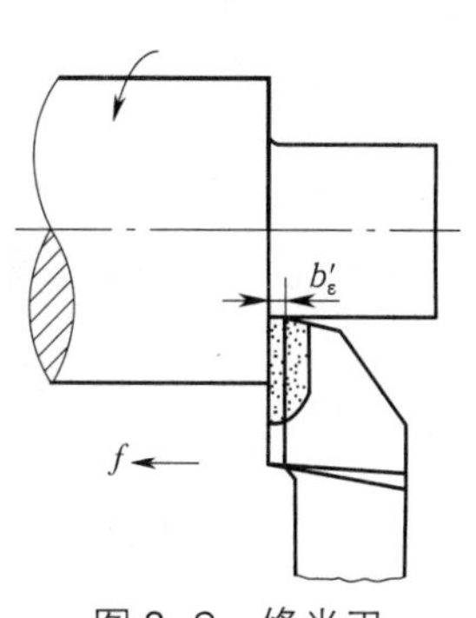

图 2-8　修光刃

（2）前角 γ_o 一般应大些，以使车刀锋利，车削轻快。

（3）主后角 α_o 也应大些，以减小车刀和工件之间的摩擦。精车时对车刀强度的要求相对不高，允许取较大的主后角。

（4）为了使切屑排向工件的待加工表面，应选用正刃倾角，即 λ_s=3° ~ 8°。

（5）精车塑性金属时，为保证排屑顺利，前面应磨出相应宽度的断屑槽。

操作提示

➤ 副切削刃近刀尖处一小段平直的切削刃称为修光刃，其位置如图 2-9 所示。切削时，它起到修光已加工表面的作用。

➤ 装刀时，必须使修光刃与进给方向平行，且修光刃长度必须大于进给量，才能起修光作用。

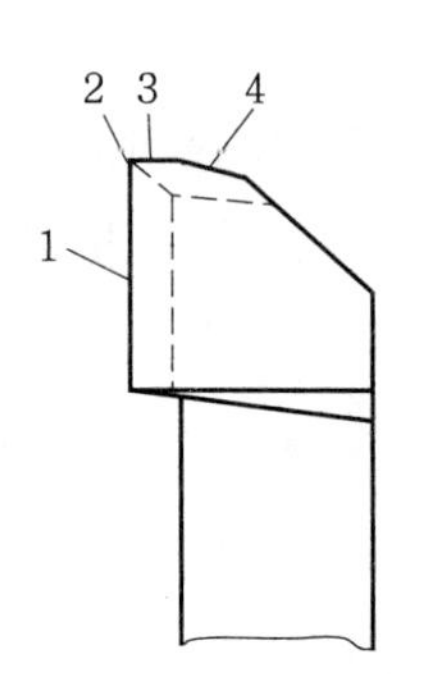

图 2-9　修光刃的位置

1—主切削刃　2—刀尖

3—修光刃　4—副切削刃

任务实施

一、识读台阶轴图样

图 2-1 所示的台阶轴共有两级台阶，即中间的 ϕ（50±0.1）mm 外圆和右端 $\phi 38_{-0.039}^{\ 0}$ mm 外圆构成一级台阶，中间的 ϕ（50±0.1）mm 外圆和左端的 $\phi 40_{-0.06}^{-0.02}$ mm 外圆构成另一级台阶。

1. 尺寸公差

图 2-1 所示的台阶轴有三段外圆柱面，中间一段 ϕ（50±0.1）mm 的外圆两端应倒钝锐边。

左端外圆 $\phi 40_{-0.06}^{-0.02}$ mm×（50±0.1）mm 倒角 C1.5 mm。

右端外圆 $\phi 38_{-0.039}^{\ 0}$ mm×（89.5±0.1）mm 倒角 C1.5 mm。

2. 形状公差

“| ⌭ | 0.015 |”表示 $\phi 40_{-0.06}^{-0.02}$ mm 圆柱面的圆柱度公差为 0.015 mm。

3. 跳动公差

“| ↗ | 0.03 | A |”表示 $\phi 38_{-0.039}^{\ 0}$ mm 圆柱面相对于台阶轴两中心孔所形成的公共轴线的径向圆跳动公差为 0.03 mm。

4. 基准（基准要素）

“A”是基准，基准 A 表示台阶轴两中心孔所形成的公共轴线。在加工、检测工件外圆的圆跳动公差时应使用该基准。

5. 中心孔的含义

中心孔标注的含义如图 2-10 所示。

6. 表面粗糙度

图 2-1 中"$\sqrt{Ra\ 1.6}$"表示右端 $\phi38_{-0.039}^{\ 0}$ mm 外圆的表面粗糙度 Ra 值为 1.6 μm。

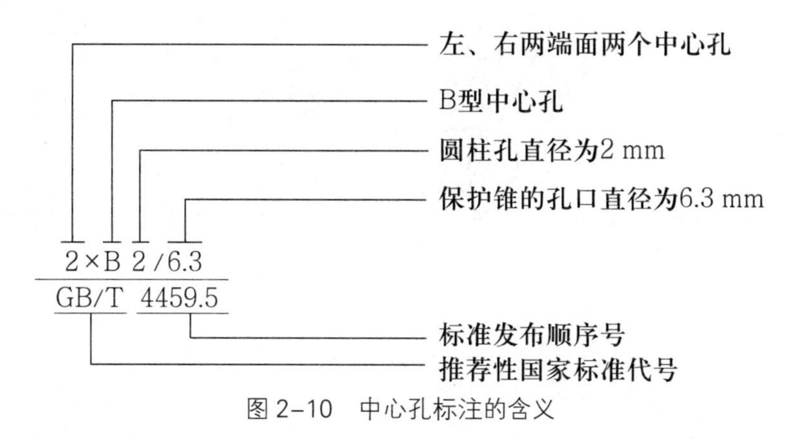

图 2-10 中心孔标注的含义

图样右下角的符号"$\sqrt{Ra\ 3.2}$ ($\sqrt{}$)"表示除右端 $\phi38_{-0.039}^{\ 0}$ mm 外圆外的其余表面的表面粗糙度 Ra 值均为 3.2 μm。

二、分析车削工艺

1. 分析车削工艺方案

(1) 台阶轴的车削工艺方案较多，因为数量为 1 件 / 人，采用单件加工的车削工艺较合理。

(2) 如图 2-1 所示的台阶轴形状较简单，有两级台阶，尺寸变化不大，但精度要求较高，加工时应分粗车和精车两个阶段。

(3) 粗车的目的是尽快将毛坯上的加工余量切除。粗车时，对加工表面没有严格的要求，只需留有一定的半精车余量 (2 ~ 2.5 mm) 和精车余量 (0.8 ~ 1 mm) 即可。粗车的另一个作用是及时发现毛坯内部的缺陷，如夹渣、砂眼、裂纹等，也能消除毛坯内部的残余应力并防止热变形。

(4) 精车是车削的末道加工工序，加工余量较小，需要达到图样要求的尺寸精度、几何精度和表面粗糙度等技术要求。

2. 确定台阶轴的加工方案

根据台阶轴的形状合理选择车刀并正确刃磨车刀→粗车台阶轴→精车台阶轴。

三、选择车台阶轴用车刀

加工本项目中所对应的台阶轴时可选用 45° 车刀、75° 车刀和 90° 车刀，其几何参数见表 2-1。

表 2-1　车台阶轴用车刀的几何参数

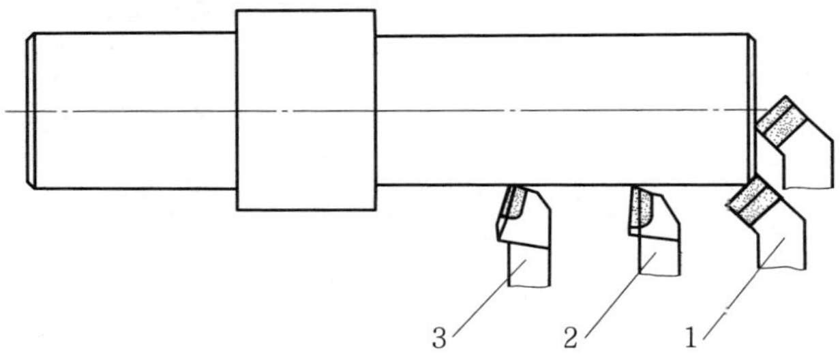

1—45°车刀　2—90°车刀（右偏刀）　3—75°车刀

车刀	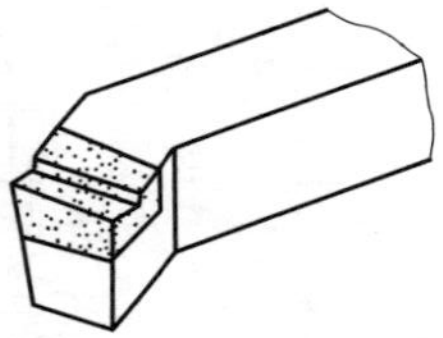	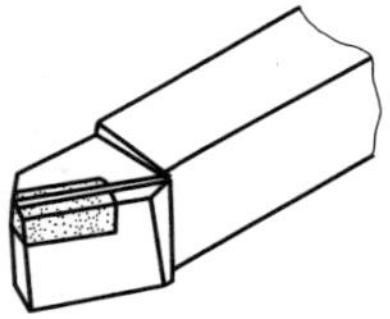	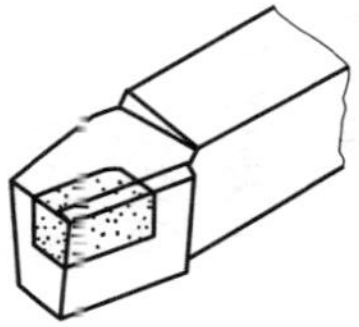
车刀图	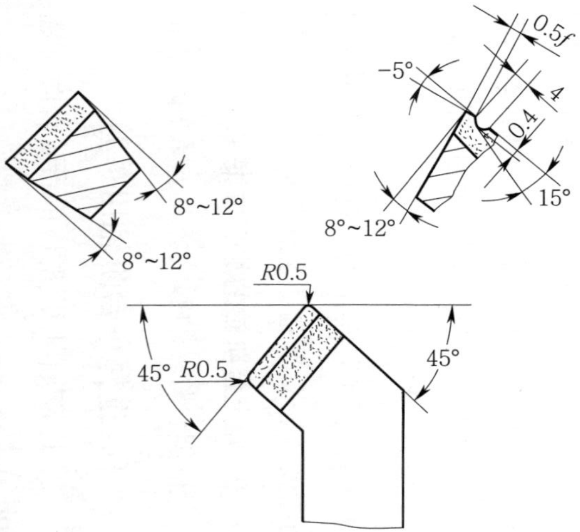 8°~12°　8°~12°　−5°　0.5f　4　0.4　15°　8°~12°　R0.5　45°　R0.5　45°	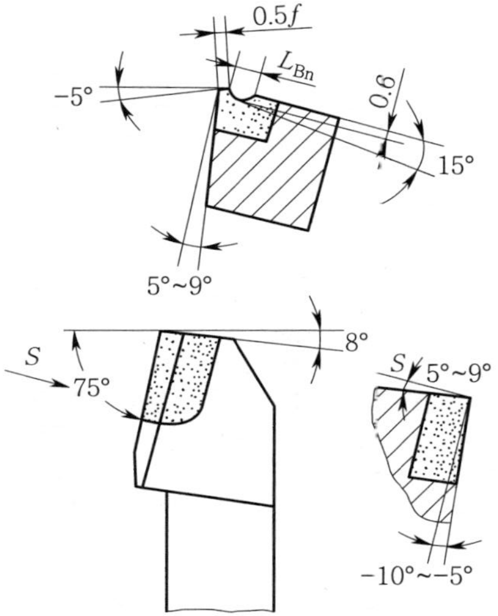 0.5f　L_{Bn}　−5°　0.6　15°　5°~9°　S　75°　8°　S　5°~9°　−10°~−5°	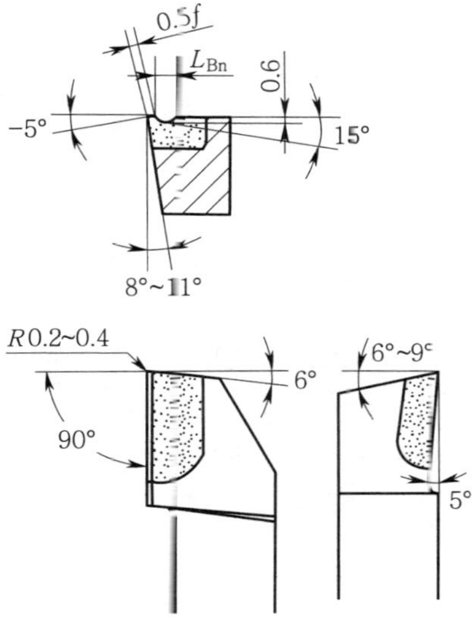 0.5f　L_{Bn}　0.6　−5°　15°　8°~11°　R0.2~0.4　6°　90°　6°~9°　5°

续表

应用	车台阶轴的端面和45 °倒角	粗车台阶轴的外圆	精车外圆、台阶和端面（见图 2–11）
主偏角 κ_r	45°	75°	90°
副偏角 κ_r'	45°	8°	6°
前角 γ_o	15°	15°	15°
主后角 α_o	8° ~ 12°	5° ~ 9°	8° ~ 11°
副后角 α_o'	8° ~ 12°	5° ~ 9°	6° ~ 9°
刃倾角 λ_s	0°	–10° ~ –5°	5°
断屑槽宽度 L_{Bn}	4 mm	4 mm	4 mm
断屑槽深度 C_{Bn}	0.4 mm	0.6 mm	0.6 mm
倒棱宽度 $b_{\gamma 1}$	0.5 f	（0.5 ~ 0.8）f	0.5 f
倒棱前角 γ_{o1}	–5°	–5°	–5°
刀尖圆弧半径 r_ε	0.5 mm	—	0.2 ~ 0.4 mm

四、选用车刀材料

本项目中的台阶轴材料为 45 钢，车削工件的外圆、台阶和端面时常用的刀具材料是硬质合金，粗车时选用的硬质合金代号为 P30，精车时选用的硬质合金代号为 P01。

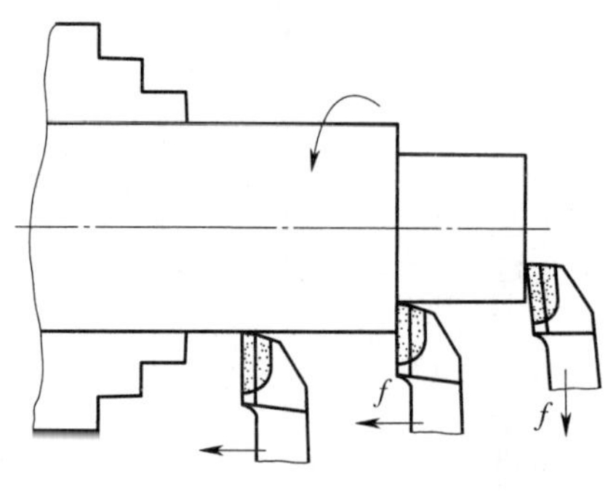

图 2-11 用 90°车刀精车外圆、台阶和端面

五、刃磨车台阶轴用车刀

车台阶轴用的 45°车刀和 75°车刀与 90°车刀的刃磨方法基本相同，可参考项目一任务六。

任务二 粗车台阶轴

学习目标

1. 能采用一夹一顶的方式装夹并找正台阶轴。
2. 掌握后顶尖的类型和使用方法。
3. 掌握中心孔的类型、钻中心孔的方法和钻中心孔容易出现的问题。
4. 能选择粗车时的切削用量。
5. 会调整尾座的位置。
6. 能按照加工工艺粗车台阶轴。

任务描述

车削项目二任务一中的台阶轴时，应先把项目一任务七中 ϕ（55±0.3）mm×（178±0.2）mm 的光轴按图 2-12 所示的粗车台阶轴工序图粗车成形。

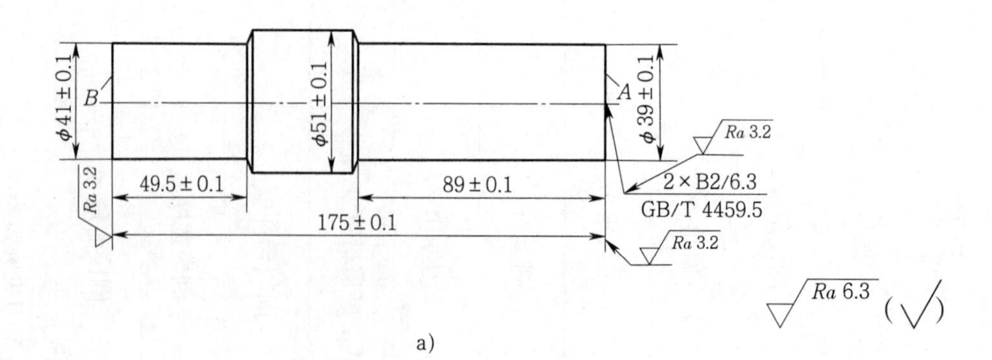

a)

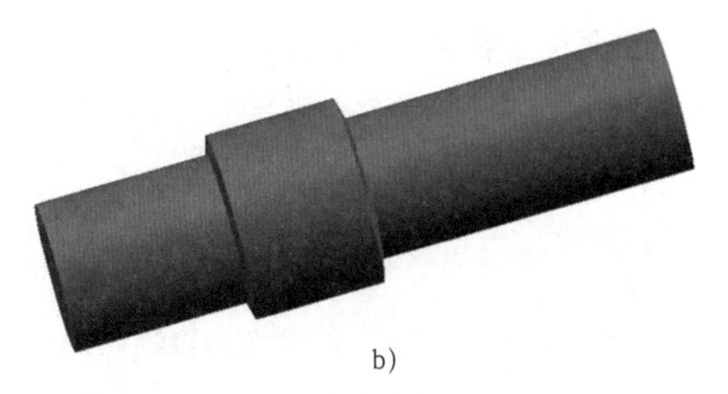

b)

图 2-12　粗车台阶轴工序图

a）零件图　b）实物图

由于台阶轴粗车后还要进行半精车和精车，直径尺寸应留 0.8 ~ 1 mm 的精车余量，台阶长度留 0.5 mm 的精车余量。因此，对工件的精度要求并不高，在选择车刀和切削用量时应着重考虑提高生产效率方面的因素。可采用一夹一顶方式装夹工件，以承受较大的切削力。粗车外圆时用 75° 车刀或 90° 硬质合金粗车刀，车端面时用 45° 车刀。

在粗加工阶段，通过校正，应确保车床没有锥度误差，以保证工件圆柱度的要求。

相关理论

一、一夹一顶装夹工件

车削时，工件必须在车床夹具中定位并夹紧，工件装夹得是否正确、可靠，将直接影响加工质量和生产效率，应十分重视。粗车时一般采用一夹一顶的装夹方法。

装夹时将工件的一端用三爪自定心卡盘 2 夹紧，而另一端用后顶尖 4 支顶的装夹方法称为一夹一顶装夹，如图 2-13 所示。为了防止由于进给力的作用而使工件产生轴向位移，可

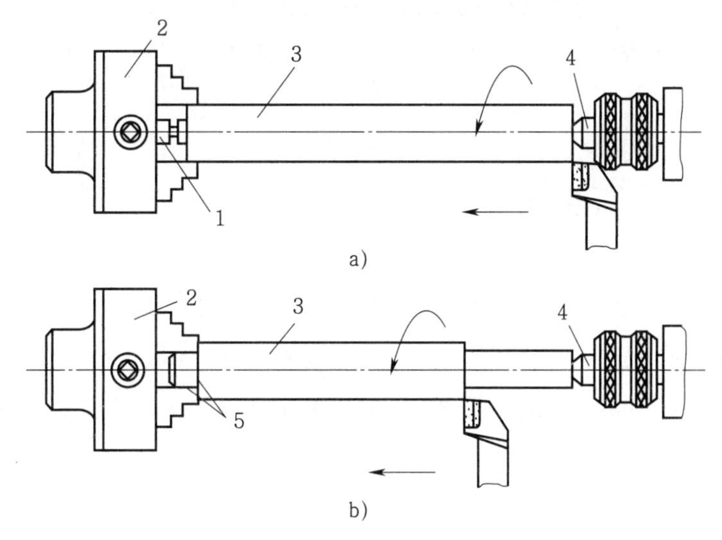

图 2-13　一夹一顶装夹

a）用限位支承限位　b）利用工件的台阶限位

1—限位支承　2—三爪自定心卡盘　3—工件　4—后顶尖　5—限位台阶

以在主轴前端锥孔内安装一个限位支承1（见图2-13a），也可利用工件的台阶进行限位（见图2-13b）。用一夹一顶方法装夹工件安全可靠，能承受较大的进给力，因此应用很广泛。

二、尾座和后顶尖

1. 尾座的结构

尾座在车削加工中起到配合钻孔、支承工件等作用。CA6140型卧式车床尾座的结构如图2-14所示，尾座由尾座体、底座和套筒等组成。尾座套筒的锥孔由于锥度较小，顶尖1安装后有自锁作用。顶尖用来支顶较长的工件。摇动手轮5时，丝杆也随着旋转，如把尾座套筒锁紧手柄3扳紧，就能使套筒锁住不动。尾座沿床身导轨方向移动时，先松开尾座紧固手柄4，将尾座移到所需要的位置后，再通过尾座紧固手柄4，依靠压块将尾座压紧在床身上。调节螺钉8用来调整尾座中心。

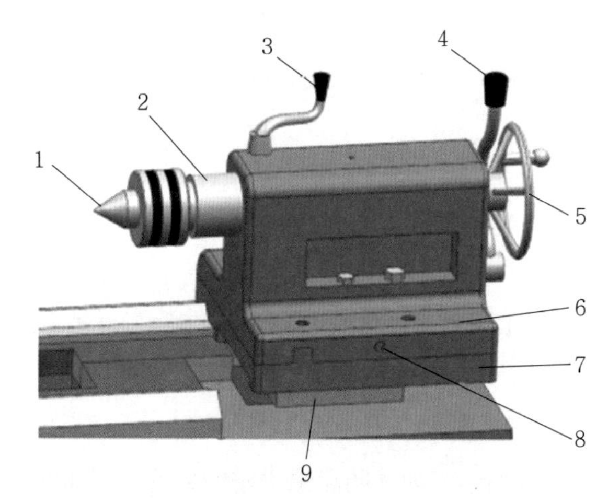

图2-14　CA6140型卧式车床尾座的结构

1—顶尖　2—套筒　3—尾座套筒锁紧手柄　4—尾座紧固手柄　5—手轮
6—尾座体　7—底座　8—调节螺钉　9—压块

2. 后顶尖

后顶尖有固定顶尖和回转顶尖两种。

（1）固定顶尖

固定顶尖的特点是刚度高，定心准确，但顶尖与工件中心孔间为滑动摩擦，容易产生过多热量而将中心孔或顶尖“烧坏”，尤其是普通固定顶尖（见图2-15a）更容易出现这类问题。因此，固定顶尖只适用于低速加工精度要求较高的工件。目前，多使用镶硬质合金的固定顶尖（见图2-15b）。

（2）回转顶尖

回转顶尖（见图2-16）可使顶尖与中心孔之间的滑动摩擦变为顶尖内部轴承的滚动摩擦，故能在很高的转速下正常工作，克服了固定顶尖的缺点，应用非常广泛。但是，由

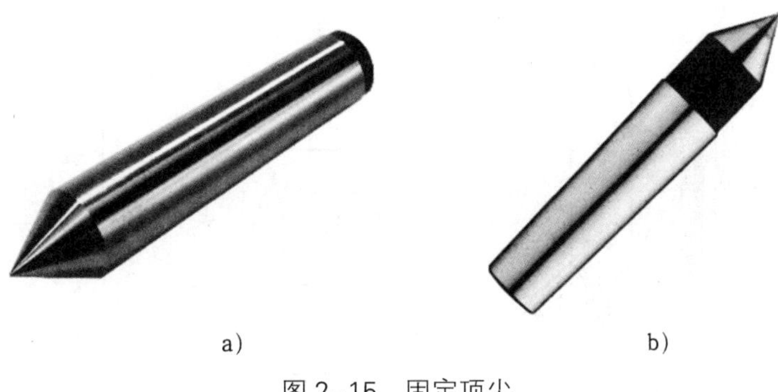

图 2-15　固定顶尖

a）普通固定顶尖　b）镶硬质合金的固定顶尖

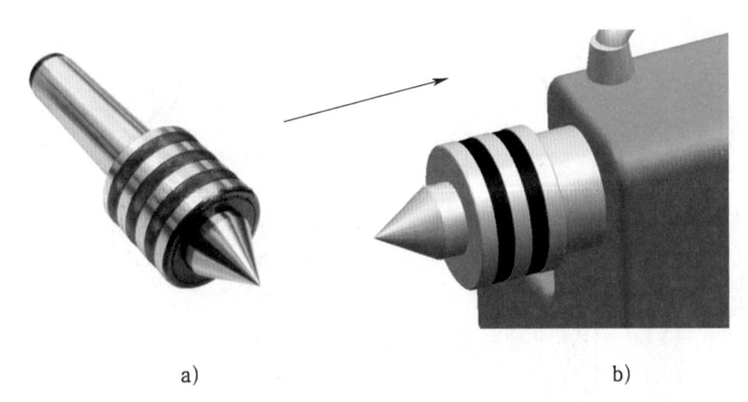

图 2-16　回转顶尖

a）回转顶尖　b）安装回转顶尖

于回转顶尖存在一定的装配累积误差，且滚动轴承磨损后会使顶尖产生径向圆跳动，从而降低定心精度。

三、钻中心孔

要用一夹一顶方式装夹工件时，必须先在工件一端或两端的端面上钻出合适的中心孔，如图 2-17 所示。

1. 中心孔和中心钻的类型

国家标准《中心孔》（GB/T 145—2001）规定：中心孔有 A 型（不带护锥）、B 型（带护锥）、C 型（带护锥和螺纹）和 R 型（弧形）四种，其类型、适用对象、使用的中心钻和结构见表 2-2。

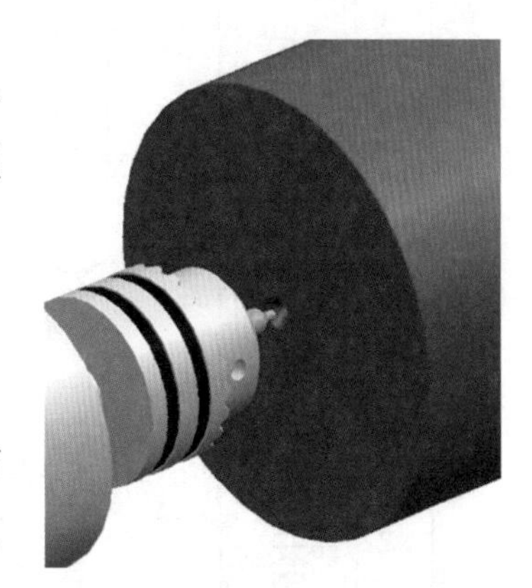

图 2-17　钻中心孔

2. 钻中心孔的方法

（1）校正尾座中心

启动车床，使主轴带动工件回转。移动尾座，使中心钻接近工件端面，观察中心钻头部是否与工件回转中心一致，校正并紧固尾座。

表 2-2　中心孔的类型、适用对象、使用的中心钻和结构

类型	A 型	B 型	C 型	R 型
适用对象	精度要求一般的工件	精度要求较高或工序较多的工件	当需要把其他零件轴向固定在轴上时	轻型和高精度轴类工件
使用的中心钻	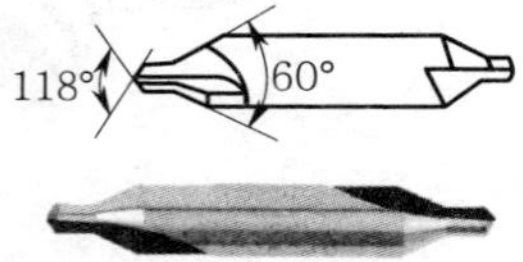	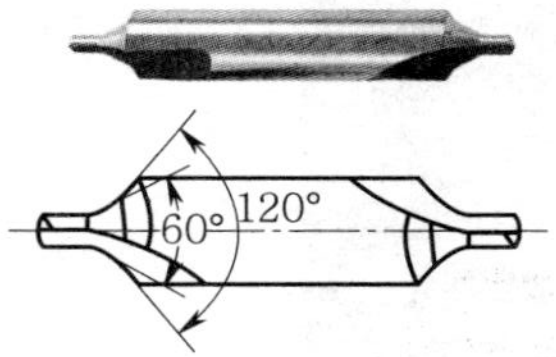		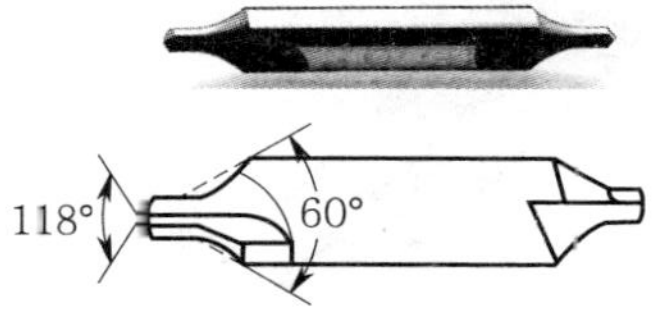
结构图	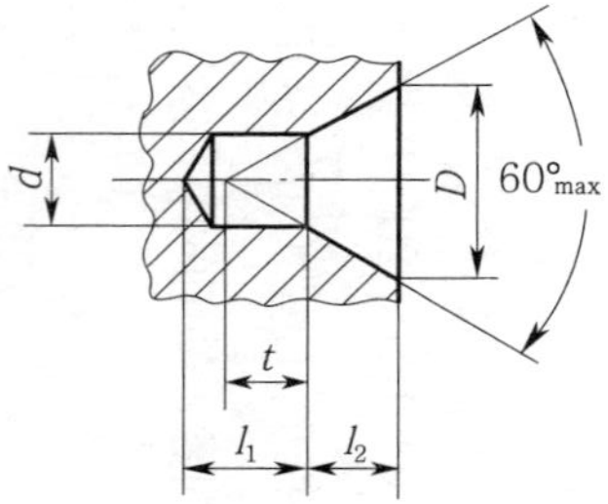	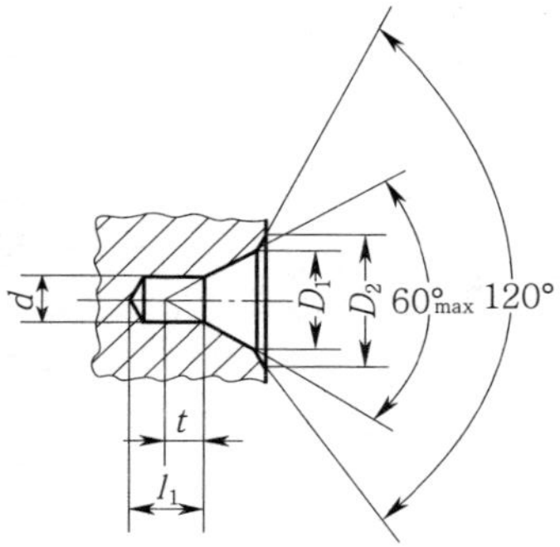	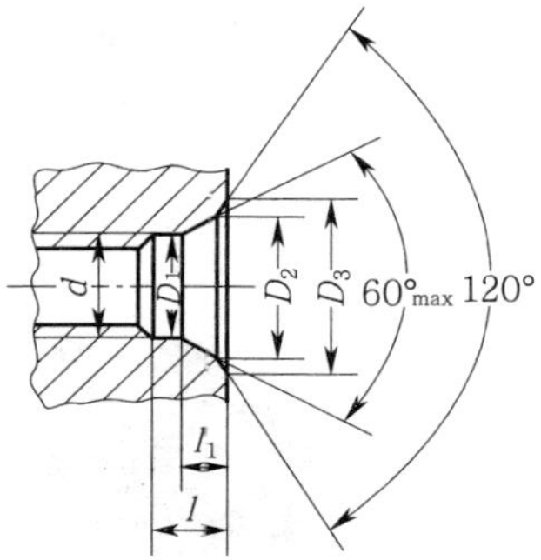	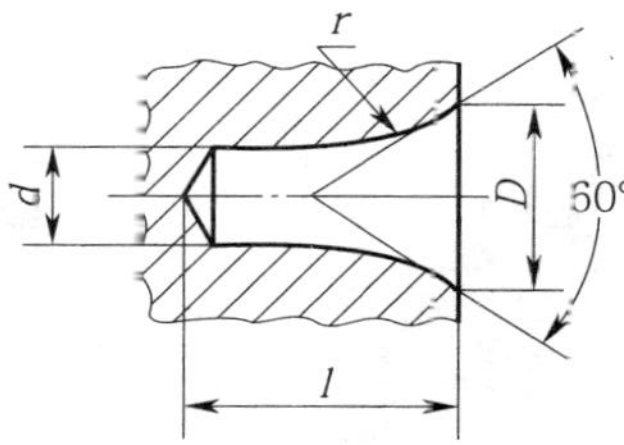
结构说明	由圆锥孔和圆柱孔两部分组成	在 A 型中心孔的端部再加工一个 120° 的圆锥面，用以保护 60° 锥面不至于被碰毛，并使工件端面容易加工	在 B 型中心孔的 60° 锥孔后面加工一短圆柱孔（保证攻螺纹时不碰毛 60° 锥孔），后面再用丝锥攻出内螺纹	形状与 A 型中心孔相似，只是将 A 型中心孔的 60° 圆锥面改成圆弧面，这样使其与顶尖的配合变成线接触

（2）切削用量的选择及钻中心孔

由于中心钻直径小，钻削时应取较高的转速（一般取 900 ~ 1 120 r/min），进给量应小而均匀（一般为 0.05 ~ 0.2 mm/r）。手摇尾座手轮时切勿用力过猛，当中心钻钻入工件后应及时加切削液冷却、润滑。中心孔钻好后，中心钻在孔中应稍作停留，然后退出，以修光中心孔，提高中心孔的形状精度和表面质量。

（3）钻中心孔时的质量分析

由于中心钻的直径较小，钻中心孔时极易出现各种问题，其产生原因见表 2-3。

表 2-3　钻中心孔时容易出现的问题及其产生原因

问题	产生原因
中心钻折断	1. 中心钻未对准工件回转中心 2. 工件端面未车平或中心处留有凸台，使中心钻偏斜，不能准确定心而折断 3. 切削用量选择不当，转速太低，进给量过大 4. 磨钝后的中心钻强行钻入工件 5. 没有充分浇注切削液或没有及时清除切屑，也易因切屑堵塞而使中心钻折断
中心孔钻偏或钻得不圆	1. 工件弯曲未校直，使中心孔与外圆产生偏差 2. 夹紧力不足，钻中心孔时工件移位，造成中心孔不圆 3. 工件伸出太长，回转时在离心力的作用下易造成中心孔不圆
装夹工件时顶尖不能与中心孔的锥孔贴合	中心孔钻得太深
装夹工件时顶尖尖端与中心孔底部接触	中心钻修磨后圆柱部分长度过短

四、粗车时切削用量的选择

1. 粗车端面时的背吃刀量和进给量

粗车端面时的背吃刀量 a_p 可根据毛坯余量合理确定，一般 a_p 取 1 ~ 4 mm。进给量 f 可取 0.4 ~ 0.5 mm/r。

2. 粗车外圆时的背吃刀量和进给量

粗车外圆时的背吃刀量 a_p 也要根据工件的加工余量合理确定，可取 3 ~ 5 mm，进给量 f 取 0.3 ~ 0.4 mm/r。

3. 粗车时的切削速度

粗车时的切削速度 v_c 一般取 75 ~ 100 m/min。

五、粗车时工件的测量

1. 外径的测量

粗车时一般用游标卡尺测量工件的外径。

2. 台阶长度的测量

粗车时台阶的长度可以用钢直尺（见图 2-18）、游标卡尺或游标深度卡尺进行测量。

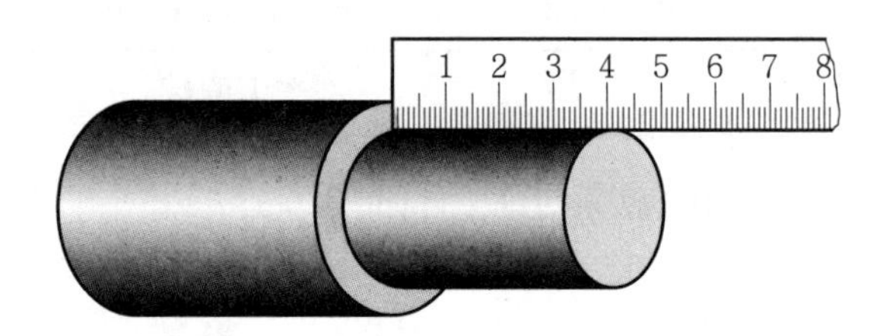

图 2-18 用钢直尺测量台阶长度

用钢直尺测量台阶长度较为方便，钢直尺刻线值（两刻线之间的距离）有 1 mm 和 0.5 mm 两种。测量时，刻线值以下的读数不能准确读出，可目测估读，因此，钢直尺只能用于测量粗加工或精度要求不高的工件。

任务实施

一、识读粗车台阶轴工序图

1. 尺寸公差

在图 2-12 中台阶轴的总长（175 ± 0.1）mm 是最终尺寸，中心孔在精车工序也只需进行研修。因此，台阶轴的左、右两端面在精车时无须再加工。

粗车时，台阶轴直径和台阶长度尺寸应留出精车余量。为测量方便，图中所有尺寸的上、下极限偏差数值相等而符号相反，如右端外圆的长度尺寸为（89 ± 0.1）mm。

2. 表面粗糙度

图 2-12 中“$\sqrt{Ra\ 3.2}$”表示台阶轴左、右两端面的表面粗糙度 Ra 值为 3.2 μm，左、右两端中心孔的表面粗糙度 Ra 值为 3.2 μm。

图样右下角的符号“$\sqrt{Ra\ 6.3}\ (\sqrt{})$”表示除左、右两端面和两中心孔之外的其他表面的表面粗糙度 Ra 值均为 6.3 μm。

二、工艺分析

车削项目二任务一中的台阶轴时，应先把项目一任务七中 ϕ（55 ± 0.3）mm ×

(178±0.2)mm 的光轴按图 2-12 所示的粗车台阶轴工序图粗车成形。

1. 台阶轴粗车后还要进行半精车和精车，直径尺寸应留 0.8 ~ 1 mm 的精车余量，台阶长度留 0.5 mm 的精车余量。

2. 粗车对工件的精度要求并不高，在选择车刀和切削用量时应着重考虑提高生产效率方面的因素。可采用一夹一顶方式装夹，以承受较大的切削力。

3. 粗车外圆时用 75°车刀或 90°硬质合金粗车刀，车端面用 45°车刀。

4. 在粗车阶段，通过校正，应确保车床没有锥度误差，以保证工件圆柱度的要求。

三、准备工作

1. 工件

毛坯尺寸：ϕ（55±0.3）mm×（178±0.2）mm。材料：45 钢。数量：1 件/人。

2. 工艺装备

准备三爪自定心卡盘、钻夹头、B2.0 mm/8.0 mm 中心钻、回转顶尖、钢直尺、分度值为 0.02 mm 的 0 ~ 200 mm 游标卡尺。

将 45°车刀和 75°车刀装夹在刀架上，并将刀尖对准工件轴线。

3. 设备

准备 CA6140 型卧式车床。

四、车削步骤

粗车台阶轴的步骤见表 2-4。

表 2-4 粗车台阶轴的步骤

步骤	内容	图示
步骤 1：毛坯伸出三爪自定心卡盘约 35 mm，用划针找正	（1）用卡盘轻轻夹住毛坯，将划线盘放置在适当位置，用划针尖触及工件悬伸端外圆柱表面 （2）将主轴箱变速手柄置于空挡，用手轻拨卡盘使其缓慢转动，观察划针尖与毛坯表面接触情况，并用铜锤轻击工件悬伸端，直至划针与毛坯外圆柱表面全圆周上的间隙均匀一致，找正结束 （3）找正后夹紧工件	

续表

步骤	内容	图示
步骤 2：用 45° 车刀车端面 *A*	（1）取背吃刀量 a_p=1 mm，进给量 f=0.4 mm/r，车床主轴转速为 500 r/min （2）用 45° 车刀车端面 *A*，车平即可，表面粗糙度达到要求	
步骤 3：钻削中心孔	（1）用钻夹头钥匙逆时针方向转动钻夹头外套，使钻夹头的三爪张开	
	（2）将中心钻插入钻夹头的三爪之间，然后用钻夹头钥匙顺时针方向转动钻夹头外套，通过钻夹头的三爪夹紧中心钻	 钻夹头钥匙

续表

步骤	内容	图示
步骤 3：钻削中心孔	（3）擦净钻夹头柄部和尾座套筒的锥孔，用左手握住钻夹头外套部位，沿尾座套筒轴线方向将钻夹头锥柄用力插入尾座套筒的锥孔中	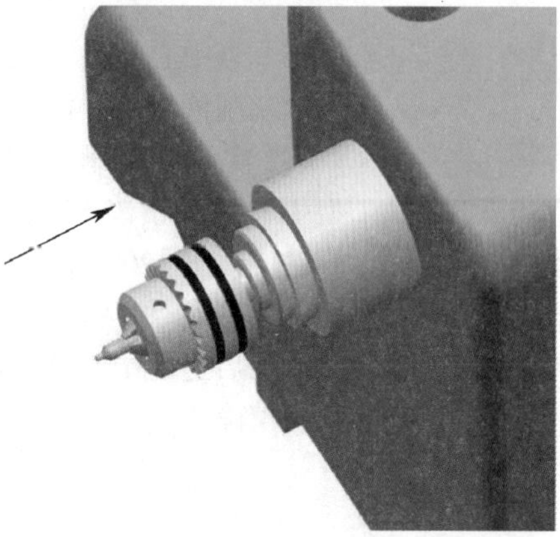
	（4）调整车床主轴转速为1120 r/min，启动车床使工件转动，移动尾座，使中心钻接近工件端面，观察中心钻头部是否与工件回转中心一致；如不一致，则停车调整尾座两侧的螺钉，使尾座横向移动，保证尾座偏移刻线对齐。当尾座中心找正后，两侧螺钉要同时锁紧	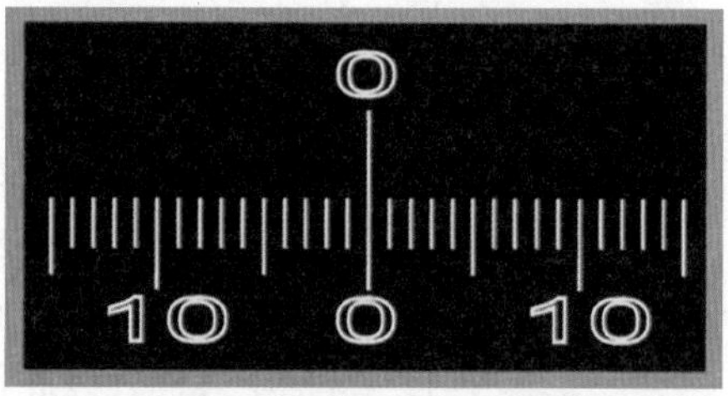 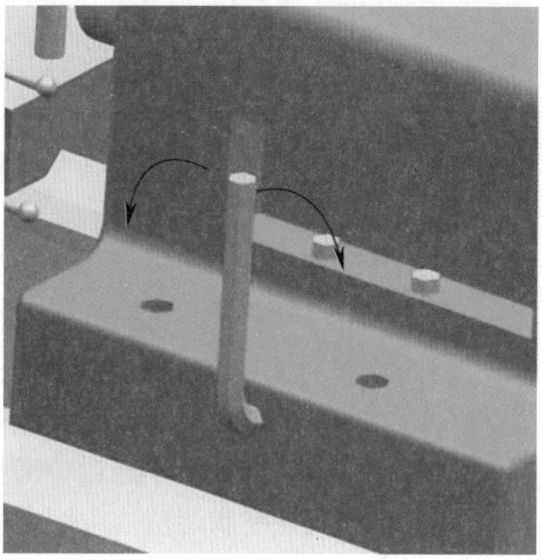
	（5）钻中心孔 B2 mm/6.3 mm。由于中心孔直径小，主轴转速要大于 1 000 r/min。钻削时进给量要小而均匀，一般 f=0.05 ~ 0.2 mm/r	

续表

步骤	内容	图示
步骤3：钻削中心孔	（6）当中心钻钻入工件时，应及时加切削液冷却、润滑。中途退出1 ~ 2次清除切屑。快钻完时（A型中心钻应钻出60°斜面，B型中心钻应钻出120°斜面），中心钻应在原位稍停1 ~ 2 s，以修光中心孔，然后退出中心钻，使中心孔光洁、精确	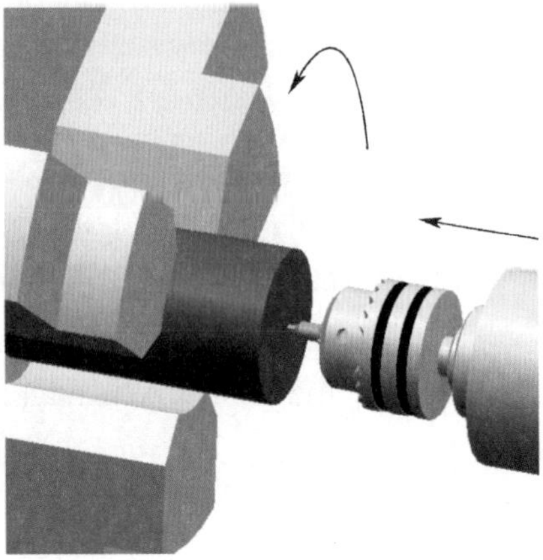
步骤4：试车削，粗车限位台阶	（1）将75°车刀调整到工作位置，进给量f可取0.3 mm/r，车床主轴转速为500 r/min，背吃刀量a_p取2.5 mm （2）启动车床，使工件回转，左手摇动床鞍手轮，右手摇动中滑板手柄，使车刀刀尖趋近并轻轻接触工件待加工表面，以此作为确定背吃刀量的零点位置，然后反向摇动床鞍手轮（此时中滑板手柄不动），使车刀向右离开工件3 ~ 5 mm	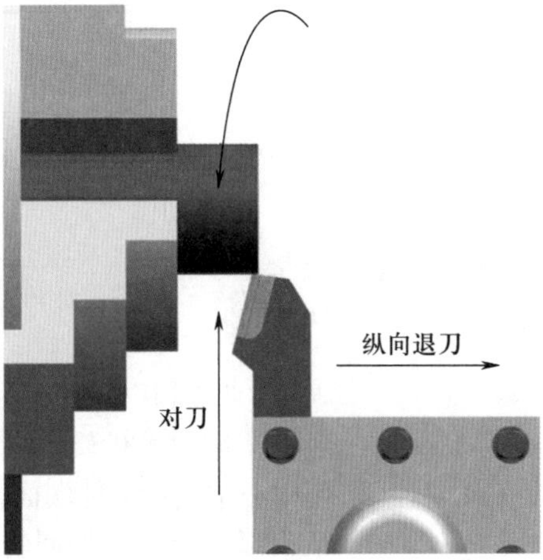 纵向退刀 对刀
	（3）摇动中滑板手柄，使车刀横向进给2.5 mm，此进给量即为背吃刀量，其大小通过中滑板刻度盘进行控制和调整	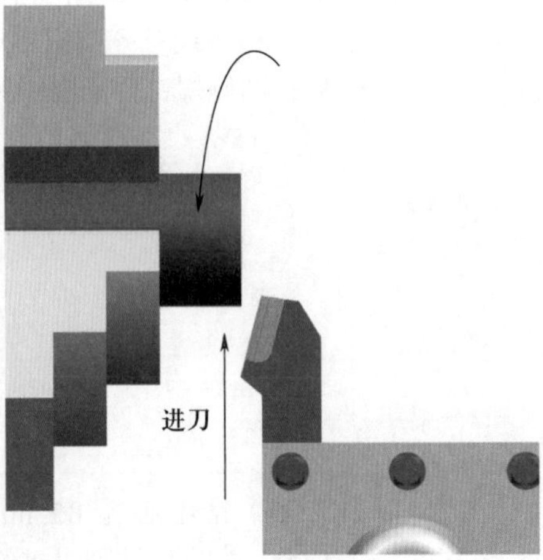 进刀

续表

步骤	内容	图示
步骤4：试车削，粗车限位台阶	（4）车刀在进刀后，纵向进给车削工件2 mm左右时，纵向快速退出车刀，停车测量。根据测量结果相应调整背吃刀量，直至试车削测量结果为ϕ（50±0.1）mm为止	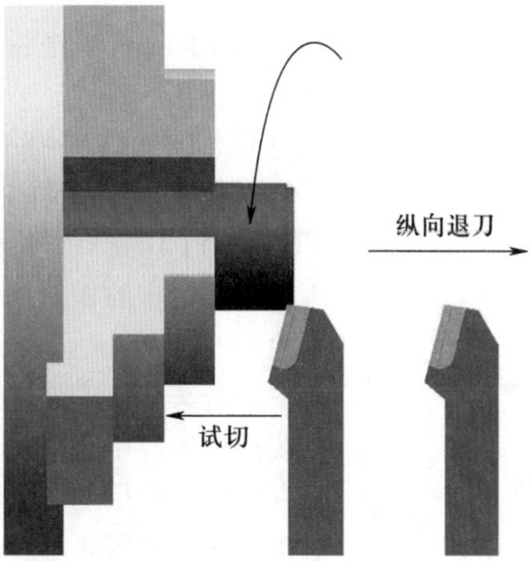
	（5）粗车限位台阶ϕ（50±0.1）mm×25 mm	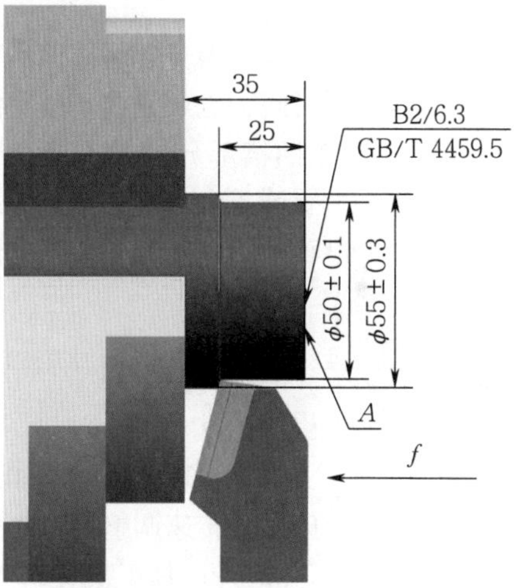
步骤5：定总长，钻中心孔	（1）将工件掉头，毛坯伸出三爪自定心卡盘约35 mm，找正后夹紧 （2）车端面B并保证总长（175±0.1）mm，钻中心孔B2 mm/6.3 mm	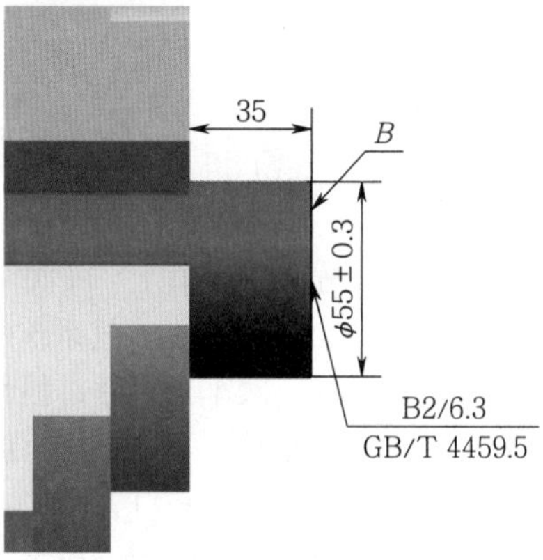

续表

步骤	内容	图示
步骤6：调整好车床尾座的前后位置，以保证工件的形状精度	（1）一夹一顶装夹工件，夹住ϕ(50±0.1)mm×25 mm外圆，用后顶尖支顶 （2）车削整段外圆至一定尺寸[外径不能小于图样最终要求的ϕ(51±0.1)mm]，测量两端直径，通过调整尾座的横向偏移量来校正工件 （3）若车出工件的右端直径小，左端直径大，尾座应向远离操作者的方向移动；反之，尾座应向靠近操作者的方向移动	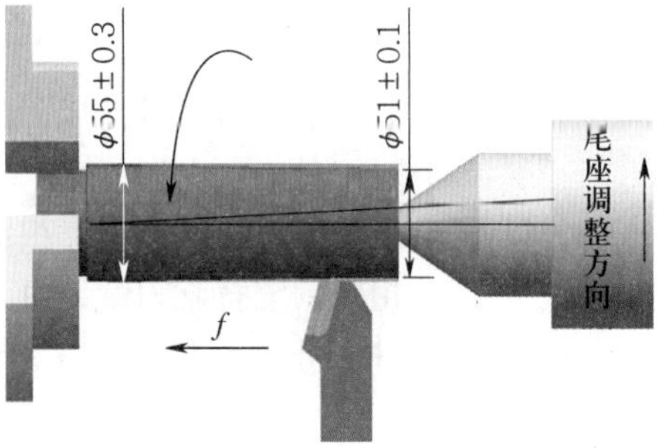
	（4）为节省尾座前后位置的调整时间，也可先将工件中间车出凹槽[凹槽部分外径不能小于图样最终要求的ϕ(51±0.1)mm]，然后车削两端外圆，经测量校正后即可	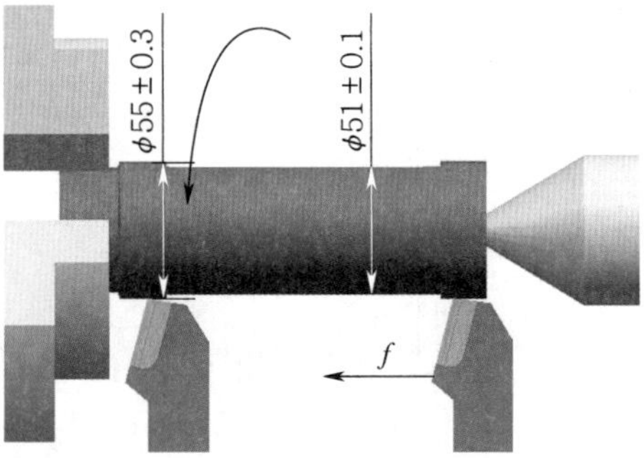
步骤7：一夹一顶装夹，粗车整段ϕ(51±0.1)mm的外圆和左端ϕ(41±0.1)mm×(49.5±0.1)mm的外圆	（1）选取进给量f=0.3 mm/r，车床主轴转速调整为500 r/min （2）粗、精车整段ϕ(51±0.1)mm的外圆[除卡爪夹紧处为ϕ(50±0.1)mm外]，背吃刀量a_p=2 mm	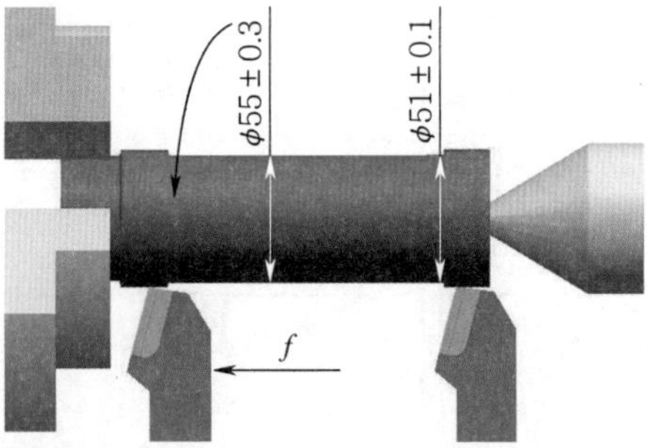
	（3）粗车工件左端外圆ϕ(41±0.1)mm×(49.5±0.1)mm时可分两次车削，每次背吃刀量a_p=2.5 mm；如工艺系统刚度允许，也可一次车至尺寸，但都需要先进行试车削。经测量无误后再车至尺寸ϕ(41±0.1)mm，长度控制为(49.5±0.1)mm	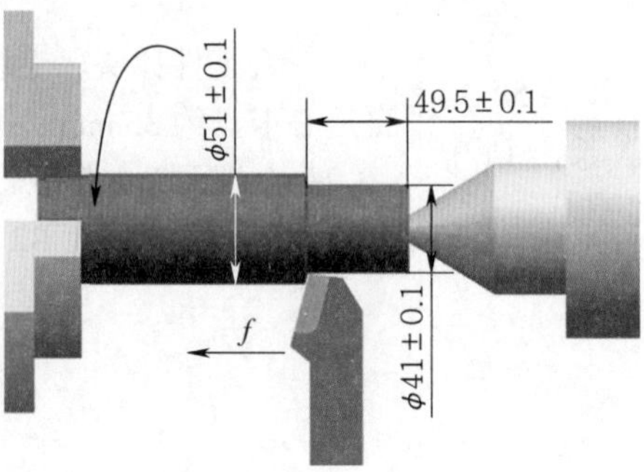

续表

步骤	内容	图示
步骤8：将工件掉头，粗车工件右端外圆 ϕ(39±0.1) mm×(89±0.1) mm	（1）用三爪自定心卡盘夹住 ϕ（41±0.1）mm 处外圆，一夹一顶装夹工件 （2）对刀→进刀→试车→测量→粗车右端外圆。直径控制为（39±0.1）mm，长度尺寸控制为（89±0.1）mm	89±0.1 ϕ41±0.1 ϕ51±0.1 ϕ39±0.1 f

操作提示

一夹一顶装夹工件时的注意事项

➤ 后顶尖的中心线应与车床主轴轴线重合；否则车出的工件会产生锥度。

➤ 在不影响车刀切削的前提下，尾座套筒应尽量伸出短些，以提高刚度，减小振动。

➤ 中心孔的形状应正确，表面粗糙度值要小。装入顶尖前，应清除中心孔内的切屑或异物。

➤ 当后顶尖用固定顶尖时，由于中心孔与顶尖间为滑动摩擦，故应在中心孔内加入润滑脂，以防止温度过高而“烧坏”顶尖或中心孔。

➤ 顶尖与中心孔的配合必须松紧合适。如果后顶尖顶得太紧，细长工件会产生弯曲变形。对于固定顶尖，顶得太紧会增大摩擦；对于回转顶尖，顶得太紧容易损坏顶尖内的滚动轴承。如果后顶尖顶得太松，工件则不能准确地定心，对加工精度有一定影响，并且车削时易产生振动，甚至会使工件飞出而发生事故。

五、结束工作

加工完毕，卸下工件，仔细测量各部分尺寸（测量直径时使用游标卡尺。由于是粗加工，不需要用千分尺进行测量。长度尺寸可用游标卡尺或游标深度卡尺测量），对自己的练习件进行评价。针对出现的质量问题，分析产生原因，并总结出改进措施。最后，清点工具，收拾工作场地。

任务三　精车台阶轴

学习目标

1. 能采用两顶尖装夹台阶轴。
2. 掌握前顶尖的类型和使用方法，会调整尾座。
3. 能选择精车时的切削用量。
4. 掌握百分表的读数方法以及检测台阶轴几何误差的方法。
5. 能按照加工工艺精车台阶轴。
6. 掌握车削台阶轴时产生废品的原因及预防方法。

任务描述

按照图 2-19 所示的精车台阶轴工序图，把任务二经过粗车的台阶轴精车成形。

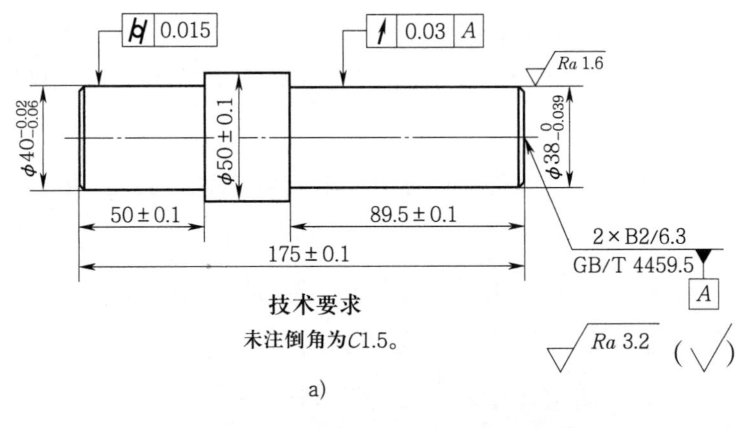

a)

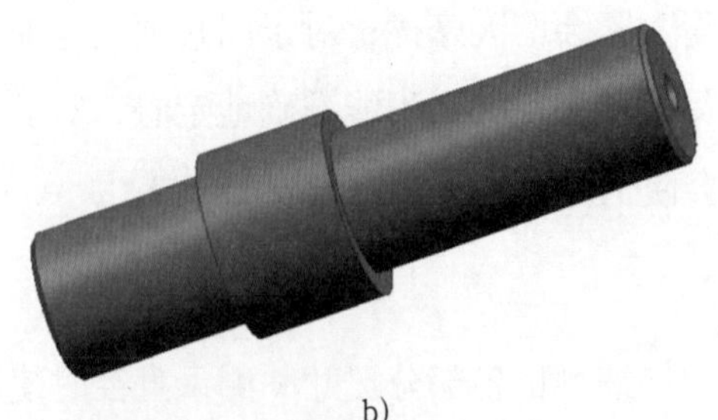

b)

图 2-19　精车台阶轴工序图

a）零件图　b）实物图

在精车阶段，工件的加工余量较小，选择精车刀几何参数和切削用量时应考虑使工件加工后能达到较高的几何精度和表面质量要求。一般选用 90°硬质合金精车刀。车削时可采用较高的切削速度，而进给量应选择小些，以保证工件的表面质量。

精车轴类工件时，选择两顶尖装夹能较好地保证工件的几何精度。

相关理论

一、两顶尖装夹

1. 装夹形式

按图 2-20 所示用两顶尖装夹工件，工件由前顶尖和后顶尖定位，用鸡心夹头夹紧并带动工件同步转动。

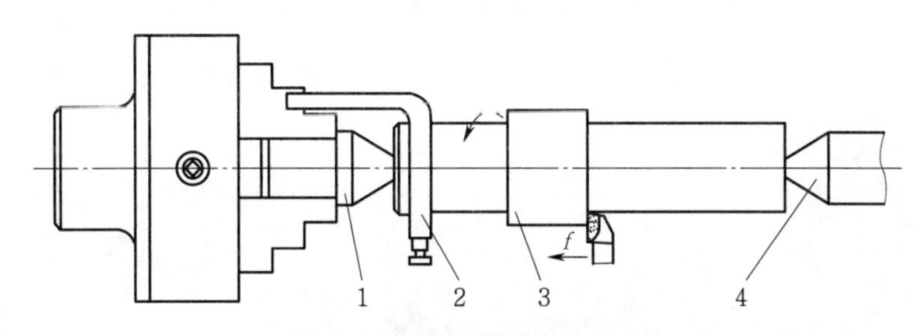

图 2-20 用两顶尖装夹工件

1—前顶尖 2—鸡心夹头 3—工件 4—后顶尖

（1）适用场合

适用于装夹较长的工件或必须经过多次装夹才能加工好的工件（如细长轴、长丝杠等），以及工序较多、在车削后还要铣削或磨削的工件。

（2）装夹特点

采用两顶尖装夹工件的优点是装夹方便，不需找正，装夹精度高；缺点是装夹刚度低，影响了切削用量的提高。

2. 前顶尖

前顶尖分为装夹在主轴锥孔内的前顶尖和在卡盘上夹持的前顶尖两种，如图 2-21 所示。工作时前顶尖随同工件一起旋转，与工件中心孔无相对运动，因此不产生摩擦。

3. 鸡心夹头

用鸡心夹头和前顶尖装夹工件时，靠鸡心夹头 4 和紧固螺钉 1 夹紧工件 5 一端的外圆，同时，使鸡心夹头上的拨杆 2 伸出工件轴端并插入拨盘 3 的凹槽中，以通过拨盘带动工件回转。如图 2-22 所示为两顶尖装夹工件的方法。

如果是用卡盘夹持前顶尖，则将拨杆贴近卡盘的卡爪侧面，以通过卡盘带动工件回转。

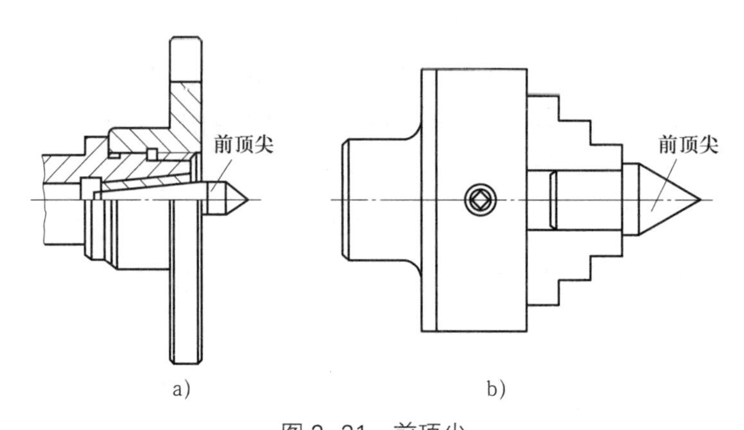

图 2–21 前顶尖

a）装夹在主轴锥孔内的前顶尖 b）卡盘上夹持的前顶尖

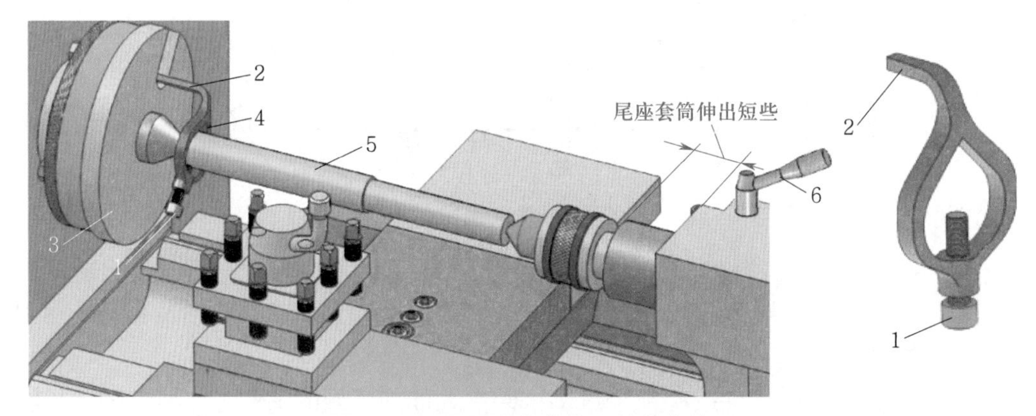

图 2–22 用两顶尖装夹工件的方法

1—紧固螺钉 2—拨杆 3—拨盘 4—鸡心夹头 5—工件 6—尾座套筒锁紧手柄

后顶尖顶入工件的中心孔时，其松紧程度应以工件在两顶尖间可以灵活转动而又没有轴向窜动为宜。

二、精车时工件的测量

1. 长度的测量

用游标卡尺或游标深度卡尺测量工件的长度。

2. 外径的测量

用千分尺测量工件的外径。

3. 几何误差的检测

在生产现场，常用百分表检测工件的几何误差。

（1）圆柱度误差的检测

一般用钟面式百分表检测工件的圆柱度误差。检测时，可将工件放在 V 形架上，只要在工件被测表面的全长上取前、后、中几点，比较其测量值，其最大值与最小值之差的一半即为被测表面全长上的圆柱度误差，如图 2-23 所示。

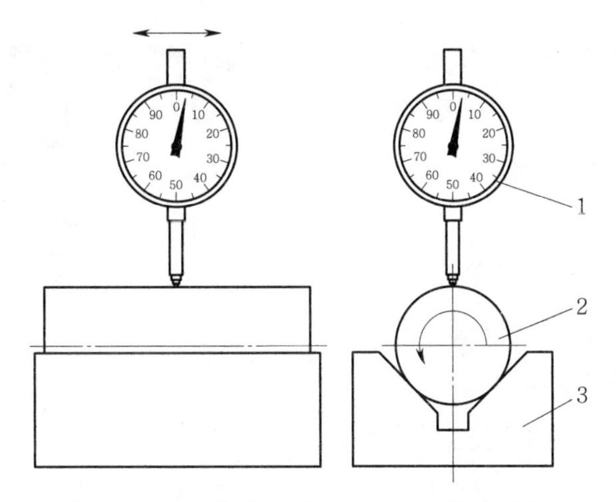

图 2-23　工件在 V 形架上检测圆柱度误差

1—钟面式百分表　2—工件　3—V 形架

（2）径向圆跳动误差的检测

检测轴类工件径向圆跳动误差时，可以把工件用两顶尖支承，用杠杆式百分表进行检测。百分表的测头靠在需要测量的外圆柱面上，工件转动一周时，百分表所得的读数差就是径向圆跳动误差，如图 2-24 所示。

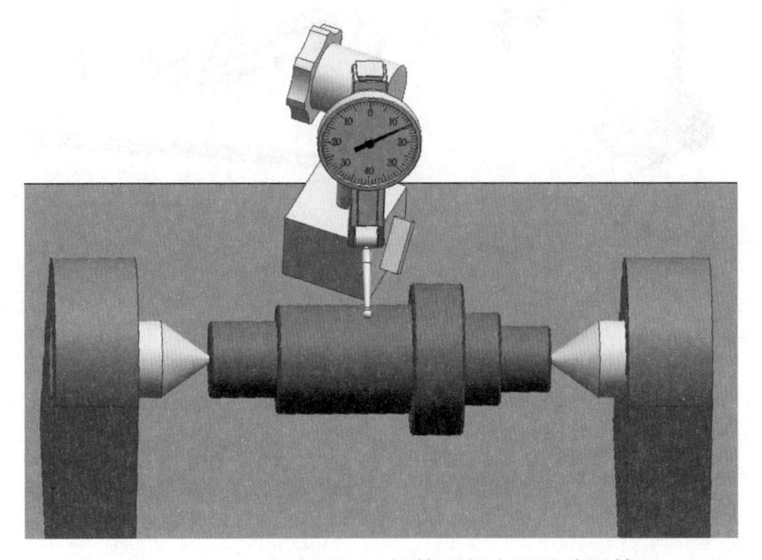

图 2-24　工件在两顶尖间检测径向圆跳动误差

三、百分表

百分表是一种指示式量仪，常用的百分表是钟面式百分表。

1. 钟面式百分表的结构

钟面式百分表的结构如图 2-25 所示。大分度盘一格的分度值为 0.01 mm，沿圆周共有 100 格。当大指针沿大分度盘转过一周时，小指针转过 1 格，测头移动 1 mm，因此，小分度盘一格的分度值为 1 mm。钟面式百分表的测量范围有 0 ~ 3 mm、0 ~ 5 mm、0 ~ 10 mm 等几种。

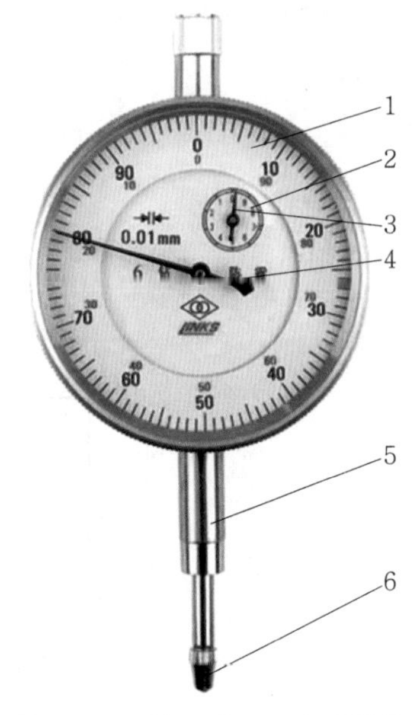

图 2-25　钟面式百分表的结构

1—大分度盘　2—小分度盘　3—小指针　4—大指针　5—测量杆　6—测头

测量时，测头移动的距离等于小指针的读数（整数部分）加上大指针的读数（小数部分）。

2. 使用百分表的注意事项

（1）百分表应固定在磁性表座或支架上使用，支架上的接头即伸缩杆，可以调节百分表的上下、前后、左右位置。百分表的装夹方法如图 2-26 所示。支架要放稳，以免使百分表落地而摔坏。使用磁性表座时要注意表座磁性开关的位置。

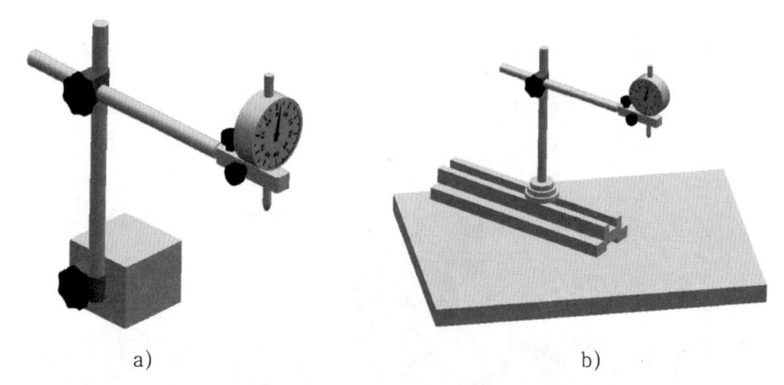

图 2-26　百分表的装夹方法

a）固定在磁性表座上　b）固定在支架上

（2）测量前，应转动表壳使百分表的大指针对准“0”刻线。

（3）测量时，测量杆的行程不要超过它的示值范围，以免损坏表内零件。

（4）提压测量杆的次数不要过多，距离不要过大，以免损坏机件及加剧百分表内零件的磨损。

（5）测量平面或圆柱形工件时，钟面式百分表的测量杆应与平面垂直或与圆柱形工件中心线垂直；否则，百分表测量杆移动不灵活，测量结果不准确，如图 2-27 所示。

（6）为避免剧烈振动和碰撞，不要使测头突然撞击在工件被测表面上，以防止测量杆弯曲变形，更不能敲打百分表的任何部位。

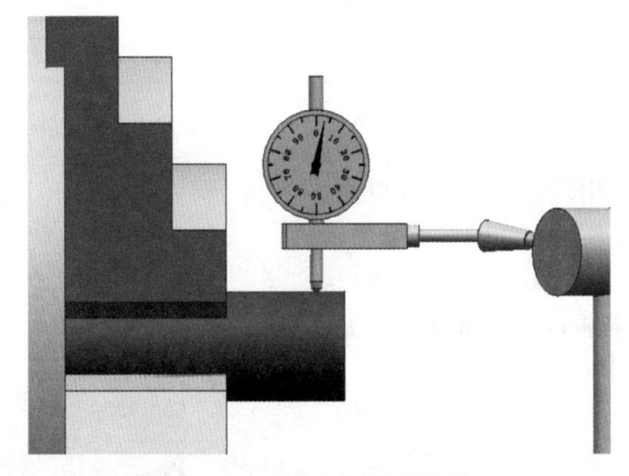

图 2-27　百分表测量杆的位置

（7）严防水、油、灰尘等进入百分表内，不要随便拆卸百分表的后盖。百分表使用完毕，要将其擦净后放回盒内，使测量杆处于自由状态，以免百分表内的弹簧失效。

任务实施

一、工艺分析

1. 台阶轴的总长在粗车工序已加工完成。

2. 中心孔在精车工序需要研修。

3. 其他所有表面都要在精车工序完成，本项目任务一中已进行了分析。

二、准备工作

1. 工件

按图 2-12 所示图样检查项目二任务二经过粗车的台阶轴半成品，看是否留出精加工余量，形状精度和位置精度是否达到要求。

2. 工艺装备

准备三爪自定心卡盘、呆扳手、圆柱形油石、前顶尖、后顶尖、鸡心夹头、分度值为 0.02 mm 的 0 ~ 200 mm 游标卡尺、25 ~ 50 mm 和 50 ~ 75 mm 千分尺、百分表。

装夹 45°车刀和 90°精车刀，要保证 90°车刀装夹时的实际主偏角约为 93°。

3. 设备

准备 CA6140 型卧式车床。

三、车削步骤

精车台阶轴的步骤见表 2-5。

表 2-5　精车台阶轴的步骤

步骤	内容	图示
步骤 1：研修中心孔	（1）用三爪自定心卡盘的卡爪夹住油石的圆柱部分 （2）转动小滑板，用 90° 车刀把油石车削成 60° 顶尖（该步骤可由教师演示） （3）将已完成粗车的工件安放在两顶尖间，后顶尖不要顶得太紧 （4）车床主轴低速旋转，手握工件分别研修两端中心孔	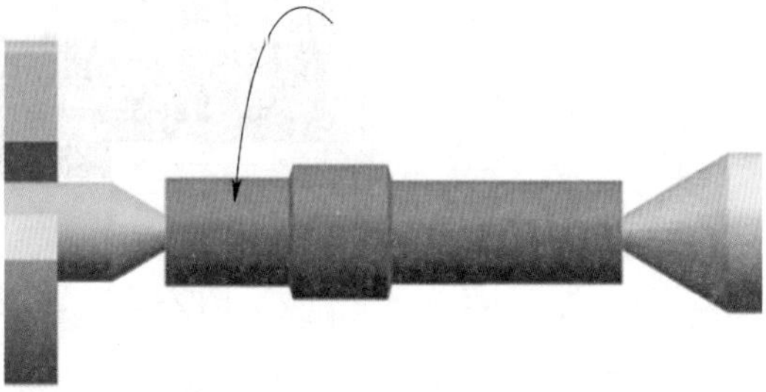
步骤 2：车削前顶尖	（1）用呆扳手将小滑板转盘上的前、后螺母松开 （2）小滑板逆时针方向转动 30°，使小滑板上的基准“0”线与 30° 刻线对齐，然后锁紧转盘上的螺母	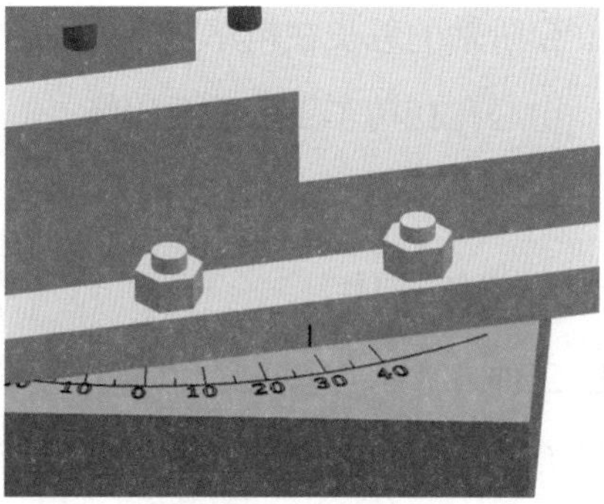
	（3）双手配合，均匀不间断地转动小滑板手柄，手动进给分层车削前顶尖的圆锥面 （4）再将转盘上的螺母松开，将小滑板恢复到原始位置后再紧固	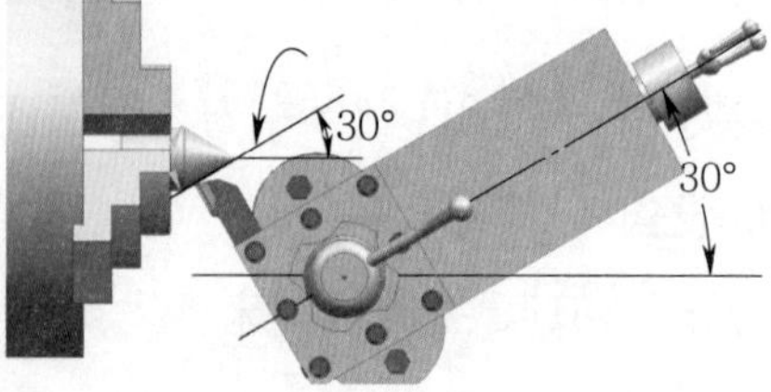

续表

步骤	内容	图示
步骤 3：在两顶尖间装夹工件	（1）用鸡心夹头夹紧台阶轴右端 ϕ（39 ± 0.1）mm 外圆处，并使鸡心夹头上的拨杆伸出工件轴端 （2）根据工件长度调整好尾座的位置并紧固 （3）左手托起工件，将夹有鸡心夹头一端的中心孔放置在前顶尖上，并使鸡心夹头的拨杆贴近卡盘的卡爪侧面 （4）同时右手摇动尾座手轮，使后顶尖顶入工件另一端的中心孔 （5）最后，将尾座套筒锁紧手柄压紧	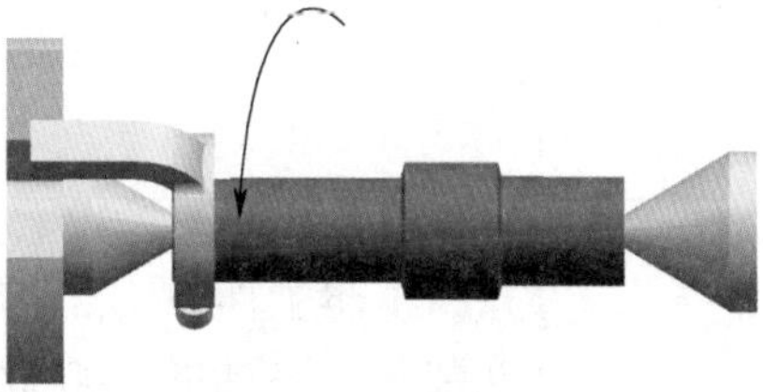
步骤 4：选择切削用量	背吃刀量 a_p=0.4 ~ 0.8 mm，进给量 f=0.1 ~ 0.2 mm/r，转速 n=700 r/min	—
步骤 5：精车台阶轴的左端	（1）在两顶尖间装夹工件，启动车床，使工件回转 （2）将 90° 车刀调整至工作位置，精车 ϕ（50 ± 0.1）mm 的外圆，表面粗糙度 Ra 值达到 3.2 μm	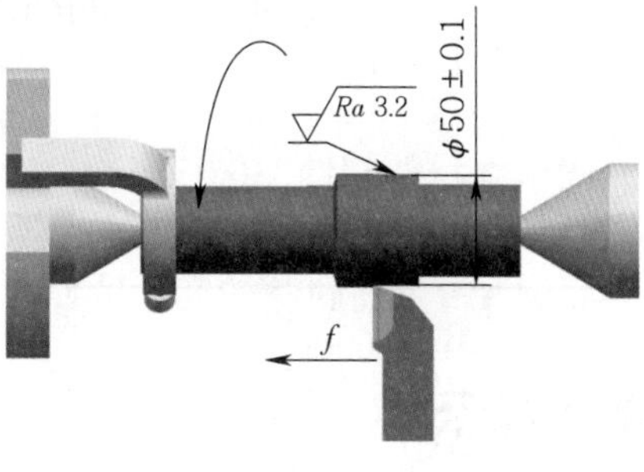
	（3）精车左端外圆至 $\phi 40^{-0.02}_{-0.06}$ mm，长度为（50 ± 0.1）mm，表面粗糙度 Ra 值达到 3.2 μm，圆柱度误差小于或等于 0.015 mm	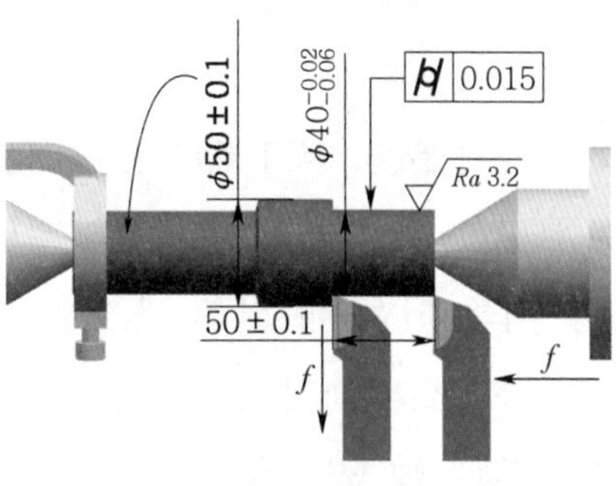

续表

步骤	内容	图示
步骤5：精车台阶轴的左端	（4）调整45°车刀至$\phi 40_{-0.06}^{-0.02}$ mm外圆的端面处，倒角C1.5 mm	
步骤6：精车台阶轴的右端	（1）将工件掉头，用两顶尖装夹（铜皮垫在$\phi 40_{-0.06}^{-0.02}$ mm外圆处） （2）精车右端外圆至$\phi 38_{-0.039}^{0}$ mm，长度为（89.5±0.1）mm，表面粗糙度Ra值达到1.6 μm，径向圆跳动误差不大于0.03 mm	
	（3）用45°车刀倒角C1.5 mm	

操作提示

➤ 在两顶尖间装夹工件时的注意事项与一夹一顶装夹相同。

➤ 鸡心夹头必须牢靠地夹住工件，以防车削时移动、打滑而损坏车刀。

➤ 车削开始前，应手摇床鞍手轮使其在全行程范围内左右移动，检查有无碰撞现象。

➤ 注意安全，防止鸡心夹头钩衣伤人。

➤ 精车台阶时，可在机动进给精车外圆至接近台阶处时，改用手动进给代替机动进给。

➤ 当车至台阶面时，变纵向进给为横向进给，移动中滑板由里向外慢慢精车台阶平面，以确保其对轴线的垂直度要求。

➢ 台阶端面与圆柱面相交处要清角（清根）。

四、结束工作

工件精车完成后，卸下工件，仔细测量工件是否符合图样要求。

测量直径时使用千分尺，长度可用游标卡尺或游标深度卡尺测量。圆柱度和径向圆跳动误差用百分表测量，对加工完的工件进行评价。检查表面粗糙度时，在教师指导下通过与表面粗糙度比较样块（见图 2-28）对比，目测工件的表面粗糙度是否符合要求。

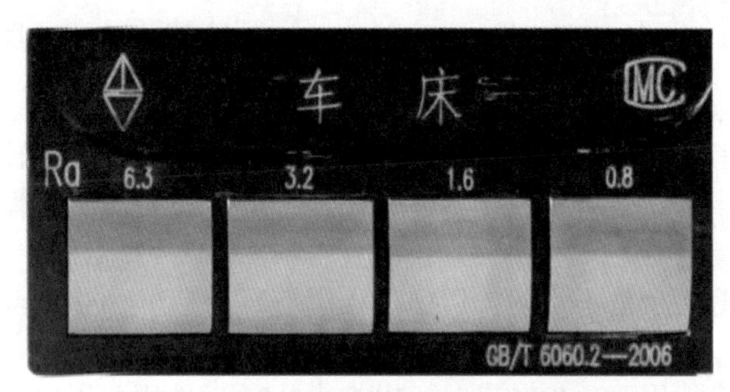

图 2-28 表面粗糙度比较样块（局部）

针对出现的质量问题，结合表 2-6 分析产生原因，并总结出改进措施。最后，清点工具，收拾工作场地。

表 2-6 车削台阶轴时的质量问题、产生原因和改进措施

质量问题	产生原因	改进措施
尺寸精度达不到要求	1. 看错图样或刻度盘使用不当	1. 必须看清图样的尺寸要求，正确使用刻度盘，看清刻度值
	2. 没有进行试车削	2. 根据加工余量算出背吃刀量，进行试车削，然后修正背吃刀量
	3. 量具有误差或测量方法不正确	3. 量具使用前，必须检查及调整零位，掌握正确的测量方法
	4. 由于切削热的影响，使工件尺寸发生变化	4. 不能在工件温度较高时测量，如需要测量，应掌握工件的收缩情况，或浇注切削液，以降低工件温度
	5. 机动进给没有及时关闭，使车刀进给长度超过台阶长度	5. 应及时关闭机动进给，或提前关闭机动进给，再手动进给到要求的长度尺寸
产生锥度	1. 用一夹一顶或两顶尖装夹工件时，后顶尖的中心线与车床主轴轴线不重合	1. 车削前必须调整尾座
	2. 用小滑板车外圆时，小滑板的位置不正，即小滑板的基准刻线与中滑板的“0”刻线没有对齐	2. 必须事先检查并调整小滑板基准刻线与中滑板的“0”刻线对齐

续表

质量问题	产生原因	改进措施
产生锥度	3. 用卡盘装夹工件纵向进给车削时，床身导轨与车床主轴轴线不平行 4. 工件装夹时悬伸较长，车削时因切削力的影响使前端让开，产生锥度 5. 车刀中途逐渐磨损	3. 调整车床主轴，使其轴线与床身导轨平行 4. 尽量减小工件的伸出长度，或另一端用后顶尖支顶，以提高装夹刚度 5. 选用合适的刀具材料，或适当降低切削速度
圆度超差	1. 车床主轴间隙太大 2. 毛坯余量不均匀，切削过程中背吃刀量变化太大 3. 工件用两顶尖装夹时，中心孔接触不良，或后顶尖顶得不紧，或前、后顶尖产生径向圆跳动	1. 车削前检查主轴间隙，并将其调整合适。如主轴轴承磨损严重，则需更换轴承 2. 半精车后再精车 3. 工件用两顶尖装夹时，必须松紧适当，若回转顶尖产生径向圆跳动，需及时修理或更换
表面粗糙度达不到要求	1. 车床刚度不够，如滑板镶条太松，传动零件（如带轮等）不平衡或主轴太松引起振动 2. 车刀刚度不够或伸出太长而引起振动 3. 工件刚度不够而引起振动 4. 车刀几何参数不合理，如选用过小的前角、主后角和主偏角，或车刀严重磨损 5. 切削用量选用不当	1. 消除或防止由于车床刚度不足而引起的振动（如调整车床各部分的间隙） 2. 提高车刀刚度，正确装夹车刀 3. 提高工件的装夹刚度 4. 选用合理的车刀几何参数（如适当增大前角，选择合理的主后角和主偏角等），或重磨车刀 5. 进给量不宜太大，精车余量和切削速度应选择适当

项目三 车槽和切断

任务一 车　　槽

学习目标

1. 了解槽的种类。
2. 了解车槽刀的几何参数。
3. 掌握车槽刀的刃磨及装夹方法。
4. 具备车槽的技能。

任务描述

针对项目二任务三中完成的台阶轴，在本任务中要完成车槽工作，达到图 3-1 所示的尺寸精度和几何精度要求。因此，先要选用车槽刀及其几何参数，再刃磨车槽刀，最后车槽。

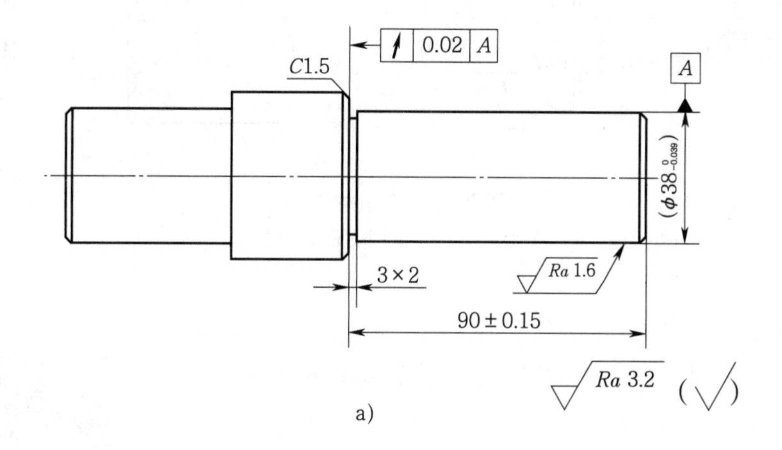

a)

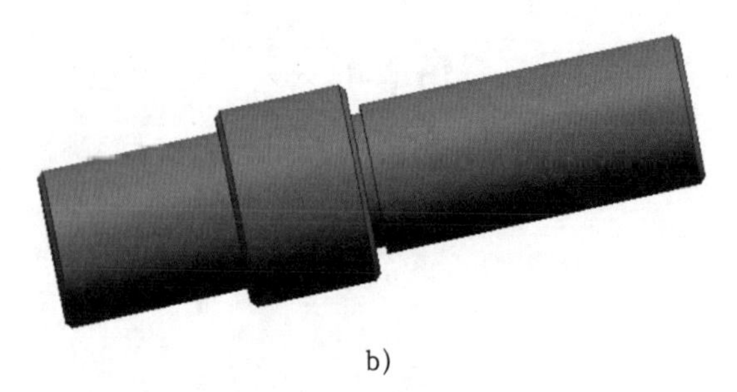

b)

图 3–1　车槽工序图

a）零件图　b）实物图

相关理论

用车削方法加工工件的槽称为车槽。

一、槽的种类

外圆和轴肩部分的槽通常称为外槽，常见的外槽有外圆槽、45°轴肩槽、外圆端面轴肩槽和圆弧轴肩槽等，如图 3-2 所示。

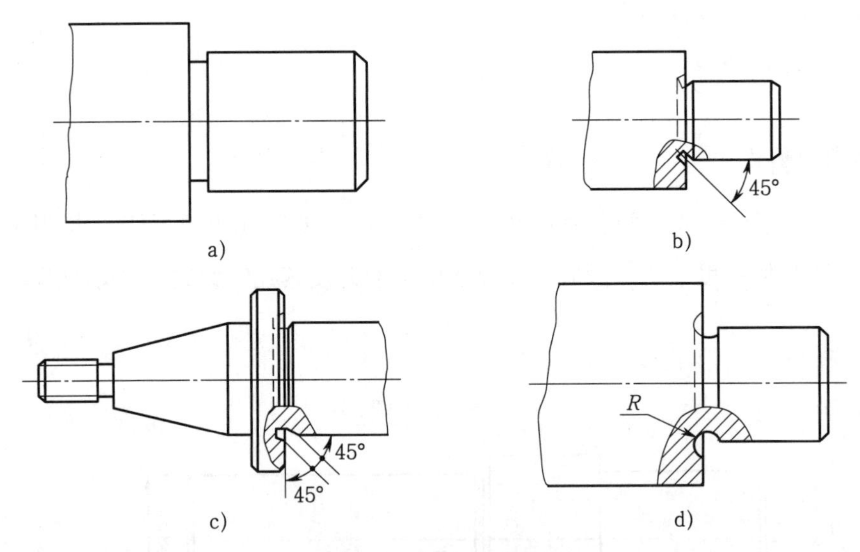

图 3–2　常见的外槽

a) 外圆槽　b）45°轴肩槽　c）外圆端面轴肩槽　d）圆弧轴肩槽

二、车槽刀

按切削部分的材料不同，车槽刀分为高速钢车槽刀和硬质合金车槽刀（见图 3-3）两种。目前使用较为普遍的是高速钢车槽刀。

图 3–3　硬质合金车槽刀

1. 片状高速钢车槽刀（见图 3-4）

车槽刀以横向进给为主，前端的切削刃为主切削刃，两侧的切削刃是副切削刃。高速钢车槽刀的几何参数、作用和要求、选择原则见表 3-1。

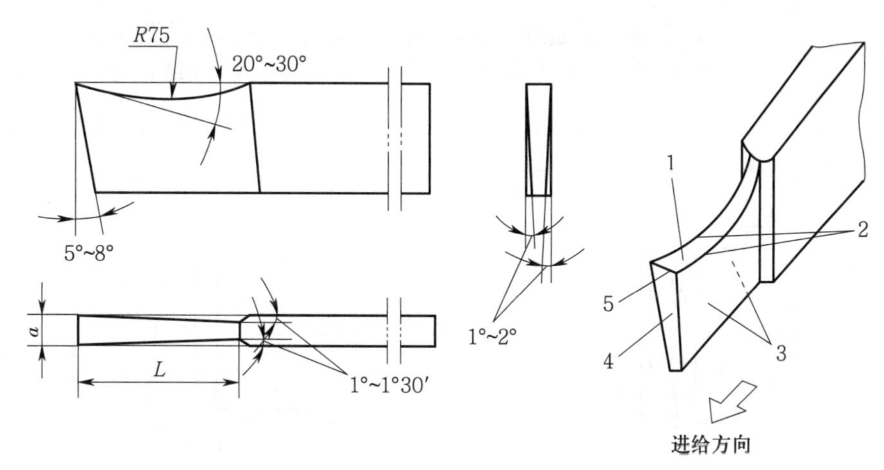

图 3-4 片状高速钢车槽刀

1—前面 2—副切削刃 3—副后面 4—主后面 5—主切削刃

表 3-1 高速钢车槽刀的几何参数、作用和要求、选择原则

几何参数	符号	作用和要求	选择原则
主偏角	κ_r	主偏角影响主切削刃的受力方向和槽底形状，要求主切削刃与进给方向垂直	κ_r=90°
副偏角	κ_r'	车槽刀的两副偏角必须对称，其作用是减小副切削刃与工件已加工表面间的摩擦	取 κ_r'=1°~ 1° 30′
前角	γ_o	前角增大，能使车刀刃口锋利，切削省力，并使切屑顺利排出	车削中碳钢工件时，取 γ_o=20° ~ 30°；车削铸铁工件时，取 γ_o=0° ~ 10°
主后角	α_o	减小车槽刀主后面与工件过渡表面间的摩擦	一般取 α_o=5°~ 8°
副后角	α_o'	减小车槽刀副后面与工件已加工表面间的摩擦。考虑到车槽刀的刀头狭而长，两个副后角不能太大	车槽刀有两个对称的副后角，取 α_o'=1°~ 2°
主切削刃宽度	a	车狭窄的外沟槽时，将车槽刀的主切削刃宽度刃磨成与工件槽宽相等；对较宽的槽，选择好车槽刀的主切削刃宽度 a 后，分多次将槽车出	一般采用经验公式计算： $a \approx (0.5 \sim 0.6)\sqrt{d}$ 式中 d——工件直径，mm

续表

几何参数	符号	作用和要求	选择原则
刀头长度	L	刀头长度要适中。刀头太长，容易引起振动，甚至会使刀头折断	刀头长度一般采用经验公式计算（见图 3–5）： $L=h+（2 \sim 3）\mathrm{mm}$ 式中　h——切入深度，mm

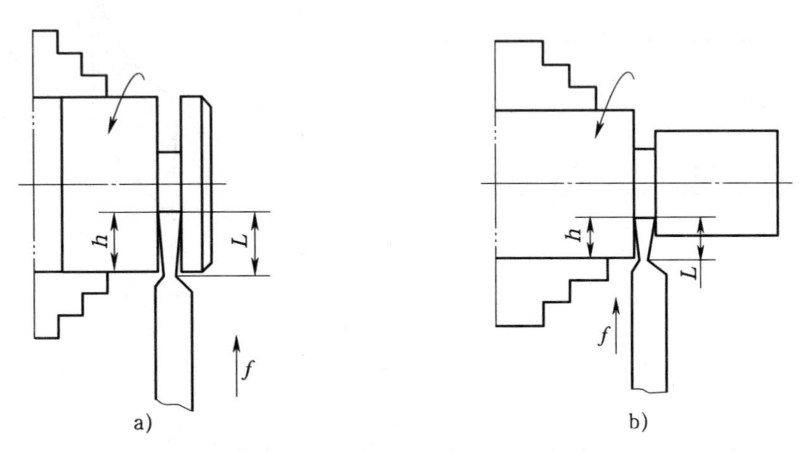

图 3–5　车槽刀的刀头长度

a）在等径圆柱上车槽　b）在台阶处车槽

例 3–1　在外径为 36 mm 的圆柱形工件上车削槽底直径为 16 mm、槽宽为 20 mm 的槽，试计算车槽刀的主切削刃宽度 a 和刀头长度 L。

解： $a \approx (0.5 \sim 0.6)\sqrt{d} = (0.5 \sim 0.6) \times \sqrt{36}\ \mathrm{mm}=3 \sim 3.6\ \mathrm{mm}$

$$L=h+(2 \sim 3)=\left(\frac{36}{2}-\frac{16}{2}\right)\mathrm{mm}+(2 \sim 3)\ \mathrm{mm}=12 \sim 13\ \mathrm{mm}$$

为了使切削顺利，在车槽刀的弧形前面上磨出断屑槽，断屑槽的长度应超过切入深度。但断屑槽不可过深，一般槽深为 0.75 ~ 1.5 mm；否则会削弱刀头强度。

2. 高速钢弹性车槽刀

将车槽刀做成片状，可节省高速钢材料，且刃磨方便，但必须装夹在弹性刀柄上方可使用，如图 3–6 所示。

弹性车槽刀的优点如下：当进给量过大时，弹性刀柄会因受力而产生变形，由于刀柄的弯曲中心在上面，因此刀头就会自动向后退让，从而避免了因扎刀而导致车槽刀折断的现象。

三、车槽时切削用量的选择

由于车槽刀的刀头强度较低，在选择切削用量时应适当减小。总的来说，硬质合金车槽刀比高速钢车槽刀选用的切削用量要大，车削钢料时的切削速度比车削铸铁材料时的切削速度要高，而进给量要略小一些。

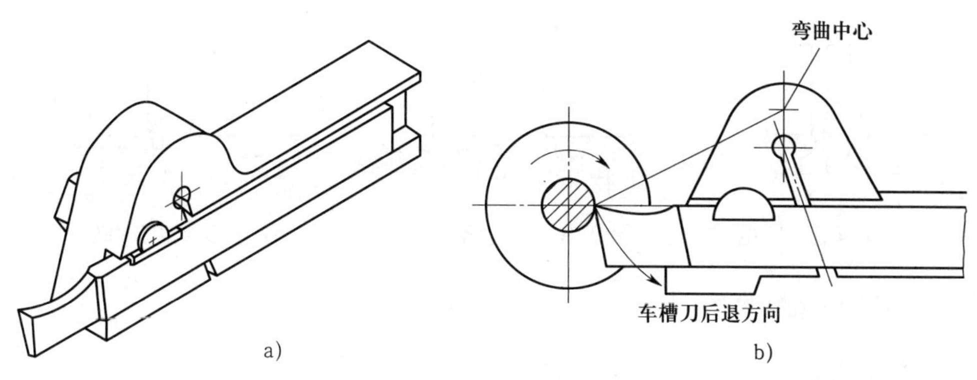

图 3-6 弹性车槽刀及其应用

a）弹性车槽刀 b）应用

1. 背吃刀量 a_p

车槽为横向进给车削，背吃刀量是垂直于已加工表面方向所量得的切削层宽度。所以，车槽时的背吃刀量等于车槽刀主切削刃宽度。

2. 进给量 f 和切削速度 v_c

车槽时进给量 f 和切削速度 v_c 的选择见表 3-2。

表 3-2 车槽时进给量和切削速度的选择

刀具材料	高速钢车槽刀		硬质合金车槽刀	
工件材料	钢料	铸铁材料	钢料	铸铁材料
进给量 f/（$mm \cdot r^{-1}$）	0.05 ~ 0.1	0.1 ~ 0.2	0.1 ~ 0.2	0.15 ~ 0.25
切削速度 v_c /（$m \cdot min^{-1}$）	30 ~ 40	15 ~ 25	80 ~ 120	60 ~ 100

四、车槽的方法

1. 车削精度不高且宽度较窄的槽

对于精度不高且宽度较窄的槽，可用主切削刃宽度 a 等于槽宽的车槽刀，采用直进法一次进给车出，如图 3-7 所示。

2. 车削精度要求较高的槽

对于精度要求较高的槽，一般采用两次进给车成。第一次进给时，槽壁两侧留有精车余量，第二次进给时用主切削刃宽度等于槽宽的车槽刀修整；也可用原车槽刀根据槽深和槽宽进行精车，如图 3-8 所示。

3. 车削宽槽

对于宽槽，可用多次直进法车削，如图 3-9 所示，并在槽壁两侧留有精车余量，然后根据槽深和槽宽精车至尺寸要求。

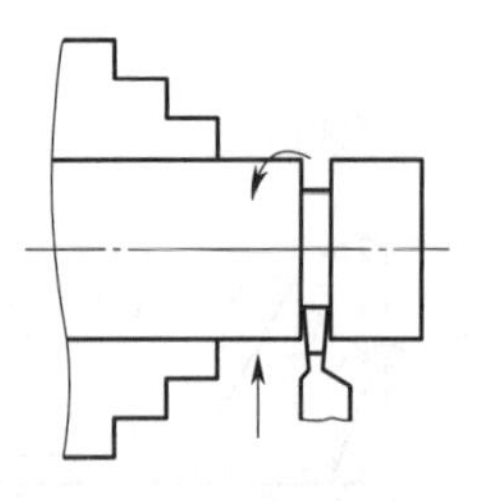

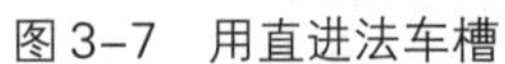

图 3-7　用直进法车槽

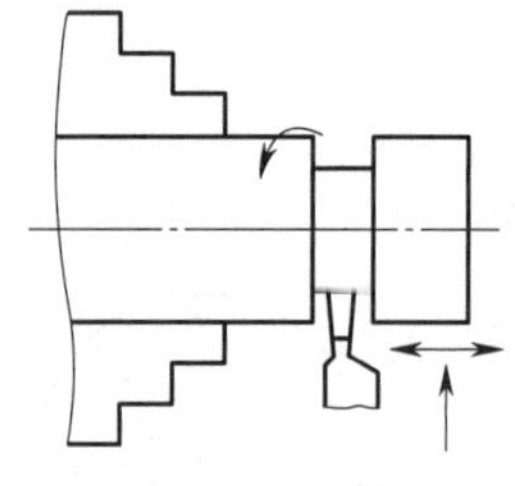

图 3-8　槽的精车

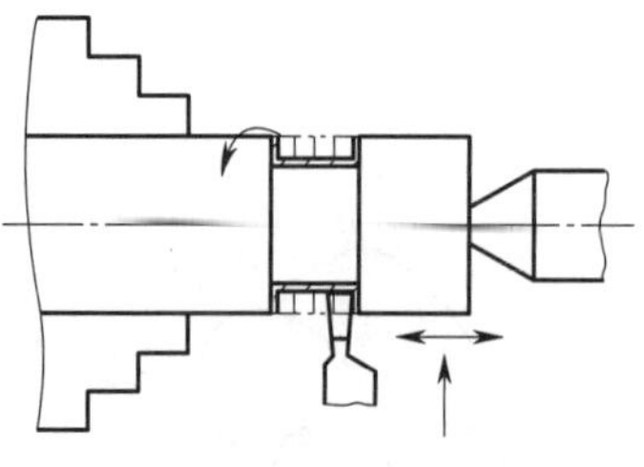

图 3-9　宽槽的车削

五、槽的检测

1. 尺寸的测量

（1）槽精度要求一般且宽度较窄时，可用游标卡尺测量槽底直径（见图 3-10），用钢直尺测量槽宽（见图 3-11）。

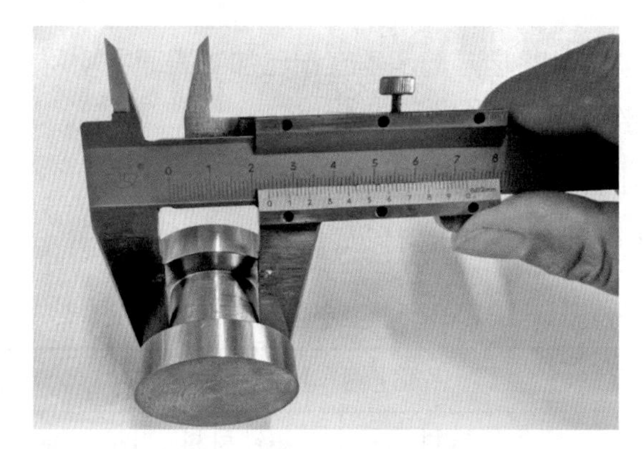

图 3-10　用游标卡尺测量槽底直径

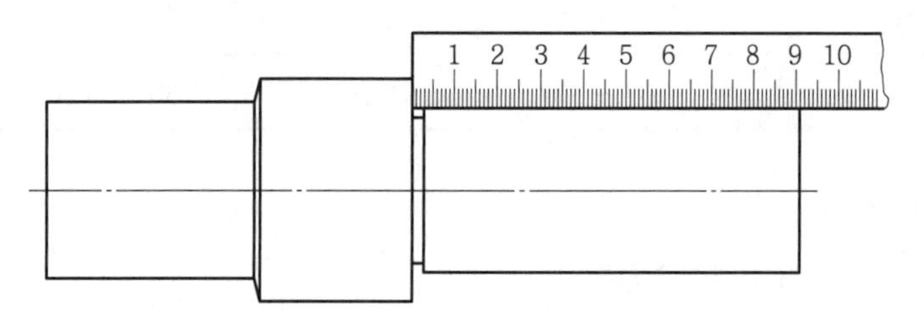

图 3-11　用钢直尺测量槽宽

（2）对于精度要求较低的槽，可用钢直尺和外卡钳分别测量其宽度和直径，如图 3-12 所示。

（3）对于精度要求较高的槽，通常用千分尺测量槽底直径（见图 3-13a），用样板（见图 3-13b）检查槽宽。

2. 轴向圆跳动误差的检测

检测工件轴向圆跳动误差时，先把工件用两顶尖装夹，然后把杠杆式百分表的测头靠在需要测量的槽左侧或右侧端面上，工件转动一圈，测得百分表的读数差就是轴向圆跳动误差，如图 3-14 所示。

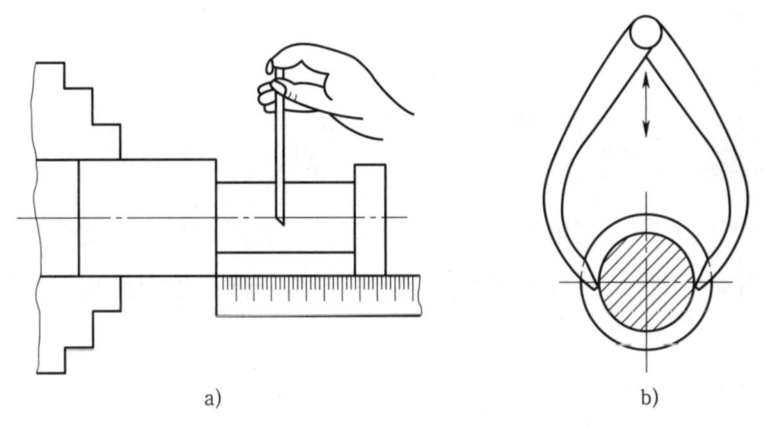

图 3-12 用钢直尺和外卡钳测量

a）测量槽宽 b）测量槽底直径

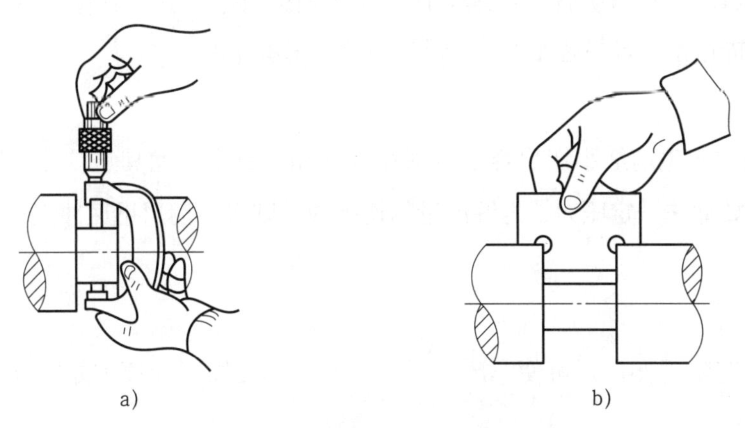

图 3-13 测量精度要求较高的槽

a）用千分尺测量槽底直径 b）用样板检查槽宽

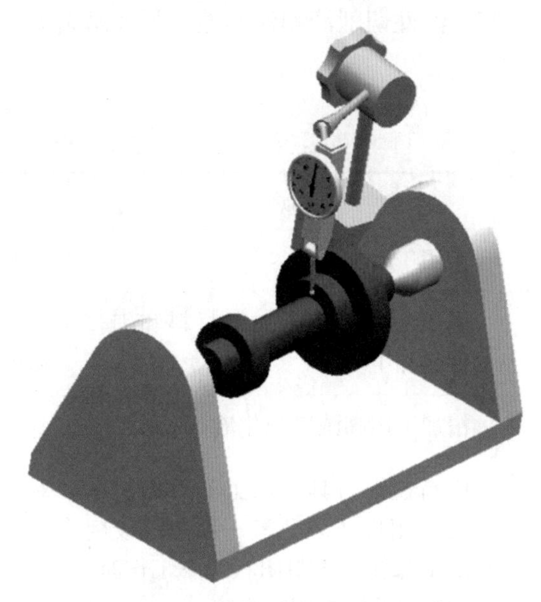

图 3-14 检测槽的轴向圆跳动误差

六、切削液

1. 切削液的作用

切削液主要有冷却、润滑、清洗和防锈等作用。

（1）冷却作用

切削液能吸收并带走切削区域大量的热量，降低刀具和工件的温度，从而延长刀具寿命，并能减小工件因热变形而产生的尺寸误差，同时也为提高生产效率创造了条件。

（2）润滑作用

切削液能渗透到工件与刀具之间，在切屑与刀具的微小间隙中形成一层很薄的吸附膜，因此，可减小刀具与切屑、刀具与工件间的摩擦，减小刀具的磨损，使排屑流畅，并改善工件的表面质量。对于精加工，润滑作用就显得更加重要了。

（3）清洗作用

车削过程中产生的细小切屑容易吸附在工件和刀具上，尤其是铰孔和钻深孔时，切屑容易堵塞。如加注一定压力、足够流量的切削液，则可将切屑迅速冲走，使切削顺利进行。

（4）防锈作用

切削液具有防锈作用，可使车床、工件、刀具不受周围介质（如空气、水分、汗液等）的腐蚀。

2. 切削液的选用

车削时常用的切削液有水溶性切削液和油溶性切削液两大类。切削液的种类、用途、性能和作用见表 3-3。

表 3-3　切削液的种类、用途、性能和作用

<table>
<tr><th colspan="2">种类</th><th>用途</th><th>性能和作用</th></tr>
<tr><td rowspan="4">水溶性切削液</td><td>水溶液</td><td>常用于粗加工</td><td>主要起冷却作用</td></tr>
<tr><td rowspan="3">乳化液</td><td>用于粗加工、难加工材料和细长工件的加工</td><td>主要起冷却作用，润滑和防锈性能较差</td></tr>
<tr><td>精加工用高浓度乳化液</td><td rowspan="2">提高其润滑和防锈性能</td></tr>
<tr><td>用高速钢刀具粗加工和对钢料精加工时用极压乳化液；钻削、铰削和加工深孔等半封闭状态下工作时，用黏度较低的极压乳化液</td></tr>
</table>

续表

种类			用途	性能和作用
水溶性切削液	合成切削液		是国内外推广使用的高性能切削液	具有冷却、润滑和清洗作用，防锈性能良好，不含油，节省能源，有利于环保。国产 DX-148 型多效合成切削液使用效果较好
油溶性切削液	切削油	矿物油	在普通精车、螺纹精加工中使用很广泛，如 L-AN15、L-AN22、L-AN32 等	润滑作用较好
			在精加工铝合金、铸铁及用高速钢铰刀铰孔时用轻柴油、煤油	煤油的渗透作用和清洗作用较突出
		动植物油	应尽量少用或不用	能形成较牢固的润滑膜，其润滑效果比纯矿物油好，但易变质
		混合油	矿物油与动植物油的混合油，应用范围广泛	润滑、渗透和清洗作用均较好
	极压切削油		用高速钢刀具对钢料精加工时使用；钻削、铰削和加工深孔等半封闭状态下工作时，用黏度较低的极压切削油	在高温下不破坏润滑膜，具有良好的润滑效果，防锈性能也得到提高

3. 使用切削液的注意事项

为了使切削液达到应有的效果，在使用时应注意以下问题：

（1）油状乳化油必须用水稀释后才能使用。但是乳化液会污染环境，应尽量选用环保型切削液。

（2）切削液必须浇注在切削区域（见图 3-15），因为该区域是切削热源集中区。

（3）用硬质合金车刀切削时一般不加切削液，如果使用切削液，必须一开始就连续充分地浇注；否则，硬质合金刀片会因骤冷而产生裂纹。

（4）控制好切削液的流量。流量太小或断续使用，起不到应有的作用；流量太大，则会造成切削液的浪费。

（5）加注切削液可以采用浇注法和高压冷却法。浇注法（见图 3-16a）是一种简便易行、应用广泛的方法，一般车床均有这种冷却系统。高压冷却法（见图 3-16b）是以较高的压力和流量将切削液喷向切削区域，这种方法一般用于半封闭加工或车削难加工材料时。

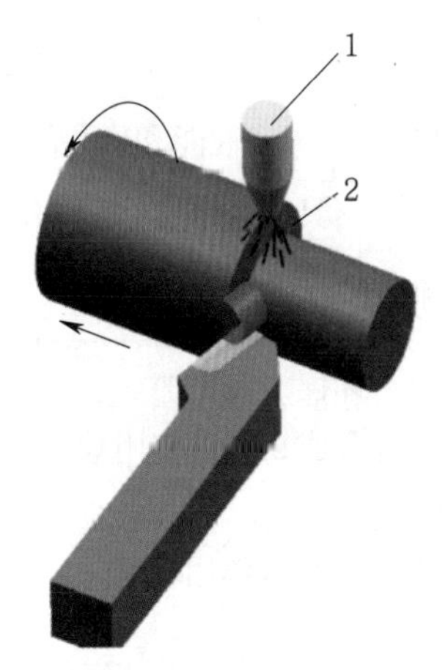

图 3-15　切削液浇注的区域

1—切削液喷嘴　2—过渡表面

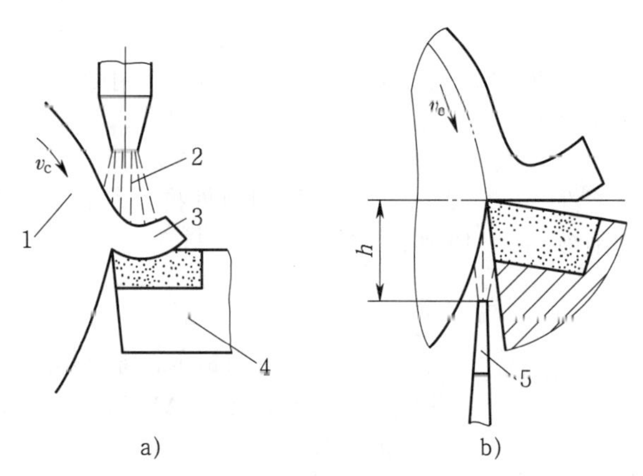

图 3-16　加注切削液的方法

a）浇注法　b）高压冷却法

1—工件　2—切削液　3—切屑　4—刀具　5—切削液喷嘴

任务实施

任务实施一：选用并刃磨车槽刀

一、识读车槽工序图

1. 尺寸公差

本任务的对象是项目二任务三完成的台阶轴，右端外圆尺寸（$\phi38_{-0.039}^{\ 0}$ mm）是在项目二任务三完成的，在本项目中不需要加工。图样上标注的其他形状和尺寸是本任务的加工内容。

槽的尺寸“3×2”表示槽的宽度为 3 mm，槽的单边深度为 2 mm，也就是槽底直径为 34 mm。

2. 轴向圆跳动公差

“| ↗ | 0.02 | A |”表示槽的左侧槽壁对右端 $\phi38_{-0.039}^{\ 0}$ mm 圆柱面基准轴线 A 的轴向圆跳动公差为 0.02 mm。

3. 表面粗糙度

图样右下角的符号“$\sqrt{Ra\ 3.2}$ ($\sqrt{}$)”表示台阶轴除右端 $\phi38_{-0.039}^{\ 0}$ mm 圆柱面外的其余表面的表面粗糙度 Ra 值均为 3.2 μm。

二、工艺分析

将经过精车的台阶轴车成图 3-1 所示的形状和尺寸。

1. 台阶轴已经过粗车和精车，形状较简单，尺寸变化不大，但槽的左侧槽壁有较高的轴向圆跳动精度要求。

2. 车削该槽时可选用高速钢车槽刀，槽宽度较窄，精度要求一般。因此，可将车槽刀的主切削刃宽度刃磨成与工件槽宽相等，即 a=3 mm。在刃磨车槽刀两侧副后面时，必须使两副切削刃、两副后角和两副偏角对称，故刃磨难度较大。

3. 车槽时采用两顶尖装夹工件，一次直进车出。由于槽宽度较窄，在选择车槽刀的几何参数和切削用量时要特别注意保证车槽刀的刀头强度。

4. 操作路线：选用车槽刀→刃磨车槽刀→车槽。

三、准备工作

1. 工艺装备

准备钢直尺、直角尺、角度样板、0 ~ 25 mm 千分尺、F46 ~ F60 的白色氧化铝砂轮、油石、4 mm × 16 mm × 160 mm 高速钢车槽刀刀片。

2. 设备

准备砂轮机。

四、操作步骤

选择并刃磨车槽刀的步骤，见表 3-4。

表 3-4　选择并刃磨车槽刀的步骤

步骤	内容	图示
步骤 1：选择车槽刀刀片	由于工件槽宽较窄，可用车槽刀一次直进车出。台阶轴的槽宽为 3 mm，工件材料为 45 钢，故选择高速钢车槽刀刀片，尺寸为 4 mm × 16 mm × 160 mm	4×16×160
步骤 2：选用车槽刀的几何参数	主切削刃宽度 a=3 mm，刀头长度 L=11 mm，主偏角 κ_r=90°，前角 γ_o=25°，主后角 α_o=6°，副后角 α_o'=1°30′，副偏角 κ_r'=1°30′	
步骤 3：粗磨车槽刀	（1）粗磨车槽刀选用粒度号为 F46 ~ F60、硬度为 H ~ K 的白色氧化铝砂轮 （2）粗磨左侧副后面。两手握住车槽刀刀片，车刀前面向上，同时磨出左侧副后角 α_o'=1°30′ 和副偏角 κ_r'=1°30′	

续表

步骤	内容	图示
步骤3：粗磨车槽刀	（3）粗磨右侧副后面。两手握住车槽刀刀片，车刀前面向上，同时磨出右侧副后角 α_o'=1°30′ 和副偏角 κ_r'=1°30′，对于主切削刃宽度，要注意留出0.5 mm的精磨余量	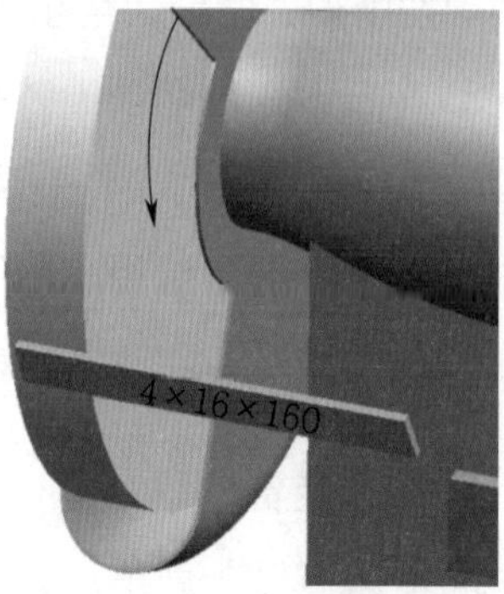
	（4）粗磨主后面。两手握住车槽刀刀片，车刀前面向上，磨出主后面，主后角 α_o=6°	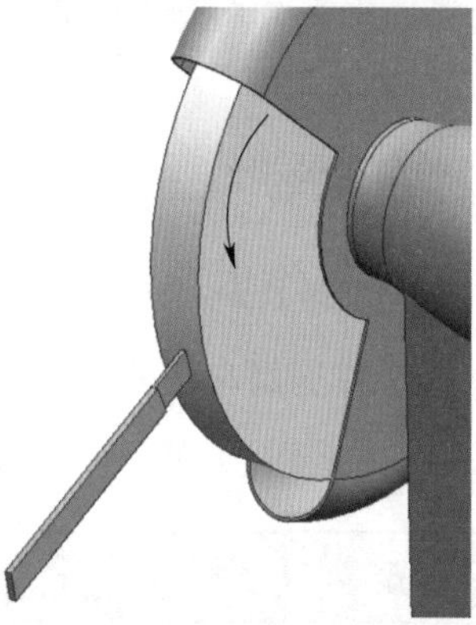
	（5）粗磨前面。两手握住车槽刀刀片，车刀前面对着砂轮磨削表面，刃磨前面和断屑槽，保证前角 γ_o=25°	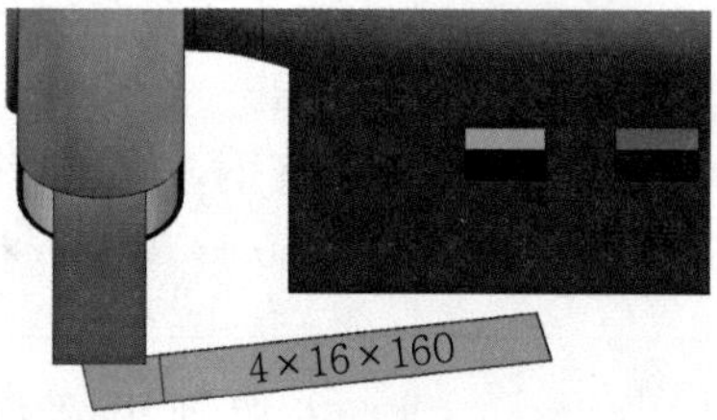
步骤4：精磨车槽刀	（1）精磨车槽刀时选用粒度号为F80～F120、硬度为H～K的白色氧化铝砂轮 （2）修磨主后面，保证主切削刃平直 （3）修磨两侧副后面，保证两副后角和两副偏角对称，主切削刃宽度 a=3 mm（工件槽宽） （4）修磨前面和断屑槽，保持主切削刃平直、锋利 （5）修磨刀尖，可在两刀尖处各磨出一个小圆弧过渡刃	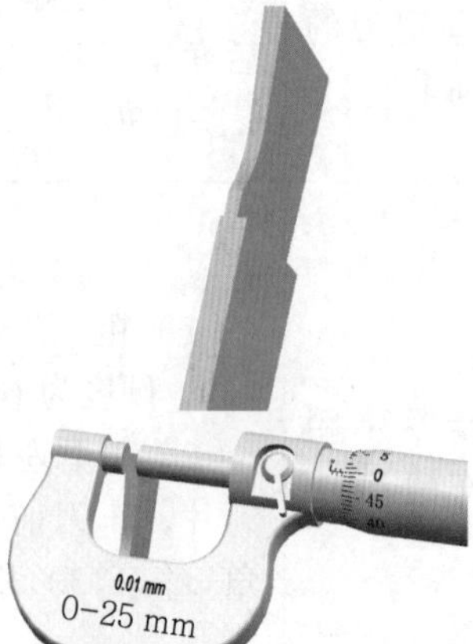

五、车槽刀刃磨质量的评价

刃磨车槽刀容易出现的问题和要求见表 3-5。

表 3-5　刃磨车槽刀容易出现的问题和要求

部位	缺陷图示	说明	要求
前面	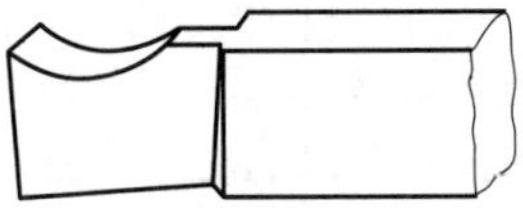 断屑槽太深	刀头强度低，容易造成刀头折断	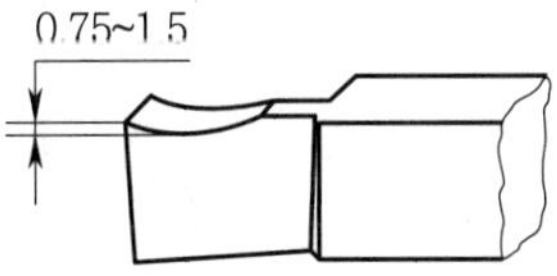 0.75~1.5
	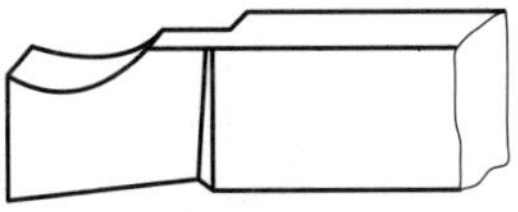 前面被磨低	切削不顺畅，排屑困难，切削负荷大，刀头易折断	
副后角	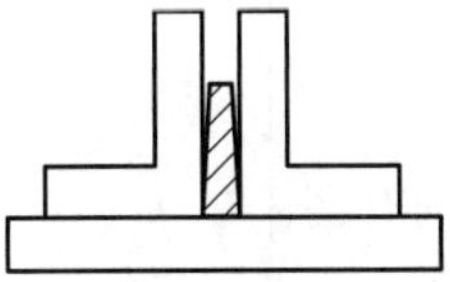 副后角为负值	会与工件侧面发生摩擦，切削负荷大	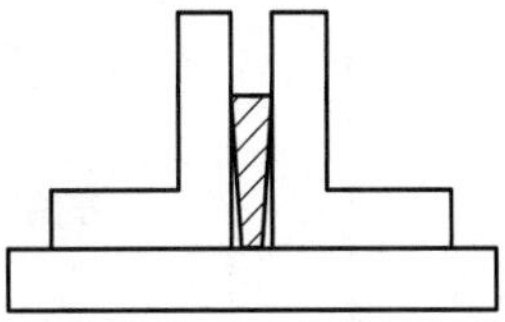
	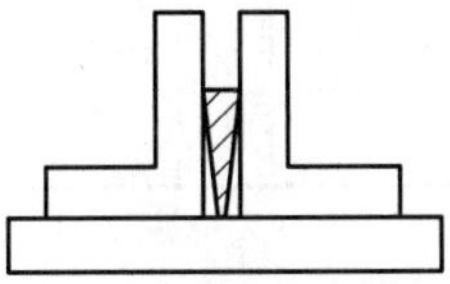 副后角太大	刀头强度低，车削时刀头易折断	
副偏角	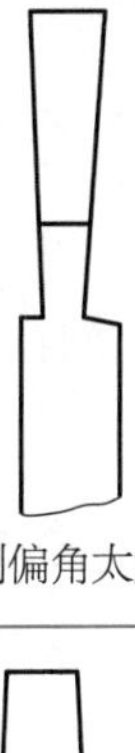 副偏角太大	刀头强度低，容易折断	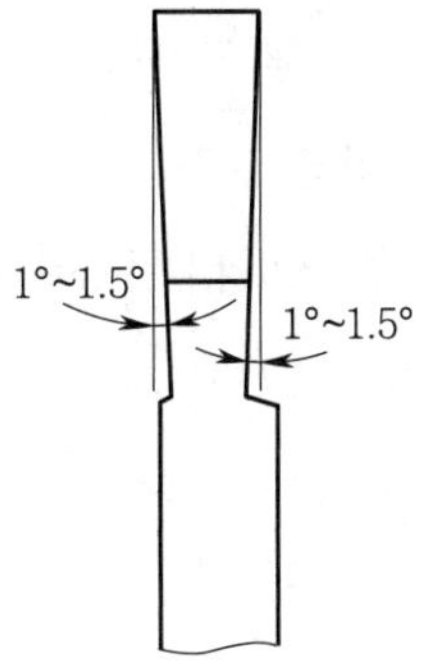 1°~1.5°　1°~1.5°
	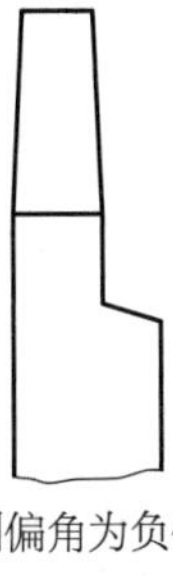 副偏角为负值	不能用直进法进行车削，切削负荷大	

续表

部位	缺陷图示	说明	要求
副偏角	副切削刃不平直	不能用直进法进行车削，切削负荷大	
	左侧刃磨得太多	不能车削有高台阶的工件	

任务实施二：车槽

一、准备工作

1. 工件

准备项目二任务三中完成的台阶轴，经检测尺寸精度和几何精度满足图样要求。

2. 工艺装备

准备三爪自定心卡盘、前顶尖、后顶尖、鸡心夹头、高速钢车槽刀、45°车刀、直角尺、分度值为 0.02 mm 的 0 ~ 200 mm 游标卡尺、0 ~ 25 mm 和 25 ~ 50 mm 千分尺、百分表。

3. 设备

准备 CA6140 型卧式车床。

二、操作步骤

车槽步骤见表 3-6。

表 3-6　车槽步骤

步骤	内容	图示
步骤 1：装夹车槽刀	（1）把刃磨好的车槽刀装夹在刀架上，要符合车刀装夹的一般要求，如车槽刀不宜伸出过长等 （2）主切削刃必须与工件轴线平行 （3）车槽刀的中心线必须与工件轴线垂直，以保证两副偏角对称，可用直角尺检查 （4）车槽刀的底平面应平整，以保证两个副后角对称	 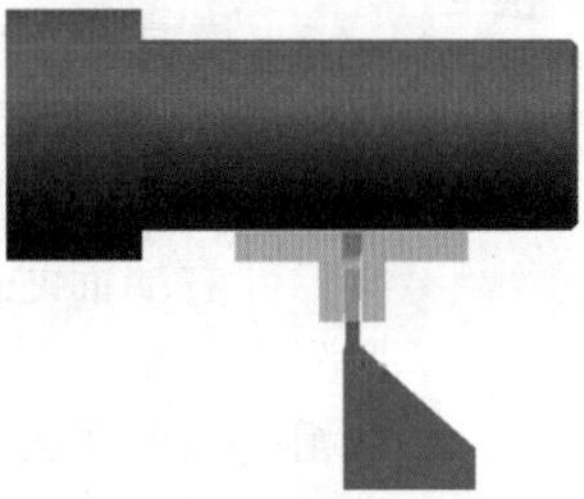
步骤 2：启动车床	（1）为保证工件轴向圆跳动误差≤ 0.02 mm，采用两顶尖装夹（铜皮垫在 $\phi 40^{-0.02}_{-0.06}$ mm 外圆处） （2）选取进给量 f=0.15 mm/r，将车床主轴转速调整为 320 r/min （3）启动车床，使工件回转	
步骤3：对刀	（1）左手摇动床鞍手轮，右手摇动中滑板手柄，使刀尖趋近并轻轻接触工件右端面 （2）反向摇动中滑板手柄，使车槽刀横向退出 （3）记住床鞍刻度盘刻度	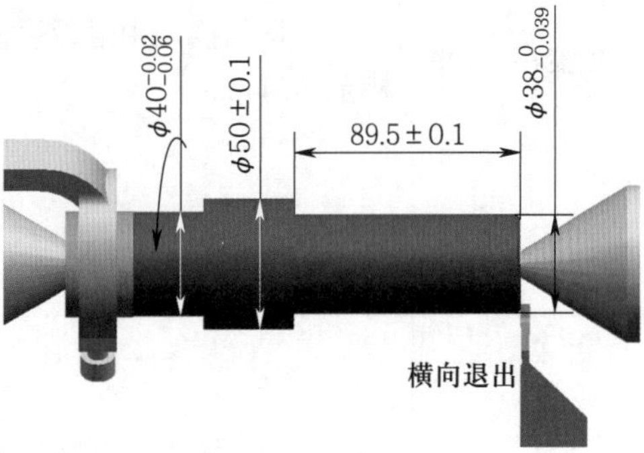
步骤 4：确定槽的位置	摇动床鞍手轮，利用床鞍刻度盘的刻度，使车刀向左纵向移动（89.5 ± 0.1）mm	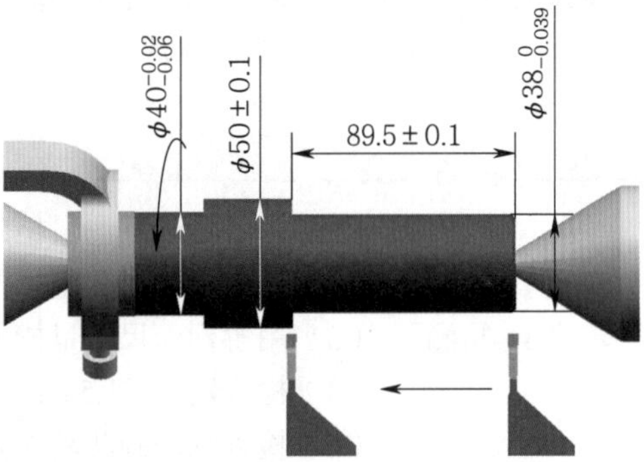

续表

步骤	内容	图示
步骤 5：试车	（1）摇动中滑板手柄，使车刀轻轻接触工件 ϕ（50 ± 0.1）mm 外圆，记下中滑板刻度盘的刻度，或把此位置调至中滑板刻度盘的“0”位，以作为横向进给的起点 （2）算出中滑板的横向进给量，中滑板应进给约 160 格 （3）横向进给车削工件 2 mm 左右，横向快速退出车刀 （4）停车，测量槽左侧槽壁与工件右端面之间的距离，根据测量结果，利用小滑板刻度盘相应调整车刀位置，直至测量结果符合（90 ± 0.15）mm 的要求	横向退出 试车
步骤 6：车槽	双手均匀摇动中滑板手柄，车槽至 ϕ34 mm	
步骤 7：倒角	（1）将 45° 车刀调整至工作位置，车床主轴转速为 500 r/min （2）倒角 C1.5 mm	
步骤 8：检测	（1）用游标卡尺测量槽的位置尺寸（90 ± 0.15）mm （2）用游标卡尺测量槽的宽度 3 mm （3）用游标卡尺测量槽的深度 2 mm （4）检查倒角 C1.5 mm （5）检查轴向圆跳动误差（≤ 0.02 mm）	

三、结束工作

加工完毕，卸下工件，仔细测量各部分尺寸，对自己的练习件进行评价。针对出现的质量问题，结合表3-7分析产生原因，总结出改进措施。最后，清点工具，收拾工作场地。

表3-7　车槽时的质量问题、产生原因和改进措施

质量问题	产生原因	改进措施
槽的宽度不正确	1. 车槽刀主切削刃磨得不正确 2. 测量不正确	1. 根据槽宽刃磨车槽刀 2. 仔细、正确测量
槽位置不对	测量和定位不正确	正确定位并仔细测量
槽深度不正确	1. 没有及时测量 2. 尺寸计算错误	1. 车槽过程中及时测量 2. 仔细计算尺寸，对留有磨削余量的工件，车槽时必须把磨削余量考虑进去
槽底一侧直径大，一侧直径小	车槽刀的主切削刃与工件轴线不平行	装夹车槽刀时必须使主切削刃与工件轴线平行
槽底与槽壁相交处出现圆角，槽底中间直径小、靠近槽壁处直径大	1. 车槽刀主切削刃不直或刀尖圆弧太大 2. 车槽刀磨钝	1. 正确刃磨车槽刀 2. 车槽刀磨钝后应及时修磨
槽壁与工件轴线不垂直，内槽狭窄外口大，槽呈喇叭形	1. 车槽刀磨钝而让刀 2. 车槽刀角度刃磨不正确 3. 车槽刀的中心线与工件轴线不垂直	1. 车槽刀磨钝后应及时刃磨 2. 正确刃磨车槽刀 3. 装夹车槽刀时应使其中心线与工件轴线垂直
槽底与槽壁产生小台阶	多次车削时接刀不当	正确接刀，或留有一定的精车余量
表面粗糙度达不到要求	1. 两副偏角太小，产生摩擦 2. 切削速度选择不当，没有浇注切削液进行润滑 3. 切削时产生振动 4. 切屑拉毛已加工表面	1. 正确刃磨车槽刀，保证两副偏角正确 2. 选择适当的切削速度，并浇注切削液进行润滑 3. 采取防振措施 4. 控制切屑的形状和排出方向

任务二　切　　断

学习目标

1. 了解切断刀的几何参数。
2. 掌握切断刀的刃磨及装夹方法。
3. 具备切断的技能。

任务描述

本任务所需的毛坯是项目三任务一车槽后的台阶轴，本任务就是将台阶轴左侧 $\phi 40_{-0.06}^{-0.02}$ mm 的圆柱切断，形成图 3-17 所示的垫片，需具备一定的切断技能。

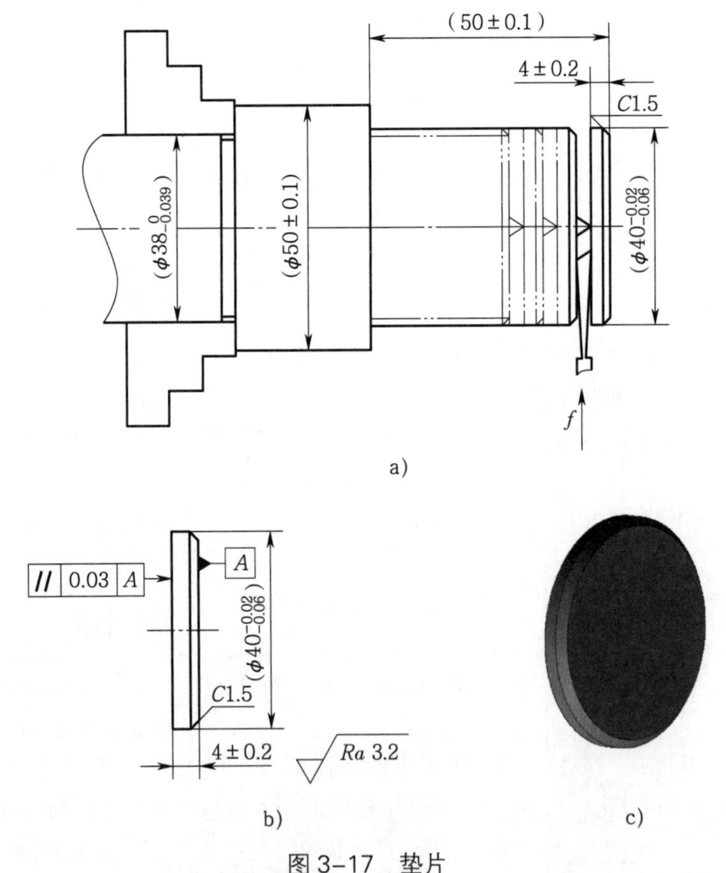

图 3-17　垫片

a）切断工序图　b）零件图　c）实物图

相关理论

项目三任务一中有关车槽的内容同样适用于切断，但有一定差别。

一、切断刀

切断刀的种类、形状和几何参数与车槽刀基本相同，但也有差别。

按切削部分的材料不同，切断刀分为高速钢切断刀和硬质合金切断刀两种。目前使用较为普遍的是高速钢切断刀。

1. 高速钢切断刀

（1）切断刀的刀头长度

切断刀的刀头长度仍然采用经验公式 $L=h+(2\sim3)$ mm 计算，如图 3-18 所示。

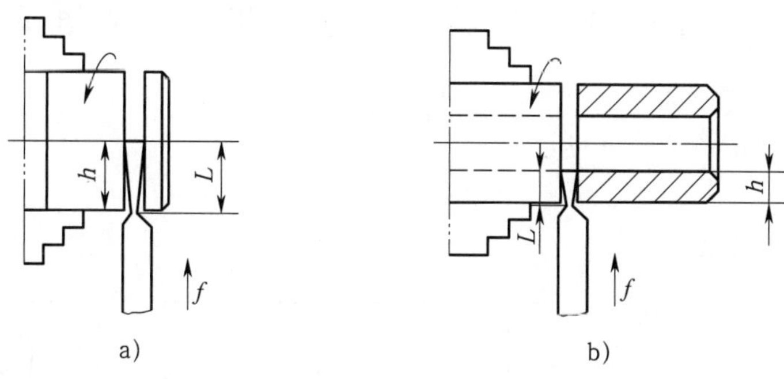

图 3-18　切断刀的刀头长度

a）切断实心工件　b）切断空心工件

例 3-2　切断外径为 36 mm、孔径为 16 mm 的空心工件，试计算切断刀的主切削刃宽度和刀头长度。

解：切断刀的主切削刃宽度 $a\approx(0.5\sim0.6)\sqrt{d}=(0.5\sim0.6)\times\sqrt{36}$ mm=3 ~ 3.6 mm

切断刀的刀头长度 $L=h+(2\sim3)=\left(\frac{36}{2}-\frac{16}{2}\right)$ mm+（2 ~ 3）mm=12 ~ 13 mm

（2）切断刀的主切削刃

切断工件时，为使带孔工件不留边缘，实心工件的端面不留小凸台，可将切断刀的切削刃略磨斜些，如图 3-19 所示。

2. 硬质合金切断刀

图 3-20 所示为硬质合金切断刀，为了提高刀头的支承刚度，常将切断刀的刀头下部做成凸圆弧形。

由于高速车削会产生很大的热量，为防止刀片脱焊，在开始车削时就应充分浇注切削液。

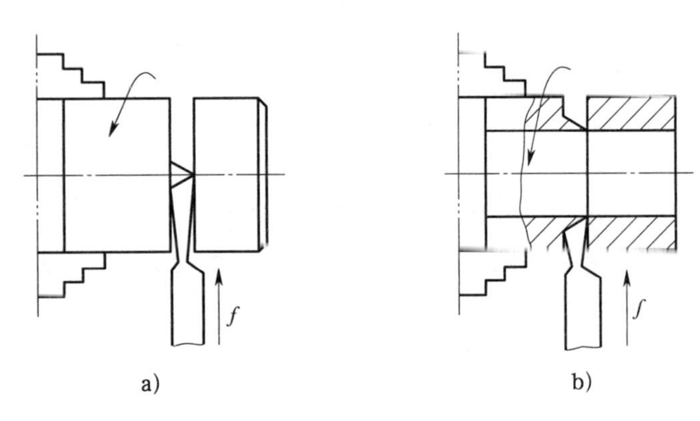

图 3–19　斜刃切断刀及应用

a）切断实心工件　b）切断空心工件

高速切断时，如果硬质合金切断刀的主切削刃采用平直刃，那么切屑宽度和沟槽宽度相等，容易堵塞在槽内而不易排出。为使排屑顺利，可将主切削刃两边倒角或将其磨成人字形。

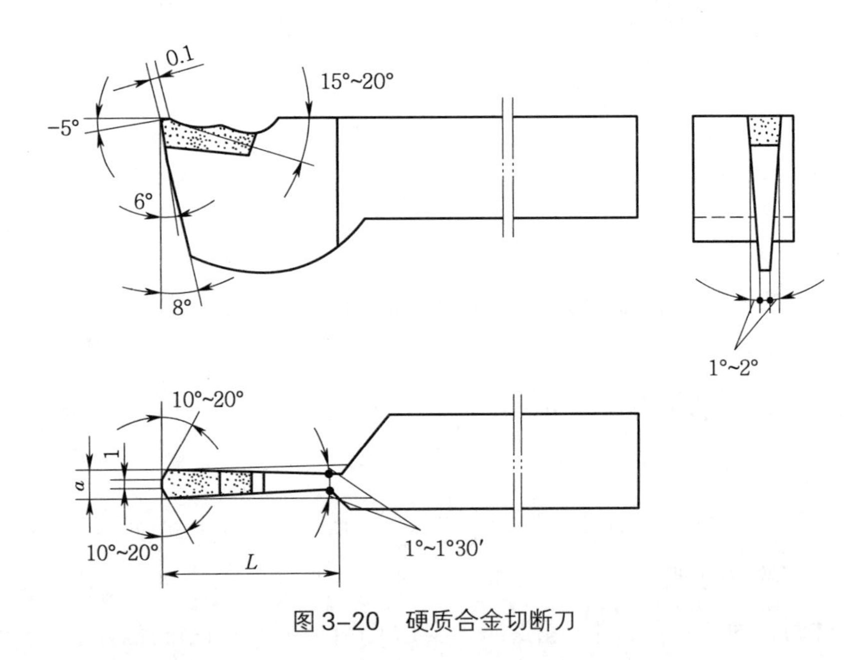

图 3–20　硬质合金切断刀

二、切断的方法

切断时的切削用量和车槽时的切削用量基本相同。但由于切断刀的刀头刚度比车槽刀低，在选择切削用量时应适当减小。

切断时采用直进法横向进给车削。

任务实施

一、识读垫片零件图（见图 3-17）

1. 尺寸公差

工件右端外圆括号内的尺寸“($\phi 40^{-0.02}_{-0.06}$)”表示该圆柱表面不需要加工，该圆柱的尺寸是由上道工序得到的。

工件的长度尺寸为（4±0.2）mm，倒角 C1.5 mm。

2. 位置公差

“| // | 0.03 | A |”表示工件的左端面对基准平面 A（右端面）的平行度公差为 0.03 mm。

3. 表面粗糙度

图样右下角的符号“√Ra 3.2”表示垫片所有表面的表面粗糙度 Ra 值均为 3.2 μm。

二、工艺分析

将经过车槽的台阶轴切断，形成图 3-17 所示形状和尺寸的垫片。

1. 操作步骤：选用切断刀→刃磨切断刀→切断→检测平行度误差。

2. 用千分尺检测工件两端面一周，找出工件的最高点和最低点，两者之差即为工件两端面的平行度误差。

三、准备工作

1. 工件

准备项目三任务一车槽后的台阶轴。

2. 工艺装备

准备三爪自定心卡盘、高速钢斜刃切断刀（见图 3-21）、45°车刀、直角尺、分度值为 0.02 mm 的 0 ~ 150 mm 游标卡尺、0 ~ 25 mm 和 25 ~ 50 mm 千分尺。

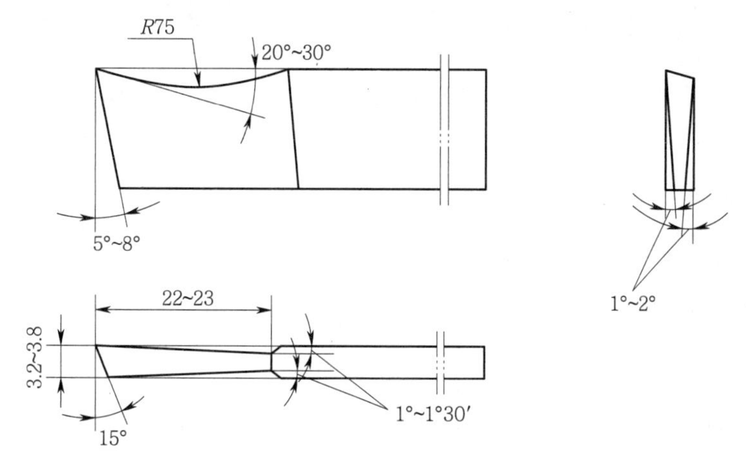

图 3-21　高速钢斜刃切断刀

3. 设备

准备 CA6140 型卧式车床。

四、操作步骤

1. 装夹工件

用三爪自定心卡盘装夹工件。为防止切断时工件窜动，可利用 $\phi38_{-0.039}^{0}$ mm×（90±0.15）mm 的外圆作为限位台阶。

2. 用 45°车刀车端面及倒角

（1）将 45°车刀调整至工作位置，取背吃刀量 a_p=0.5 mm，进给量 f=0.16 mm/r，车床主轴转速为 710 r/min，将端面车平即可，表面粗糙度 Ra 值为 3.2 μm。

（2）倒角 C1.5 mm。

3. 装夹切断刀及试切断

装夹切断刀，启动车床，对刀，确定切断刀位置，试切断，与车槽时基本相同。

4. 切断

双手均匀摇动中滑板手柄切断工件，保证工件厚（4±0.2）mm，如图 3-22 所示。

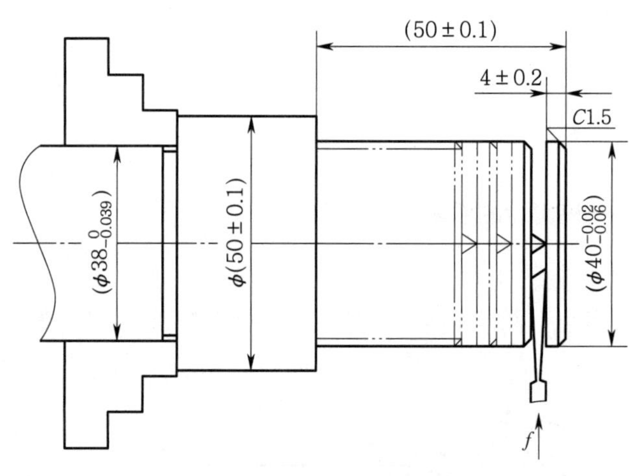

图 3-22　切断

操作提示

➤ 切断刀的刀尖必须严格对准工件轴线。

➤ 用一夹一顶方法装夹工件进行切断，在工件即将切断时，应卸下工件后再将其敲断。不允许用两顶尖装夹工件进行切断，以防切断瞬间工件飞出伤人，酿成事故。

➤ 用高速钢切断刀切断工件时应浇注切削液；用硬质合金切断刀切断时，中途不准停车，以免切削刃碎裂。

五、结束工作

加工完毕，卸下工件，仔细测量各部分尺寸，对自己的练习件进行评价。针对出现的质量问题，结合表3-8，分析产生原因，总结出改进措施。最后，清点工具，收拾工作场地。

表3-8　切断时质量问题的产生原因

质量问题	产生原因
平面凹凸不平	1. 切断刀两侧的刀尖刃磨或磨损不一致 2. 斜刃切断刀的主切削刃与工件轴线夹角较大，左侧刀尖有磨损现象，进给时在侧向切削力的作用下使刀头歪斜 3. 车床主轴有轴向窜动 4. 切断刀装夹歪斜或副切削刃没有磨直
切断时产生振动	1. 主轴与轴承之间间隙太大 2. 切断时主轴转速过高，进给量过小 3. 切断的工件太长，在离心力的作用下产生振动 4. 切断刀远离工件支承点或切断刀伸出过长 5. 工件细长，切断刀主切削刃太宽
切断刀折断	1. 工件装夹不牢固，切断点远离卡盘，在切削力作用下工件被抬起 2. 切断时排屑不畅，切屑堵塞沟槽 3. 切断刀的副偏角、副后角磨得太大，削弱了切削部分的强度 4. 切断刀装刀时中心线与工件轴线不垂直，主切削刃与工件轴线不等高 5. 切断刀前角和进给量过大 6. 床鞍、中滑板、小滑板松动，切削时产生扎刀现象

项目四
加 工 衬 套

任务一　刃磨麻花钻并钻孔

学习目标

1. 熟悉标准麻花钻的结构和刃磨角度。
2. 掌握标准麻花钻的刃磨技能。
3. 掌握钻孔技能。

任务描述

孔加工是套类工件加工的一项重要内容。套类工件上的孔往往要经过钻孔、扩孔和车孔等加工方法完成。标准麻花钻是钻孔或扩孔最常用的刀具。麻花钻一般用高速钢制成，由于高速切削的发展，整体硬质合金钻头也得到了广泛应用。本任务的目的是掌握标准麻花钻的刃磨方法，并利用标准麻花钻进行钻孔。衬套的钻孔工序图如图 4-1 所示，毛坯尺寸为 ϕ55 mm×105 mm，材料为 45 钢。

钻孔属于粗加工，其尺寸精度一般可达 IT12 ~ IT11 级，表面粗糙度 Ra 值为 25 ~ 12.5 μm。

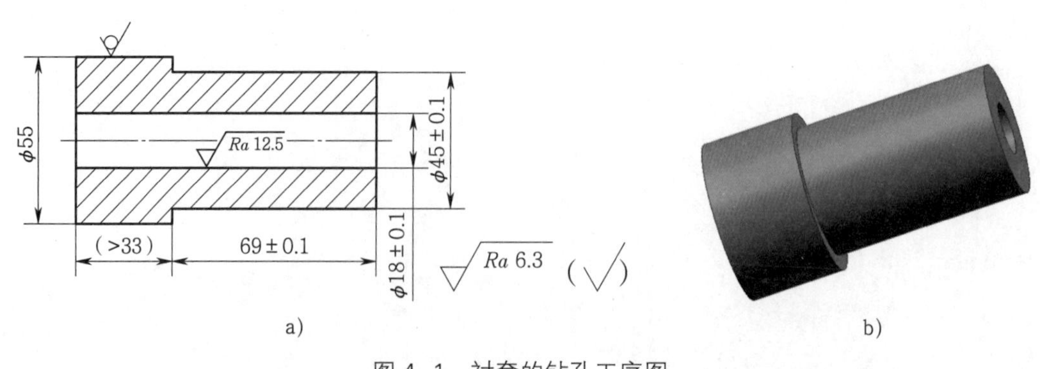

图 4-1　衬套的钻孔工序图

a）零件图　b）实物图

相关理论

一、麻花钻的结构

1. 麻花钻的组成部分及其作用

麻花钻的组成部分及其作用见表 4-1。

表 4-1 麻花钻的组成部分及其作用

图示	a）莫氏锥柄麻花钻　b）直柄麻花钻			
组成部分	柄部	颈部	工作部分（主要部分）	
			切削部分	导向部分
作用	麻花钻的柄部是夹持部分，装夹时起定心作用，钻削时起传递转矩的作用 麻花钻的柄部有莫氏锥柄（见图 a）和直柄（见图 b）两种 莫氏锥柄麻花钻的直径见表 4-2。直柄麻花钻的直径一般为 0.3 ~ 16 mm	直径较大的麻花钻在其颈部标有麻花钻直径、材料牌号和商标；直径小的直柄麻花钻没有明显的颈部	主要起切削作用	钻削过程中起保持钻削方向、修光孔壁的作用，同时也是切削的后备部分

表 4-2 莫氏锥柄麻花钻的直径 mm

莫氏锥柄号码	No.1	No.2	No.3	No.4	No.5	No.6
麻花钻直径 d	3 ~ 14	14 ~ 23.02	23.02 ~ 31.75	31.75 ~ 50.8	50.8 ~ 75	75 ~ 80

2. **麻花钻工作部分的几何参数**

麻花钻工作部分的结构如图 4-2 所示，它有两条对称的主切削刃、两条副切削刃和一条横刃。麻花钻钻孔时，相当于正反两把车刀同时进行切削，因此，其几何角度的概念与车刀基本相同，但也具有其特殊性。

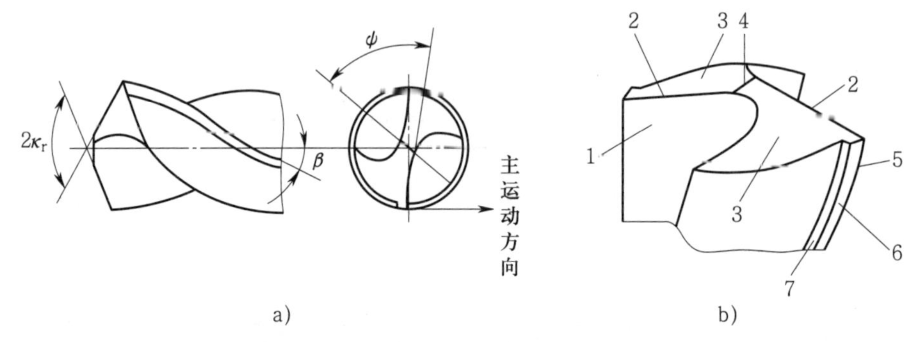

图 4-2　麻花钻工作部分的结构

a）几何角度　b）切削刃和切削面

1—前面　2—主切削刃　3—主后面　4—横刃　5—副切削刃　6—副后面　7—棱边

（1）螺旋角、前角和主后角

麻花钻切削刃上不同位置处的螺旋角、前角和主后角的变化见表 4-3。

表 4-3　麻花钻切削刃上不同位置处的螺旋角、前角和主后角的变化

图示	$\gamma_o>0°$ α_o a）外缘处前角和主后角	$\gamma_o<0°$ α_o b）钻心处前角和主后角	α_o c）在圆柱面内测量主后角
角度	螺旋角	前角	主后角
符号	β	γ_o	α_o
定义	麻花钻的工作部分有两条螺旋槽，其作用是构成切削刃、排出切屑和流通切削液 螺旋槽上最外缘的螺旋线展开成直线后与麻花钻轴线之间的夹角称为螺旋角，如图 4-2a 所示	麻花钻切削部分的螺旋槽面称为前面，切屑从此面排出 基面与前面间的夹角称为前角	麻花钻钻顶的螺旋圆锥面称为主后面 切削平面与主后面间的夹角称为主后角。在圆柱面内测量较为方便

续表

	麻花钻切削刃上的位置不同，其螺旋角 β、前角 γ_o 和主后角 α_o 也不同		
变化规律	自外缘向钻心逐渐减小	自外缘向钻心逐渐减小，并且在 $d/3$ 处前角为 0°，在钻心至 $d/3$ 范围内为负前角	自外缘向钻心逐渐增大
靠近外缘处	最大（名义螺旋角）	最大	最小
靠近钻心处	较小	较小	较大
变化范围	18° ~ 30°	–30° ~ 30°	8° ~ 12°

（2）顶角 $2\kappa_r$

麻花钻的前面与主后面的交线称为主切削刃，它担负着主要的钻削任务。麻花钻有两条主切削刃。

在通过麻花钻轴线并与两条主切削刃平行的平面上，两条主切削刃投影间的夹角称为顶角（见图 4-2a）。麻花钻顶角的大小对切削刃和加工的影响见表 4-4。刃磨麻花钻时，可根据表 4-4 大致判断顶角的大小。

表 4-4　麻花钻顶角的大小对切削刃和加工的影响

顶角	$2\kappa_r>118°$	$2\kappa_r=118°$（标准麻花钻）	$2\kappa_r<118°$
图示	>118° 凹形曲线切削刃	118° 直线形切削刃	凸形曲线切削刃 <118°
主切削刃的形状	凹曲线	直线	凸曲线
对加工的影响	顶角大，则切削刃短，定心差，钻出的孔容易扩大；同时前角也增大，使切削省力	适中	顶角小，则切削刃长，定心准，钻出的孔不容易扩大；同时前角也减小，使切削阻力大
适用的材料	钻削较硬的材料	钻削中等硬度的材料	钻削较软的材料

（3）横刃斜角 ψ

麻花钻两条主切削刃的连接线称为横刃，也就是两主后面的交线。横刃担负着钻心处的钻削任务。横刃太短，会影响麻花钻的钻尖强度；横刃太长，会使轴向的进给力增大，对钻削不利。

在垂直于麻花钻轴线的端面投影中，横刃与主切削刃之间所夹的锐角称为横刃斜角（见图 4-2a）。它的大小由后角决定，后角大时，横刃斜角减小，横刃变长；后角小时，情况相反。横刃斜角一般为 55°。

（4）棱边

在麻花钻的导向部分有两条略带倒锥形的刃带，即棱边（见图 4-2b），它的作用是减小钻削时麻花钻与孔壁之间的摩擦。

二、麻花钻的刃磨

1. 麻花钻的刃磨要求

麻花钻一般只刃磨两个主后面，并同时磨出顶角、主后角和横刃斜角。麻花钻的刃磨要求如下：

（1）根据加工材料，刃磨出正确的顶角 $2\kappa_r$，钻削一般中等硬度的钢和铸铁时，$2\kappa_r$= 116° ~ 118°。

（2）麻花钻的两条主切削刃应对称，也就是两条主切削刃与麻花钻的轴线成相同的角度，并且长度相等。主切削刃应为直线。

（3）主后角应适当，以获得正确的横刃斜角 ψ，一般 ψ=55°。

（4）主切削刃、刀尖和横刃应锋利，不允许有钝口、崩刃。

2. 麻花钻的刃磨情况对钻孔质量的影响

麻花钻的刃磨质量直接关系到钻孔的尺寸精度、表面质量和钻削效率。麻花钻的刃磨情况对钻孔质量的影响见表 4-5。

三、麻花钻的装夹

对于直柄麻花钻，其装夹方法与中心钻的装夹基本相同，即先用钻夹头装夹，再将钻夹头的锥柄插入尾座套筒的锥孔中，如图 4-3 所示。用细长麻花钻钻孔时，为防止麻花钻晃动，可在刀架上装夹一块挡铁，用来支顶麻花钻头部，帮助麻花钻定心，如图 4-4 所示。

锥柄麻花钻可以用莫氏过渡锥套装夹，如图 4-5a 所示。麻花钻的锥柄如果与尾座套筒锥孔的规格相同，可直接将麻花钻插入尾座套筒的锥孔中（见图 4-5b）。如果麻花钻的锥柄与尾座套筒锥孔的规格不相同，可增加一个合适的莫氏过渡锥套，插入尾座套筒锥孔中。

表 4-5　麻花钻的刃磨情况对钻孔质量的影响

刃磨情况	麻花钻刃磨正确	麻花钻刃磨不正确		
		顶角不对称	切削刃长度不等	顶角不对称且切削刃长度不等
图示	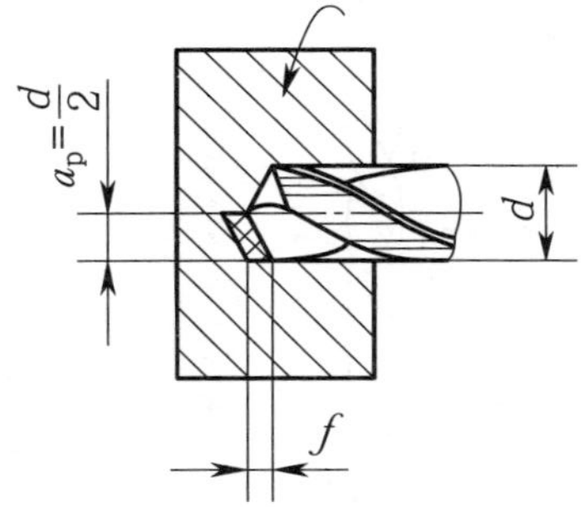 $a_p=\frac{d}{2}$　d　f	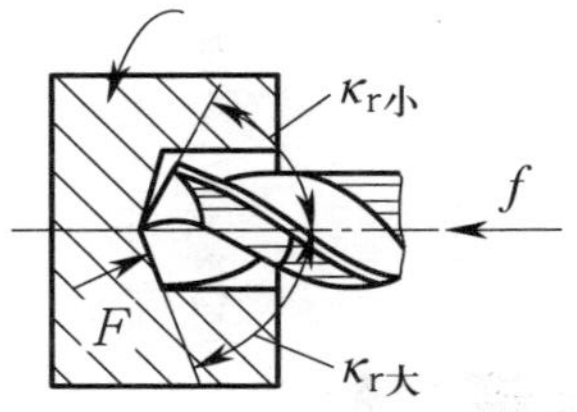 $\kappa_{r小}$　$\kappa_{r大}$　F　f	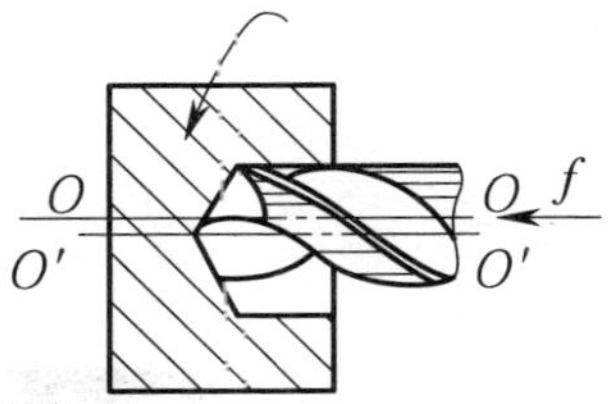 O　O'　O　O'　f	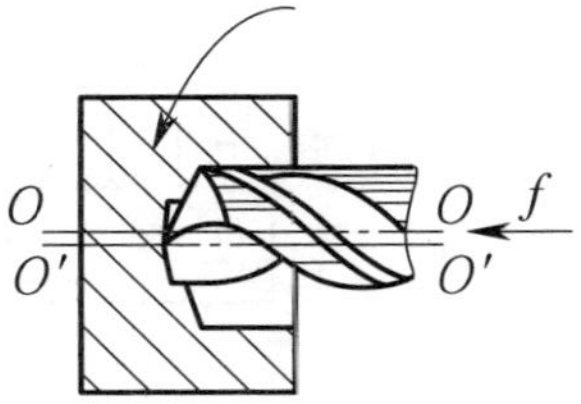 O　O'　O　O'　f
钻削情况	两条主切削刃同时切削，两边受力平衡，使麻花钻磨损均匀	只有一条主切削刃在切削，而另一条主切削刃不起作用，两边受力不平衡，使麻花钻很快磨损	麻花钻的工作中心由 $O—O$ 移到 $O'—O'$，切削不均匀，使麻花钻很快磨损	两条主切削刃受力不平衡，且麻花钻的工作中心由 $O—O$ 移到 $O'—O'$，使麻花钻很快磨损
对钻孔质量的影响	钻出的孔不会扩大、倾斜或产生台阶	使钻出的孔扩大并且倾斜	使钻出的孔扩大	不仅使钻出的孔扩大，还会产生台阶

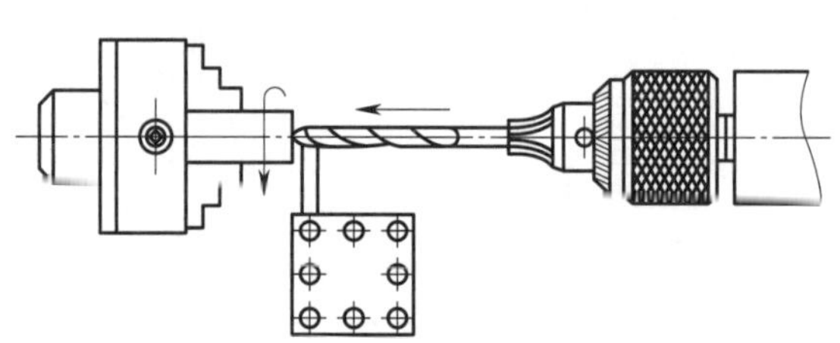

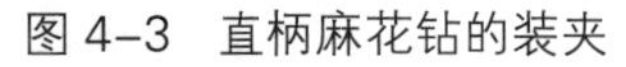

图 4-3　直柄麻花钻的装夹　　图 4-4　用挡铁支顶麻花钻

拆卸莫氏过渡锥套中的麻花钻时，可将楔铁插入腰形孔中，敲击楔铁即可把麻花钻拆卸下来，如图 4-6 所示。

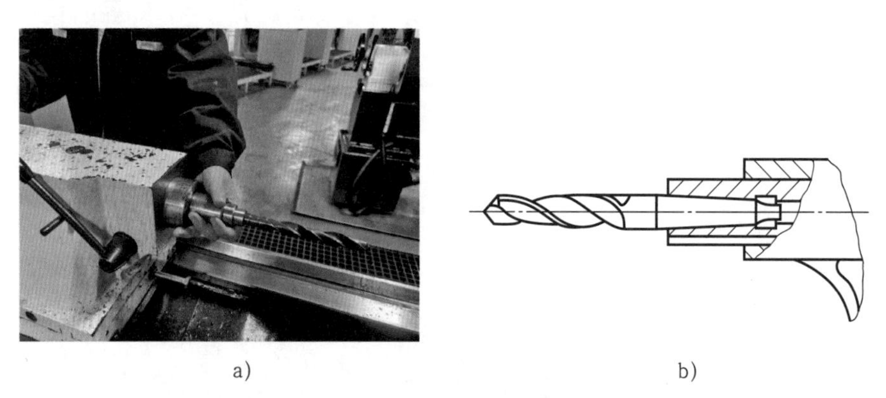

a)　　b)

图 4-5　锥柄麻花钻的装夹

a）用莫氏过渡锥套装夹　b）直接插入尾座套筒的锥孔中

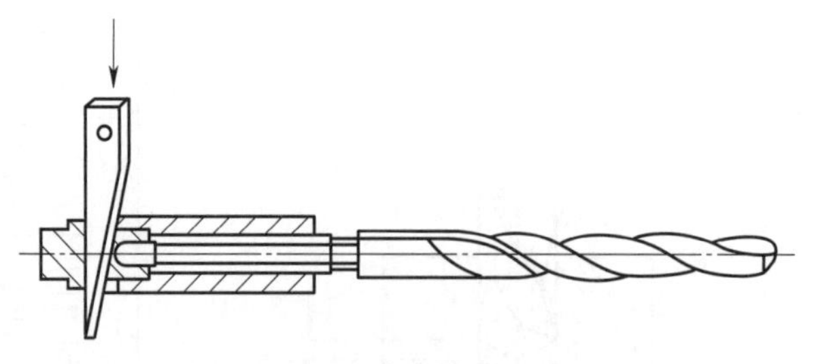

图 4-6　锥柄麻花钻的拆卸

四、钻孔时切削用量的选择

钻孔时的切削用量见表 4-6。

表 4-6　钻孔时的切削用量

图示	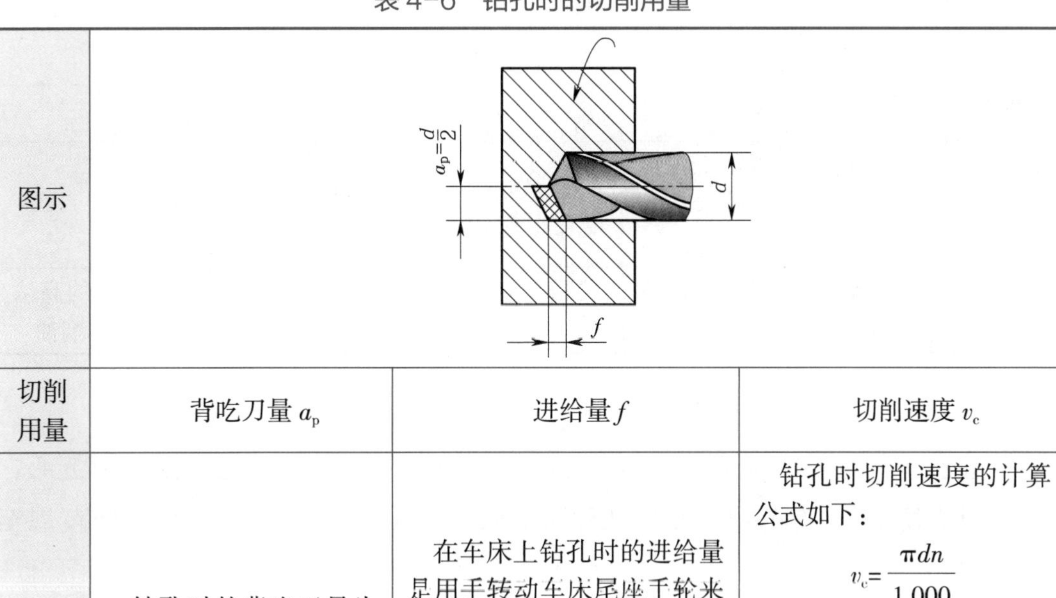 		
切削用量	背吃刀量 a_p	进给量 f	切削速度 v_c
内容	钻孔时的背吃刀量为麻花钻的半径，即： $a_p=\frac{d}{2}$ 式中　a_p——背吃刀量，mm； d——麻花钻的直径，mm	在车床上钻孔时的进给量是用手转动车床尾座手轮来控制的 用小直径麻花钻钻孔时，若进给量太大，会导致麻花钻折断	钻孔时切削速度的计算公式如下： $v_c=\frac{\pi dn}{1\ 000}$ 式中　v_c——切削速度，m/min； d——麻花钻的直径，mm； n——车床主轴转速，r/min
选用		一般选 $f=(0.01\sim0.02)d$，用直径为 12 ~ 15 mm 的麻花钻钻钢料时，选进给量 f=0.15 ~ 0.35 mm/r；钻铸铁时进给量可略大些	用高速钢麻花钻钻钢料时，切削速度 v_c=15 ~ 30 m/min；钻铸铁时，取 v_c=10 ~ 25 m/min；钻铝合金时，取 v_c=75 ~ 90 m/min

例 4-1　用直径为 25 mm 的麻花钻钻孔，工件材料为 45 钢，若车床主轴转速为 400 r/min，求背吃刀量 a_p 和切削速度 v_c。

解：钻孔时的背吃刀量为：

$$a_p=\frac{d}{2}=\frac{25\ \text{mm}}{2}=12.5\ \text{mm}$$

钻孔时的切削速度为：

$$v_c=\frac{\pi dn}{1\ 000}=\frac{(3.14\times25)\ \text{mm/r}\times400\ \text{r/min}}{1\ 000}=31.4\ \text{m/min}$$

五、钻孔时切削液的选用

在车床上钻孔属于半封闭加工，切削液很难进入切削区域，因此，钻孔时对切削液的要求也比较高，其选用方法见表 4-7。在加工过程中，切削液的浇注量和压力也要大一些，同时还应经常退出麻花钻，以利于排屑和冷却。

表 4-7　钻孔时切削液的选用方法

麻花钻的种类	被钻削的材料		
	低碳钢	中碳钢	淬硬钢
高速钢麻花钻	用 1% ~ 2% 的低浓度乳化液、电解质水溶液或矿物油	用 3% ~ 5% 的中等浓度乳化液或极压切削油	用极压切削油
硬质合金麻花钻	一般不用，如用切削液，可选 3% ~ 5% 的中等浓度乳化液		用 10% ~ 20% 的高浓度乳化液或极压切削油

六、钻孔方法

1. 钻孔前，先将工件端面车平，中心处不允许留有凸台，以免麻花钻不能正确定心。

2. 找正尾座，使麻花钻中心对准工件回转轴线；否则，可能会将孔钻大、钻偏，甚至导致麻花钻折断。

3. 用细长麻花钻钻孔时，为防止麻花钻晃动，可在刀架上装夹一块挡铁，用来支顶麻花钻头部，帮助麻花钻定心。具体方法如下：先用麻花钻尖端少量钻入工件端面，然后缓缓摇动中滑板，移动挡铁逐渐接近麻花钻前端，使麻花钻中心稳定地落在工件回转轴线处后继续钻削即可，当麻花钻已正确定心时，挡铁即可退出。

4. 用小直径麻花钻钻孔前，先在工件端面钻出中心孔，再进行钻孔，这样既便于定心，同时钻出的孔同轴度精度高。

5. 在实体材料上钻孔，孔径不大时，可以用麻花钻一次钻出；若孔径较大（超过 30 mm），应分两次钻出，即先用小直径麻花钻钻出底孔，再用大直径麻花钻钻至所要求的尺寸，通常钻底孔时所用麻花钻的直径为（0.5 ~ 0.7）d（d 为工件孔径）。

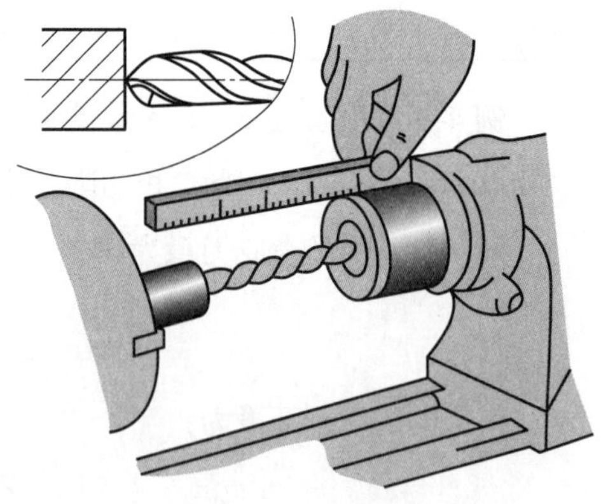

图 4-7　钻盲孔时钻孔深度的控制方法

6. 钻盲孔与钻通孔的方法基本相同，只是钻孔时需要控制孔的深度，常用的控制方法如下：钻削开始时，摇动尾座手轮，当麻花钻切削部分切入工件端面时，用钢直尺测量尾座套筒的伸出长度，孔的深度用尾座套筒总伸出长度减去钻孔前已测量出的尾座套筒的伸出长度来控制，如图 4-7 所示。

操作提示

➤ 起钻时进给量要小，待麻花钻切削部分全部进入工件后才可正常钻削。

➤ 钻通孔将要钻穿时，进给量要小，以防止麻花钻折断。

➢ 钻小孔或钻较深的孔时，必须经常退出麻花钻清除切屑，以防止因切屑堵塞而造成麻花钻“咬死”或折断。

➢ 钻削钢料时，必须充分浇注切削液使麻花钻冷却，以防止麻花钻因过热而退火。

七、钻孔质量分析

钻孔的缺陷种类、产生原因和改进措施见表 4-8。

表 4-8　钻孔的缺陷种类、产生原因和改进措施

缺陷种类	产生原因	改进措施
孔歪斜	1. 工件端面不平或与轴线不垂直 2. 尾座偏移 3. 麻花钻刚度低，初钻时进给量过大 4. 麻花钻顶角不对称	1. 钻孔前车平端面，中心处不能有凸台 2. 调整尾座轴线与主轴轴线同轴 3. 选用较短的麻花钻或先用中心钻钻出中心孔；初钻时进给量要小，钻削时应经常退出麻花钻，待清除切屑后再钻孔 4. 正确刃磨麻花钻
孔直径扩大	1. 麻花钻直径选错 2. 麻花钻主切削刃不对称 3. 麻花钻中心未对准工件中心	1. 看清图样，仔细测量麻花钻直径 2. 仔细刃磨，使两条主切削刃对称 3. 检查麻花钻是否弯曲，钻夹头、莫氏过渡锥套是否装夹正确

任务实施

一、工艺分析

把衬套毛坯加工成图 4-1 所示的形状和尺寸。

1. ϕ（18±0.1）mm 的孔应尽可能一次钻出。这是由于孔径不是很大，可采用 ϕ18 mm 的麻花钻直接钻出。

2. 首先应根据钻孔的要求对麻花钻进行选择、刃磨、检验，然后选择适当的切削用量进行钻孔。

3. 为防止钻孔时工件窜动，可采取粗车外圆→钻孔→精车外圆的工序。

二、准备工作

1. 设备

准备砂轮机、CA6140 型卧式车床。

2. 工艺装备

准备 F46 ~ F60 的白色氧化铝砂轮、油石、ϕ18 mm 高速钢麻花钻。

3. 量具

准备游标万能角度尺、角度样板、分度值为 0.02 mm 的 0 ～ 150 mm 游标卡尺。

三、刃磨麻花钻的操作步骤

步骤 1：选择麻花钻。

根据图 4-1 所示衬套的钻孔工序图的要求，选择的麻花钻如下：

（1）刀具材料

麻花钻的材料为高速钢。

（2）几何参数

ϕ18 mm 高速钢麻花钻的几何参数如图 4-8 所示。

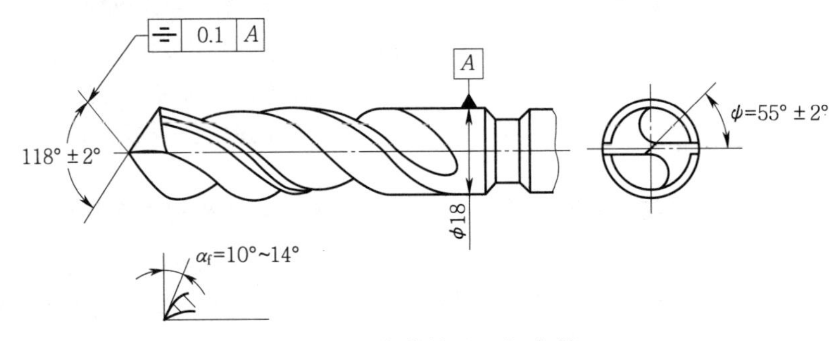

图 4-8　麻花钻的几何参数

步骤 2：修整砂轮。

先检查砂轮表面是否平整，如有不平或跳动现象，应先对砂轮进行修整。

步骤 3：刃磨麻花钻。

ϕ18 mm 高速钢麻花钻的刃磨步骤见表 4-9。

表 4-9　ϕ18 mm 高速钢麻花钻的刃磨步骤

步骤	内容	图示
步骤 1：摆正麻花钻的刃磨位置	用右手握住麻花钻前端作为支点，左手紧握麻花钻柄部 将麻花钻的主切削刃放平，并置于砂轮中心平面以上，使麻花钻轴线与砂轮圆周素线成 59° 角左右，同时钻尾向下倾斜 1° ～ 2°	

续表

步骤	内容	图示
步骤2：刃磨麻花钻的一条主切削刃	以麻花钻前端作为支点，左手握住麻花钻柄部缓慢上下摆动并略转动，同时磨出主切削刃和主后面 为保证麻花钻近中心处磨出较大的主后角，还应做适当右移运动	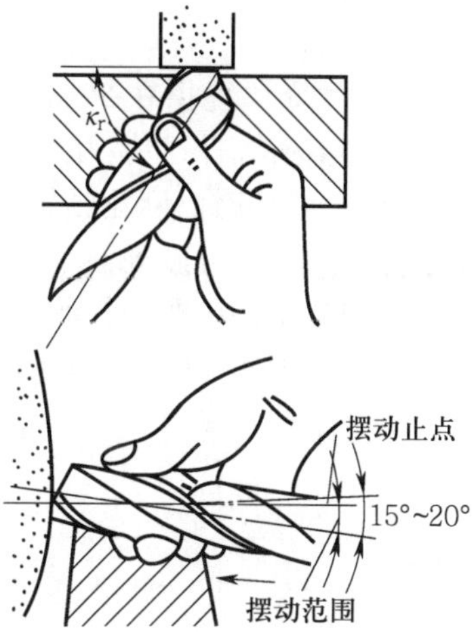 κ_r 摆动止点 15°~20° 摆动范围
步骤3：刃磨另一条主切削刃	将麻花钻转过180°角，用相同的方法刃磨另一条主切削刃和主后面，两条切削刃应经常交替刃磨，边刃磨边检测，直至达到要求	
步骤4：用目测法检测麻花钻	将麻花钻竖直立在与眼睛等高的位置，在明亮的背景下用肉眼观察两条主切削刃的长短、高低和主后角等。由于视差的原因，往往会感到左刃高、右刃低，此时应将麻花钻转过180°角再观察，看其是否仍存在左刃高、右刃低的现象。经反复观察、对比，直至觉得两条主切削刃基本对称方可使用 使用时如发现仍有偏差，则需再次进行修磨	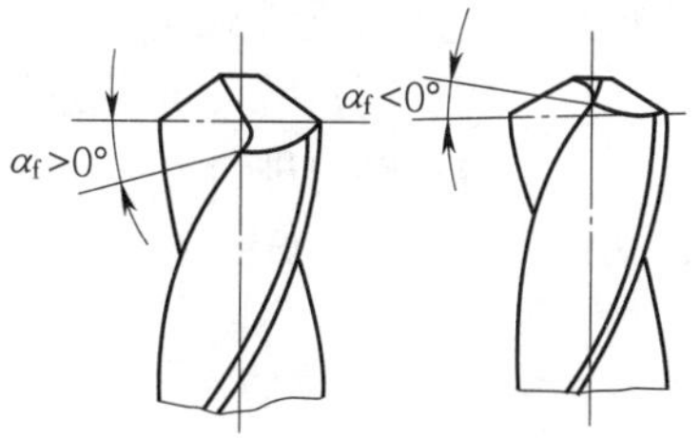 $\alpha_f>0°$ $\alpha_f<0°$ a）刃磨正确　b）刃磨错误
步骤5：用游标万能角度尺检测麻花钻	将游标万能角度尺的一边贴靠在麻花钻的棱边上，另一边放在麻花钻的主切削刃上，测量主切削刃的长度和角度，然后将麻花钻转过180°角，用同样的方法检测另一条主切削刃	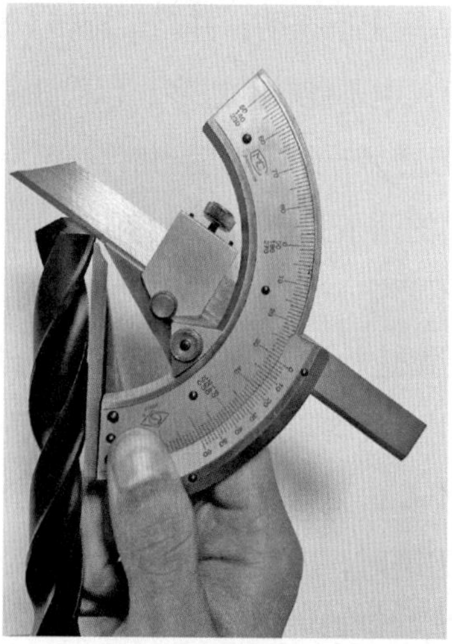

续表

步骤	内容	图示
步骤6：修磨麻花钻的横刃	通常直径在5 mm以上的麻花钻需修磨横刃 修磨时，麻花钻轴线在水平面内与砂轮侧面左倾约15°角，在垂直平面内与刃磨点的砂轮半径方向约成55°角	15° 55°
步骤7：检测修磨后的麻花钻横刃	修磨后应使麻花钻横刃长度为原长的1/5 ~ 1/3 修磨横刃就是要缩短横刃的长度，增大横刃处的前角，减小轴向进给力	$-\gamma_{原}$ $-\gamma_{修}$

操作提示

➢ 麻花钻主切削刃的位置应略高于砂轮中心平面，以免磨出负的主后角。

➢ 钻尾上下摆动，并略带旋转。注意摆动不能幅度太大而高出水平面，以防止磨出负的主后角；也不能转动过多，以防止将另一条主切削刃磨掉。

➢ 刃磨另一条主切削刃时，操作者要保持原来的位置和姿势，采用相同的刃磨方法才能使磨出的两条主切削刃对称。

➢ 不要把一条主切削刃磨好后再磨另一条主切削刃，而应该两条主切削刃经常交替刃磨，边刃磨边检测，随时修整，直至达到要求。

➢ 用力要均匀，防止用力过大而打滑伤手。

➢ 不要由刃背磨向刃口，以免造成麻花钻刃口退火或刃口出现缺损。

➢ 刃磨时，应注意磨削温度不应过高，要经常在水中冷却麻花钻，以防止其因退火而降低硬度，减弱切削能力。

四、用麻花钻钻孔的操作步骤

衬套钻孔的操作步骤见表 4-10。

表 4-10　衬套钻孔的操作步骤

步骤	内容	图示
步骤 1：装夹工件	毛坯伸出卡爪约 75 mm，利用划针找正并夹紧	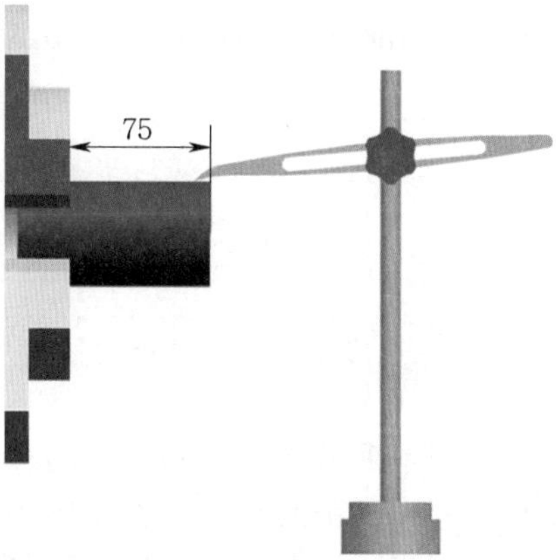 75
步骤 2：车端面	采用 45° 粗车刀，手动车端面，车平即可，表面粗糙度达到要求，主轴转速为 500 r/min	
步骤 3：第一次粗车外圆	采用 90° 粗车刀，粗车外圆至 ϕ49 mm × 69 mm 选择进给量为 0.3 mm/r，主轴转速为 500 r/min，背吃刀量为 3 mm	69 ϕ49

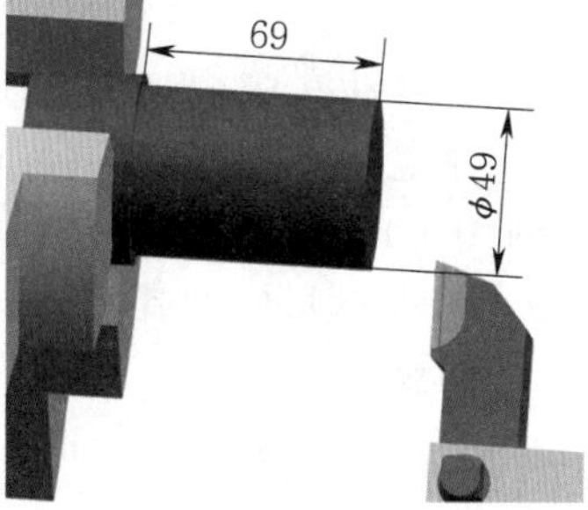

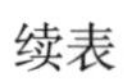
续表

步骤	内容	图示
步骤 4：固定尾座位置	移动尾座，在中心钻离工件端面 5 ~ 10 mm 处锁紧尾座	
步骤 5：钻中心孔，定中心	采用 B2.0 mm/8.0 mm 中心钻，在工件端面钻出中心孔，当麻花钻起钻时起定心作用 选择主轴转速为 1 120 r/min，手动进给量为 0.5 mm/r	
步骤6：装夹 ϕ18 mm麻花钻	将莫氏过渡锥套插入尾座套筒锥孔中，装夹 ϕ18 mm 麻花钻	
步骤 7：钻 $\phi(18\pm0.1)$ mm 通孔	启动车床。双手摇动尾座手轮均匀进给，钻 ϕ（18 ± 0.1）mm 通孔，同时浇注 10% ~ 15% 的乳化液作为切削液 主轴转速为 320 r/min，手动进给量为 0.5 mm/r	ϕ18

续表

步骤	内容	图示
步骤 8：第二次粗车外圆	采用90°粗车刀，粗车外圆 ϕ（45 ± 0.1）mm ×（69 ± 0.1）mm 至图样要求 选择进给量为 0.3 mm/r，主轴转速为 500 r/min，背吃刀量为 2 mm	69 ± 0.1 ϕ45 ± 0.1

操作提示

➤ 将麻花钻装入尾座套筒的锥孔中后，找正麻花钻轴线与工件回转轴线相重合；否则，可能会将孔钻大、钻偏，甚至导致麻花钻折断。

➤ 钻孔前，工件端面中心处不允许留有凸台；否则，麻花钻不能自动定心，会导致麻花钻折断。也可在刀架上装夹一块挡铁，支顶麻花钻头部，帮助其定心。

➤ 钻孔时，如果麻花钻刃磨正确，切屑会从两螺旋槽均匀排出。如果两条主切削刃不对称，切屑从主切削刃高的那边螺旋槽向外排出。此时，可卸下麻花钻，将较高的一边主切削刃磨低一些，以免影响钻孔质量。

➤ 必须充分浇注切削液，以防止麻花钻因过热而退火。

➤ 即将把工件钻穿时，进给量要小，以防止麻花钻被“咬住”。

➤ 钻孔后应防止内孔出现喇叭口和刀痕。

五、结束工作

加工完毕，卸下工件，仔细测量各部分尺寸，对自己的练习件进行评价。针对出现的质量问题，分析产生原因，并总结出改进措施。最后，清点工具，收拾工作场地。

任务二 扩 孔

学习目标

1. 认识扩孔钻的结构和特点。
2. 具备扩孔用麻花钻的刃磨、修磨技能。
3. 具备用麻花钻扩孔的技能。

任务描述

本任务是把经过项目四任务一钻孔后的衬套半成品按图 4-9 所示的形状和尺寸进行扩孔。

图 4-9 所示为衬套的扩孔工序图，图中尺寸“(ϕ 45 ± 0.1)”表示该外圆柱表面不需要加工，其他的形状和尺寸按图样加工。

图样中的“$\sqrt{Ra\ 6.3}$”是指衬套扩孔工序的全部表面有相同的表面粗糙度要求，即表面粗糙度 Ra 值为 6.3 μm。

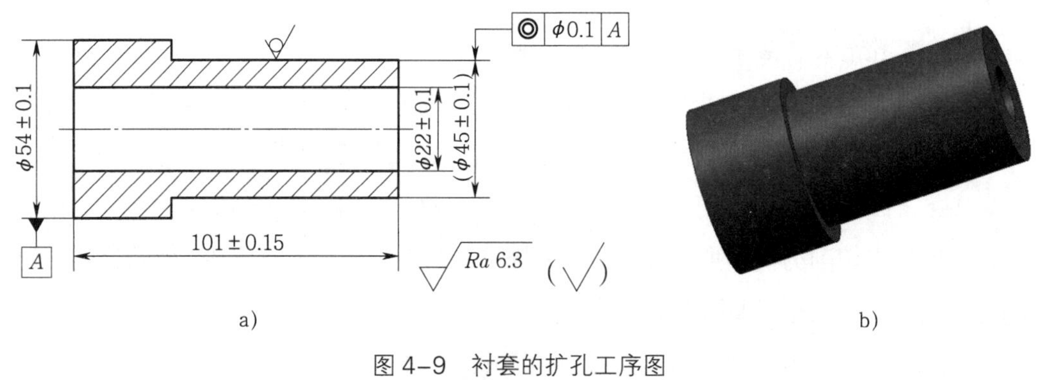

图 4-9 衬套的扩孔工序图
a）零件图 b）实物图

相关理论

用扩孔刀具扩大工件孔径的加工方法称为扩孔。

操作提示

➢ 常用的扩孔刀具有麻花钻和扩孔钻，精度要求较低的孔一般用麻花钻扩孔，精度要求较高的孔的半精加工则采用扩孔钻扩孔。

➢ 用扩孔钻扩孔常作为铰孔前的半精加工。钻孔后进行扩孔，可以纠正孔的轴线偏差，使其获得较高的形状精度。

一、用麻花钻扩孔

用麻花钻扩孔如图 4-10 所示，首先应钻出直径为（0.5 ~ 0.7）D 的孔，然后扩削到所需的孔径 D。应根据扩孔的要求对麻花钻进行刃磨、检验，然后选择适当的切削用量进行扩孔。

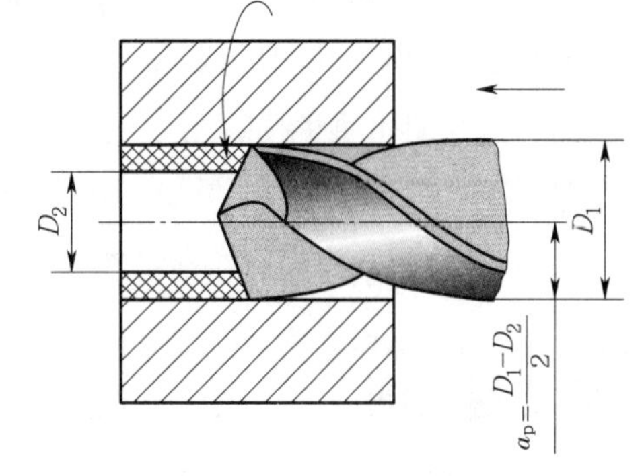

图 4-10　用麻花钻扩孔

例 4-2　加工直径为 50 mm 的孔，先用 ϕ 30 mm 的麻花钻钻孔，选用车床主轴转速为 320 r/min，然后用同等的切削速度，用 ϕ 50 mm 的麻花钻进行扩孔，求：

（1）扩孔时的背吃刀量。

（2）扩孔时车床的主轴转速。

解：（1）用 ϕ 50 mm 的麻花钻扩孔时背吃刀量为：

$$a_p=\frac{D_1-D_2}{2}=\frac{50\ \text{mm}-30\ \text{mm}}{2}=10\ \text{mm}$$

（2）用 ϕ 30 mm 的麻花钻钻孔时切削速度为：

$$v_{c1}=\frac{\pi d_1 n_2}{1\,000}=\frac{(3.14\times30)\ \text{mm/r}\times320\ \text{r/min}}{1\,000}\approx 30.14\ \text{m/min}$$

由于 $v_{c2}=v_{c1}$

因此，用 ϕ 50 mm 的麻花钻扩孔时，车床主轴转速为：

$$n_2=\frac{1\,000 v_{c2}}{\pi d_2}=\frac{1\,000\times30.14\ \text{m/min}}{(3.14\times50)\ \text{mm/r}}\approx 192\ \text{r/min}$$

如果在 CA6140 型卧式车床上扩孔，则选取 200 r/min 为车床主轴的实际转速。

二、用扩孔钻扩孔

扩孔钻有高速钢扩孔钻和硬质合金扩孔钻两种，如图 4-11 所示。扩孔钻在自动车床和镗床上用得较多，它的主要特点如下：

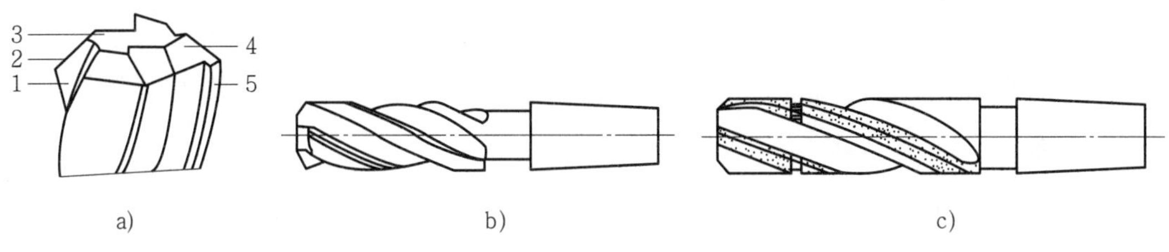

图 4-11　扩孔钻

a）高速钢扩孔钻的结构　b）高速钢扩孔钻　c）硬质合金扩孔钻

1—前面　2—主切削刃　3—钻心　4—主后面　5—棱边

1. 扩孔钻的钻心粗，刚度足够，且扩孔时背吃刀量小，切屑少，排屑容易，可提高切削速度和进给量。

2. 扩孔钻一般有 3 ~ 4 个刀齿，周边的棱边数增多，导向性比麻花钻好，可以纠正孔的轴线偏差，使其获得较正确的几何形状。

3. 扩孔时可避免横刃引起的不良影响，提高生产效率。

图 4-12 所示为用扩孔钻扩孔。

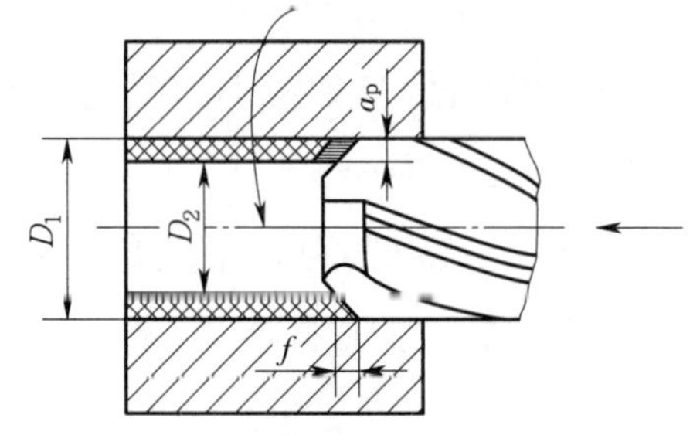

图 4-12　用扩孔钻扩孔

任务实施

一、工艺分析

1. 扩孔精度一般可达 IT11 ~ IT10 级，表面粗糙度 Ra 值达 12.5 ~ 6.3 μm，可作为孔的半精加工。

2. 在实体材料上钻孔，孔径较小时可以用麻花钻一次钻出；若孔径较大，超过 30 mm，应先钻孔，再进行扩孔。

3. 应根据扩孔的要求对麻花钻进行刃磨、修磨，然后选择适当的切削用量进行扩孔。

二、准备工作

1. 工件

如图 4-1 所示，检查经过钻孔后的衬套半成品，看其尺寸是否留出加工余量，几何精度是否达到要求。

2. 工艺装备

（1）选择扩孔用麻花钻。孔的精度要求较低，根据图 4-9 所示衬套的扩孔工序图的要求，选择的扩孔用麻花钻是 ϕ 22 mm 高速钢麻花钻。

（2）准备 F46 ~ F60 的白色氧化铝砂轮、油石、游标万能角度尺、三爪自定心卡盘、90°粗车刀、45°车刀、莫氏过渡锥套、分度值为 0.02 mm 的 0 ~ 150 mm 游标卡尺、10% ~ 15%的乳化液。

3. 设备

准备砂轮机、CA6140 型卧式车床。

三、操作步骤

扩孔的操作步骤见表 4-11。

表 4-11 扩孔的操作步骤

步骤	内容	图示
步骤 1：选择扩孔用麻花钻	ϕ22 mm 高速钢麻花钻	—
步骤 2：修整砂轮	对砂轮进行修整	—
步骤 3：刃磨麻花钻	与项目四任务一中刃磨麻花钻的操作基本相同	—
步骤 4：修磨麻花钻	（1）修磨外缘处前面。因麻花钻外缘处的前角大，扩孔时容易把麻花钻拉入工件，使其柄部在尾座套筒内打滑，因此，在扩孔时应把钻头外缘处的前角修磨得小些	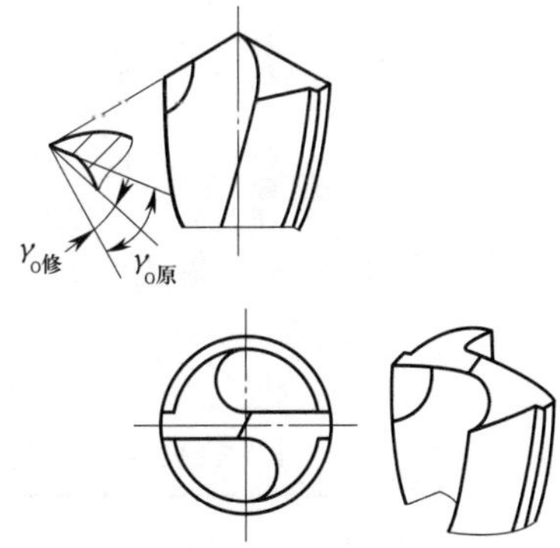 $\gamma_{o修}$ $\gamma_{o原}$
	（2）修磨出双重顶角。麻花钻外缘处的切削速度最高，磨损最快，因此可磨出双重顶角，这样可以改善外缘转角处的散热条件，提高麻花钻的强度，并可减小孔的表面粗糙度值 （3）用油石研磨主切削刃	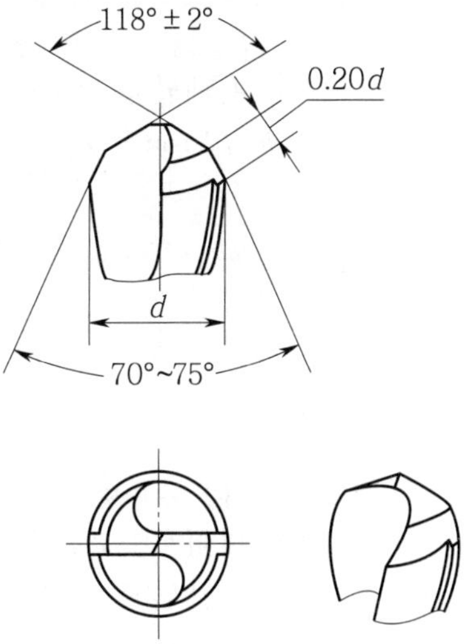 118°±2° 0.20d d 70°~75°
步骤 5：检测麻花钻	用游标万能角度尺检测麻花钻各几何角度	与项目四任务一相同

续表

步骤	内容	图示
步骤 6：装夹工件	用三爪自定心卡盘装夹 ϕ（45 ± 0.1）mm 外圆部分，找正并夹紧	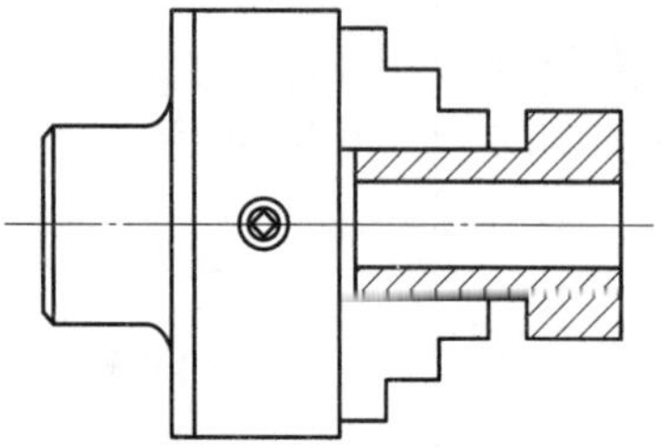 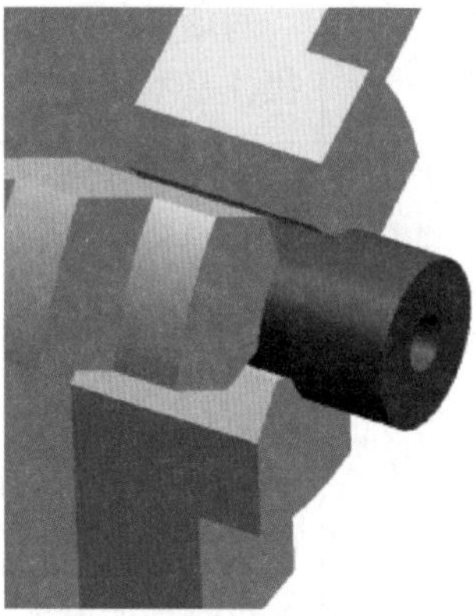
步骤 7：车端面，控制总长；车外圆	（1）装夹 45° 车刀	—
	（2）用 45° 车刀手动进给车端面，定总长（101 ± 0.15）mm。选取主轴转速为 710 r/min，背吃刀量为 1 mm	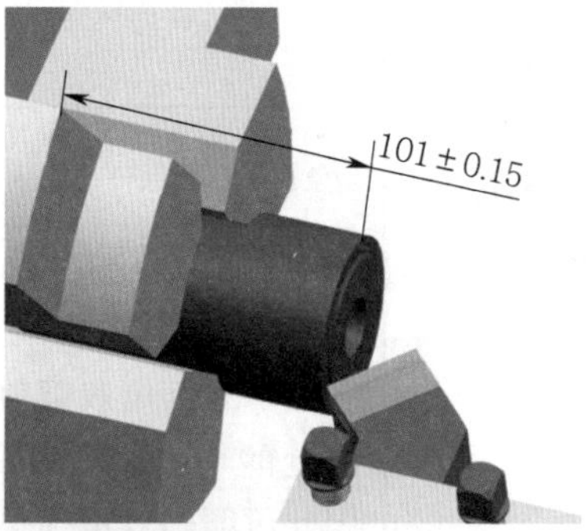
	（3）装夹 90° 粗车刀，将 ϕ55 mm 外圆粗车至 ϕ（54 ± 0.1）mm。选取主轴转速为 710 r/min，进给量为 0.3 mm/r，背吃刀量为 0.5 mm	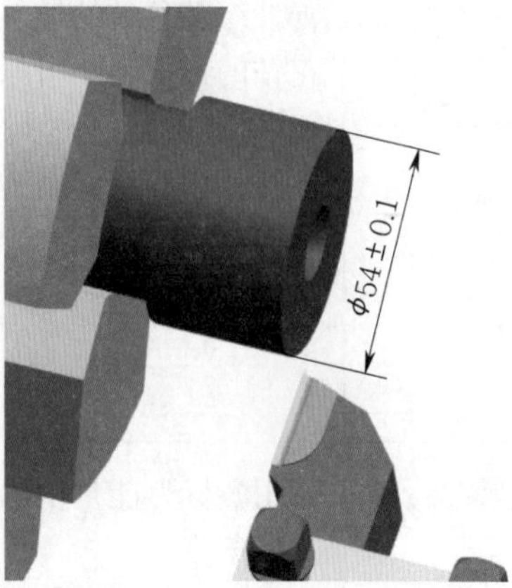

续表

步骤	内容	图示
步骤 8：用麻花钻扩孔	（1）用“内 2 外 5”[①]莫氏过渡锥套插入尾座套筒锥孔中，装夹修磨好的 ϕ22 mm 麻花钻 （2）移动尾座，在麻花钻离工件端面 5 ~ 10 mm 处锁紧尾座 （3）选取主轴转速为 250 r/min，双手摇动尾座手轮均匀进给，手动进给量为 0.8 mm/r，扩孔至 ϕ（22 ± 0.1）mm。注意充分浇注乳化液	

操作提示

➤ 与钻孔时的注意事项相同。

➤ 扩孔时，由于麻花钻的横刃不参加切削，进给力减小，进给省力，故可采用比麻花钻钻孔时大一倍的进给量。

➤ 扩孔时，应适当控制手动进给量，不要因为钻削轻松而盲目加大进给量。

四、结束工作

加工完毕，卸下工件，仔细测量各部分尺寸，对自己的练习件进行评价。针对出现的质量问题，分析产生原因，并总结出改进措施。最后，清点工具，收拾工作场地。

任务二 车　　孔

学习目标

1. 能区分并选择通孔车刀和盲孔车刀。
2. 能刃磨内孔车刀。
3. 掌握车孔的关键技术。
4. 具备通孔、台阶孔和盲孔的车削技能。

① 内 2 外 5 表示莫氏过渡锥套的外锥是莫氏 5 号，内锥是莫氏 2 号。

任务描述

在项目四任务一、任务二中已经完成了衬套的钻孔、扩孔任务，本任务要求把项目四任务二完成的衬套半成品通过车孔工序加工至图 4-13 所示的形状和尺寸。

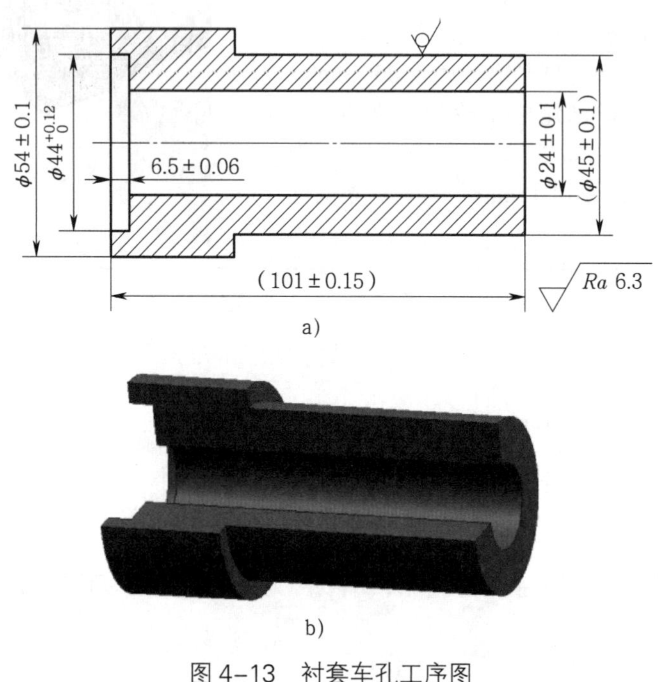

图 4-13　衬套车孔工序图
a）零件图　b）实物图

操作提示

➢ 对于铸造孔、锻造孔或用麻花钻钻出的孔，为了达到所要求的精度和表面粗糙度，若采用扩孔方法，显然难以满足加工要求，一般还需要车孔。

➢ 车孔是常用的孔加工方法之一，既可以作为粗加工，也可以作为精加工，加工范围很广。

➢ 车孔精度可达 IT8 ~ IT7 级，表面粗糙度 Ra 值达 3.2 ~ 1.6 μm，精细车削可以达到更小值（$Ra \leqslant 0.8$ μm）。车孔还可以修正孔的直线度误差。

相关理论

一、内孔车刀

根据不同的加工情况，内孔车刀可分为通孔车刀和盲孔车刀两种，见表 4-12。

表 4-12 内孔车刀

	通孔车刀	盲孔车刀
车孔	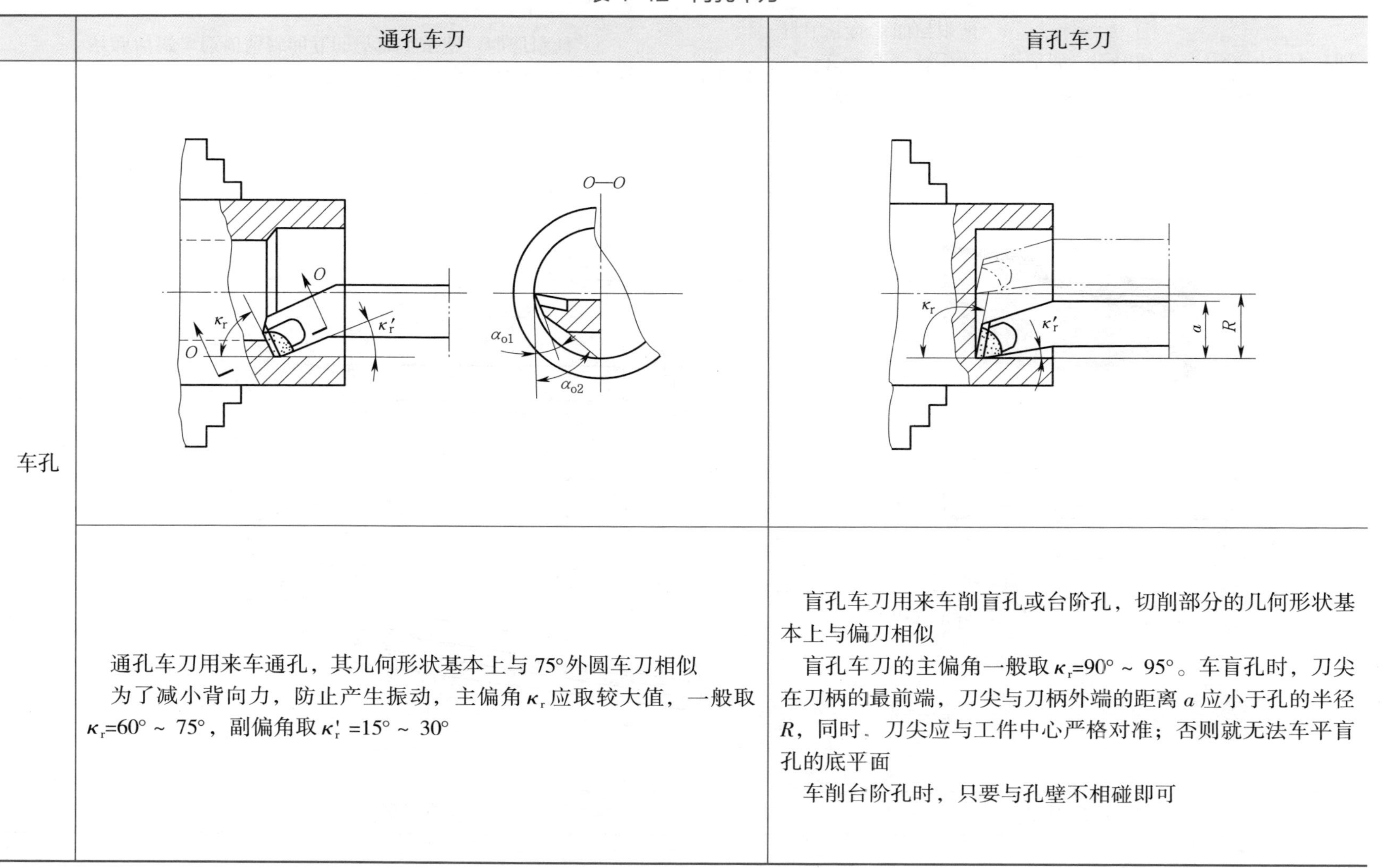	
	通孔车刀用来车通孔，其几何形状基本上与 75°外圆车刀相似 为了减小背向力，防止产生振动，主偏角 κ_r 应取较大值，一般取 κ_r=60° ~ 75°，副偏角取 κ_r' =15° ~ 30°	盲孔车刀用来车削盲孔或台阶孔，切削部分的几何形状基本上与偏刀相似 盲孔车刀的主偏角一般取 κ_r=90° ~ 95°。车盲孔时，刀尖在刀柄的最前端，刀尖与刀柄外端的距离 a 应小于孔的半径 R，同时、刀尖应与工件中心严格对准；否则就无法车平盲孔的底平面 车削台阶孔时，只要与孔壁不相碰即可

续表

	通孔车刀	盲孔车刀
内孔车刀	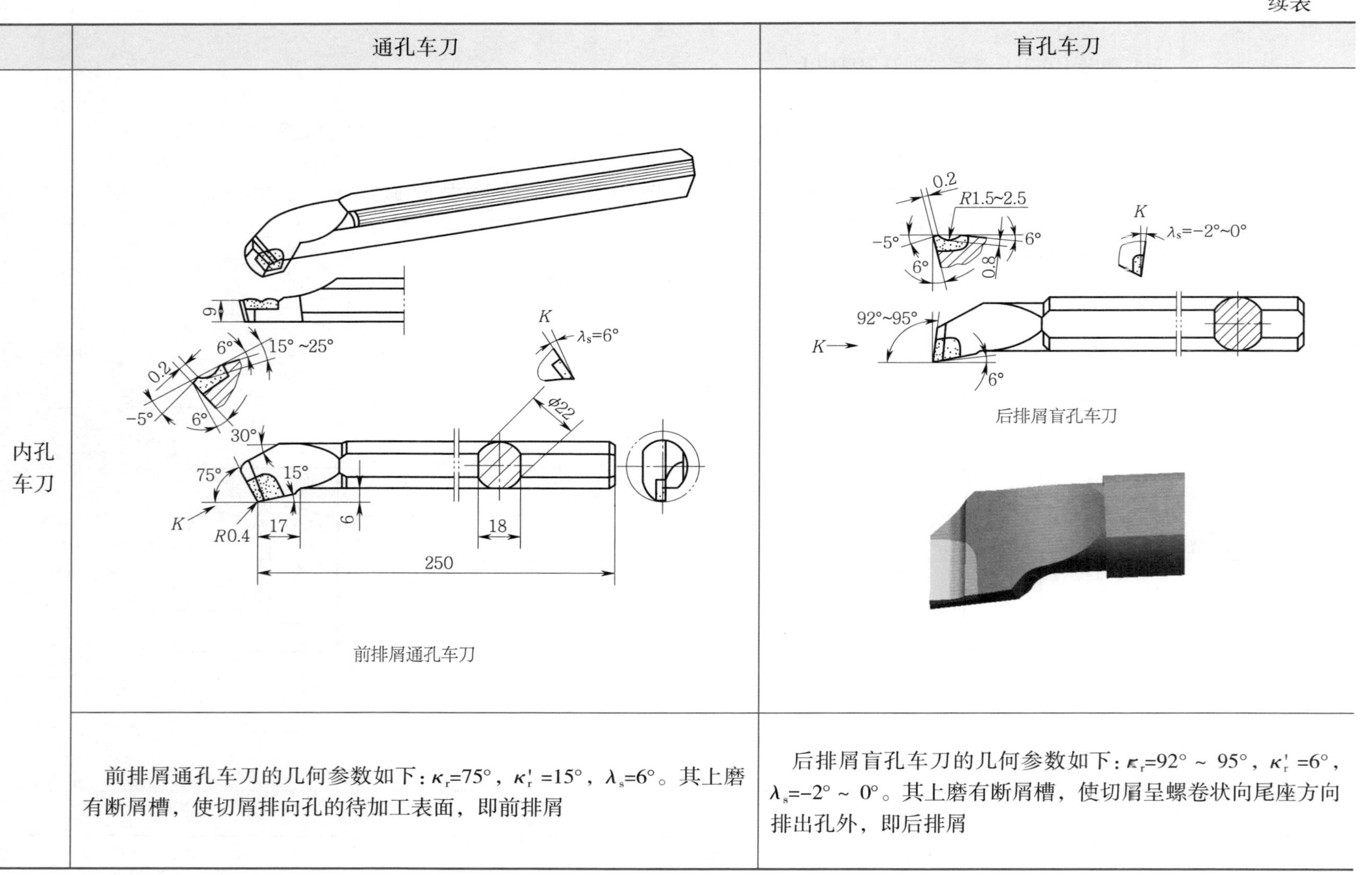 前排屑通孔车刀	后排屑盲孔车刀
	前排屑通孔车刀的几何参数如下：κ_r=75°，κ_r'=15°，λ_s=6°。其上磨有断屑槽，使切屑排向孔的待加工表面，即前排屑	后排屑盲孔车刀的几何参数如下：κ_r=92°～95°，κ_r'=6°，λ_s=-2°～0°。其上磨有断屑槽，使切屑呈螺卷状向尾座方向排出孔外，即后排屑

续表

	通孔车刀	盲孔车刀
车刀刀柄	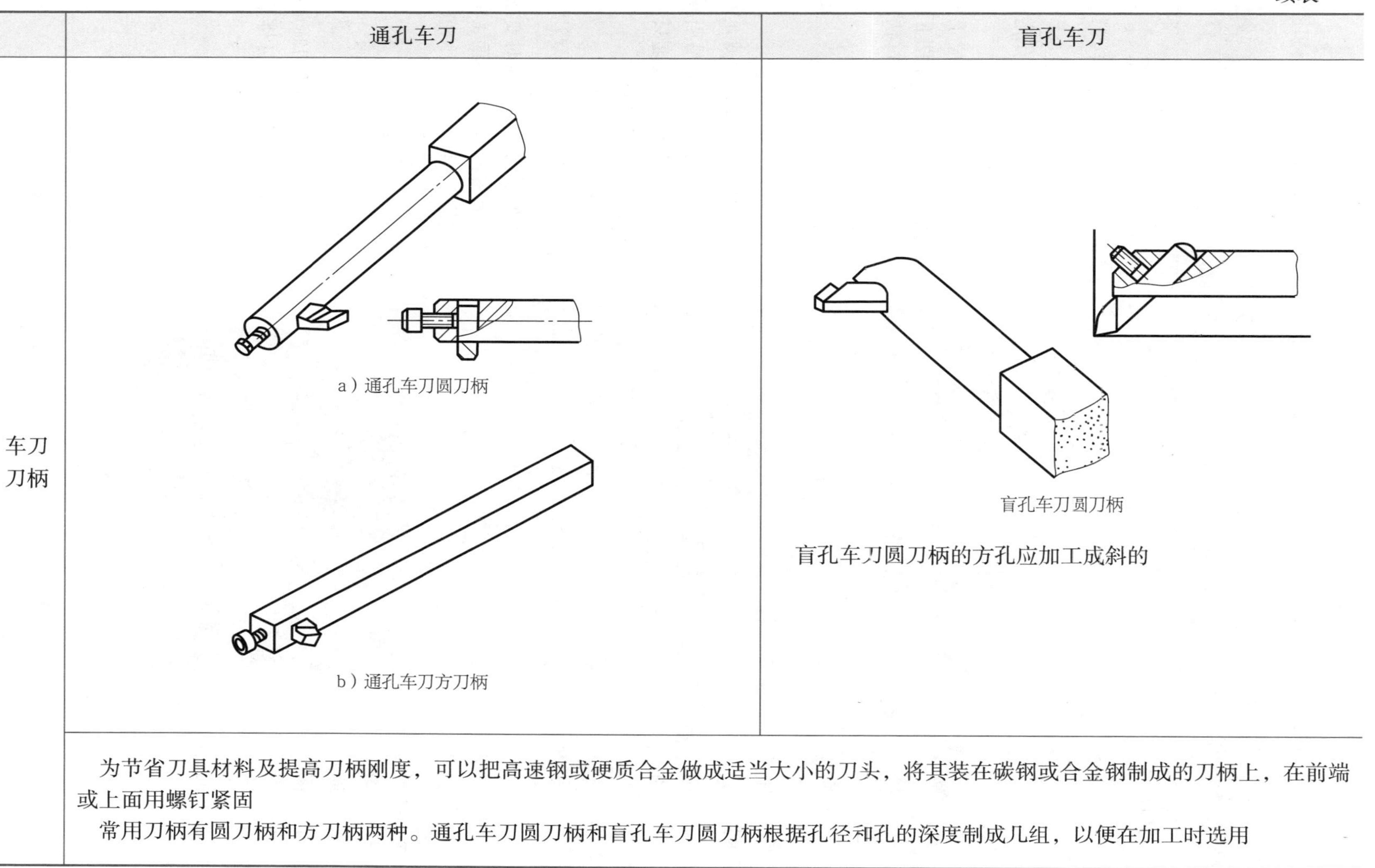 a）通孔车刀圆刀柄 b）通孔车刀方刀柄	盲孔车刀圆刀柄 盲孔车刀圆刀柄的方孔应加工成斜的
	为节省刀具材料及提高刀柄刚度，可以把高速钢或硬质合金做成适当大小的刀头，将其装在碳钢或合金钢制成的刀柄上，在前端或上面用螺钉紧固 常用刀柄有圆刀柄和方刀柄两种。通孔车刀圆刀柄和盲孔车刀圆刀柄根据孔径和孔的深度制成几组，以便在加工时选用	

二、车孔的关键技术

车孔的关键技术是解决内孔车刀的刚度和排屑问题。提高内孔车刀刚度的措施和控制排屑的方法见表 4-13。

表 4-13　提高内孔车刀刚度的措施和控制排屑的方法

内容		图示	说明
提高内孔车刀的刚度	尽量增大刀柄截面积	a）刀尖位于刀柄的上面　b）刀尖位于刀柄的中心线上	内孔车刀的刀尖位于刀柄的上面（见图 a），刀柄的截面积较小，仅有孔截面积的 1/4 左右 内孔车刀的刀尖位于刀柄的中心线上（见图 b），这样刀柄的截面积可达到最大程度
	减小刀柄伸出长度	L_1　L_2	刀柄伸出越长，内孔车刀的刚度越低，容易引起振动。刀柄伸出长度只要略大于孔深即可
控制排屑	控制切屑流出方向	—	车通孔或精车孔时要求切屑流向待加工表面（前排屑），因此用正刃倾角
			车盲孔时采用负刃倾角，使切屑向孔口方向排出（后排屑）

三、车台阶孔和盲孔

车台阶孔和盲孔的方法见表 4-14。

表 4–14 车台阶孔和盲孔的方法

内容	图示	说明
车台阶孔的方法	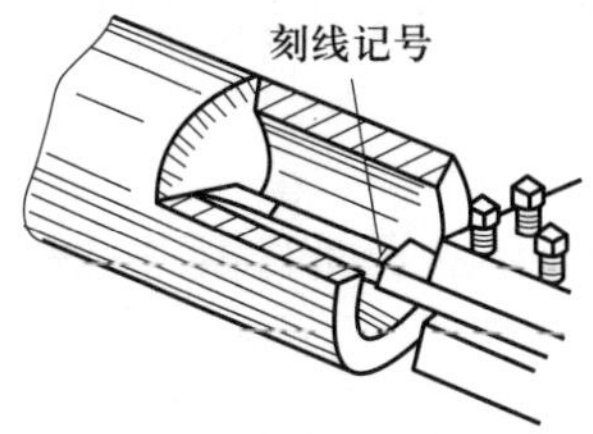 刻线记号 a）在刀柄上刻线控制孔深 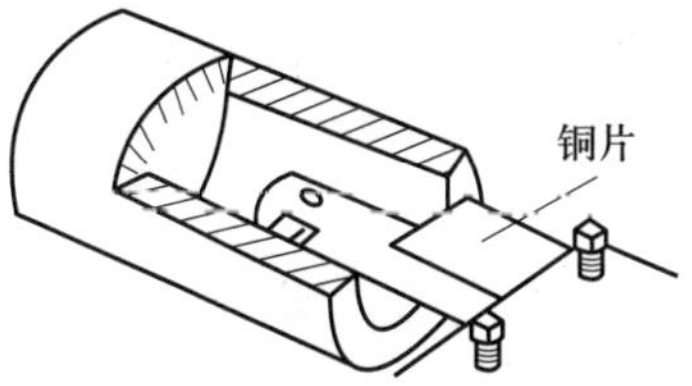 铜片 b）用限位铜片控制孔深	1. 车直径较小的台阶孔时，由于观察困难，尺寸不易控制，操作步骤如下：粗车小孔→精车小孔→粗车大孔→精车大孔 2. 车直径大的台阶孔时，在便于测量和观察小孔的前提下，操作步骤如下：粗车大孔→粗车小孔→精车小孔→精车大孔 3. 车孔径相差较大的台阶孔时，最好先使用主偏角 κ_r=85° ~ 88°的车刀进行粗车，再用盲孔车刀精车至要求。如果直接用盲孔车刀车削，背吃刀量不可太大；否则刀尖容易损坏 4. 车孔深度的控制 （1）在刀柄上刻线（见图 a） （2）装夹内孔车刀时安装限位铜片（见图 b） （3）利用小滑板刻度盘控制 （4）用游标深度卡尺测量及控制
车盲孔的方法	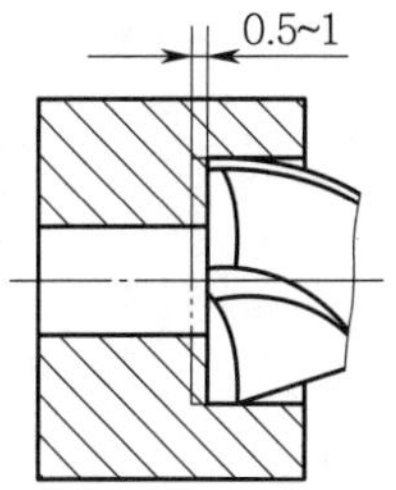 0.5~1	1. 车端面，钻中心孔 2. 钻底孔。先选择比孔径小 1.5 ~ 2 mm 的钻头钻出底孔，其钻孔深度从麻花钻顶尖量起，并在麻花钻上刻线做记号；然后用相同直径的平头钻将底孔扩成平底，底平面处留余量 0.5 ~ 1 mm 3. 粗车孔和底平面，留精车余量 0.2 ~ 0.3 mm 4. 精车孔和底平面至要求
平头钻的刃磨	 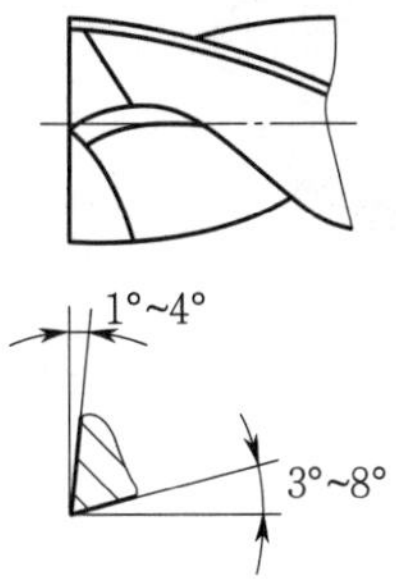 1°~4° 3°~8° a）平头钻 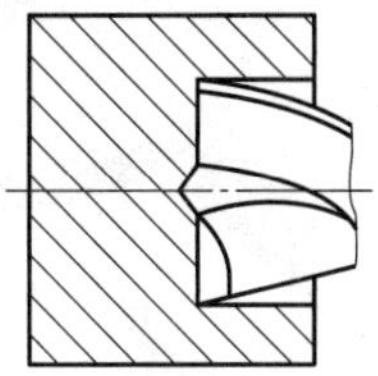　b）凸形钻心平头钻	1. 刃磨平头钻时，应使两条切削刃平直，横刃要短，后角不宜过大，外缘处前角要修磨得小些（见图 a）；否则，容易引起扎刀现象，还会使孔底产生波浪形，甚至导致钻头折断 2. 加工盲孔的平头钻最好采用凸形钻心平头钻（见图 b），以获得良好的定心效果

任务实施

一、工艺分析

车孔用的工件是项目四任务二中完成扩孔加工的衬套半成品，需将其加工成图 4-13 所示的形状和尺寸。

1. 图样中的“$\sqrt{Ra\,6.3}$”是指衬套车孔工序的全部表面有相同的表面粗糙度要求，即表面粗糙度 Ra 值为 6.3 μm。

2. 为防止车孔时工件窜动，可利用 ϕ（45 ± 0.1）mm ×（69 ± 0.1）mm 的外圆作为限位台阶。

3. 本工序为粗车孔。由于铰孔前还要通过精车孔来修正孔的直线度误差，故要留出精车余量。

二、准备工作

1. 工件

如图 4-9 所示，检查经过扩孔后的衬套半成品，看其尺寸是否留出车孔余量，几何精度是否达到要求。

2. 工艺装备（见图 4-14）

准备前排屑通孔车刀、后排屑盲孔车刀、砂轮、油石、三爪自定心卡盘、分度值为 0.02 mm 的 0 ~ 150 mm 游标卡尺等。

3. 设备

准备砂轮机、CA6140 型卧式车床。

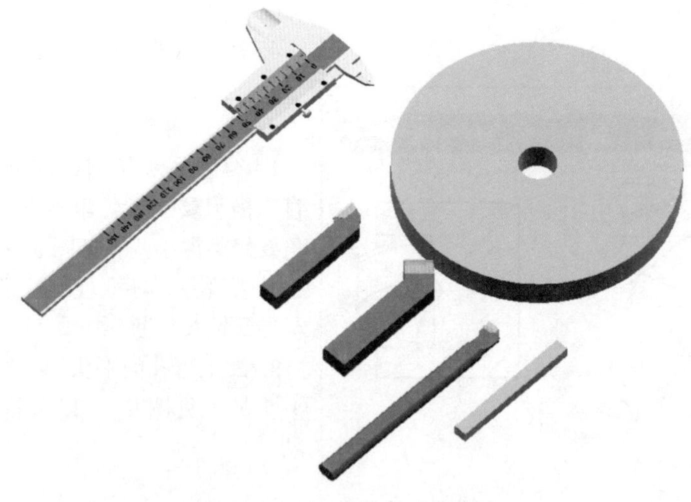

图 4-14　工艺装备（部分）

三、刃磨内孔车刀的操作步骤

车衬套 ϕ（24±0.1）mm 的孔采用硬质合金通孔车刀（见表 4-12），其刃磨操作步骤见表 4-15。

车衬套 $\phi 44^{+0.12}_{0}$ mm 的孔采用硬质合金盲孔车刀（见表 4-12），其刃磨方法参考硬质合金通孔车刀的刃磨。

表 4-15 刃磨内孔车刀的操作步骤

步骤	图示
步骤 1：粗磨副后面	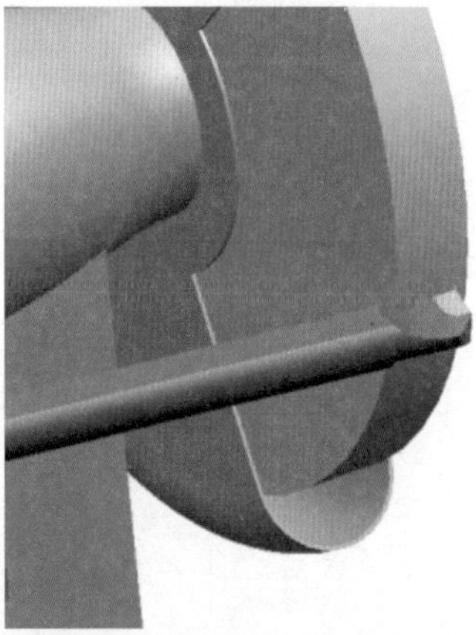
步骤 2：粗磨主后面	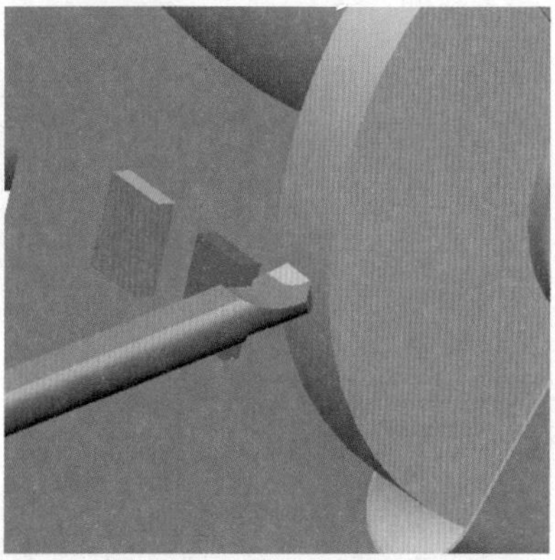
步骤 3：粗磨前面和断屑槽	

续表

步骤	图示
步骤 3：粗磨前面和断屑槽	
步骤 4：精磨主后面	
步骤 5：精磨副后面	

续表

步骤	图示
步骤 6：精磨前面	
步骤 7：精磨断屑槽	
步骤 8：修磨刀尖圆弧	

四、衬套车孔工序的操作步骤

衬套车孔工序的操作步骤见表 4-16。

表 4-16　衬套车孔工序的操作步骤

步骤	内容	图示
步骤 1：装夹工件	夹住工件 ϕ（45 ± 0.1）mm 的外圆并找正（见图 a） 为防止车孔时工件窜动，便于多次装夹，可利用 ϕ（45 ± 0.1）mm ×（69 ± 0.1）mm 的外圆作为限位台阶（见图 b）	 a） 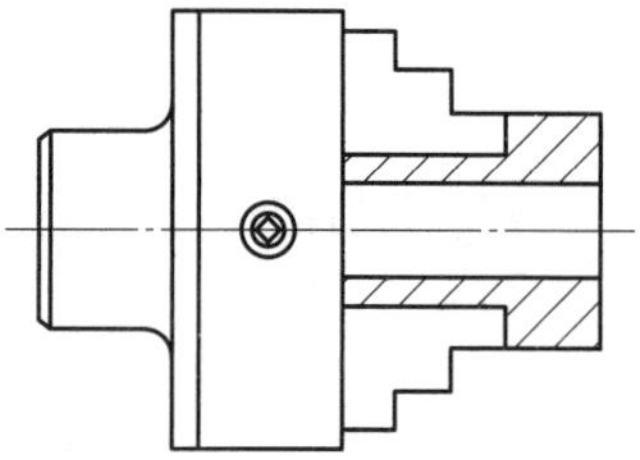 b）
步骤 2：装夹前排屑通孔车刀	刀尖应与工件轴线等高或稍高于工件轴线；刀柄伸出刀架不宜过长，约 105 mm；刀柄基本平行于工件轴线	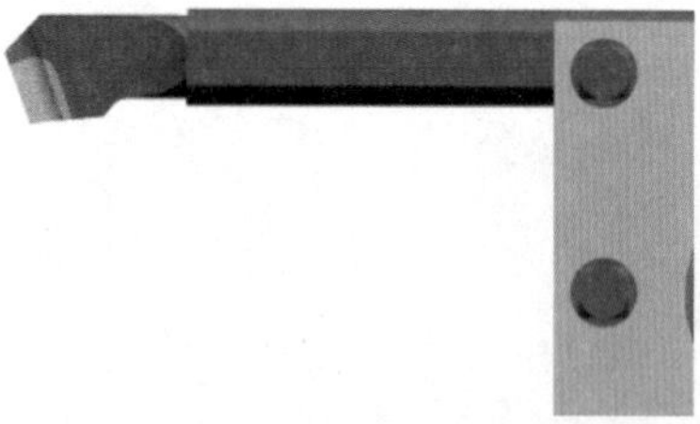
步骤 3：装夹后排屑盲孔车刀	与通孔车刀的装夹要求基本相同，但要保证盲孔车刀的主偏角 κ_r=92° ~ 95°	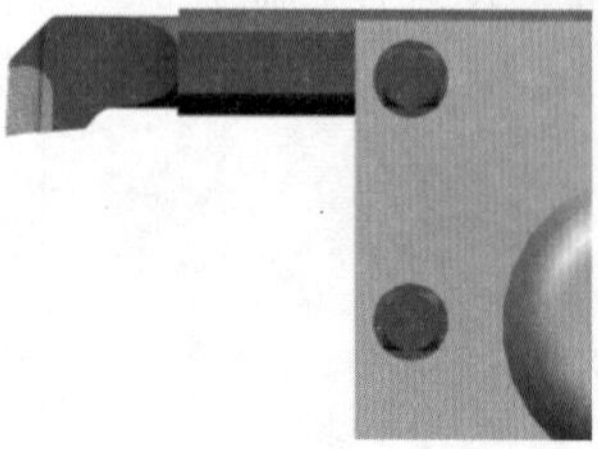

续表

步骤	内容	图示
步骤4：车 $\phi(24\pm0.1)$ mm的通孔	（1）扳转通孔车刀至工作位置 （2）选取车孔时的切削用量：背吃刀量 a_p=1 mm（是车孔余量的一半），进给量 f=0.2 mm/r，主轴转速 n=560 r/min （3）启动车床 （4）试车削 ϕ（24 ± 0.1）mm的孔，用游标卡尺测量 （5）一开始就充分浇注切削液，机动进给车通孔	ϕ(24 ± 0.1)
步骤5：用盲孔车刀粗车台阶孔	（1）扳转盲孔车刀至工作位置 （2）选取粗车孔时的切削用量：背吃刀量 a_p=2 mm，进给量 f=0.3 mm/r，主轴转速 n=710 r/min （3）启动车床 （4）纵向车削盲孔，利用小滑板刻度盘配合游标卡尺控制车孔深度，多次进给，将台阶孔车至 ϕ43.5 mm × 6 mm	6 ϕ43.5
步骤6：用盲孔车刀精车台阶孔	（1）选取精车孔时的切削用量：进给量 f=0.2 mm/r，主轴转速 n=560 r/min （2）启动车床 （3）一开始就充分浇注切削液，精车台阶孔至 $\phi44^{+0.12}_{0}$ mm ×（6.5 ± 0.06）mm	6.5 ± 0.06 $\phi44^{+0.12}_{0}$

操作提示

➢ 内孔车刀的刀柄细长，刚度低，车孔时冷却、排屑、测量、观察都比较困难，故要重视并掌握这些操作的关键技术。

➢ 内孔车刀装夹得正确与否，直接影响车削情况和孔的精度。内孔车刀装夹好后，在车孔前先在孔内试走一遍，检查有无碰撞现象（见图 4-15），以确保安全。

图 4-15 内孔车刀与孔壁相碰撞

➢ 车孔时的切削用量应选得比车外圆时小。车孔时的背吃刀量 a_p 是内孔余量的一半，进给量 f 比车外圆时小 20% ~ 40%，切削速度 v_c 比车外圆时低 10% ~ 20%。

➢ 车孔时中滑板进、退方向与车外圆时相反。

➢ 精车内孔时应保持切削刃锋利；否则会因让刀而把孔车成锥形。

➢ 车内孔时应防止出现喇叭口和刀痕。

五、结束工作

加工完毕，卸下工件，仔细测量各部分尺寸，对自己的练习件进行评价。针对出现的质量问题，结合表 4-17 分析产生原因，并总结出改进措施。最后，清点工具，收拾工作场地。

表 4-17 车孔时的质量问题、产生原因和改进措施

质量问题	产生原因	改进措施
尺寸不对	1. 测量不准确	1. 要仔细测量。用游标卡尺测量时，要调整好卡尺的松紧，控制好位置，并进行试车
	2. 车刀装夹不对，刀柄与孔壁相碰	2. 应在启动车床前，先将车刀在孔内走一遍，检查刀柄是否会与孔壁相碰，以确定合理的刀柄直径
	3. 产生积屑瘤，增加刀尖长度，将孔车大	3. 研磨车刀前面，使用切削液，增大车刀前角，选择合理的切削速度
	4. 工件的热胀冷缩	4. 应待工件冷却后再精车，充分浇注切削液

续表

质量问题	产生原因	改进措施
内孔有锥度	1. 刀具磨损 2. 刀柄刚度低，产生让刀现象 3. 刀柄与孔壁相碰 4. 车床主轴轴线歪斜 5. 床身不水平，使床身导轨与主轴轴线不平行 6. 床身导轨磨损。由于磨损不均匀，使进给轨迹与工件轴线不平行	1. 延长刀具寿命，采用耐磨的硬质合金车刀 2. 尽量采用大截面尺寸的刀柄，减小切削用量 3. 正确装夹车刀 4. 检查车床精度，校正主轴轴线与床身导轨的平行度 5. 校正车床水平 6. 大修车床
内孔圆度超差	1. 孔壁薄，装夹时产生变形 2. 轴承间隙太大，主轴颈呈椭圆形 3. 工件加工余量和材料组织不均匀	1. 选择合理的装夹方法 2. 大修车床，并检查主轴的圆柱度 3. 增加半精车工序，把不均匀的余量车去，使精车余量合理、均匀。对毛坯进行回火
内孔表面质量超差	1. 车刀磨损 2. 车刀刃磨不良，表面粗糙度值大 3. 车刀几何角度不合理，装刀时刀尖低于工件轴线 4. 切削用量选择不当 5. 刀柄细长，产生振动	1. 重新刃磨车刀 2. 保证切削刃锋利，研磨车刀前面和后面 3. 合理选择车刀几何角度，精车装刀时刀尖可略高于工件轴线 4. 选择合理的切削速度，减小进给量 5. 加粗刀柄，降低切削速度

任务四 车内槽和圆弧轴肩槽

学习目标

1. 能区分各种类型的内槽。
2. 能选择并刃磨内槽车刀和圆弧轴肩槽车刀。
3. 具备车内槽和圆弧轴肩槽的技能。
4. 能分析内槽和圆弧轴肩槽的车削质量。

任务描述

在项目四任务一～任务三中已经完成了衬套的钻孔、扩孔、车孔任务，本任务要求对车孔后的衬套半成品车 ϕ28 mm×8 mm 的内槽和 R4 mm 的圆弧轴肩槽，如图 4-16 所示为衬套的车槽工序图。

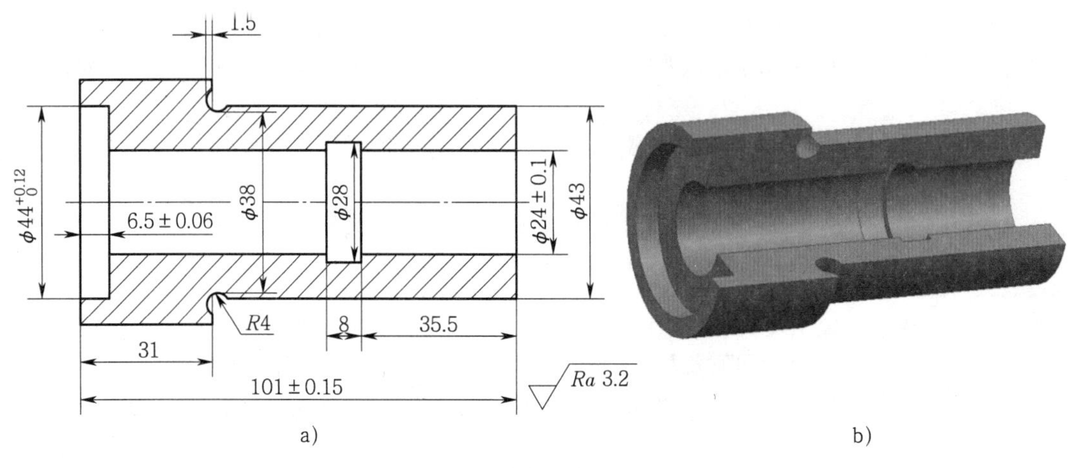

图 4-16　衬套的车槽工序图

a）零件图　b）实物图

相关理论

一、内槽

1. 车内槽

根据槽的结构不同，内槽有窄槽、宽槽和 V 形槽等几种。常见内槽的类型、结构、作用和车削方法见表 4-18。

表 4-18　常见内槽的类型、结构、作用和车削方法

类型	窄内槽	宽内槽	内 V 形槽
结构	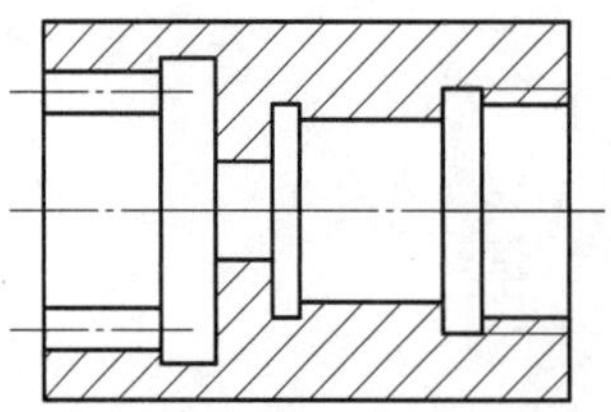	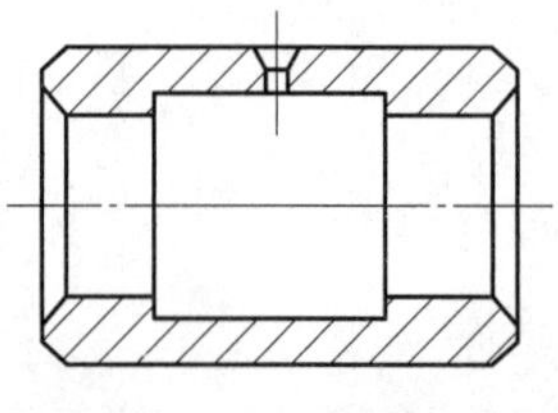	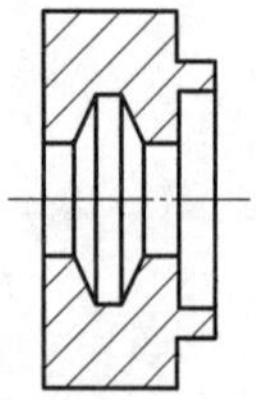
作用	退刀，轴向定位，油、气通道	储油，减小与配合轴的接触面积	嵌入毛毡，起密封作用

续表

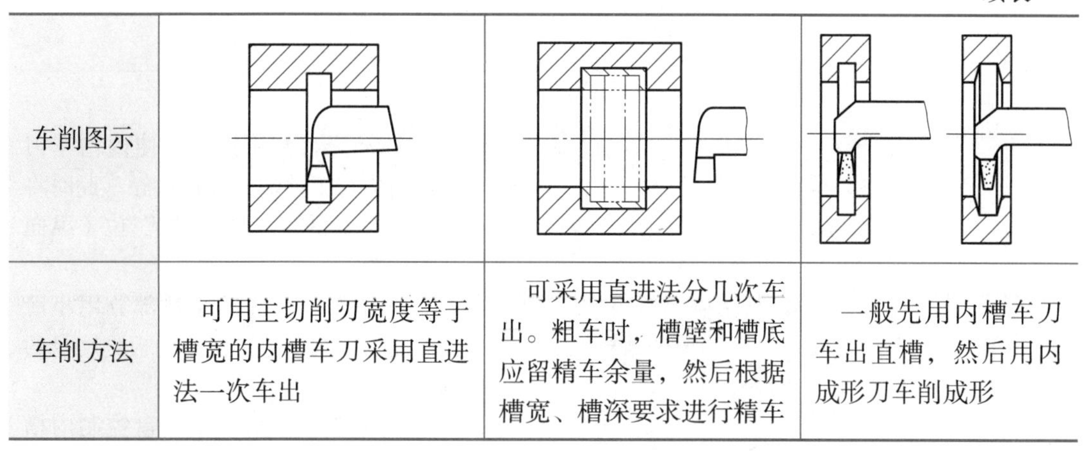

车削图示			
车削方法	可用主切削刃宽度等于槽宽的内槽车刀采用直进法一次车出	可采用直进法分几次车出。粗车时，槽壁和槽底应留精车余量，然后根据槽宽、槽深要求进行精车	一般先用内槽车刀车出直槽，然后用内成形刀车削成形

2. **内槽车刀**

内槽车刀与切断刀的几何形状相似，但装夹方向相反，且在内孔中车槽。

小孔中的内槽车刀做成整体式，而在大直径内孔中车内槽的车刀常为机械夹固式，如图 4-17 所示。

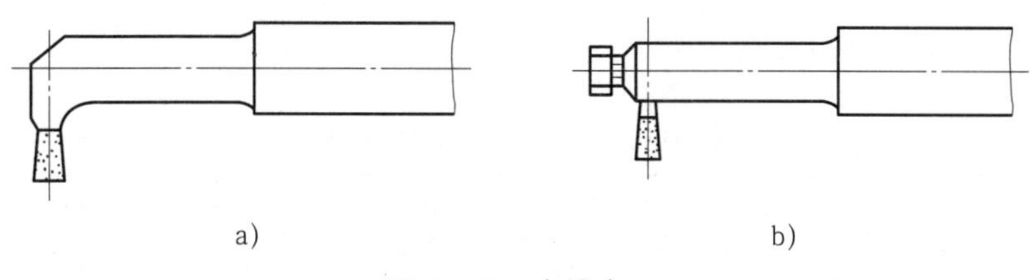

图 4-17　内槽车刀

a）整体式　b）机械夹固式

由于内槽通常与孔轴线垂直，因此，要求内槽车刀的刀头与刀柄轴线垂直。

装夹内槽车刀时，应使主切削刃与内孔中心等高或略高于内孔中心，两侧副偏角必须对称。

3. **控制内槽的尺寸**

内槽的尺寸较难控制，车内槽时控制内槽深度和轴向尺寸的方法见表 4-19。

表 4-19　车内槽时控制内槽深度和轴向尺寸的方法

内容	图示	说明
控制内槽深度		1. 摇动床鞍与中滑板，将内槽车刀伸入孔中，使主切削刃与孔壁刚好接触，此时将中滑板刻度盘的刻度对到“0”位（横向起始位置） 2. 根据内槽深度计算出中滑板的进给格数，并在进给终止的相应刻度位置用记号笔做出标记或记下该刻度值

续表

内容	图示	说明
控制内槽的轴向尺寸		1. 移动床鞍和中滑板，使内槽车刀的左刀尖与工件端面轻轻接触。此时将床鞍刻度盘的刻度对到“0”位（纵向起始位置） 2. 内槽轴向尺寸的小数部分用小滑板刻度盘控制，也要将小滑板刻度盘的刻度调整到“0”位 3. 用床鞍和小滑板刻度盘控制内槽车刀进入孔的深度，即内槽位置尺寸 L 与内槽车刀主切削刃宽度 b 之和（$L+b$）

4. **内槽的测量**

内槽的测量方法见表 4-20。

表 4-20　内槽的测量方法

内容		图示	说明
内槽深度的测量	用弹簧内卡钳测量		内槽深度（或内槽直径）一般用弹簧内卡钳配合游标卡尺或千分尺测量 弹簧内卡钳的使用方法如下：将弹簧内卡钳两卡爪收缩→放入内槽→调节内卡钳螺母→使卡脚与槽底表面接触，确保松紧适度→将内卡钳两卡爪收缩后取出→恢复到原来尺寸→最后用游标卡尺或千分尺测出内卡钳两卡爪张开的距离，此距离即为内槽直径

续表

内容		图示	说明
内槽深度的测量	用弯脚游标卡尺测量	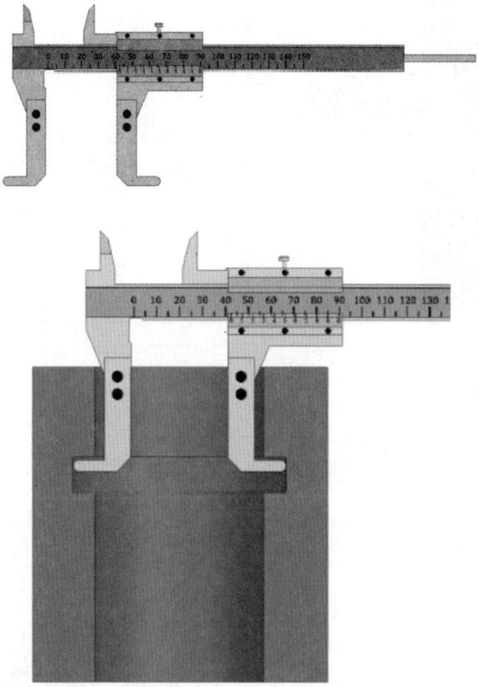	对于直径较大的内槽，可用弯脚游标卡尺测量其深度
轴向尺寸的测量	用钩形游标深度卡尺测量	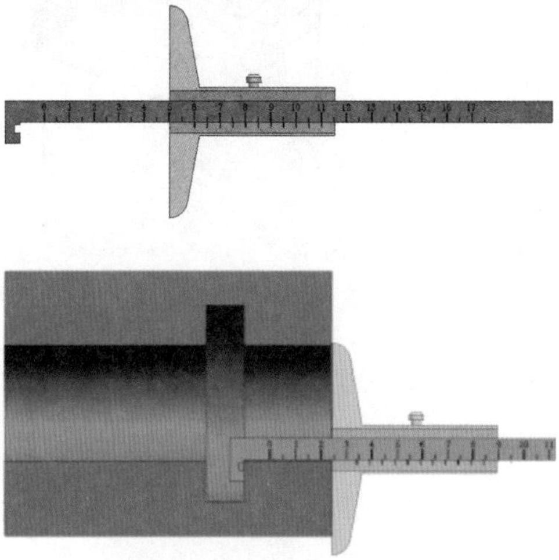	内槽的轴向尺寸可用钩形游标深度卡尺测量
内槽宽度的测量	用样板测量	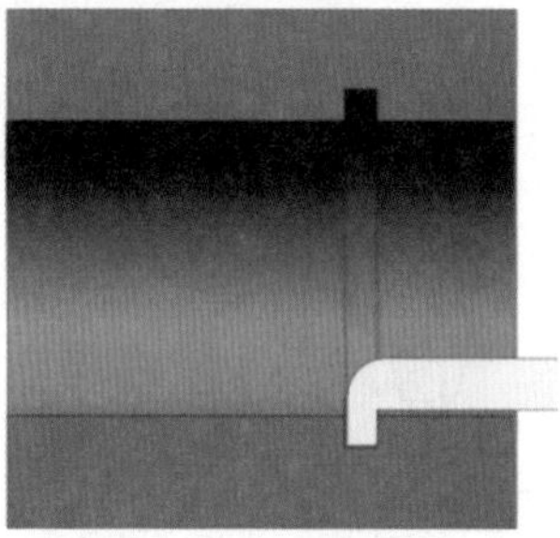	当孔径较小时，可用样板检测内槽宽度

续表

内容		图示	说明
内槽宽度的测量	用游标卡尺测量		当孔径较大时，可用游标卡尺测量内槽宽度

二、轴肩槽

1. 车45°轴肩槽

45°轴肩槽车刀与一般端面直槽车刀的形状相同，车削时，可把小滑板转过45°角，用小滑板进给车槽，如图4-18所示。

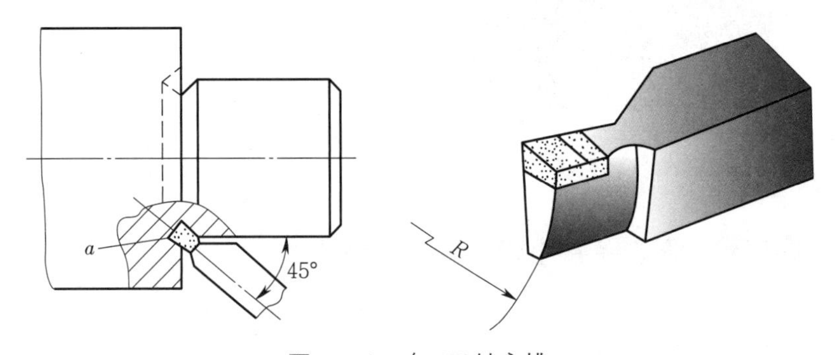

图4-18　车45°轴肩槽

2. 车圆弧轴肩槽

车圆弧轴肩槽时，可根据轴肩槽圆弧半径的大小将车刀相应地磨成圆弧形刀尖进行车削，如图4-19所示。

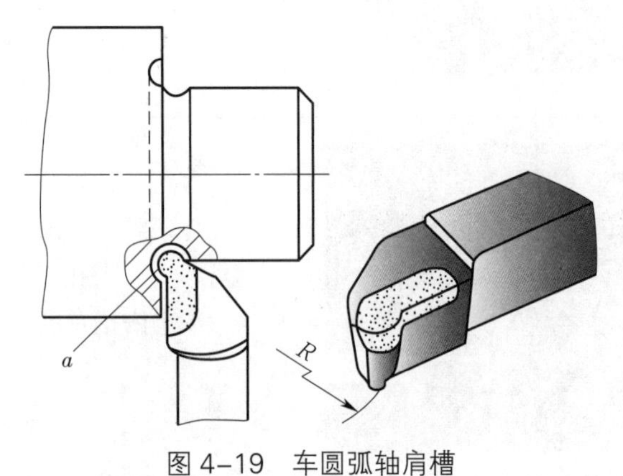

图4-19　车圆弧轴肩槽

车 45°轴肩槽和圆弧轴肩槽时，车槽刀的左侧刀尖（图 4-18 和图 4-19 中 a 处）相当于车孔，刀尖的副后面应磨成相应的圆弧半径，并保证一定的主后角。

任务实施

一、工艺分析

1. 先车 ϕ28 mm × 8 mm 的内槽，再车 R4 mm 的圆弧轴肩槽。

2. 半精车台阶后，其外圆和端面留出的精车余量要少些，这样车 R4 mm 圆弧轴肩槽的切入深度就会浅些。

3. 车 ϕ28 mm × 8 mm 的内槽和 R4 mm 的圆弧轴肩槽后，后续工序不再车削，因此要考虑精车余量对槽尺寸的影响。

4. 为保证几何精度，本工序要用软卡爪装夹。

二、准备工作

1. 工件

如图 4-13 所示，检查经过车孔后的衬套半成品，其尺寸精度和几何精度应达到要求。

2. 工艺装备（见图 4-20）

准备内槽车刀、R4 mm 圆弧轴肩槽车刀、R4 mm 半径样板（见图 4-21）、90°粗车刀、软卡爪、弹簧内卡钳、宽度为 8 mm 的样板、弯脚游标卡尺、钩形游标深度卡尺、直角尺、分度值为 0.02 mm 的 0 ~ 150 mm 游标卡尺、油石等。

3. 设备

准备砂轮机、CA6140 型卧式车床。

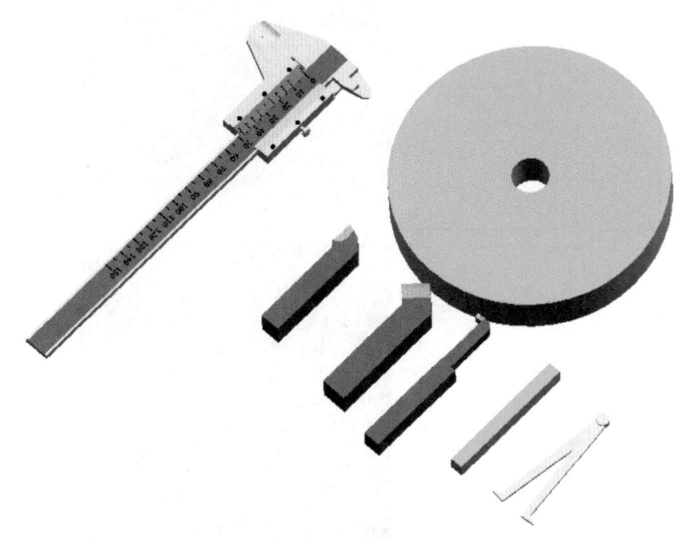

图 4-20 工艺装备（部分）

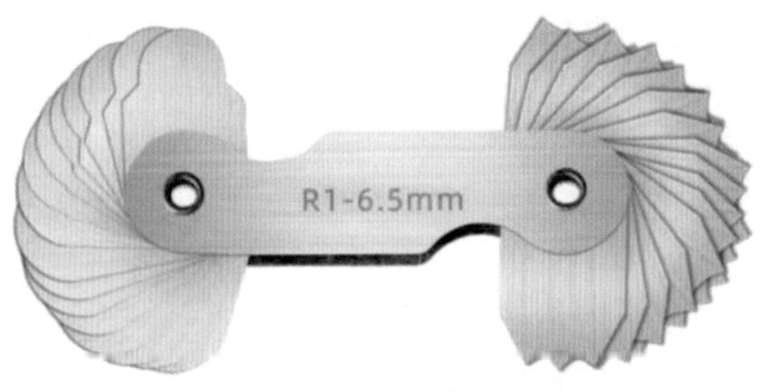

图 4 21　半径样板

三、刃磨内槽车刀和圆弧轴肩槽车刀的操作步骤

刃磨内槽车刀和圆弧轴肩槽车刀的操作步骤见表 4-21。

表 4-21　刃磨内槽车刀和圆弧轴肩槽车刀的操作步骤

步骤	图示和说明
步骤 1：粗磨左侧和右侧副后面	 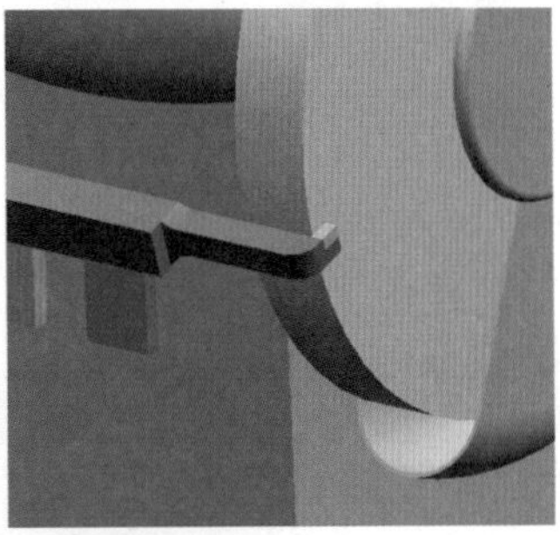
步骤 2：粗磨主后面	
步骤 3：粗磨前面	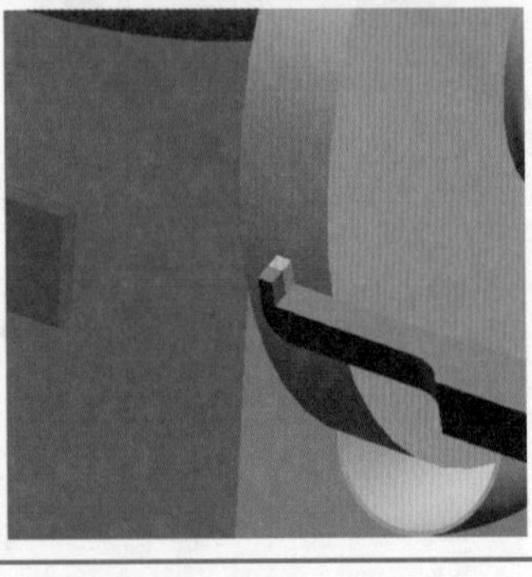

续表

步骤	图示和说明
步骤 4：粗磨断屑槽	
步骤 5：精磨左侧和右侧副后面，保证主切削刃的宽度为 4 mm	 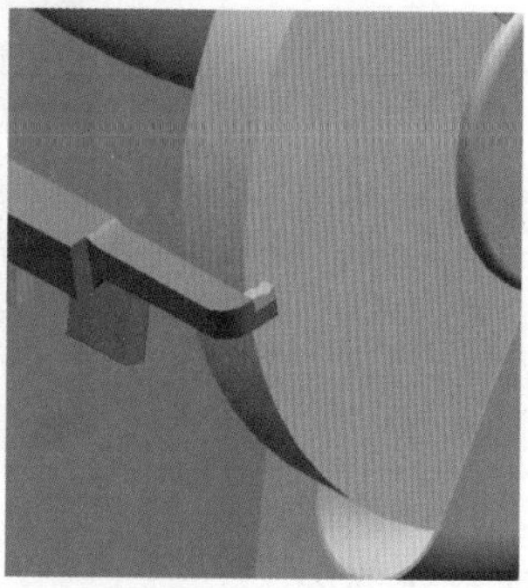
步骤 6：精磨主后面	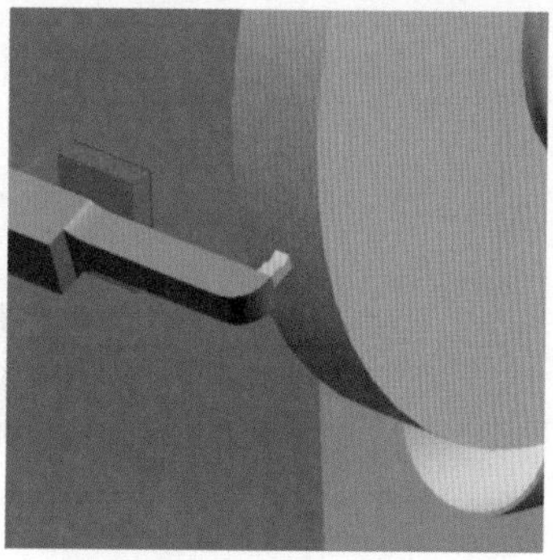
步骤 7：精磨前面	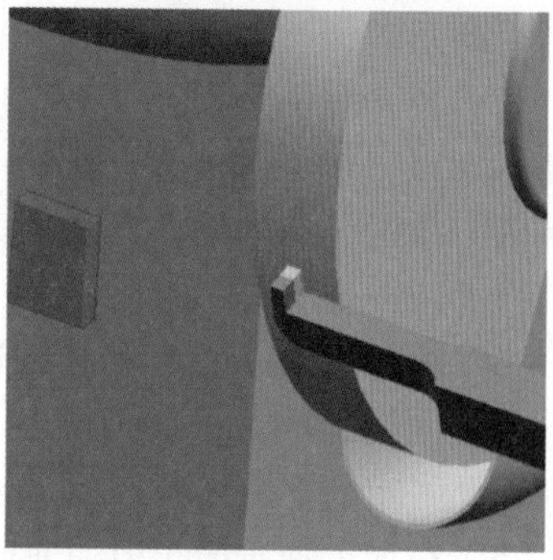

续表

步骤	图示和说明
步骤 8：精磨断屑槽	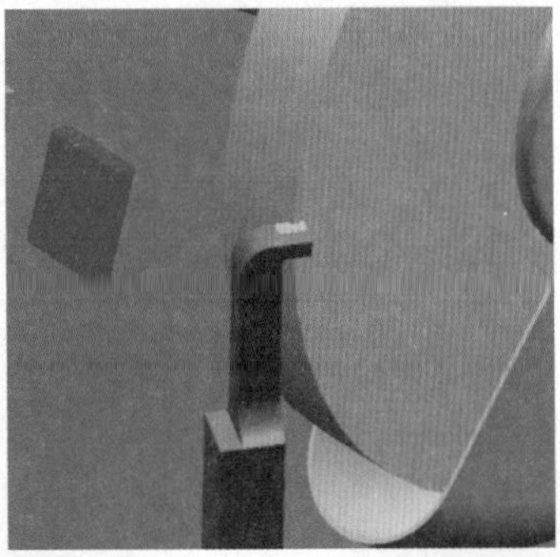
步骤 9：刃磨刀尖圆弧	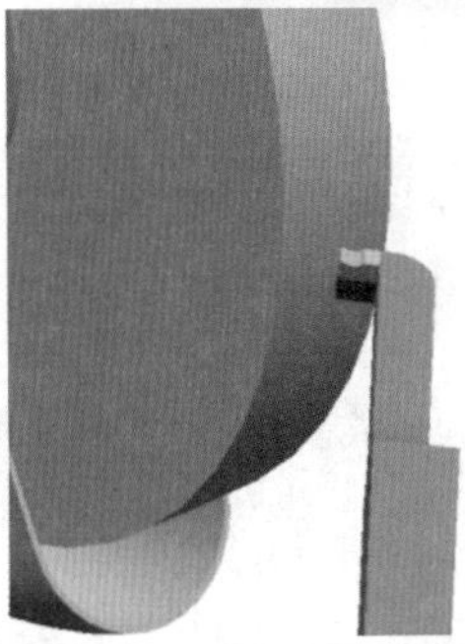 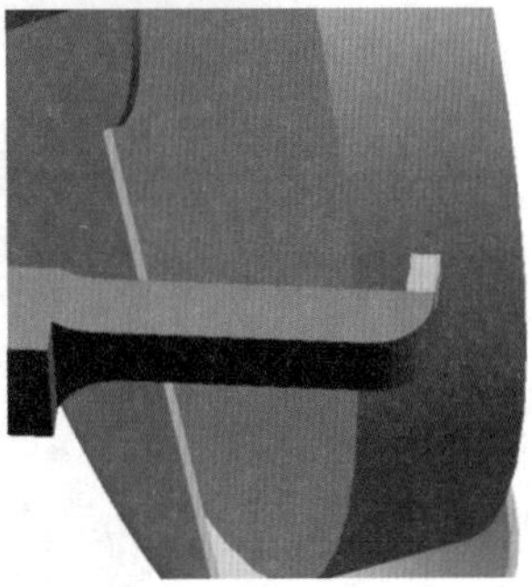
步骤 10：检测及用油石研磨内槽车刀	—
步骤 11：刃磨 $R4$ mm 圆弧轴肩槽车刀	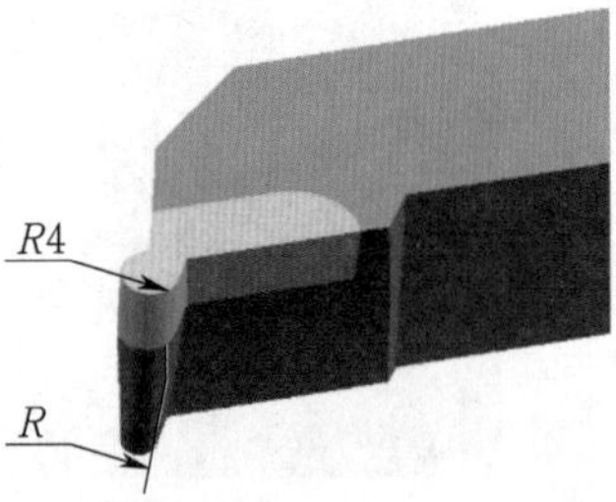 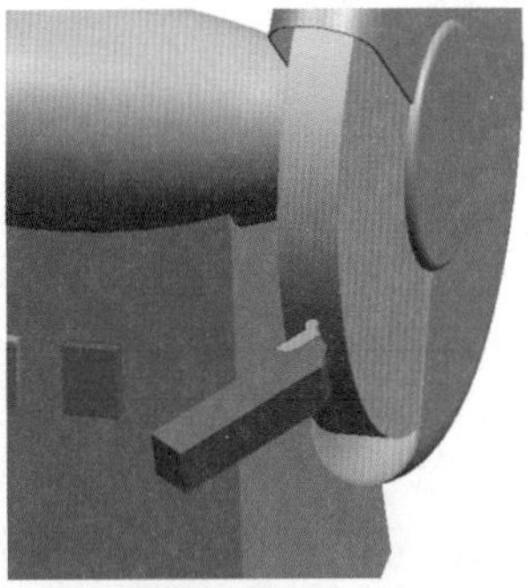 （1）在刀尖处留出 $R4$ mm 圆弧的位置，预留外的位置按 90° 车刀的要求刃磨完毕 （2）磨 $R4$ mm 圆弧形刀尖。在车刀刀尖与砂轮端面轻微接触后，刀柄基本上以刀尖为圆心，切削刃与砂轮外圆周面的夹角大致等于 15° 的范围内，缓慢、均匀地转动。用力要轻微，推进要慢。直至磨出的切削刃符合 $R4$ mm 的要求为止 （3）随时用 $R4$ mm 半径样板透光检查圆弧形刀尖，直至光线均匀为止 （4）同时，$R4$ mm 的刀尖左半圆弧的副后面应相应地磨成大圆弧 R，并保证一定的主后角 （5）精加工轴肩槽车刀的前角应为 0°

操作提示

刃磨内槽车刀和圆弧轴肩槽车刀时的注意事项如下：

➢ 与刃磨外圆车槽刀时的注意事项相同。

➢ 刃磨的内槽车刀应注意切削刃平直、角度和形状正确且对称。

➢ 刃磨硬质合金车槽刀时不能用力过猛，以防刀片烧结处产生高热而脱焊，使刀片脱落。

➢ 刃磨车槽刀时，通常先将左侧副后面磨出即可，刀宽的余量应放在车刀右侧磨去。

➢ 在刃磨车槽刀副切削刃时，刀头与砂轮表面的接触点应放在砂轮边缘上，轻轻移动车刀，仔细观察及修整副切削刃，保证其直线度。

➢ 刃磨圆弧轴肩槽车刀时，右手握刀头前端为支点，左手转动刀柄尾部，使刀头呈圆弧状，刃磨后用半径样板进行检测。

四、衬套车槽的操作步骤

衬套车槽的操作步骤见表 4-22。

表 4-22　衬套车槽的操作步骤

步骤	内容	图示
步骤 1：装夹内槽车刀	内槽车刀的装夹方向与车槽刀相反，其余相同	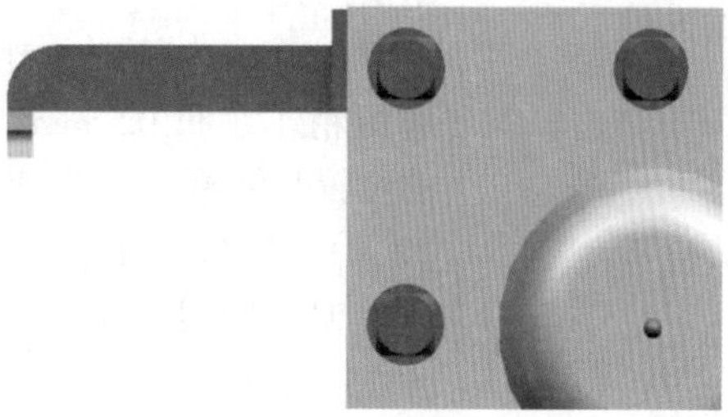
步骤 2：装夹 90°粗车刀	按装夹要求装夹 90°粗车刀	

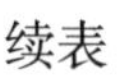
续表

步骤	内容	图示
步骤3：装夹衬套并找正	用软卡爪装夹衬套，并用百分表找正	
步骤4：车 ϕ28 mm×8 mm的内槽	（1）取主轴转速 n=400 r/min，启动车床，横向进给车内槽，手动进给量不宜过大，一般为0.1 ~ 0.2 mm/r（见图a） （2）按照图b中的1→2→3→4→5→6的加工顺序，先粗车，后精车，直至内槽车刀退出内孔 （3）粗车内槽时，槽壁和槽底留精车余量0.5 mm，注意槽的位置和偏差 （4）精车 ϕ28 mm×8 mm的内槽时，同时保证内槽位置尺寸35.5 mm	a） b）
步骤5：车 ϕ43 mm的外圆	（1）扳转90°粗车刀至工作位置 （2）选取的切削用量如下：背吃刀量 a_p=1 mm，进给量 f=0.3 mm/r，主轴转速 n=710 r/min （3）启动车床 （4）车 ϕ43 mm的外圆至尺寸	

续表

步骤	内容	图示
步骤6：车 $R4$ mm 的圆弧轴肩槽	同时操纵中滑板和小滑板，车 $R4$ mm 的圆弧轴肩槽至符合要求	R

操作提示

车内槽时的注意事项

➤ 与车孔、车槽时的注意事项相同。

➤ 中滑板刻度已到槽深尺寸时不要马上退出内槽车刀，应稍作停留，可使槽底经主切削刃修整后减小表面粗糙度值。

➤ 车内槽与在外圆上车槽的横向进给方向相反，需小心并准确判断。

➤ 使内槽车刀主切削刃退离孔壁 0.3 ~ 0.5 mm，在中滑板刻度盘上做出退刀极限位置标记。

➤ 横向退刀时，要确认内槽车刀已到达设定退刀位置后，才能纵向退出车刀。否则，横向退刀不足，会碰坏已车好的槽；横向退刀过多，刀柄可能与孔壁相碰。

➤ 要考虑外圆和端面的精车余量对 $R4$ mm 圆弧轴肩槽槽深的影响。

五、结束工作

加工完毕，卸下工件，仔细测量各部分尺寸，对自己的练习件进行评价。针对出现的质量问题，结合表 4-23 分析产生原因，并总结出改进措施。最后，清点工具，收拾工作场地。

表 4-23　车内槽时出现的质量问题和产生原因

质量问题	产生原因
槽侧面不平	1. 内槽车刀两侧的刀尖刃磨或磨损不一致 2. 内槽车刀的主切削刃与工件轴线不平行，且有较大夹角，而两侧刀尖又有磨损现象 3. 车床主轴轴向窜动 4. 内槽车刀装夹歪斜或副切削刃没有磨直
车内槽产生振动	1. 主轴与轴承之间间隙太大 2. 车内槽时主轴转速过高，进给量过小 3. 车内槽的工件悬伸太长，在离心力的作用下产生振动 4. 内槽车刀远离工件支承点或刀头伸出过长 5. 工件细长，内槽车刀主切削刃太宽
内槽车刀折断	1. 工件装夹不牢固，切削点远离卡盘，在切削力作用下工件被抬起 2. 车槽时排屑不畅，切屑堵塞 3. 内槽车刀的副偏角、副后角磨得太大，削弱了切削部分的强度 4. 内槽车刀刀头与工件轴线不垂直，主切削刃与工件回转中心不等高 5. 内槽车刀的前角和进给量过大 6. 床鞍、中滑板、小滑板松动，车槽时产生扎刀现象

任务五　铰　　孔

学习目标

1. 能区分铰刀类型并选择铰刀尺寸。
2. 能正确装夹铰刀。
3. 能确定铰削余量。
4. 具备铰削技能。

任务描述

在项目四任务一～任务四中已经完成了衬套的钻孔、扩孔、车孔、车槽任务，本任务要求对车槽后的衬套半成品进行铰孔，如图 4-22 所示。为了保证内孔 ϕ 25H7（$^{+0.021}_{0}$）的加工质量，提高生产效率，内孔精加工选用铰削最合适。

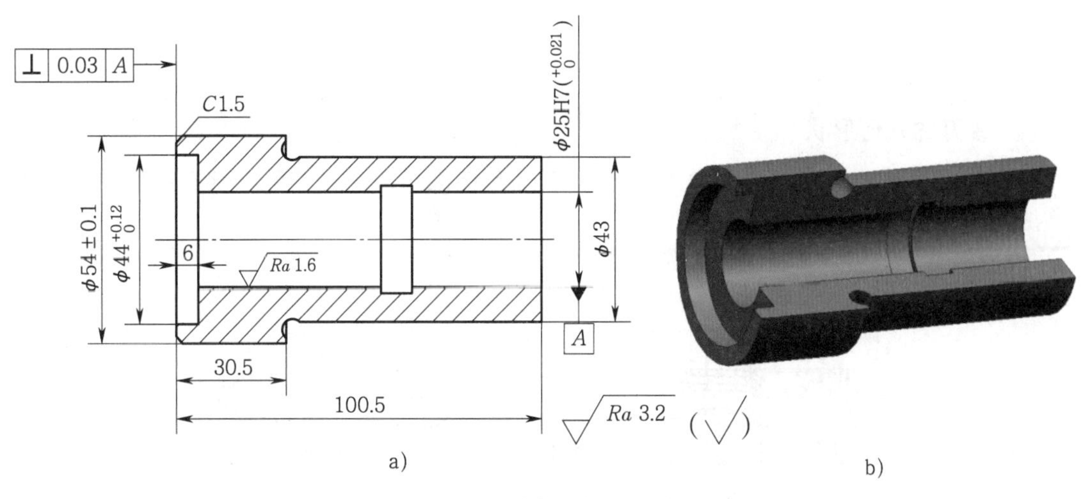

图 4-22　衬套的铰孔工序图

a）零件图　b）实物图

操作提示

➢ 铰孔是用多刃铰刀从工件孔壁上切除微量金属层的精加工方法，如图 4-23 所示。

图 4-23　铰孔

➢ 铰孔操作简便，生产效率高，目前在批量生产中已得到广泛应用。由于铰刀尺寸精确，刚度又高，因此，铰孔特别适合加工直径较小、长度较长的通孔。

➢ 铰孔的精度可达 IT9 ~ IT7 级，表面粗糙度 *Ra* 值可达 0.4 μm。

相关理论

一、铰刀

1. 铰刀的几何形状

铰刀如图 4-24 所示，它由工作部分、颈部和柄部组成。铰刀的柄部有圆柱形、圆锥形和圆柄方榫形三种。

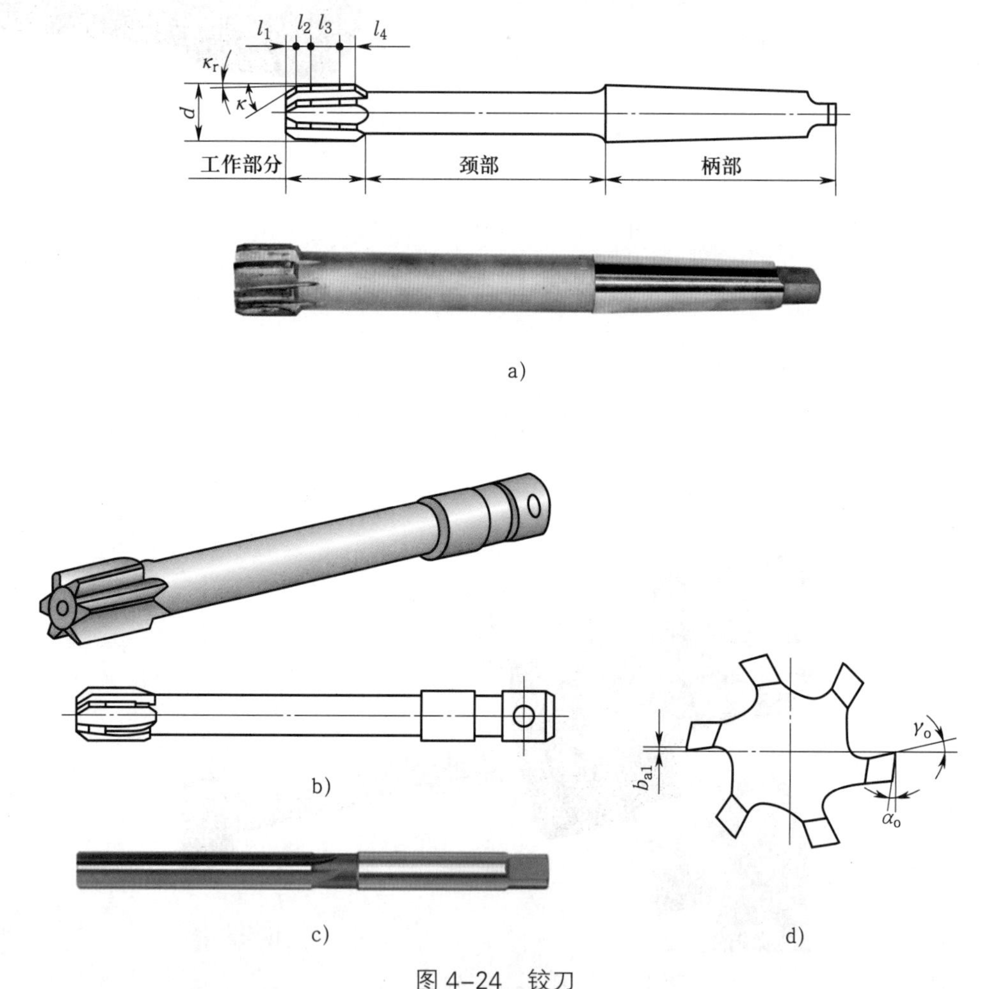

图 4-24　铰刀

a）锥柄铰刀　b）圆柱柄铰刀　c）圆柄方榫形手用铰刀　d）齿部放大图

铰刀的工作部分由引导部分 l_1、切削部分 l_2、修光部分 l_3 和倒锥部分 l_4 组成，各工作部分的主要作用和几何参数见表 4-24。

铰刀最容易磨损的部位是切削部分和修光部分的过渡处，而且这个部分直接影响工件的表面粗糙度，因而该处不能有尖棱。

铰刀的刃齿数一般为 4 ~ 10 齿，为了便于测量铰刀的直径，应采用偶数齿。

表 4-24 铰刀各工作部分的主要作用和几何参数

工作部分	符号	主要作用	几何参数
引导部分	l_1	铰刀开始进入孔内的导向部分	导向角 κ=45°
切削部分	l_2	担负主要切削工作，其主偏角较小，因此铰削时定心好，切屑薄	前角 γ_o=0°，铰削钢件时 γ_o=5° ~ 10°；主后角 α_o=6° ~ 8°；主偏角 κ_r=3° ~ 15°
修光部分	l_3	修光部分有棱边，它起定向、修光孔壁、控制铰刀直径和便于测量等作用	棱边宽度 b_{a1}=0.15 ~ 0.25 mm
倒锥部分	l_4	可减小铰刀与孔壁之间的摩擦，还可防止产生喇叭形孔及将孔径扩大	

2. **铰刀的种类**

（1）按使用方式不同，铰刀可分为机用铰刀（见图 4-24a、b）和手用铰刀（见图 4-24c）。

（2）按切削部分的材料不同，铰刀可分为高速钢铰刀和硬质合金铰刀两种。

3. **铰刀的选择**

铰削的精度主要取决于铰刀的尺寸，最好选择被加工孔公差带中间 1/3 左右的尺寸，例如，铰削 ϕ 25H7（$^{+0.021}_{0}$）的孔时，铰刀尺寸最好选择 ϕ 25 $^{+0.014}_{+0.007}$ mm。

二、铰削余量的确定

铰孔前，一般先车孔或扩孔，并留出铰削余量，余量的大小直接影响铰孔质量。余量太小，往往不能把前道工序所留下的加工痕迹铰去；余量太大，切屑挤满在铰刀的齿槽中，使切削液不能进入切削区，将增大表面粗糙度值，或使切削刃负荷过大而迅速磨损，甚至崩刃。

铰削余量一般规定：高速钢铰刀为 0.08 ~ 0.12 mm，硬质合金铰刀为 0.15 ~ 0.20 mm。

三、铰削的注意事项

铰削是一种较复杂的技术，要达到较高的尺寸精度和较小的表面粗糙度值，必须注意以下事项：

1. 铰削前对孔的要求

铰孔前，孔的表面粗糙度 Ra 值要小于或等于 3.2 μm。孔的直线度误差一般要经过车孔才能修正。

如果加工直径小于 10 mm 的孔，由于孔径小，车孔非常困难，保证孔的直线度和同轴度精度的方法如下：用中心钻定心→钻孔→扩孔→铰孔。

2. 调整主轴和尾座套筒轴线的同轴度

铰孔前，必须调整尾座套筒的轴线，使其与主轴轴线重合，同轴度误差最好找正在 0.02 mm 之内。但是，对于一般精度的车床，要求主轴与尾座套筒轴线非常精确地同轴是比较困难的，因此铰孔时最好使用浮动套筒。

3. 选择合理的铰削用量

铰削时的背吃刀量是铰削余量的一半。

铰削时，切削速度越低，表面粗糙度值越小，一般切削速度最好小于 5 m/min。

铰削时，由于切屑少，而且铰刀上有修光部分，进给量可取大些。铰削钢件时，选用进给量为 0.2 ~ 1.0 mm/r。

4. 合理选用切削液

铰孔时，切削液对孔径和孔表面粗糙度有一定影响，见表 4-25。

表 4-25　铰孔时切削液对孔径和孔表面粗糙度的影响

切削液的种类	水溶性切削液（如乳化液等）	油溶性切削液	干切削
对孔径的影响	铰出的孔径比铰刀的实际直径稍微小一些	铰出的孔径比铰刀的实际直径稍微大一些	铰出的孔径比铰刀的实际直径大一些
对孔表面粗糙度的影响	孔表面粗糙度值较小	孔表面粗糙度值次之	孔表面粗糙度值最大

根据切削液对孔径的影响，当使用新铰刀铰削钢件时，可选用 10% ~ 15%的乳化液作为切削液，这样孔不容易扩大。铰刀磨损到一定程度时，可用油溶性切削液，使孔稍微扩大一些。

根据切削液对表面粗糙度的影响和铰孔试验证明，铰孔时必须充分浇注切削液。铰削铸件时，可采用煤油作为切削液。铰削青铜或铝合金工件时，可用 L-FD2（一级品）轴承油或煤油作为切削液。

四、尽可能在一次装夹中完成车削，以保证工件的几何精度

车削套类工件时，如果是单件、小批量生产，可在一次装夹中尽可能把工件全部或大部分内孔、外圆和端面等表面车削完成。这种方法不存在因装夹而产生的定位误差，如果车床精度较高，可获得较高的几何精度。

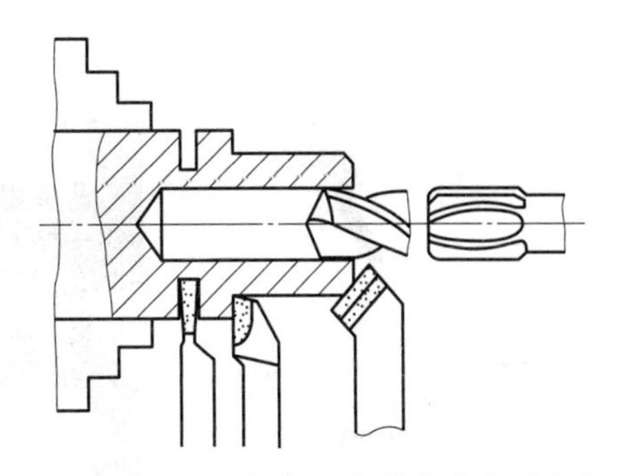

图 4-25　尽可能在一次装夹中完成车削

但采用这种方法车削时需要经常转换刀架。车削图 4-25 所示的工件时，需轮流使用 90° 车刀、45° 车刀、麻花钻、铰刀和切断刀等刀具。如果刀架定位精度较低，则尺寸较难控制，切削用量也要时常改变。

在数控车床上加工套类工件时，大多在一次装夹中完成主要表面的加工。这样既可保证精度，又可提高生产效率。

五、内孔的测量

测量孔径尺寸时，应根据工件的尺寸、数量和精度要求采用相应的量具。如果孔的精度要求较低，可采用钢直尺、游标卡尺测量；如果孔的精度要求较高，可采用内径百分表、塞规等进行测量。

1. 用内径百分表测量

内径百分表及其结构如图 4-26 所示，使用时将百分表 3 装夹在连杆 2 上，在连杆 2 的端部有一个活动测头 4，另一端的可调测量棒 1 可根据孔径的大小更换。为了便于测量，活动测头旁装有定心器 5。

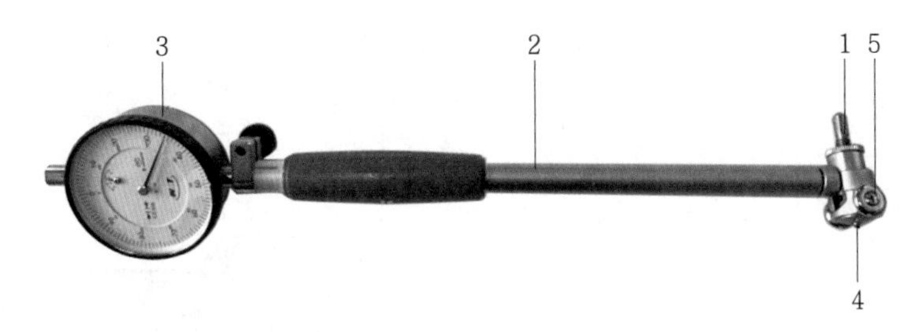

图 4-26　内径百分表及其结构

1—可调测量棒　2—连杆　3—百分表　4—活动测头　5—定心器

内径百分表主要用于测量精度要求较高且较深的孔。

内径百分表与千分尺配合使用，可以比较出孔径的实际尺寸。如图 4-27 所示为内径百分表的使用方法。

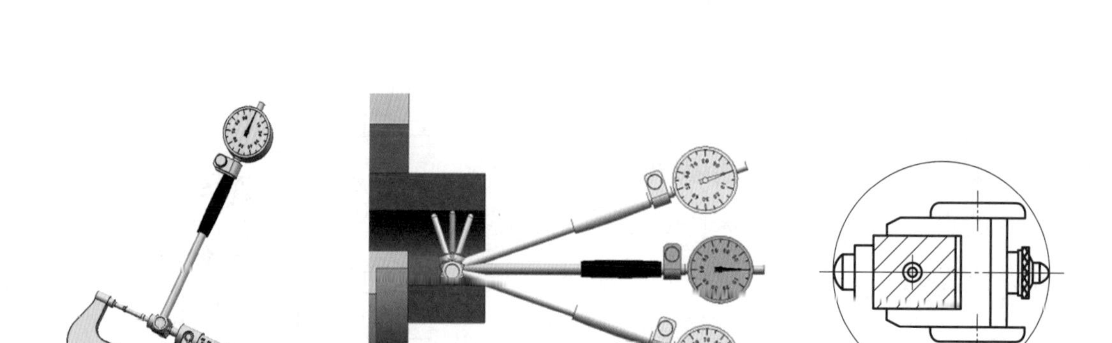

图 4-27　内径百分表的使用方法

a）利用千分尺校对内径百分表零位　b）内径百分表的测量方法　c）孔中测量情况

2. **用塞规测量**

在成批生产中，为了测量方便，常用塞规测量孔径（见图 4-28）。塞规通端的尺寸等于孔的最小极限尺寸 D_{min}，止端的尺寸等于孔的最大极限尺寸 D_{max}。用塞规测量孔径时，若通端进入工件的孔内而止端不能进入工件的孔内，说明工件孔径合格。

测量盲孔时，为了排出孔内的空气，常在塞规的外圆上开有通气槽或在轴心处轴向钻出通气孔。

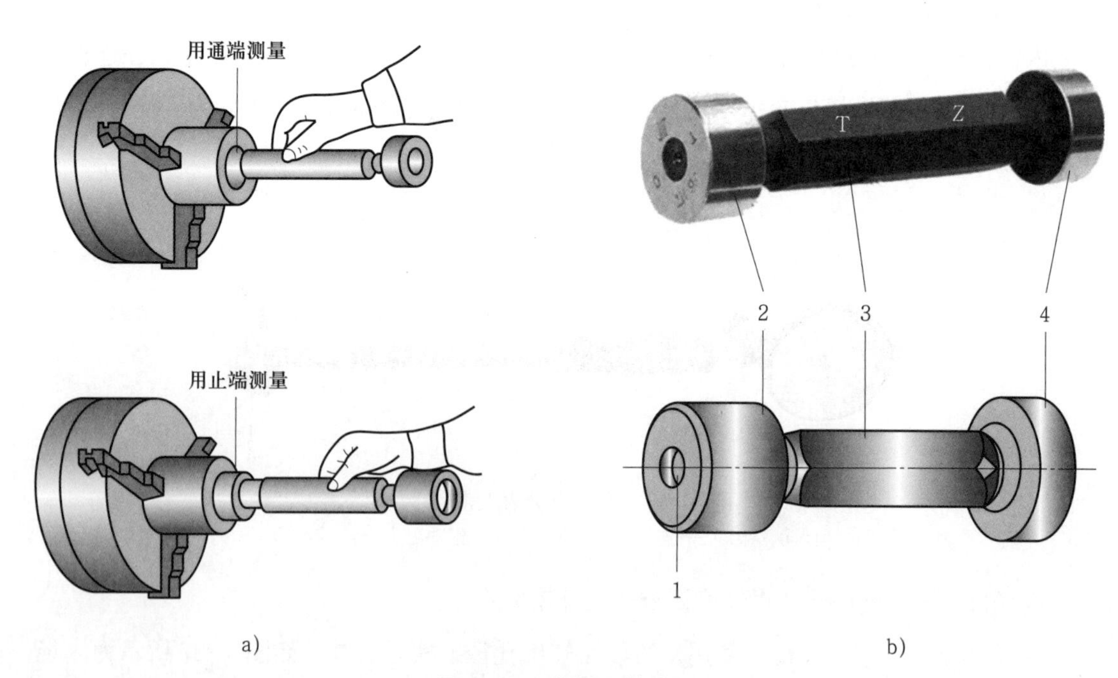

图 4-28　塞规及其使用

a）测量方法　b）塞规的结构

1—通气孔　2—通端　3—手柄　4—止端

任务实施

一、工艺分析

1. 为防止铰孔时工件发生窜动，可利用 ϕ 43 mm 外圆和 ϕ（54±0.1）mm 外圆形成的台阶作为限位台阶装夹工件。

2. 本工序的铰孔为孔最后的精加工工序。

3. 要特别注意，铰孔不能修正孔的直线度误差，因此，铰孔前一般都经过车孔，这样才能修正孔的直线度误差，故要留出孔的精车余量。

4. ϕ（54±0.1）mm 外圆的左端面对内孔轴线的垂直度公差为 0.03 mm，因此 ϕ 25H7（$^{+0.021}_{0}$）的孔要与 ϕ（54±0.1）mm 外圆的左端面在一次装夹中车削完成。

5. 为保证垂直度精度，铰孔后再精车 ϕ（54±0.1）mm 外圆的左端面。

二、操作准备

1. 工件

按图 4-16 检测经过车槽后的衬套半成品，看其尺寸是否留出精加工余量，几何精度是否达到要求。

2. 工艺装备（见图 4-29）

准备前排屑通孔车刀、浮动套筒、莫氏过渡锥套、机用铰刀、砂轮、分度值为 0.02 mm 的 0 ~ 150 mm 游标卡尺、内径百分表、ϕ25H7 塞规、45°精车刀或 90°精车刀。

3. 设备

准备 CA6140 型卧式车床。

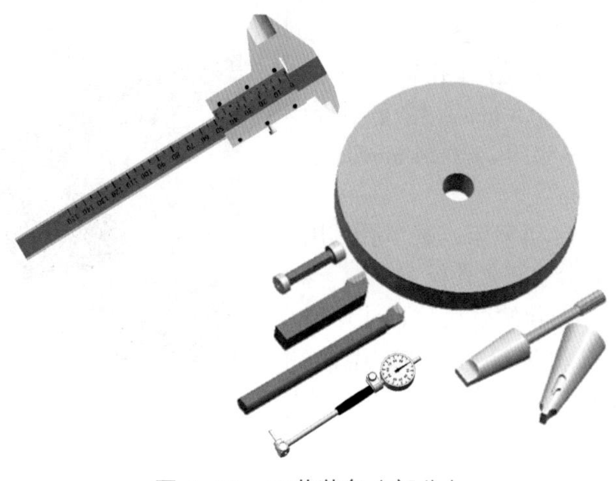

图 4-29 工艺装备（部分）

三、操作步骤

衬套铰孔的操作步骤见表 4-26。

表 4-26　衬套铰孔的操作步骤

步骤	内容	图示
步骤 1：装夹工件并找正	为防止车孔时工件窜动，可利用 $\phi43$ mm 外圆和 ϕ（54 ± 0.1）mm 外圆形成的台阶作为限位台阶，用百分表找正后装夹工件	
步骤 2：装夹内孔车刀	正确装夹内孔车刀	
步骤 3：精车孔	（1）选择铰削余量为 0.08 ~ 0.12 mm，因为是高速钢铰刀，确定精车孔至 $\phi25_{-0.12}^{-0.08}$ mm （2）选取精车孔时的切削用量：a_p=0.5 mm（精车孔余量的一半），f=0.14 mm/r，n=710 r/min （3）启动车床，试车孔，用内径百分表测量孔径 （4）一开始就充分浇注切削液，机动进给精车 $\phi25_{-0.12}^{-0.08}$ mm 的通孔，孔的表面粗糙度 Ra 值为 3.2 μm	

续表

步骤	内容	图示
步骤 4：选择并装夹铰刀	（1）选择高速钢机用铰刀 （2）选择铰刀尺寸为 $\phi25^{+0.014}_{+0.007}$ mm （3）擦净铰刀莫氏锥柄以及浮动套筒和尾座套筒的内锥面，将铰刀的莫氏锥柄装入浮动套筒的锥孔中，再将其装入尾座套筒的锥孔中 （4）移动尾座，在铰刀前端离工件端面 5 ~ 10 mm 处锁紧尾座	
步骤 5：铰孔	（1）摇动尾座手轮，让铰刀的引导部分轻轻进入孔口，深度为 1 ~ 2 mm （2）启动车床，主轴转速为 40 r/min，充分浇注切削液。双手摇动尾座手轮均匀进给，均匀地进给到铰刀工作部分的 3/4 处时，立即反向摇动尾座手轮，将铰刀从孔内退出 （3）用塞规检测孔径 （4）若达到 ϕ25H7（$^{+0.021}_{0}$）和 $Ra \leqslant 1.6$ μm 的要求，继续双手摇动尾座手轮均匀进给，手动进给量为 0.80 mm/r，直到铰削完毕 （5）车床主轴停止回转，反向摇动尾座手轮将铰刀从孔内退出	$\phi25^{+0.021}_{0}$
步骤 6：装夹 45°精车刀	装夹 45°精车刀	

续表

步骤	内容	图示
步骤 7：精车端面	（1）选取主轴转速为 900 r/min，背吃刀量为 0.5 mm，进给量为 0.16 mm/r （2）用 45° 精车刀机动进给车衬套左端面，使端面表面粗糙度和垂直度达到要求，同时保证 $\phi44_{0}^{-0.12}$ mm 台阶孔的深度为 6 mm 以及其他相关尺寸	
步骤 8：倒角	用 45° 精车刀手动横向进给，倒角 C1.5 mm	

操作提示

➤ 在一次装夹中完成车削，工件要装夹牢固，减小切削用量，调整车床精度，以防止工件移位或车床精度不高而造成几何误差超差。

➤ 选用铰刀时，应检查刃口是否锋利，有没有崩刃和毛刺，铰刀柄部是否光滑。

➤ 装夹铰刀时，应注意将锥柄与浮动套筒锥套清理干净。

➤ 铰孔时铰刀的轴线必须与车床主轴轴线重合。

➤ 应先试铰，以免造成成批废品。

➤ 铰刀由孔内退出时，车床主轴应停止转动，勿反转，以防止损坏铰刀刃口和工件已加工表面。

➤ 铰刀必须妥善保管，工作部分要用塑料套保护，不允许碰毛。

➤ 用内径百分表测量时，应检查整个测量装置是否正常。测量时不能超过其测量范围，并注意百分表的读数方法。测量时，必须摆动内径百分表，所得的最小读数值是孔的实际尺寸。

➤ 用塞规测量孔径时应保持孔壁清洁，塞规不能倾斜。当工件温度较高时，不能立即测量，以免造成测量不准确或使塞规卡在孔中。

➤ 铰孔后应防止内孔出现喇叭口和铰削痕迹。

四、结束工作

加工完毕，卸下工件，仔细测量各部分尺寸，对自己的练习件进行评价。针对出现的质量问题，结合表 4-27 分析产生原因，并总结出改进措施。最后，清点工具，收拾工作场地。

表 4-27 铰孔时的质量问题、产生原因和改进措施

质量问题	产生原因	改进措施
孔径扩大	1. 铰刀直径太大	1. 仔细测量铰刀尺寸，根据孔径要求研磨铰刀
	2. 铰刀刃口径向圆跳动误差过大	2. 重新修磨铰刀刃口
	3. 尾座偏，铰刀轴线与工件轴线不重合	3. 校正尾座，最好采用浮动套筒装夹铰刀
	4. 切削速度太高，产生积屑瘤，使铰刀温度升高	4. 降低切削速度，充分浇注切削液
	5. 铰削余量太大	5. 正确选择铰削余量
表面粗糙度值大	1. 铰刀刃口不锋利，切削刃上有崩口、毛刺	1. 重新刃磨铰刀，表面粗糙度值要小，铰刀应正确保管，不允许碰毛
	2. 铰削余量太大或太小	2. 选择适当的铰削余量
	3. 切削速度太高，产生积屑瘤	3. 降低切削速度，用油石把积屑瘤从切削刃上修磨掉
	4. 切削液选择不当	4. 合理选择切削液

项目五
车 圆 锥

任务一 偏移尾座法车外圆锥

学习目标

1. 具备车圆锥的相关计算能力。
2. 具备快速查阅莫氏圆锥相关技术参数的能力。
3. 掌握用偏移尾座法车外圆锥的技能。
4. 掌握用圆锥套规检验外圆锥的技能。

任务描述

本任务要求把 ϕ40 mm × 335 mm 的毛坯车成图 5-1 所示的定位锥棒。

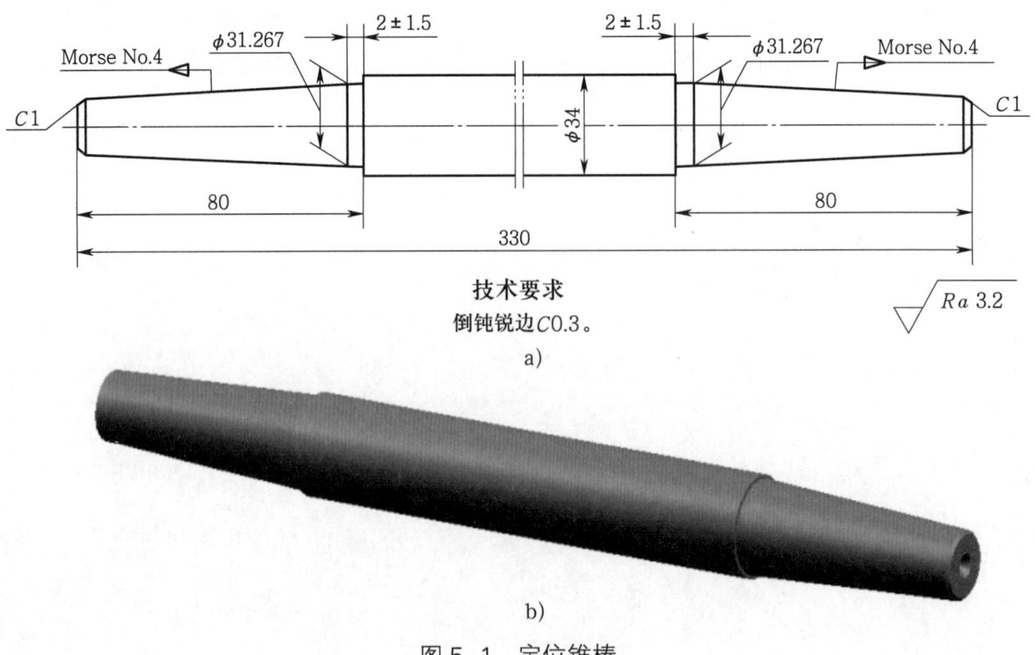

图 5-1 定位锥棒

a）零件图 b）实物图

相关理论

一、圆锥的基本参数及其计算

1. 圆锥的基本参数及其计算公式

图 5-2 所示为圆锥的基本参数，其代号、定义和计算公式见表 5-1。

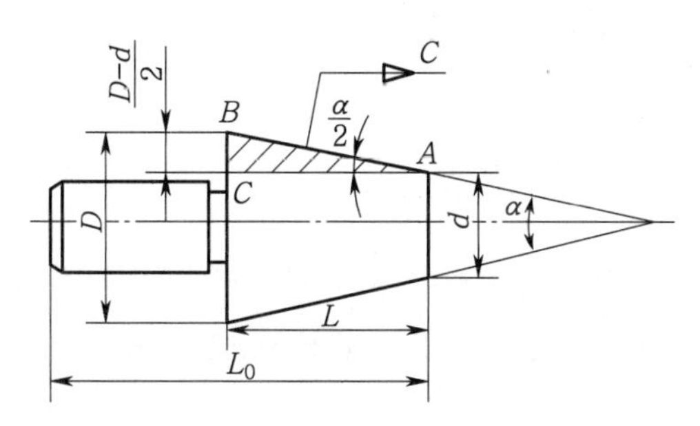

图 5-2　圆锥的基本参数

表 5-1　圆锥基本参数的代号、定义和计算公式

基本参数	代号	定义	计算公式	
圆锥角	α	在通过圆锥轴线的截面内，两条素线之间的夹角	—	圆锥角、圆锥半角与锥度属于同一参数，不能同时标注
圆锥半角	$\frac{\alpha}{2}$	圆锥角的一半，是车圆锥面时小滑板转过的角度	$\tan\frac{\alpha}{2}=\frac{D-d}{2L}=\frac{C}{2}$	
锥度	C	圆锥的最大圆锥直径和最小圆锥直径之差与圆锥长度之比 锥度用比例或分数形式表示	$C=\frac{D-d}{L}=2\tan\frac{\alpha}{2}$	
最大圆锥直径	D	简称大端直径	$D=d+CL=d+2L\tan\frac{\alpha}{2}$	
最小圆锥直径	d	简称小端直径	$d=D-CL=D-2L\tan\frac{\alpha}{2}$	
圆锥长度	L	最大圆锥直径与最小圆锥直径之间的轴向距离 工件全长一般用 L_0 表示	$L=\frac{D-d}{C}=\frac{D-d}{2\tan\frac{\alpha}{2}}$	

2. 圆锥基本参数的计算

例 5-1　磨床主轴圆锥如图 5-3 所示，已知其锥度 C=1∶5，最大圆锥直径 D=45 mm，圆锥长度 L=50 mm，求最小圆锥直径 d。

解：根据表 5-1 中的公式可得：

$$d=D-CL=45\ \text{mm}-\frac{1}{5}\times 50\ \text{mm}=35\ \text{mm}$$

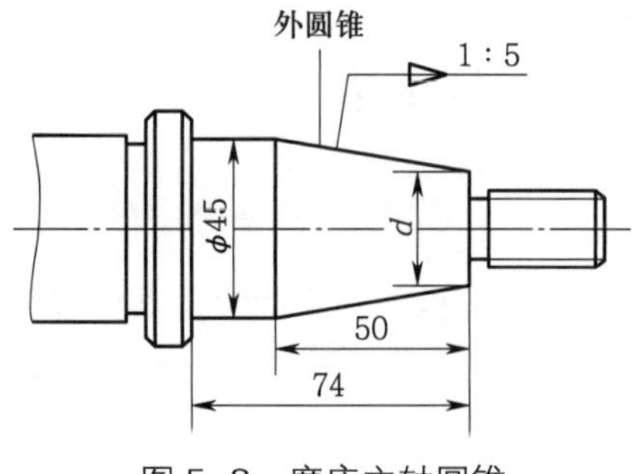

图 5-3　磨床主轴圆锥

例 5-2　车削一圆锥面，已知圆锥半角 $\alpha/2=3°\ 15'$，最小圆锥直径 d=12 mm，圆锥长度 L=30 mm，求最大圆锥直径 D。

解：根据表 5-1 中的公式可得：

$$\begin{aligned}D&=d+2L\tan\frac{\alpha}{2}\\&=12\ \text{mm}+2\times 30\ \text{mm}\times\tan 3°\ 15'\\&\approx 12\ \text{mm}+2\times 30\ \text{mm}\times 0.056\ 78\\&\approx 15.4\ \text{mm}\end{aligned}$$

例 5-3　车削例 5-1 中的磨床主轴圆锥，已知锥度 C=1∶5，求圆锥半角 $\alpha/2$。

解：C=1∶5=0.2

根据表 5-1 中的公式可得：

$$\tan\frac{\alpha}{2}=\frac{C}{2}=\frac{0.2}{2}=0.1$$

$$\frac{\alpha}{2}\approx 5°\ 42'\ 36''$$

应用公式计算圆锥半角 $\frac{\alpha}{2}$ 时，必须利用三角函数表，不太方便。当圆锥半角 $\frac{\alpha}{2}<6°$ 时，可用下列近似公式计算：

$$\frac{\alpha}{2}\approx 28.7°\frac{D-d}{L}=28.7°C$$

操作提示

采用近似公式计算圆锥半角 $\frac{\alpha}{2}$ 时应注意以下几点：

➤ 圆锥半角应在 6°以内。

➤ 计算出来的单位是度（°），度以下的小数部分是十进位的，而角度是 60 进位，应将含有小数部分的计算结果转化为分（′）和秒（″），例如，2.35° =2° +0.35×60′ = 2° 21′。

例 5-4 有一外圆锥，已知 D=70 mm，d=60 mm，L=100 mm，试分别用查三角函数表法和近似法计算圆锥半角。

解：（1）用查三角函数表法，根据表 5-1 中的公式：

$$\tan\frac{\alpha}{2}=\frac{D-d}{2L}=\frac{70\ \text{mm}-60\ \text{mm}}{2\times100\ \text{mm}}=0.05$$

查三角函数表得：$\alpha/2=2°\ 51'\ 36''$

（2）用近似法，根据近似公式可得：

$$\frac{\alpha}{2}\approx28.7°\frac{D-d}{L}=28.7°\times\frac{70\ \text{mm}-60\ \text{mm}}{100\ \text{mm}}=28.7°\times\frac{1}{10}=2.87°=2°\ 52'\ 12''$$

不难看出，用两种方法计算出的结果基本相同。

二、标准工具圆锥

为了制造和使用方便，降低生产成本，机床上、工具上和刀具上的圆锥多已标准化，即圆锥的基本参数都符合相关号码规定。使用时，只要号码相同，即能互换。标准工具圆锥已在国际上通用，不论哪个国家生产的机床或工具，只要符合标准都具有互换性。

常用标准工具圆锥有莫氏圆锥和米制圆锥两种。

1. 莫氏圆锥（Morse）

莫氏圆锥是机械制造业中应用最广泛的一种，如车床上的主轴锥孔、顶尖锥柄、麻花钻锥柄和铰刀锥柄等都是莫氏圆锥。莫氏圆锥共有 0 号（Morse No.0）、1 号（Morse No.1）、2 号（Morse No.2）、3 号（Morse No.3）、4 号（Morse No.4）、5 号（Morse No.5）和 6 号（Morse No.6）共七种，其中最小的是 0 号（Morse No.0），最大的是 6 号（Morse No.6）。莫氏圆锥号码不同，其线性尺寸和圆锥半角均不相同，莫氏圆锥的常用参数见表 5-2。

表 5-2 莫氏圆锥的常用参数

莫氏圆锥号数（Morse No.）	锥度 C	圆锥角 α	圆锥角的偏差	圆锥半角 $\alpha/2$	量规刻线间距 /mm
Morse No.0	1 : 19.212 ≈ 0.052 05	2° 58′ 54″	± 120″	1° 29′ 27″	1.2
Morse No.1	1 : 20.047 ≈ 0.049 88	2° 51′ 27″	± 120″	1° 25′ 44″	1.4
Morse No.2	1 : 20.020 ≈ 0.049 95	2° 51′ 41″	± 120″	1° 25′ 51″	1.6
Morse No.3	1 : 19.922 ≈ 0.050 20	2° 52′ 31″	± 100″	1° 26′ 16″	1.8
Morse No.4	1 : 19.254 ≈ 0.051 94	2° 58′ 30″	± 100″	1° 29′ 15″	2
Morse No.5	1 : 19.002 ≈ 0.052 63	3° 00′ 52″	± 80″	1° 30′ 26″	2
Morse No.6	1 : 19.180 ≈ 0.052 14	2° 59′ 12″	± 70″	1° 29′ 36″	2.5

2. 米制圆锥

米制圆锥（见图 5-4）有 7 个号码，即 4 号、6 号、80 号、100 号、120 号、160 号和 200 号。它们的号码是指圆锥的大端直径，而锥度固定不变，即 C=1∶20，例如，100 号米制圆锥的最大圆锥直径 D=100 mm，锥度 C=1∶20。米制圆锥的优点是锥度不变，方便记忆。

除了常用的莫氏圆锥和米制圆锥等工具圆锥，还会遇到一般用途的圆锥和特定用途的圆锥等其他标准圆锥。标准圆锥的相关参数见表 5-3。

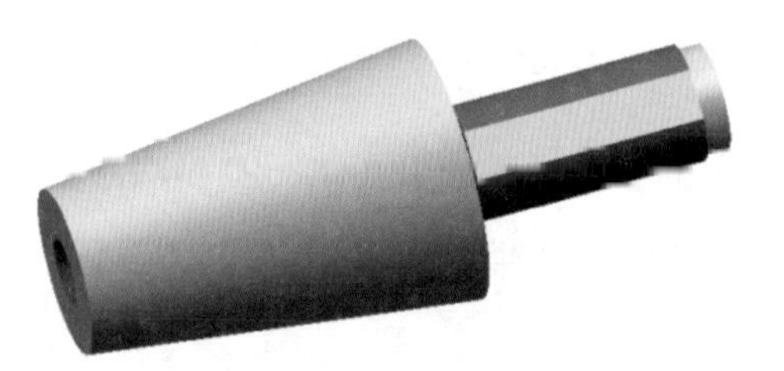

图 5-4　米制圆锥

表 5-3　标准圆锥的相关参数

圆锥角 α	锥度 C	圆锥半角 $\alpha/2$（小滑板转动角度）	圆锥角 α	锥度 C	圆锥半角 $\alpha/2$（小滑板转动角度）
30°	1∶1.866	15°	2° 51′ 51″	1∶20（米制圆锥）	1° 25′ 56″
45°	1∶1.207	22° 30′			
60°	1∶0.866	30°	3° 49′ 6″	1∶15	1° 54′ 33″
75°	1∶0.625	37° 30′	4° 46′ 19″	1∶12	2° 23′ 9″
90°	1∶0.5	45°	5° 43′ 19″	1∶10	2° 51′ 15″
120°	1∶0.289	60°	7° 9′ 10″	1∶8	3° 34′ 35″
0° 17′ 11″	1∶200	0° 8′ 36″	8° 10′ 16″	1∶7	4° 5′ 8″
0° 34′ 23″	1∶100	0° 17′ 11″	11° 25′ 16″	1∶5	5° 42′ 38″
1° 8′ 45″	1∶50	0° 34′ 23″	16° 35′ 32″	1∶3.429	8° 17′ 46″
1° 54′ 35″	1∶30	0° 57′ 17″	18° 55′ 29″	1∶3	9° 27′ 44″

三、偏移尾座法

采用偏移尾座法车外圆锥，把尾座横向移动一段距离 S 后，使工件回转轴线与车床主轴轴线相交，并使其夹角等于工件圆锥半角 $\alpha/2$。由于床鞍是沿平行于车床主轴轴线的进给方向移动的，就将工件车成了一个圆锥，如图 5-5 所示。

1. 尾座偏移量 S 的计算

用偏移尾座法车外圆锥时，尾座的偏移量不仅与圆锥长度 L 有关，而且与两顶尖之间的距离（近似看作工件全长 L_0）有关。尾座偏移量 S 可以根据下式近似计算：

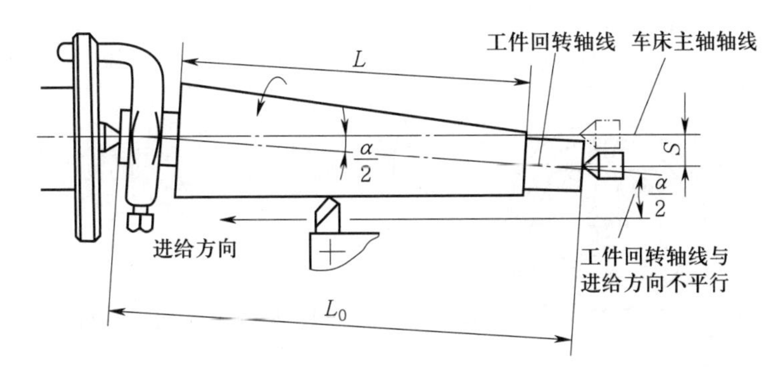

图 5–5　偏移尾座法车外圆锥

$$S \approx L_0 \tan\frac{\alpha}{2} = L_0 \frac{D-d}{2L}$$

或

$$S = \frac{C}{2} L_0$$

式中　S——尾座偏移量，mm；

L_0——工件全长，mm；

D——最大圆锥直径，mm；

d——最小圆锥直径，mm；

L——圆锥长度，mm；

C——锥度。

例 5–5　在两顶尖之间用偏移尾座法车一外圆锥工件，已知 D=80 mm，d=76 mm，L=600 mm，L_0=1 000 mm，求尾座偏移量 S。

解：

$$S = L_0 \frac{D-d}{2L} = 1\,000\ \text{mm} \times \frac{80\ \text{mm} - 76\ \text{mm}}{2 \times 600\ \text{mm}} \approx 3.3\ \text{mm}$$

例 5–6　用偏移尾座法车一外圆锥工件，已知 D=30 mm，C=1∶50，L=480 mm，L_0=500 mm，求尾座偏移量 S。

解：

$$S = \frac{C}{2} L_0 = \frac{0.02}{2} \times 500\ \text{mm} = 5\ \text{mm}$$

2. **偏移尾座的方法**

先将前、后两顶尖对齐（尾座上层和下层的“0”线对齐），然后根据计算所得的尾座偏移量 S，采用以下几种方法偏移尾座，见表 5-4。

表 5-4　偏移尾座的方法

内容	图示	说明
利用尾座的刻度偏移	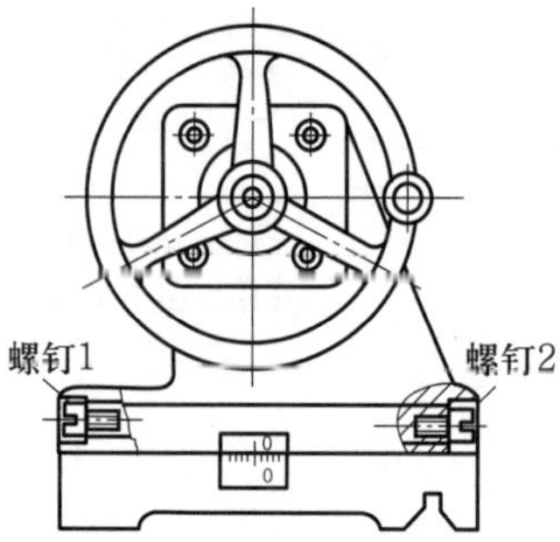 a）“0”线对齐 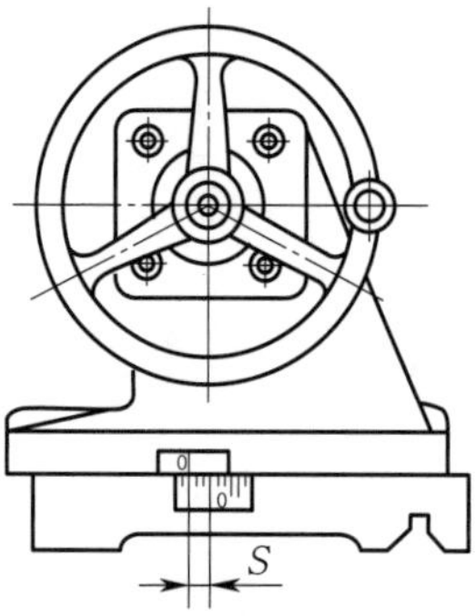 b）偏移距离 *S*	1. 先将尾座紧固螺母松开 2. 用内六角扳手转动尾座上层两侧的螺钉 1 和 2 进行调整。车正圆锥时，先松螺钉 1，紧螺钉 2，使尾座上层向里（向靠近操作者方向）移动一个 *S* 的距离；车倒圆锥时则相反 3. 尾座偏移量 *S* 调整准确后，必须把尾座紧固螺母拧紧，以防止在车削时尾座偏移量 *S* 发生变化。该方法简单、方便，尾座有刻度盘的车床都可以采用
利用中滑板刻度偏移	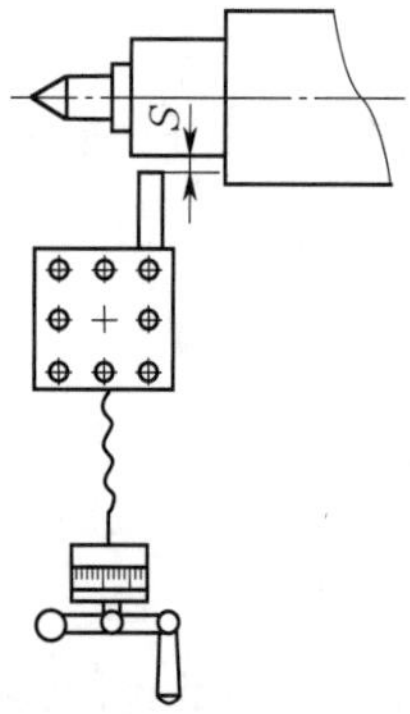	1. 在刀架上夹持一段比较平整的铜棒，摇动中滑板手柄，使铜棒端面与尾座套筒接触，记下此时的中滑板刻度值 2. 将中滑板移动一个尾座偏移量 *S* 的距离 3. 横向移动尾座的上层，使尾座套筒与铜棒端面接触，这样尾座也就横向偏移了一个距离 *S*
利用百分表偏移	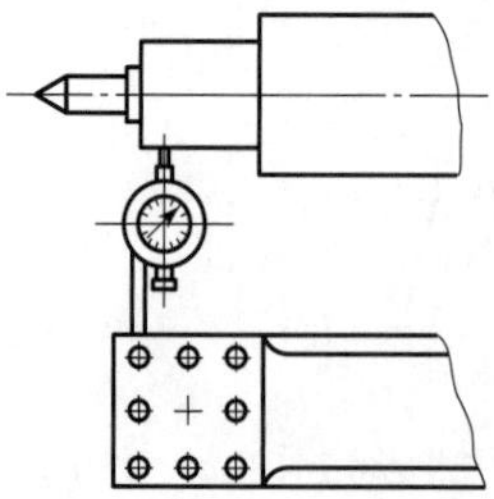	1. 将百分表固定在刀架上 2. 使百分表的测头与尾座套筒接触，要求百分表测量杆的轴线与尾座套筒的轴线相互垂直且在同一水平面内 3. 调整百分表，使指针处于零位 4. 按尾座偏移量 *S* 调整尾座，当百分表指针转动 *S* 值时，将尾座固定，利用百分表可准确地调整尾座偏移量

续表

内容	图示	说明
利用锥度量棒（或标准样件）偏移		1. 先将锥度量棒（或标准样件）装夹在两顶尖之间 2. 在刀架上固定一块百分表，使百分表测头与锥度量棒（或标准样件）的锥面接触 3. 按尾座偏移量 S 调整尾座 4. 纵向移动床鞍，使百分表在圆锥面两端的读数一致后，再将尾座固定

操作提示

➤ 在尾座偏移量的计算公式中，把两顶尖间的距离近似看作工件全长，这样计算出的尾座偏移量 S 为近似值。

➤ 除利用锥度量棒或标准样件偏移尾座外，其他按 S 值偏移尾座的三种方法都必须经试车和逐步修正得到精确的圆锥半角，以满足图样的要求。

➤ 利用中滑板刻度偏移尾座时，要注意消除中滑板丝杆与螺母间的间隙。

➤ 利用锥度量棒或标准样件偏移尾座，必须选用与工件等长的锥度量棒（或标准样件）；否则，车出的工件锥度不准确。

3. **偏移尾座法车圆锥的步骤**

偏移尾座法车圆锥的操作步骤见表 5-5。

表 5-5　偏移尾座法车圆锥的操作步骤

步骤	图示	说明
装夹工件	L D d $\frac{\alpha}{2}$ L_0	（1）调整尾座在车床导轨上的位置，使前、后两顶尖的距离等于工件总长，此时尾座套筒伸出的长度应小于套筒总长的 1/2 （2）在工件两端中心孔内加上润滑脂，再在工件一端装上鸡心夹头，最后把工件装夹在两顶尖之间

续表

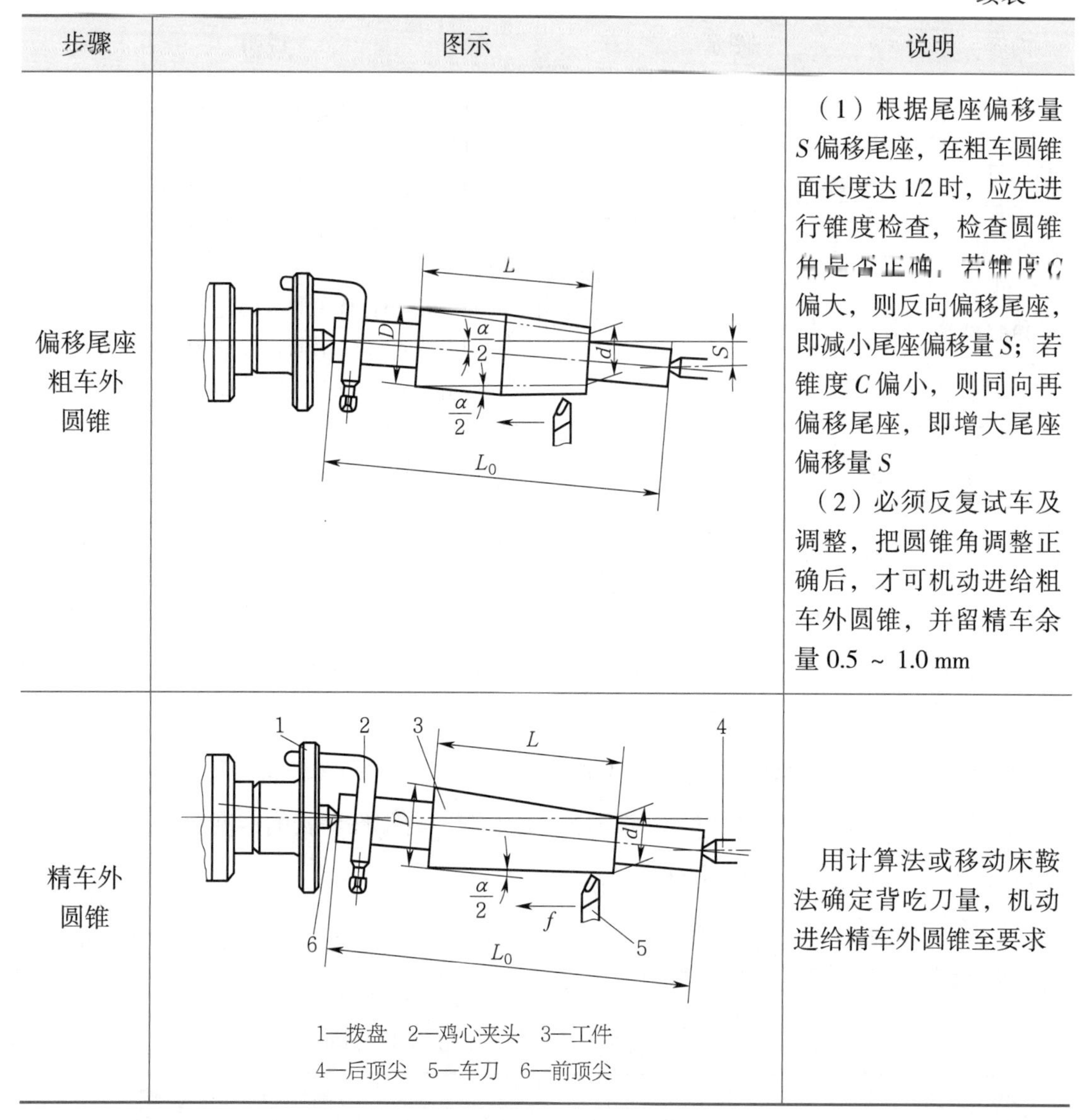

步骤	图示	说明
偏移尾座粗车外圆锥		（1）根据尾座偏移量 *S* 偏移尾座，在粗车圆锥面长度达 1/2 时，应先进行锥度检查，检查圆锥角是否正确，若锥度 *C* 偏大，则反向偏移尾座，即减小尾座偏移量 *S*；若锥度 *C* 偏小，则同向再偏移尾座，即增大尾座偏移量 *S* （2）必须反复试车及调整，把圆锥角调整正确后，才可机动进给粗车外圆锥，并留精车余量 0.5 ~ 1.0 mm
精车外圆锥	1—拨盘　2—鸡心夹头　3—工件 4—后顶尖　5—车刀　6—前顶尖	用计算法或移动床鞍法确定背吃刀量，机动进给精车外圆锥至要求

4. **偏移尾座法车外圆锥的特点**

（1）适用于加工锥度小、精度不高、锥体较长的外圆锥，因受尾座偏移量的限制，不能加工锥度大的工件。

（2）可以采用纵向机动进给，使表面粗糙度 *Ra* 值减小，工件表面质量较高。

（3）因顶尖在中心孔中是歪斜的，接触不良，所以顶尖和中心孔磨损不均匀。

（4）不能加工内圆锥和整体外圆锥。

四、用圆锥套规检验外圆锥

对于标准圆锥或配合精度要求较高的外圆锥，可使用圆锥套规（见图 5-6）检验其角度（锥度）和尺寸，具体内容见表 5-6。

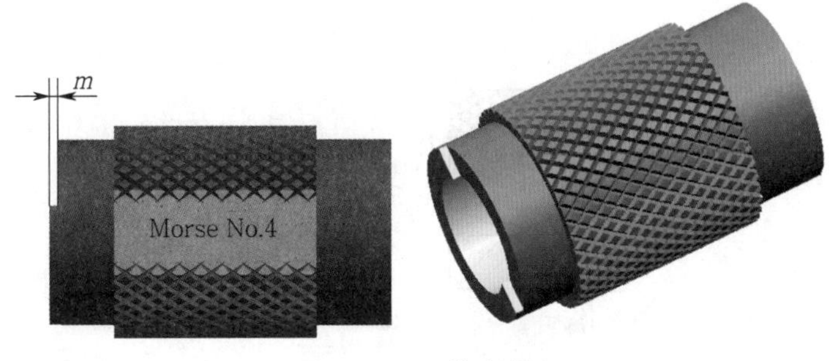

图 5-6　圆锥套规

表 5-6　用圆锥套规检验外圆锥的角度（锥度）和尺寸

内容	图示	说明
用涂色法检查外圆锥的角度（锥度）		1. 顺着圆锥素线薄而均匀地涂上三条显示剂（在圆周上均布）
		2. 将圆锥套规轻轻套在圆锥上，稍加轴向推力，并将套规转动 1/3 圈
	a）锥度正确及圆锥面展开图	3. 沿轴向后退取下圆锥套规，观察圆锥上显示剂被擦去的情况，若三条显示剂全长擦痕均匀，表明圆锥接触良好，锥度正确（见图 a）

续表

内容	图示	说明
用涂色法检查外圆锥的角度（锥度）	间隙 b）圆锥角太大 间隙 c）圆锥角太小 双曲线误差 d）双曲线误差	若圆锥大端显示剂被擦去，小端显示剂仍保留原样，说明圆锥角大了（见图b）；反之，说明圆锥角小了（见图c） 若两端显示剂擦去，中间不接触，说明形成了双曲线误差（见图d），原因是车刀刀尖没有对准工件回转轴线，需调整车刀的高度
检验外圆锥的尺寸	对于精度要求较低的圆锥和加工中粗测圆锥尺寸时，一般使用千分尺或游标卡尺测量	
	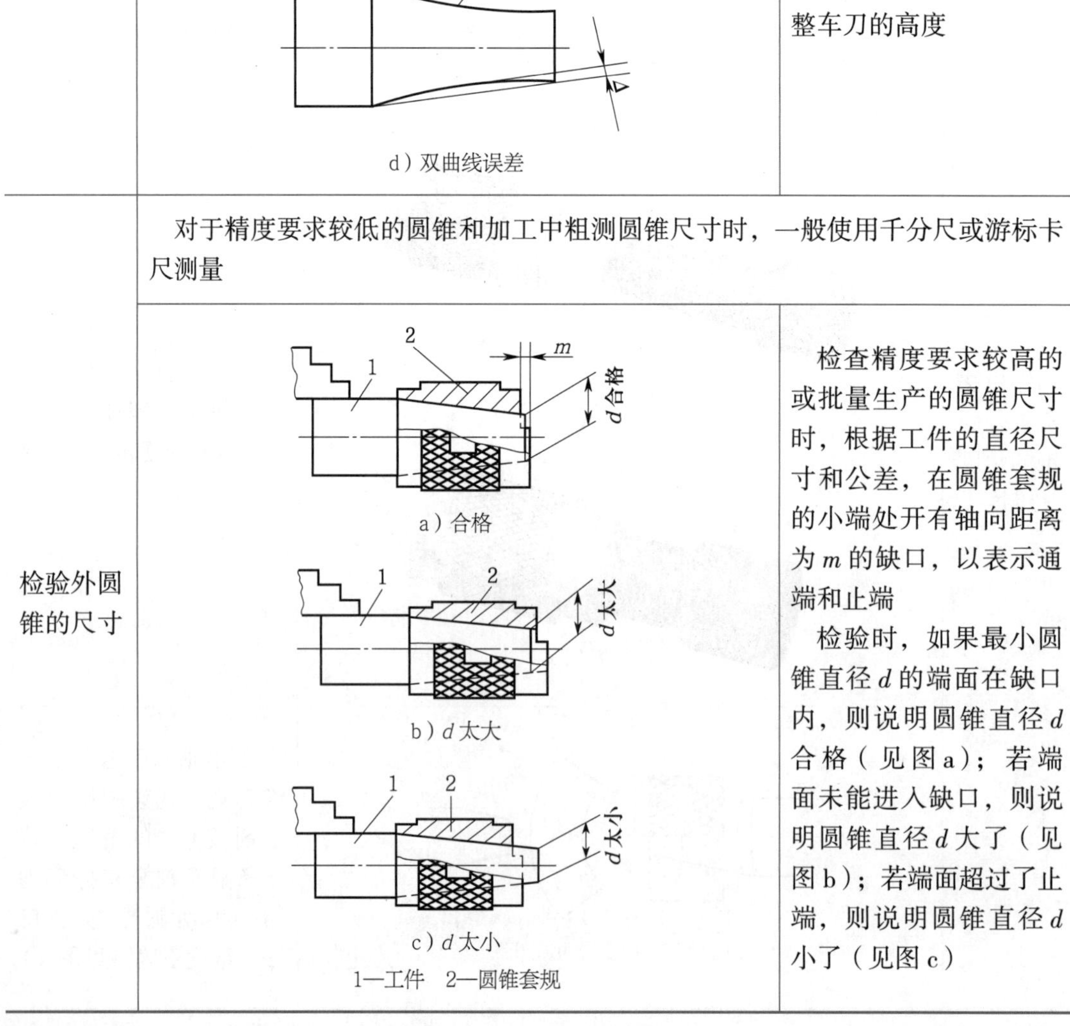a）合格 b）d太大 c）d太小 1—工件　2—圆锥套规	检查精度要求较高的或批量生产的圆锥尺寸时，根据工件的直径尺寸和公差，在圆锥套规的小端处开有轴向距离为m的缺口，以表示通端和止端 检验时，如果最小圆锥直径d的端面在缺口内，则说明圆锥直径d合格（见图a）；若端面未能进入缺口，则说明圆锥直径d大了（见图b）；若端面超过了止端，则说明圆锥直径d小了（见图c）

任务实施

一、工艺分析

1. 图 5-1 所示定位锥棒加工的主要内容是一个外圆、两个莫氏 4 号圆锥、端面倒角 $C1$ mm，要求表面粗糙度 Ra 值为 3.2 μm。

2. 零件总长为 330 mm，每个圆锥长 78 mm，适合采用偏移尾座法车削。因为偏移尾座法适用于加工锥度小、锥体较长的工件，并可以采用纵向机动进给，使表面粗糙度值减小，工件表面质量较高，劳动强度低。

3. 先确定尾座偏移量 S，再实现尾座的偏移。

4. 莫氏 4 号外圆锥是标准圆锥，可以借助圆锥套规用涂色法进行检验，其精度以接触面的大小来评定。

5. 外圆锥的最小圆锥直径可以用圆锥套规检验，因为锥面的缘故无法用千分尺测量。

6. 掉头装夹车削另一端外圆锥时，尾座偏移量必须重新调整，因为中心孔深度不同会引起工件总长 L_0 的变化。

二、准备工作

1. 工件

毛坯尺寸：ϕ40 mm × 335 mm。材料：45 钢。数量：1 件 / 人。

2. 工艺装备（见图 5-7）

准备活扳手、内六角扳手、90°粗车刀、90°精车刀、45°车刀、A2.5 mm/6.3 mm 中心钻、钻夹头、前顶尖、后顶尖、鸡心夹头、钢直尺、分度值为 0.02 mm 的 0 ~ 150 mm 游标卡尺、分度值为 0.02 mm 的 0 ~ 350 mm 游标卡尺、百分表、25 ~ 50 mm 千分尺、莫氏 4 号圆锥套规、显示剂。

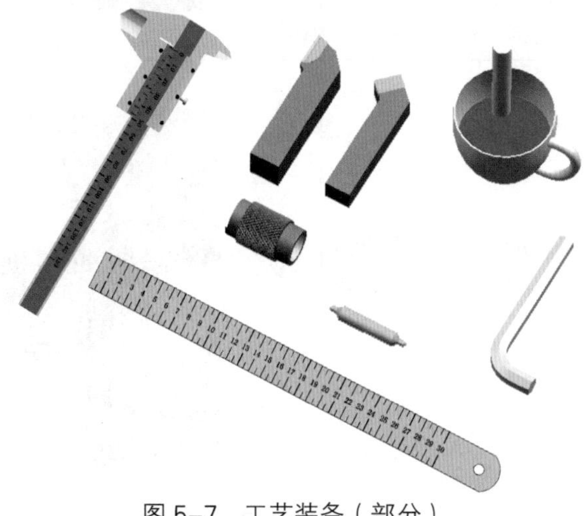

图 5-7 工艺装备（部分）

3. 设备

准备 CA6140 型卧式车床。

三、操作步骤

偏移尾座法车削定位锥棒的操作步骤见表 5-7。

表5-7 偏移尾座法车削定位锥棒的操作步骤

步骤	内容	图示
步骤 1：找正并夹紧毛坯	用三爪自定心卡盘夹住毛坯外圆，伸出长度为 30 mm 左右，找正并夹紧	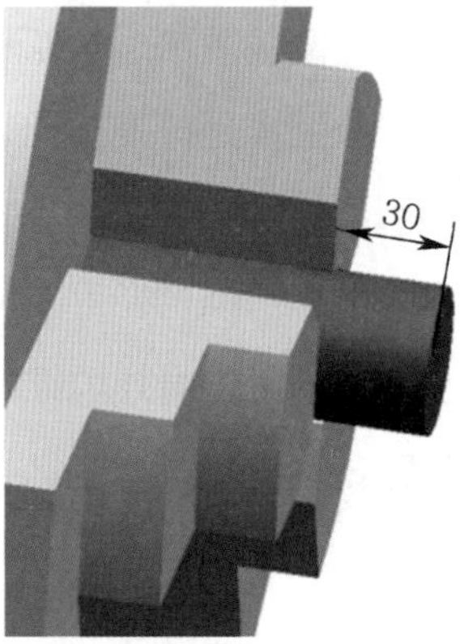
步骤 2：车端面	选择切削速度 v_c=80 ~ 150 m/min，进给量 f=0.15 ~ 0.35 mm/r，车端面，车去毛坯表面即可	
步骤 3：钻中心孔	用 A2.5 mm/6.3 mm 的中心钻钻中心孔，切削速度 v_c=8 ~ 10 m/min	

续表

步骤	内容	图示
步骤 4：掉头找正并夹紧工件	掉头，夹住毛坯外圆，伸出长度为 30 mm 左右，找正并夹紧	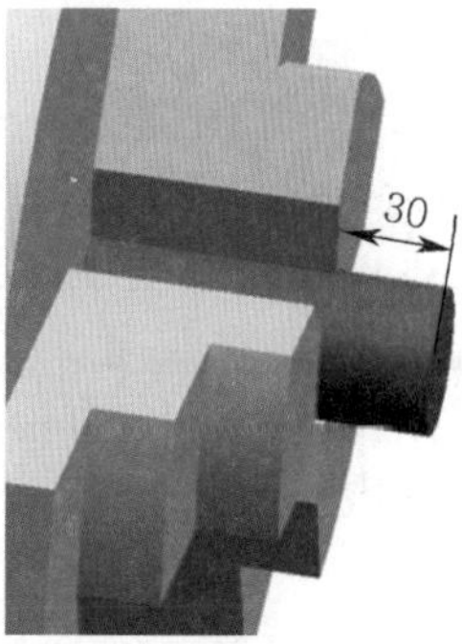 30
步骤 5：车端面	车端面，保证总长 330 mm	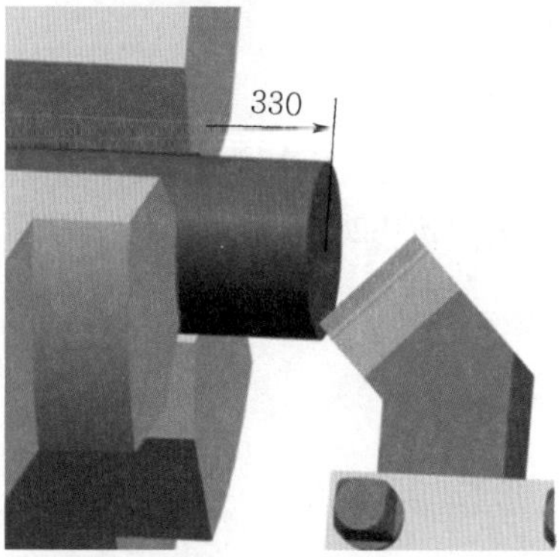 330
步骤 6：钻中心孔	用 A2.5 mm/6.3 mm 的中心钻钻中心孔，切削速度 v_c=8 ~ 10 m/min	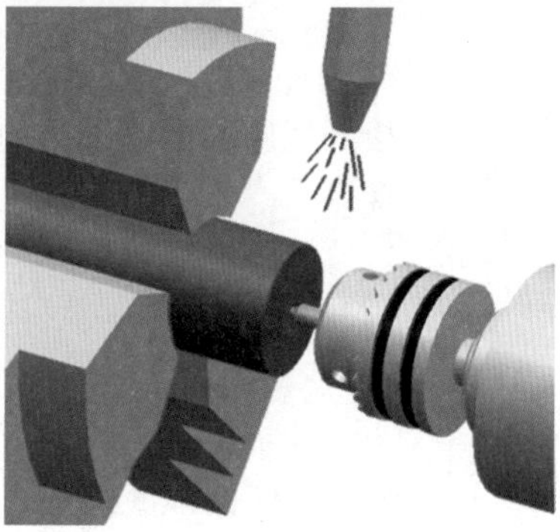
步骤 7：用两顶尖装夹工件	用两顶尖装夹工件	

续表

步骤	内容	图示
步骤8：车外圆	选择切削速度 v_c=80 ~ 150 m/min，进给量 f=0.15 ~ 0.35 mm/r，车外圆 ϕ34 mm 至图样要求尺寸，车外圆 ϕ31.267 mm、长 80 mm 至图样要求尺寸	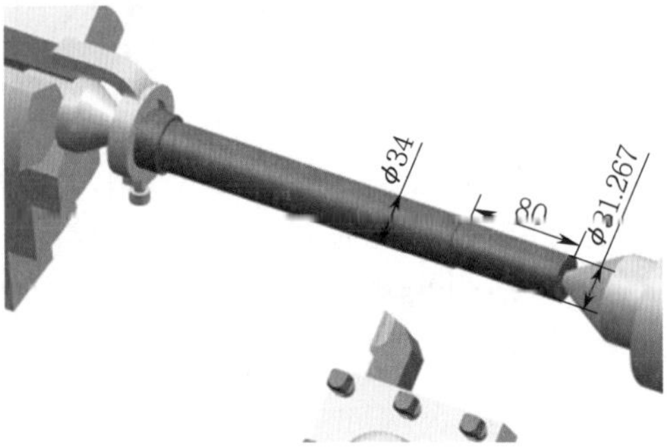
步骤9：工件掉头装夹，车外圆	工件掉头装夹，车外圆 ϕ31.267 mm、长 80 mm 至图样要求尺寸	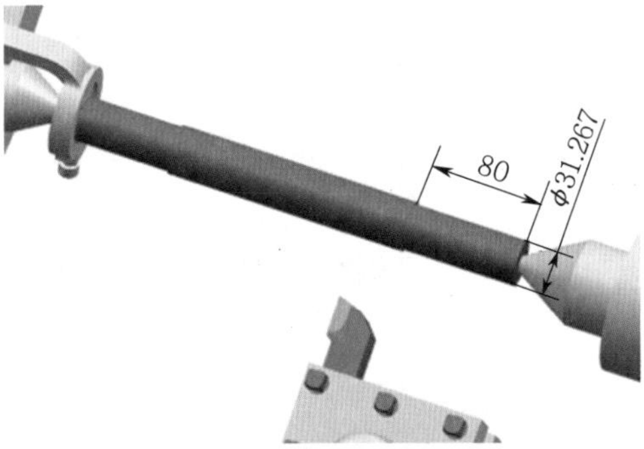
步骤10：松开尾座上的内六角螺钉	松开尾座紧固座上的内六角螺钉	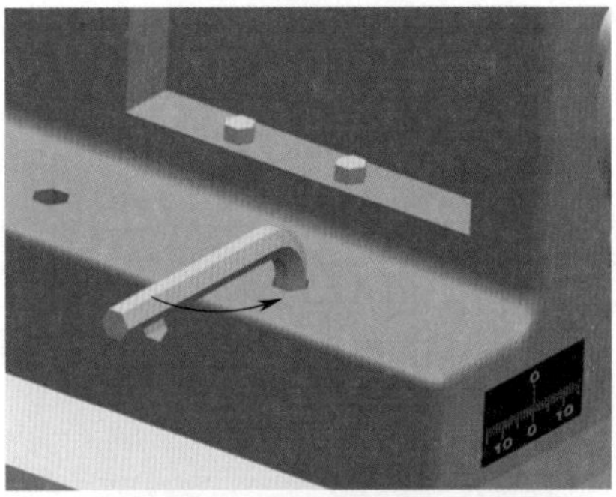
步骤11：确定尾座偏移量并偏移尾座	确定尾座偏移量： $S=\frac{C}{2}L_0=\frac{0.051\ 94}{2}\times 330\ \text{mm}$ ≈ 8.57 mm 先将尾座紧固螺母松开，用内六角扳手转动尾座上层两侧的螺钉，先松开靠近操作者一侧的螺钉，紧另一侧螺钉，使尾座上层向靠近操作者方向偏移	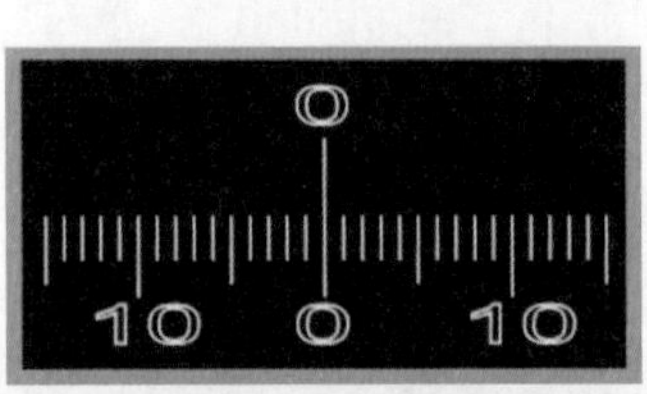 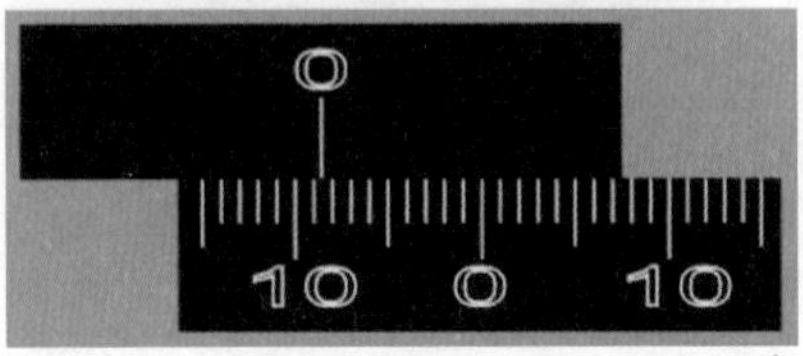

续表

步骤	内容	图示
步骤 12：紧固尾座	调整好后，紧固尾座紧固座上的内六角螺钉和左、右两边内六角螺钉	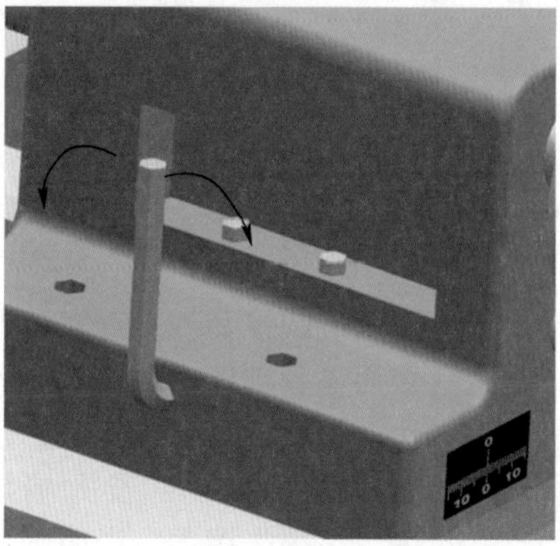
步骤 13：粗车一端外圆锥表面	粗车一端外圆锥表面	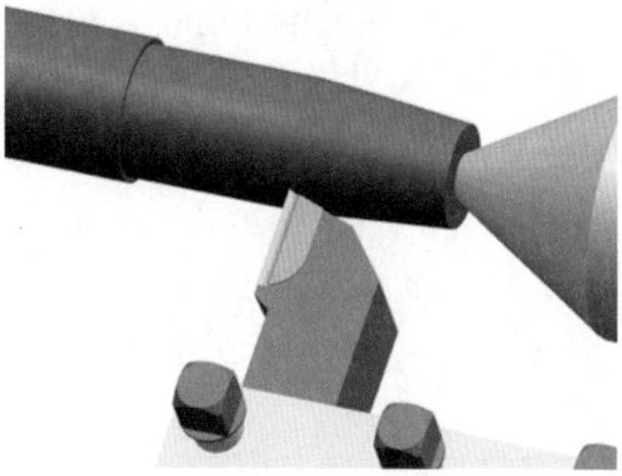
步骤 14：用涂色法检验锥度	在外圆锥表面顺着圆锥素线薄而均匀地涂上周向均等的三条显示剂（红丹粉和机油的调和物）	
	手握莫氏 4 号圆锥套规轻轻地套在工件上，稍加轴向推力，并将其转动半圈	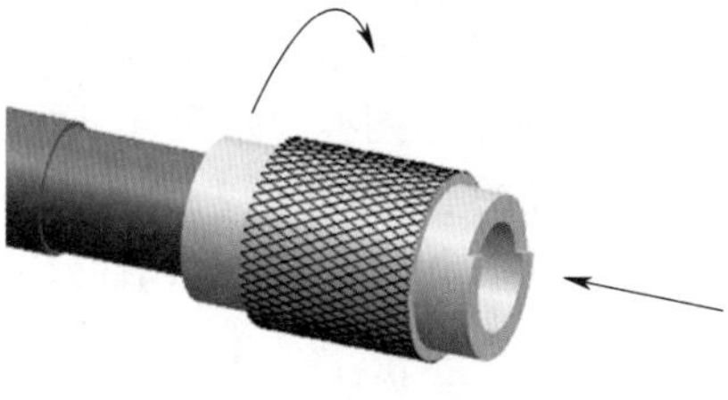

续表

步骤	内容	图示
步骤14：用涂色法检验锥度	取下圆锥套规，观察工件表面显示剂擦去的情况。若小端擦去，大端未擦去，说明圆锥角小了；若大端擦去，小端未擦去，说明圆锥角大了；若三条显示剂全长擦痕均匀，表明圆锥接触良好，说明锥度正确	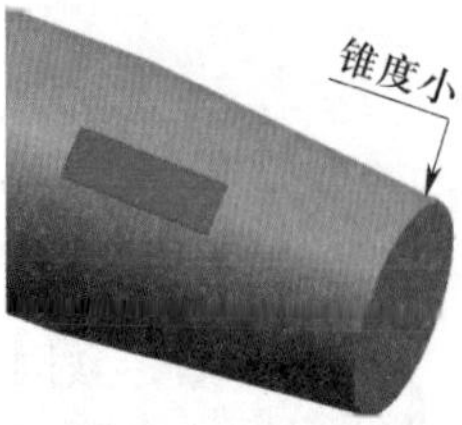 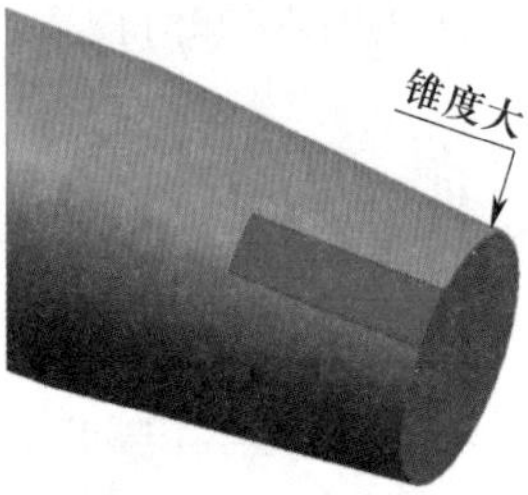 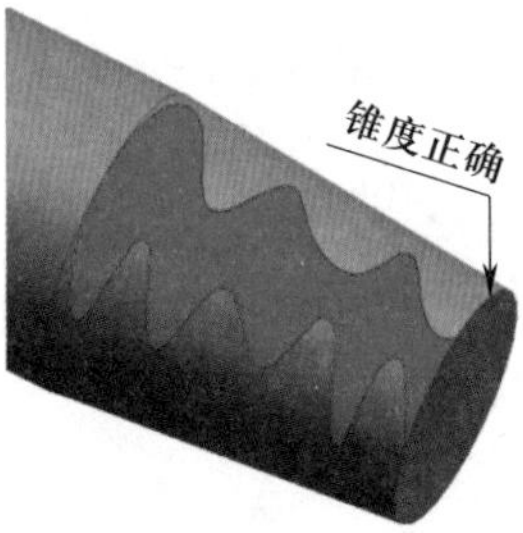
步骤15：精车一端外圆锥	当锥度调整准确后，精车一端外圆锥至尺寸，并控制好长度尺寸（2±1.5）mm，表面粗糙度应达到图样要求	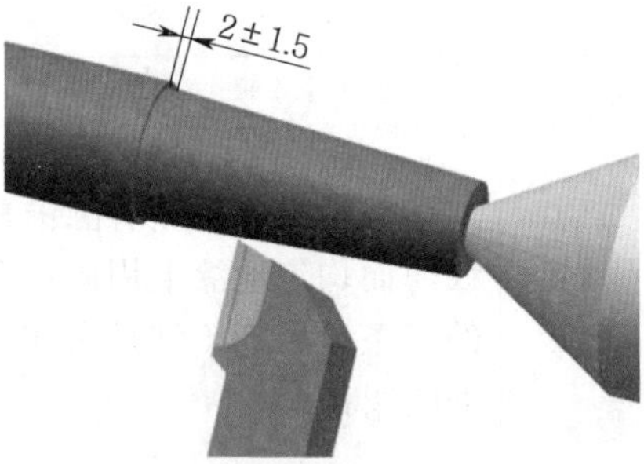
步骤16：掉头粗车、精车另一端外圆锥	掉头粗车、精车另一端外圆锥至图样要求尺寸，并控制好长度尺寸（2±1.5）mm，表面粗糙度应达到图样要求	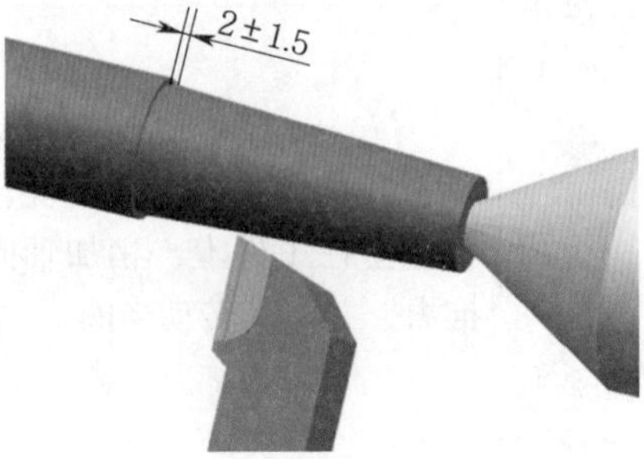

续表

步骤	内容	图示
步骤 17：倒角	两端倒角 $C1$ mm，卸下工件	C1

操作提示

➢ 参考前文在两顶尖间装夹工件车台阶轴的注意事项。

➢ 尾座套筒伸出尾座不宜超过套筒总长的 1/2。

➢ 车削时，应随时注意两顶尖的松紧和前顶尖的磨损情况。松紧程度应适中，以手能转动工件为宜，以防过松而使工件飞出伤人。

➢ 如果是批量生产，应严格控制工件总长和中心孔大小，中心孔大小须保持一致；否则会产生角度误差。

➢ 偏移尾座时，应仔细、耐心，熟练掌握尾座偏移方向。

➢ 粗车时，进刀不宜过深，应先找正锥度，以防止工件被车小而报废。

➢ 精加工锥面时，背吃刀量和进给量都不能太大；否则会影响锥面加工质量。

➢ 检测外圆锥时，应保证 $Ra \leqslant 3.2$ μm，且无毛刺，并要求工件与圆锥套规表面清洁。

➢ 用圆锥套规检查时，只可沿一个方向转动半圈以内，转动过量容易造成判断错误。

四、结束工作

加工完毕，卸下工件，仔细测量各部分尺寸，对自己的练习件进行评价。针对出现的质量问题，结合表 5-8 分析产生原因，并总结出改进措施。最后，清点工具，收拾工作场地。

表 5-8　用偏移尾座法车圆锥的质量问题、产生原因和改进措施

质量问题	产生原因	改进措施
圆锥角不正确	1. 尾座偏移量不正确 2. 工件长度不一致	1. 重新计算及调整尾座偏移量 2. 若工件数量较多，其长度必须一致，且两端中心孔深度也应一致

续表

质量问题	产生原因	改进措施
圆锥直径不正确	1. 未经常测量最大和最小圆锥直径 2. 未控制车刀的背吃刀量	1. 经常测量最大和最小圆锥直径 2. 及时测量，用计算法或移动床鞍法控制背吃刀量
双曲线误差	车刀刀尖未对准工件轴线	车刀刀尖必须严格对准工件轴线
表面粗糙度达不到要求	与“车台阶轴时表面粗糙度达不到要求的原因”相同	与“车台阶轴时表面粗糙度达不到要求的改进措施”相同

任务二　转动小滑板法和宽刃刀法车外圆锥

学习目标

1. 具备用转动小滑板法车外圆锥的技能。
2. 熟练掌握用圆锥套规检测圆锥的方法。
3. 了解用宽刃刀车削外圆锥的方法。

任务描述

图 5-8 所示为一带有莫氏圆锥的莫氏锥柄。本任务要求在 CA6140 型卧式车床上完成该零件的加工，其主要加工内容是莫氏 4 号圆锥，宜采用转动小滑板法车外圆锥。

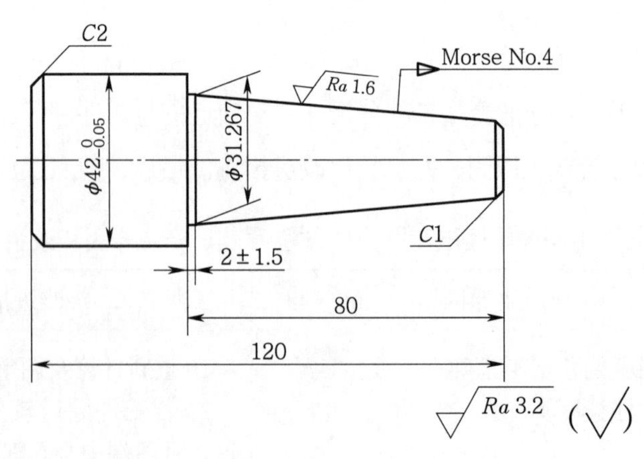

a)

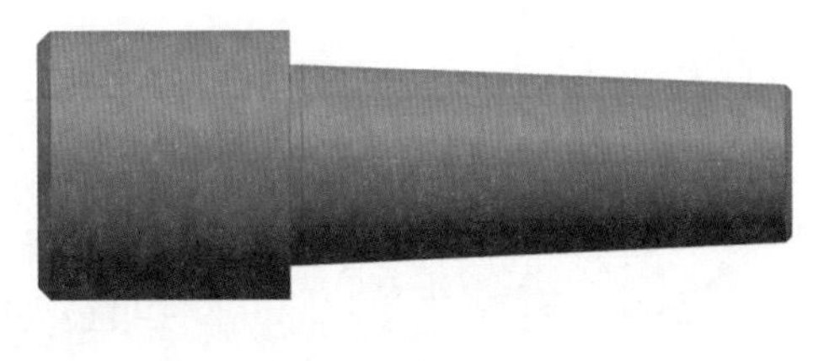

b)

图 5-8　莫氏锥柄

a）零件图　b）实物图

相关理论

一、转动小滑板法车外圆锥

转动小滑板法是指把小滑板按工件的圆锥半角 $\alpha/2$ 转动一个相应角度，使车刀的运动轨迹与所要加工的圆锥素线平行，完成圆锥的加工，见表 5-9。

表 5-9　转动小滑板法车外圆锥

内容	图示	说明
选择并装夹车刀	a）刀尖低于工件回转中心　b）刀尖高于工件回转中心 c）刀尖对准工件回转中心	1. 精车外圆锥的目的主要是提高工件的表面质量及控制外圆锥的尺寸精度 精车外圆锥时，车刀必须锋利、耐磨，一般使用 90°精车刀 2. 车刀刀尖必须严格对准工件回转中心 若车刀刀尖没有严格对准工件回转中心，车出的圆锥素线将不是直线，而是双曲线（见图 a、b）； 若车刀刀尖严格对准工件回转中心，车出的圆锥素线将是直线（见图 c）
调整小滑板镶条	1—小滑板转盘　2—小滑板　3—镶条　4—中滑板	车圆锥前，应检查及调整小滑板导轨与镶条间的配合间隙。配合间隙调得过紧，手动进给费力，小滑板移动不均匀；配合间隙调得过松，则小滑板间隙太大，易导致锥度超差，车削刀纹也时深时浅 配合间隙过紧或过松均会使车出的锥面表面粗糙度值增大，且圆锥的素线不直

续表

内容	图示	说明
确定小滑板转动方向	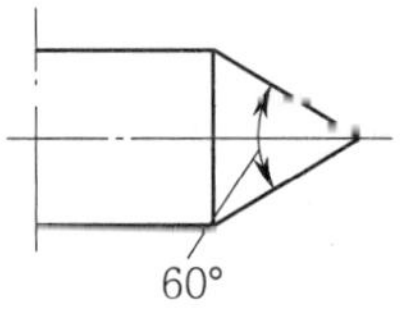 60°	车外圆锥和内圆锥工件时，如果最大圆锥直径靠近主轴，最小圆锥直径靠近尾座方向，小滑板应逆时针方向转动一个圆锥半角（$\alpha/2$）；反之，则应顺时针方向转动一个圆锥半角（$\alpha/2$） 加工图示前顶尖时，其最大圆锥直径靠近主轴，故小滑板应逆时针方向转动30°
确定小滑板转动角度	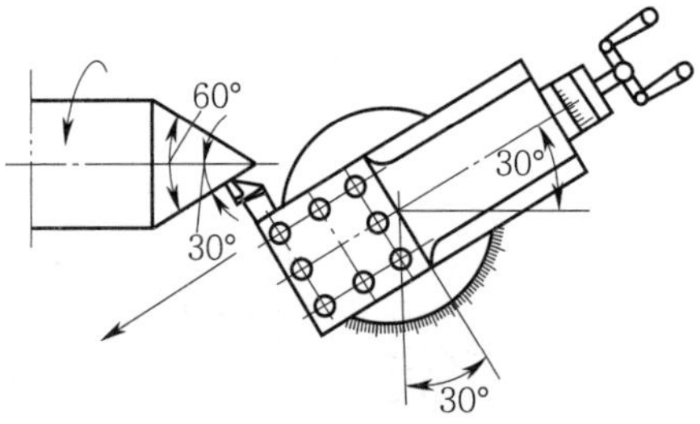 60° 30° 30° 30°	圆锥角度的标注方法如下： 1. 若在图样上直接标注圆锥半角（$\alpha/2$），$\alpha/2$就是车床小滑板应转过的角度 2. 若图样上没有直接标注出圆锥半角（$\alpha/2$），必须经过换算。换算的原则是把图样上所标注的角度换算成圆锥素线与车床主轴轴线间的夹角（$\alpha/2$），$\alpha/2$就是车床小滑板应转过的角度 加工图示前顶尖时，其圆锥半角$\alpha/2$=60°/2=30°，故小滑板应转过30°
试车圆锥	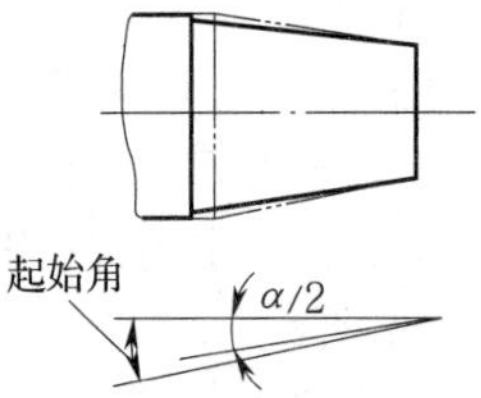 起始角 $\alpha/2$ a）起始角大于$\alpha/2$ 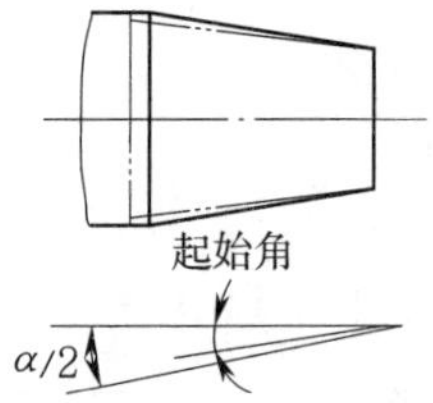 起始角 $\alpha/2$ b）起始角小于$\alpha/2$ $\frac{\alpha}{2}$ $\frac{\alpha}{2}$ 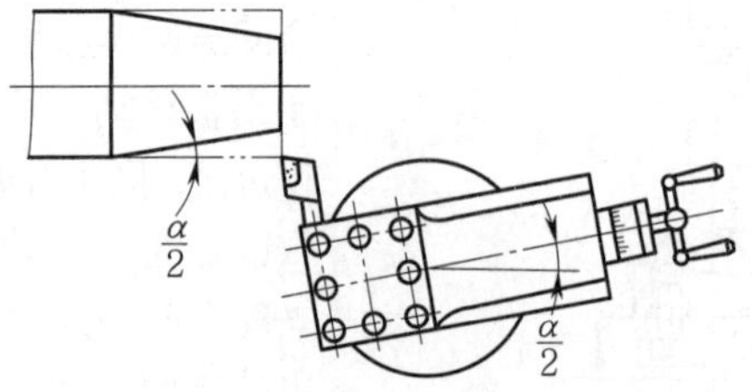 c）确定起始位置	1. 确定圆锥起始角 转动小滑板时，使小滑板起始角略大于圆锥半角$\alpha/2$，但不能小于$\alpha/2$，若起始角偏小，会将圆锥素线车长，难以保证圆锥长度尺寸 2. 确定起始位置 启动车床，移动中滑板和小滑板，使车刀刀尖与工件右端外圆面轻轻接触，然后将小滑板向后退出端面，中滑板刻度调至零位，作为粗车外圆锥的起始位置

续表

<table>
<tr><th>内容</th><th colspan="2">图示</th><th>说明</th></tr>
<tr><td>试车圆锥</td><td colspan="2"> 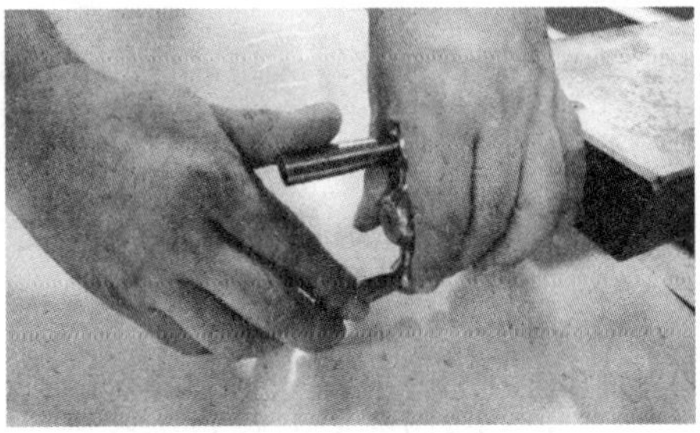d）试车外圆锥</td><td>3. 试车外圆锥
移动中滑板，以调整背吃刀量，然后双手交替转动小滑板手柄，手动进给速度应保持均匀一致，不能间断
车至终端，将中滑板退出，小滑板快速后退复位，完成试车，测量并逐步找正圆锥角度</td></tr>
<tr><td rowspan="2">精车外圆锥时背吃刀量的控制</td><td>用中滑板调整背吃刀量</td><td> 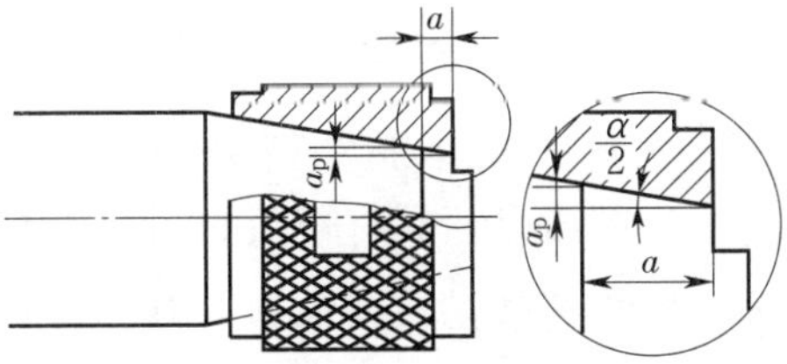a）用圆锥套规测量 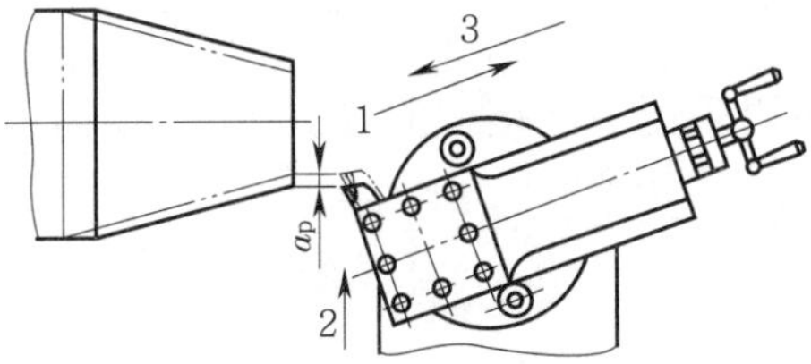
b）用中滑板调整背吃刀量 a_p</td><td>1. 先测量出工件圆锥小端至圆锥套规通端的距离 a（见图 a）
2. 用下式计算出背吃刀量 a_p：
$a_p=a\tan\frac{\alpha}{2}$ 或 $a_p=a\frac{C}{2}$
3. 移动中滑板和小滑板，使刀尖轻轻接触圆锥的小端外圆后，退出床鞍，中滑板按 a_p 值进给（见图 b）
4. 用小滑板手动进给，精车外圆锥即能达到尺寸要求（见图 b）</td></tr>
<tr><td>用移动床鞍的方法调整背吃刀量</td><td> 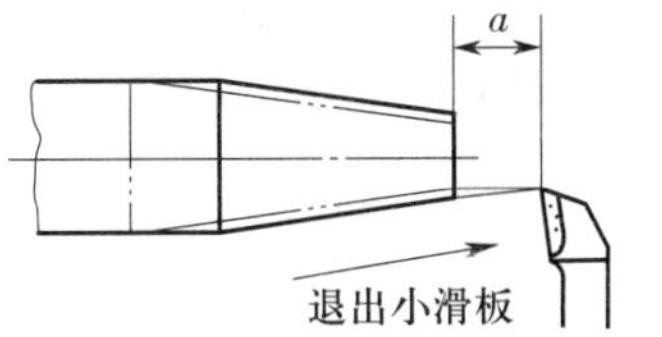a）退出小滑板调整背吃刀量 a_p 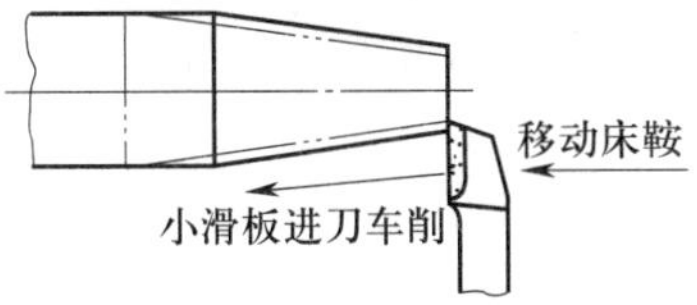
b）移动床鞍调整背吃刀量 a_p</td><td>根据量出的距离 a 用移动床鞍的方法控制背吃刀量 a_p，具体步骤如下：
1. 先让车刀刀尖轻轻接触圆锥的小端外圆，向后退出小滑板，使车刀离开工件端面一个距离 a（见图 a）
2. 向左移动床鞍，使车刀与工件端面接触（见图 b），此时虽然没有移动中滑板，但车刀已经切入了一个所需要的背吃刀量 a_p</td></tr>
</table>

转动小滑板法车圆锥的特点如下：

1. 可以车削各种角度的内、外圆锥，适用范围广泛。

2. 操作简便，能保证一定的车削精度。

3. 由于转动小滑板法只能用手动进给，故劳动强度较大，表面粗糙度也较难控制，而且车削锥面的长度受小滑板行程限制。

转动小滑板法主要适用于单件、小批量生产，车削圆锥半角较大但锥面不长的工件。

二、宽刃刀车削法

用宽刃刀车圆锥，实质上属于成形法车削，即用成形刀具对工件进行加工。它是在装夹车刀时，把主切削刃与主轴轴线的夹角调整到与工件的圆锥半角 $\alpha/2$ 相等后，采用横向进给的方法加工出外圆锥，如图 5-9 所示。

用宽刃刀车外圆锥时，切削刃必须平直，应取刃倾角 $\lambda_s=0°$，车床、刀具和工件等组成的工艺系统必须具有较高的刚度；背吃刀量应小于 0.1 mm，切削速度宜较低，否则容易引起振动。

宽刃刀车削法主要适用于较短圆锥面的精车工序。当工件的圆锥面长度大于切削刃长度时，可以采用多次接刀的方法加工，但接刀处必须平直。

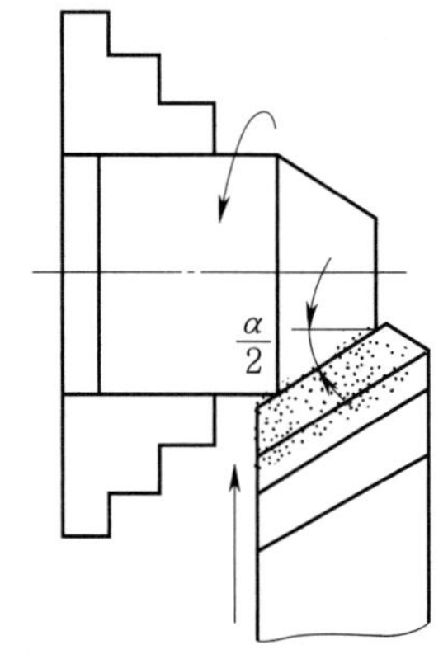

图 5-9　用宽刃刀车圆锥

任务实施

一、工艺分析

1. 车圆锥时，除了对线性尺寸精度、几何精度和表面质量有较高的要求，还对角度（或锥度）有较高的精度要求。因此，车削时要同时保证线性尺寸和角度尺寸。

2. 一般先保证圆锥角度，然后通过精车控制线性尺寸。

3. 图 5-8 所示莫氏锥柄的最大圆锥直径为 31.267 mm，圆锥长度为 78 mm，圆锥小端倒角 $C1$ mm，要求圆锥表面粗糙度 Ra 值为 1.6 μm，其余表面要求表面粗糙度 Ra 值为 3.2 μm。工件最大外圆直径为 $42_{-0.05}^{\ 0}$ mm，有两处倒角，工件总长为 120 mm。

二、准备工作

1. 工件

毛坯尺寸：ϕ45 mm × 125 mm。材料：45 钢。数量：1 件 / 人。

2. 工艺装备（见图 5-10）

准备活扳手、呆扳手、一字旋具、显示剂、90°粗车刀、90°精车刀、45°车刀、分度值为 0.02 mm 的 0 ~ 150 mm 游标卡尺、25 ~ 50 mm 千分尺、钢直尺、圆锥套规。

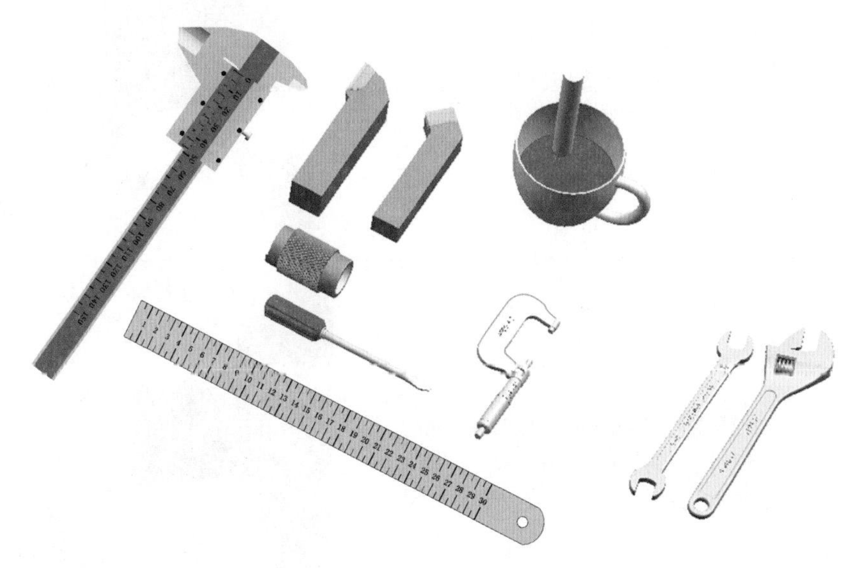

图 5-10　工艺装备（部分）

3. 设备

准备 CA6140 型卧式车床。

三、操作步骤

转动小滑板法车削莫氏锥柄的操作步骤见表 5-10。

表 5-10　转动小滑板法车削莫氏锥柄的操作步骤

步骤	内容	图示
步骤 1：找正并夹紧毛坯	用三爪自定心卡盘夹持外圆，伸出长度为 50 mm 左右，找正并夹紧	50

续表

步骤	内容	图示
步骤2：车左端	（1）选用切削速度 v_c=80 ~ 150 m/min，进给量 f=0.15 ~ 0.35 mm/r，车端面，车平即可	
	（2）粗、精车外圆 $\phi 42_{-0.05}^{\ 0}$ mm 至尺寸，长度大于 40 mm，表面粗糙度达到图样要求	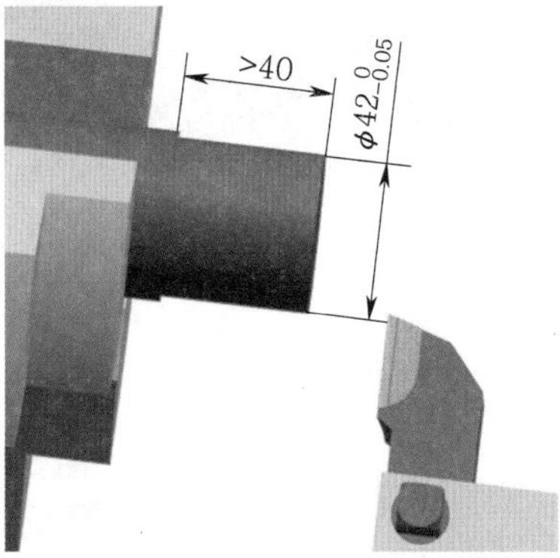
	（3）用 25 ~ 50 mm 千分尺检测 $\phi 42_{-0.05}^{\ 0}$ mm 外圆，控制尺寸在公差范围内	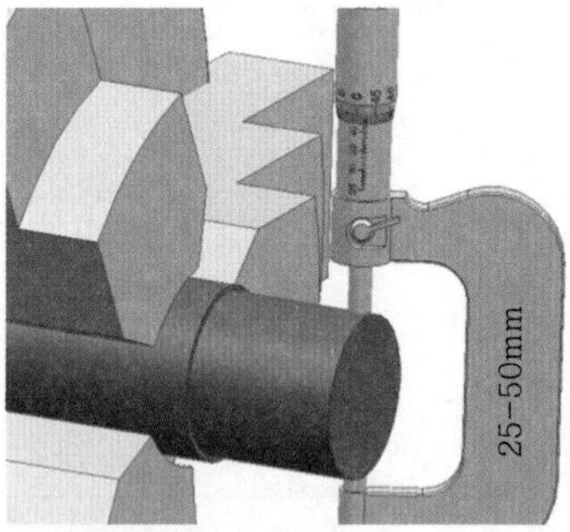
	（4）倒角 $C2$ mm	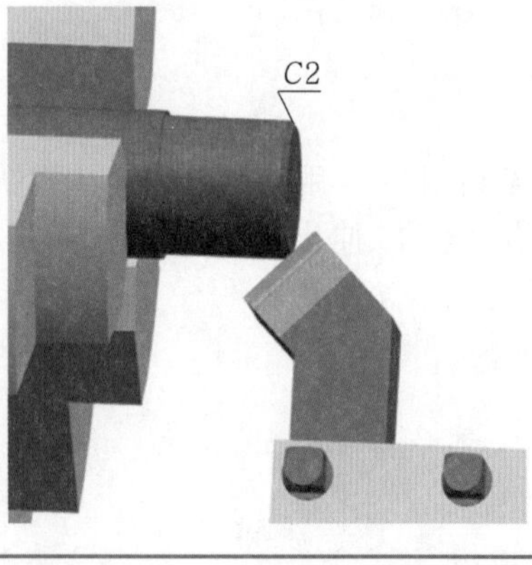

续表

步骤	内容	图示
步骤3：掉头，找正并夹紧，车右端外圆	（1）夹住 $\phi42_{-0.05}^{0}$ mm 外圆，伸出长度大于 80 mm，车端面，保证总长 120 mm	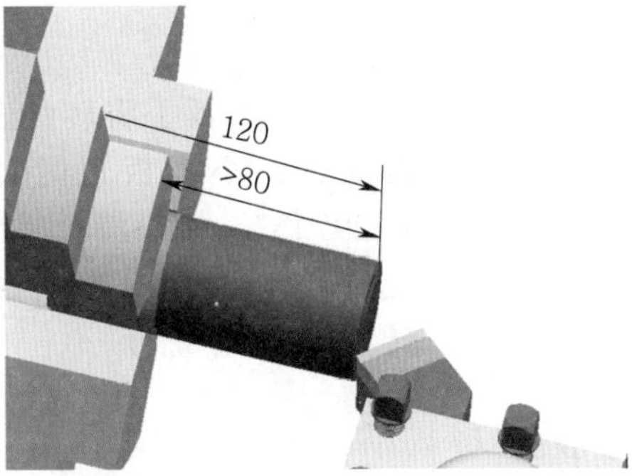
	（2）车外圆 $\phi31.267$ mm × 80 mm	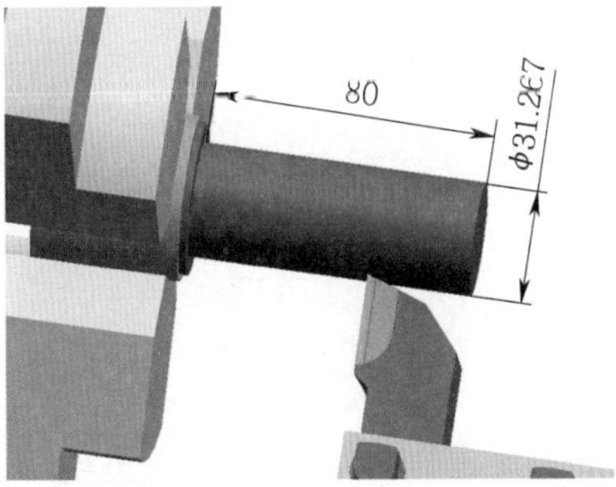
步骤4：调整小滑板导轨与镶条之间间隙	通过拧紧或旋松小滑板前、后的螺钉，移动小滑板内的镶条，增大或减小小滑板导轨与镶条的间隙，使小滑板移动灵活、均匀	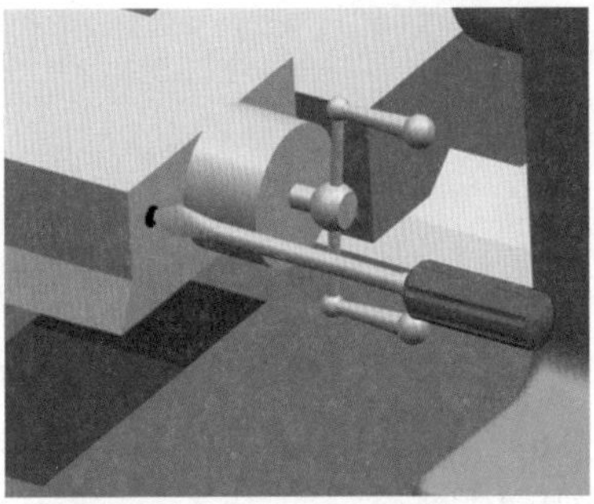 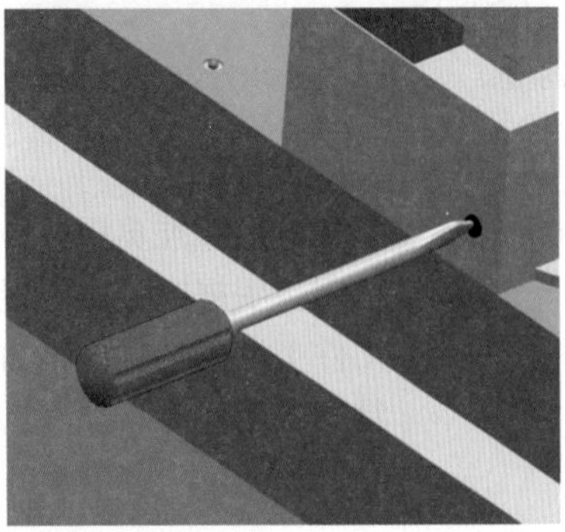

续表

步骤	内容	图示
步骤5：扳转小滑板，粗车外圆锥	（1）用呆扳手将转盘上的螺母松开，小滑板逆时针转动1° 29′ 15″，使小滑板基准“0”线与圆锥半角刻线对齐，再锁紧转盘上的两个螺母	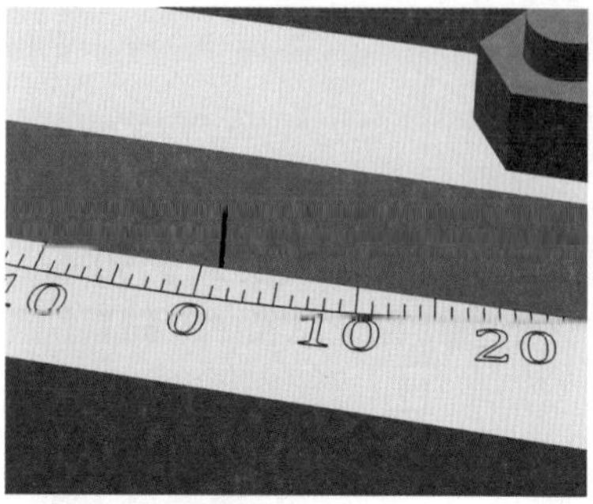
	（2）粗车外圆锥	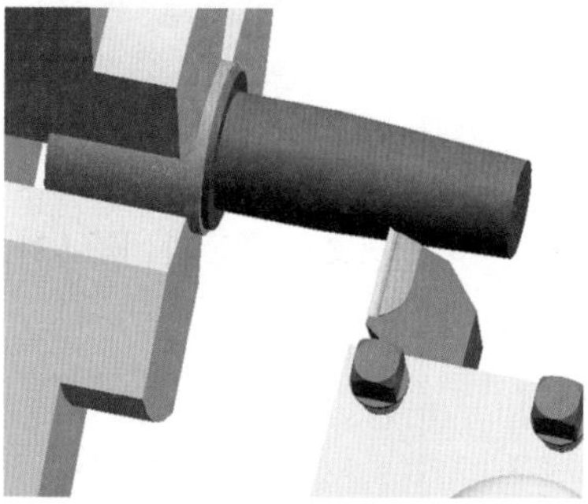
步骤6：用标准莫氏4号圆锥套规找正圆锥角度	（1）首先在工件表面顺着圆锥素线薄而均匀地涂上周向均等的三条显示剂	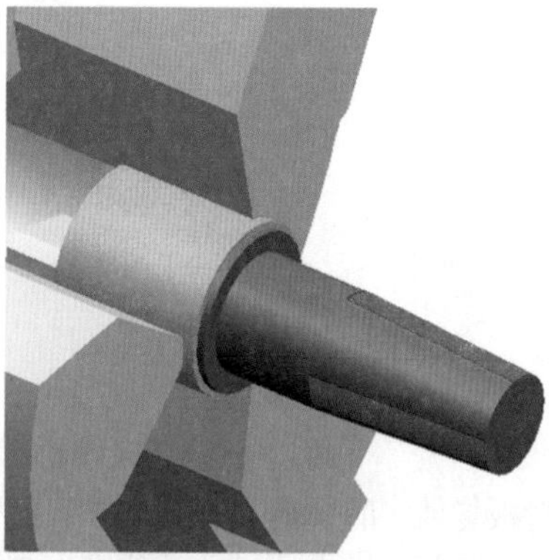
	（2）用标准莫氏4号圆锥套规检测，手握圆锥套规轻轻地套在工件上，稍加轴向推力，并将其转动半圈	

续表

步骤	内容	图示
步骤6：用标准莫氏4号圆锥套规找正圆锥角度	（3）取下圆锥套规，观察工件表面显示剂擦去的情况。若小端擦去，大端未擦去，说明圆锥角小了；若大端擦去，小端未擦去，说明圆锥角大了；若两端显示剂擦去，中间不接触，说明形成了双曲线误差，原因是车刀刀尖没有对准工件回转轴线，需调整车刀高度；若三条显示剂全长擦痕均匀，表明圆锥接触良好，说明锥度正确	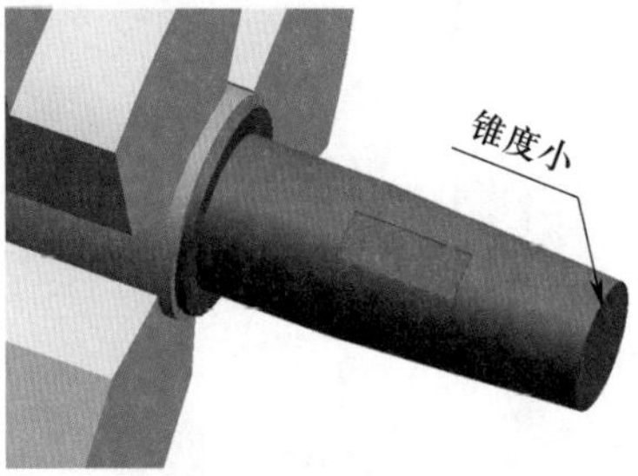 锥度小 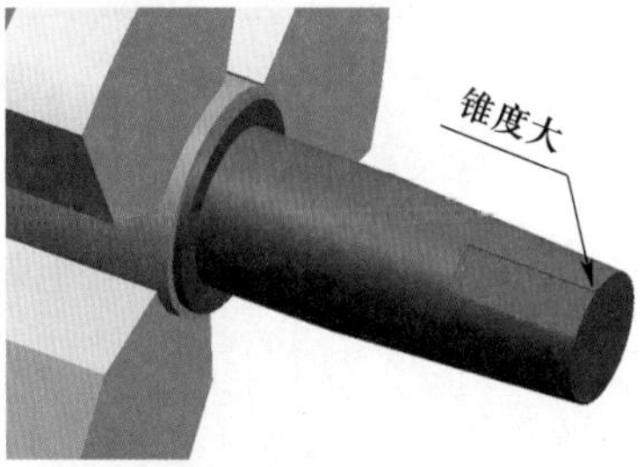 锥度大 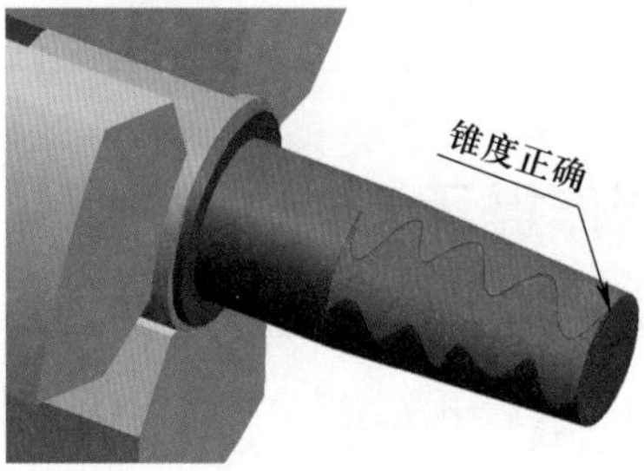 锥度正确
步骤7：精车外圆锥	在检验锥度正确的前提下，精车外圆锥	

续表

步骤	内容	图示
步骤 7：精车外圆锥	用圆锥套规控制长度（2 + 1.5）mm	
	倒角 $C1$ mm，去毛刺，卸下工件	

操作提示

➢ 车刀刀尖必须对准工件轴线，避免产生双曲线（圆锥素线的直线度）误差。当车刀在中途刃磨后再次装夹时，必须重新调整，使车刀刀尖严格对准工件轴线。

➢ 车外圆锥前，一般应按最大圆锥直径留 1 mm 左右余量。

➢ 防止用呆扳手紧固小滑板螺母时打滑而撞伤手。

➢ 当圆锥半角不是整数时，其小数部分用目测的方法估计，大致对准。

➢ 车削前还应根据圆锥长度确定小滑板的行程。

➢ 粗车时，背吃刀量不宜过大，应先校正锥度，以防工件被车小而报废。一般留精车余量 0.5 mm。

➢ 小滑板转动角度应稍大于圆锥半角（$\alpha/2$），然后逐步校正。当小滑板的角度需要微小调整时，只需把紧固螺母稍松一些，用左手拇指紧贴在小滑板转盘与中滑板底盘上，沿小滑板所需找正的方向用铜棒轻敲，凭手指的感觉决定微调量，这样可较快地找正锥度。

➢ 车刀切削刃要始终保持锋利。用两只手操作，应使小滑板均匀移动，将圆锥面一刀车出，中间不能停顿。

四、结束工作

加工完毕，卸下工件，仔细测量各部分尺寸，对自己的练习件进行评价。针对出现的质量问题，结合表 5-11 分析产生原因，并总结出改进措施。最后，清点工具，收拾工作场地。

表 5-11　车外圆锥的质量问题、产生原因和改进措施

质量问题	产生原因	改进措施
转动小滑板法圆锥角不正确	1. 小滑板转动的角度计算错误或小滑板转动角度调整不当 2. 车刀没有装夹牢固 3. 小滑板移动时松紧不均匀	1. 仔细计算小滑板应转动的角度和方向，反复试车及校正 2. 紧固车刀 3. 调整小滑板导轨与镶条的间隙，使小滑板移动均匀
宽刃刀法圆锥角不正确	1. 装刀不正确 2. 切削刃不直 3. 刃倾角 $\lambda_s \neq 0°$	1. 调整切削刃的角度，保证车刀刀尖对准工件轴线 2. 修磨切削刃，保证其直线度 3. 重磨车刀，使 $\lambda_s=0°$
圆锥直径不正确	1. 未经常测量最大和最小圆锥直径 2. 未控制车刀的背吃刀量	1. 经常测量最大和最小圆锥直径 2. 及时测量，用计算法或移动床鞍法控制背吃刀量 a_p
双曲线误差	车刀刀尖未严格对准工件轴线	车刀刀尖必须严格对准工件轴线
表面粗糙度达不到要求	1. 与“车台阶轴时表面粗糙度达不到要求的原因”相同 2. 小滑板导轨与镶条的间隙不合适 3. 未留足精车余量 4. 手动进给速度不均匀	1. 与“车台阶轴时表面粗糙度达不到要求的改进措施”相同 2. 调整小滑板导轨与镶条的间隙 3. 要留有适当的精车余量 4. 手动进给要均匀，速度一致

任务三　转动小滑板法车锥齿轮坯

学习目标

1. 掌握车削锥齿轮坯的方法和步骤。

2. 能合理选用车削圆锥的方法。

3. 具备用游标万能角度尺检测圆锥的技能。

任务描述

本任务是车削图 5 11 所示的锥齿轮坯。

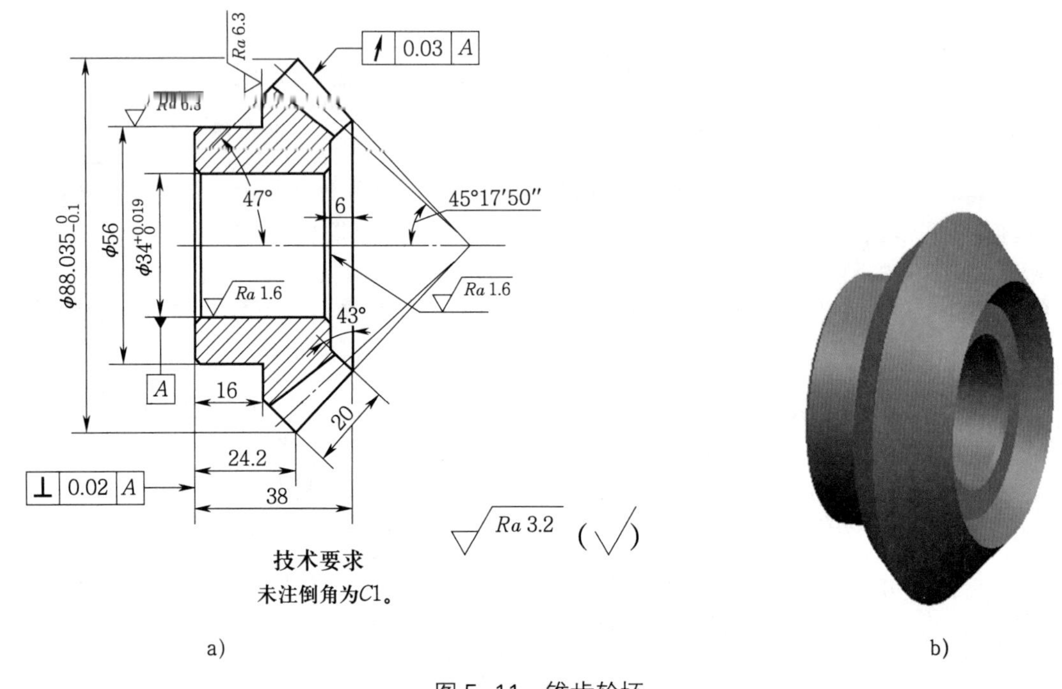

图 5-11　锥齿轮坯

a）零件图　b）实物图

该工件的主要加工内容是锥齿轮坯的齿面、齿背和精度要求较高的内孔，同时应保证端面对锥齿轮坯基准内孔的轴线达到较高的垂直度精度，以及锥齿面对基准内孔轴线的斜向圆跳动要求。

相关理论

一、游标万能角度尺

1. 游标万能角度尺的结构

游标万能角度尺是用来测量工件内、外角度的量具，其结构如图 5-12 所示，它可以测量 0° ~ 320°范围内的任意角度。

测量时，转动背面的捏手 8，通过小齿轮 9 带动扇形齿轮 10，使基尺 5 改变角度。此时基尺带着主尺 1 沿着游标尺 3 转动，当转到所需的角度时，可以用制动器 4 锁紧。卡块 7 将直角尺 2 和直尺 6 固定在所需的位置上。

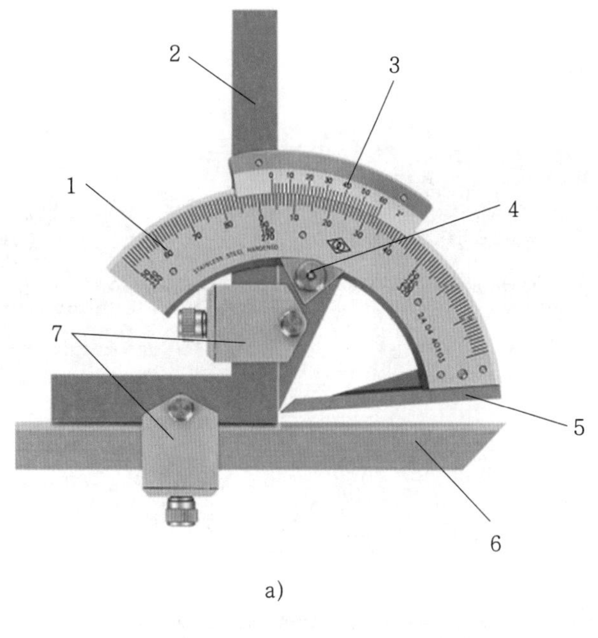

a）

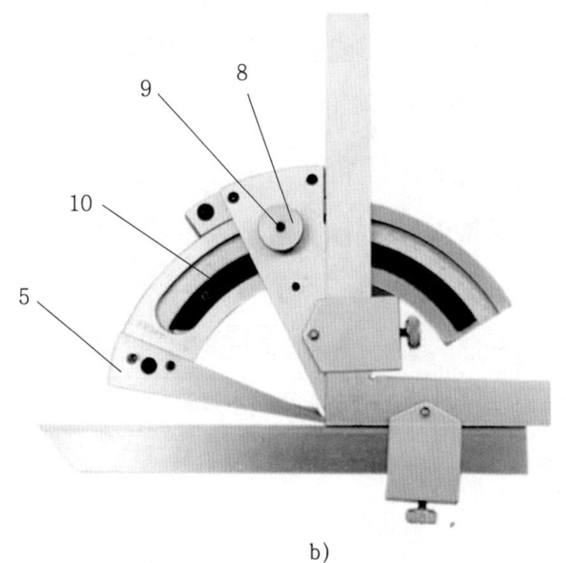

b）

图 5–12 游标万能角度尺的结构

a）主视图 b）后视图

1—主尺 2—直角尺 3—游标尺 4—制动器 5—基尺

6—直尺 7—卡块 8—捏手 9—小齿轮 10—扇形齿轮

2. 读数方法

游标万能角度尺的分度值有 2′和 5′两种，其读数方法与游标卡尺相似。下面以常用的分度值为 2′的游标万能角度尺为例进行介绍，如图 5–13a 所示。

（1）从主尺上读出游标尺“0”线左边角度的整数（°），主尺上每格为 1°，即读出整度数为 12°。

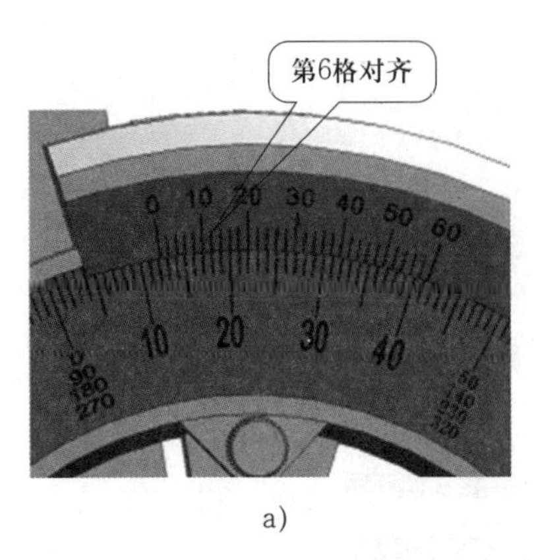

a）

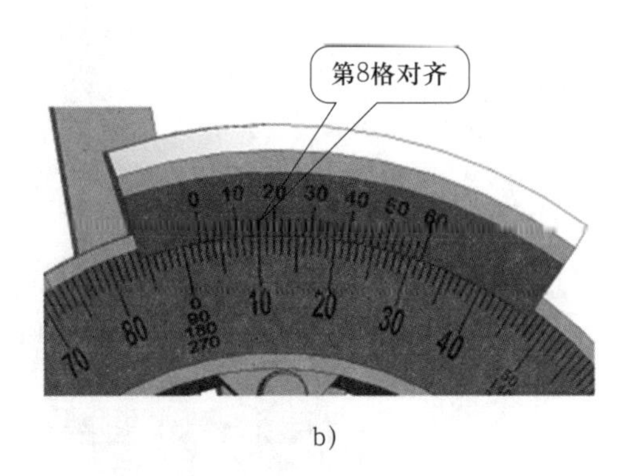

b）

图 5-13　游标万能角度尺的读数方法

（2）用与主尺刻线对齐的游标尺上的刻线格数乘以游标万能角度尺的分度值，得到角度的分值，即 6×2′=12′。

（3）两者相加就是被测圆锥的角度值，即 12°+12′=12° 12′。

例 5-7　试读出图 5-13b 所示游标万能角度尺的角度值。

解：图 5-13b 所示游标万能角度尺的角度值为 2°+8×2′=2°+16′=2° 16′。

二、用游标万能角度尺测量圆锥角度

用游标万能角度尺测量圆锥的角度时，应根据角度的大小选择不同的测量方法，见表 5-12。

表 5-12　用游标万能角度尺测量圆锥角度

测量的角度	结构变化	测量范围	主尺刻度排数	测量示例
0°～50°	将被测工件放在基尺和直尺的测量面之间		第一排	

续表

测量的角度	结构变化	测量范围	主尺刻度排数	测量示例
50° ~ 140°	卸下直角尺，用直尺代替，将被测工件放在基尺和直尺的测量面之间	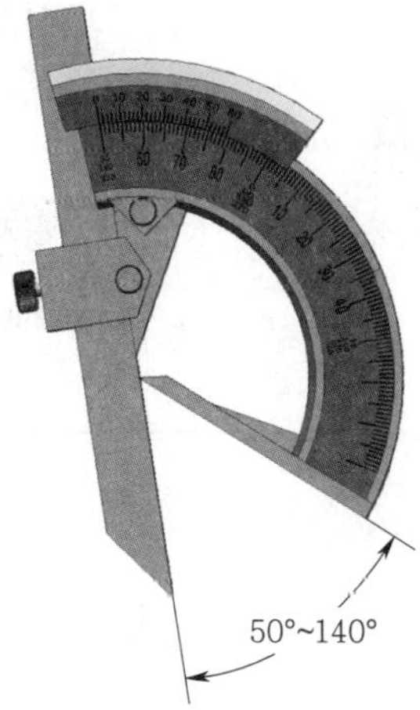 50°~140°	第二排	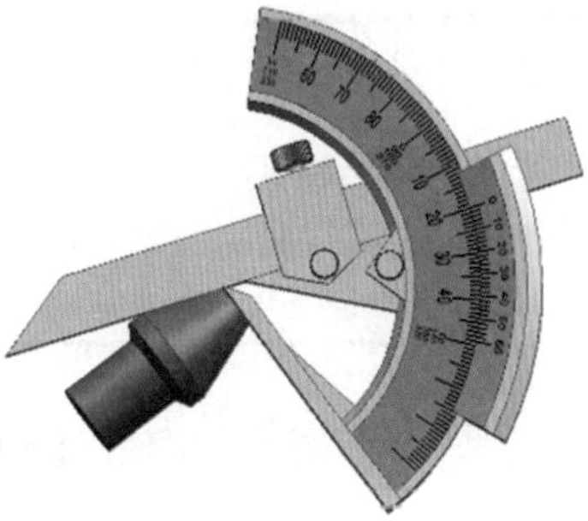
140° ~ 230°	卸下直尺，装上直角尺，将被测工件放在基尺和直角尺的测量面之间	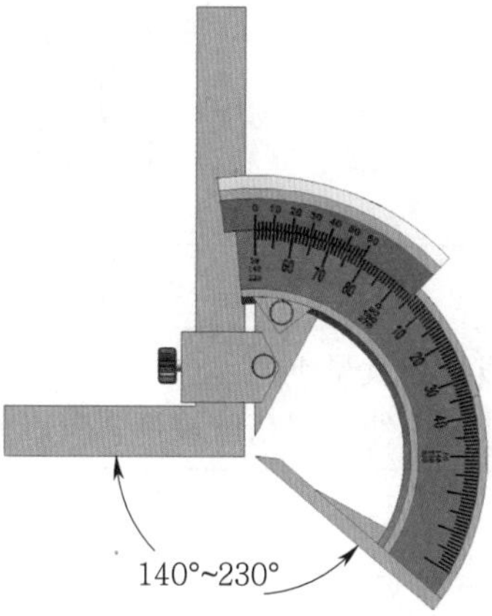 140°~230°	第三排	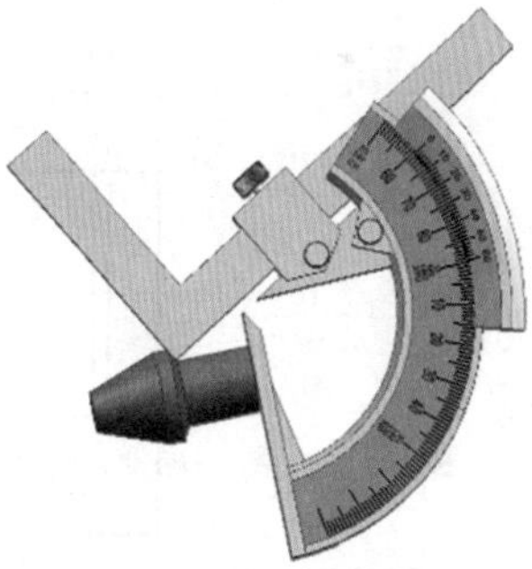 

续表

测量的角度	结构变化	测量范围	主尺刻度排数	测量示例
230° ~ 320°	卸下直角尺、直尺和卡块，由基尺和主尺上的扇形板组成测量面	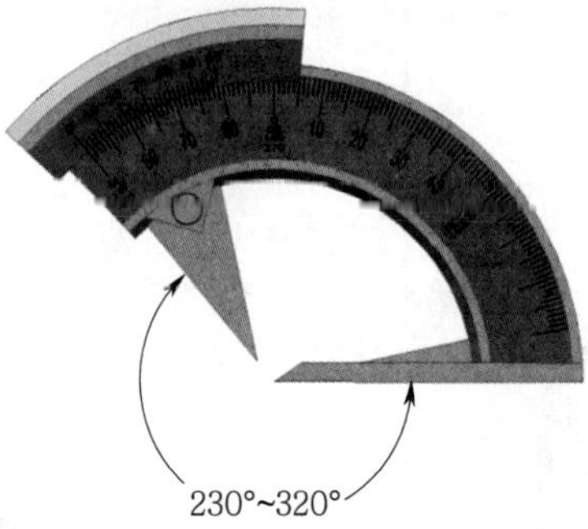 230°~320°	第四排	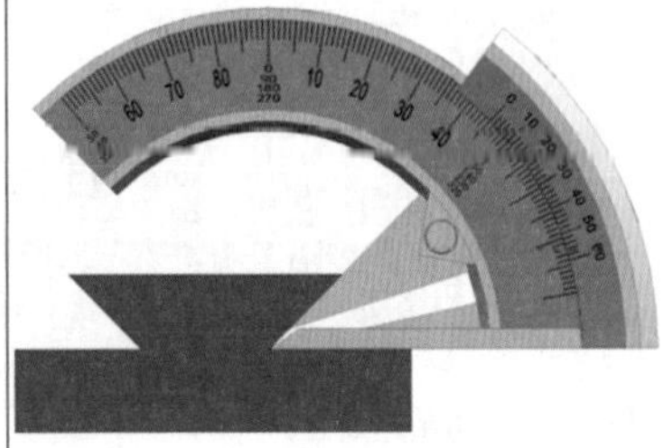

三、用角度样板测量圆锥角度

对圆锥角度的检测，除了常用的游标万能角度尺、圆锥量规、正弦规，还可以用角度样板测量圆锥角度，见表 5-13。

表 5-13　用角度样板测量圆锥角度

	用角度样板测量锥齿轮坯的正外锥角	用角度样板测量锥齿轮坯的反外锥角
图示	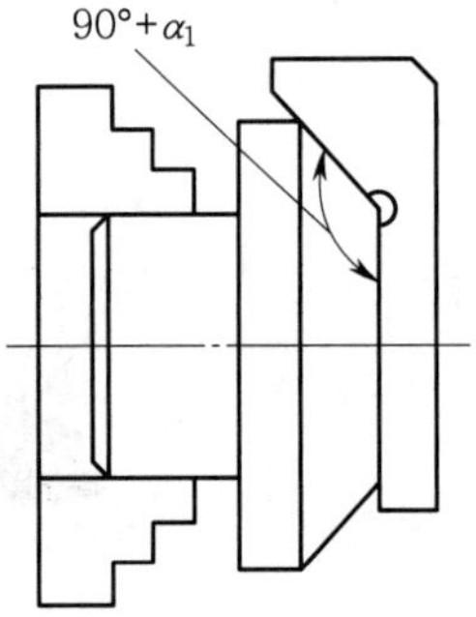 $90°+\alpha_1$	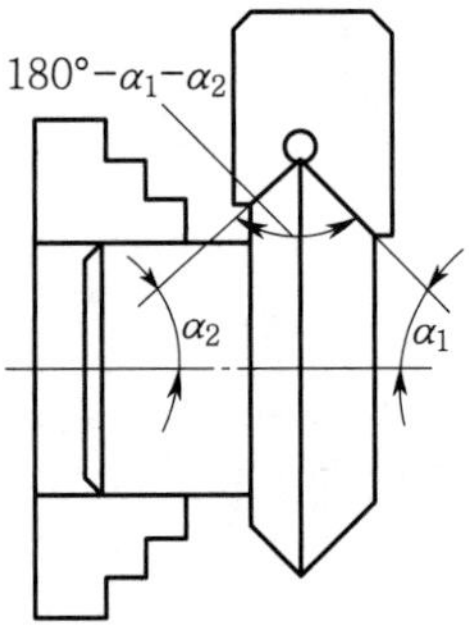 $180°-\alpha_1-\alpha_2$ α_2 α_1
基准	以端面为基准	以正外锥面为基准
特点	角度样板属于专用量具，用于成批和大量生产 用角度样板测量圆锥角度时，快捷方便，但精度较低，且不能测得实际角度值	

四、转动小滑板法车锥齿轮坯

用转动小滑板法车锥齿轮坯时，小滑板一般要转三个角度。由于圆锥的角度标注方法不同，小滑板不能直接按图样上所标注的角度去转动，必须经过换算。换算原则是把图样上所标注的角度换算成圆锥母线与车床主轴轴线的夹角 $\alpha/2$，也就是小滑板应该转过的角度。

转动小滑板法车锥齿轮坯时小滑板应转动的方向和角度见表 5-14。

表 5-14　转动小滑板法车锥齿轮坯时小滑板应转动的方向和角度

工件			
车锥面	车 A 面	车 B 面	车 C 面
转动方向	逆时针	顺时针	顺时针
转动角度	45° 17′ 50″	47°	43°

续表

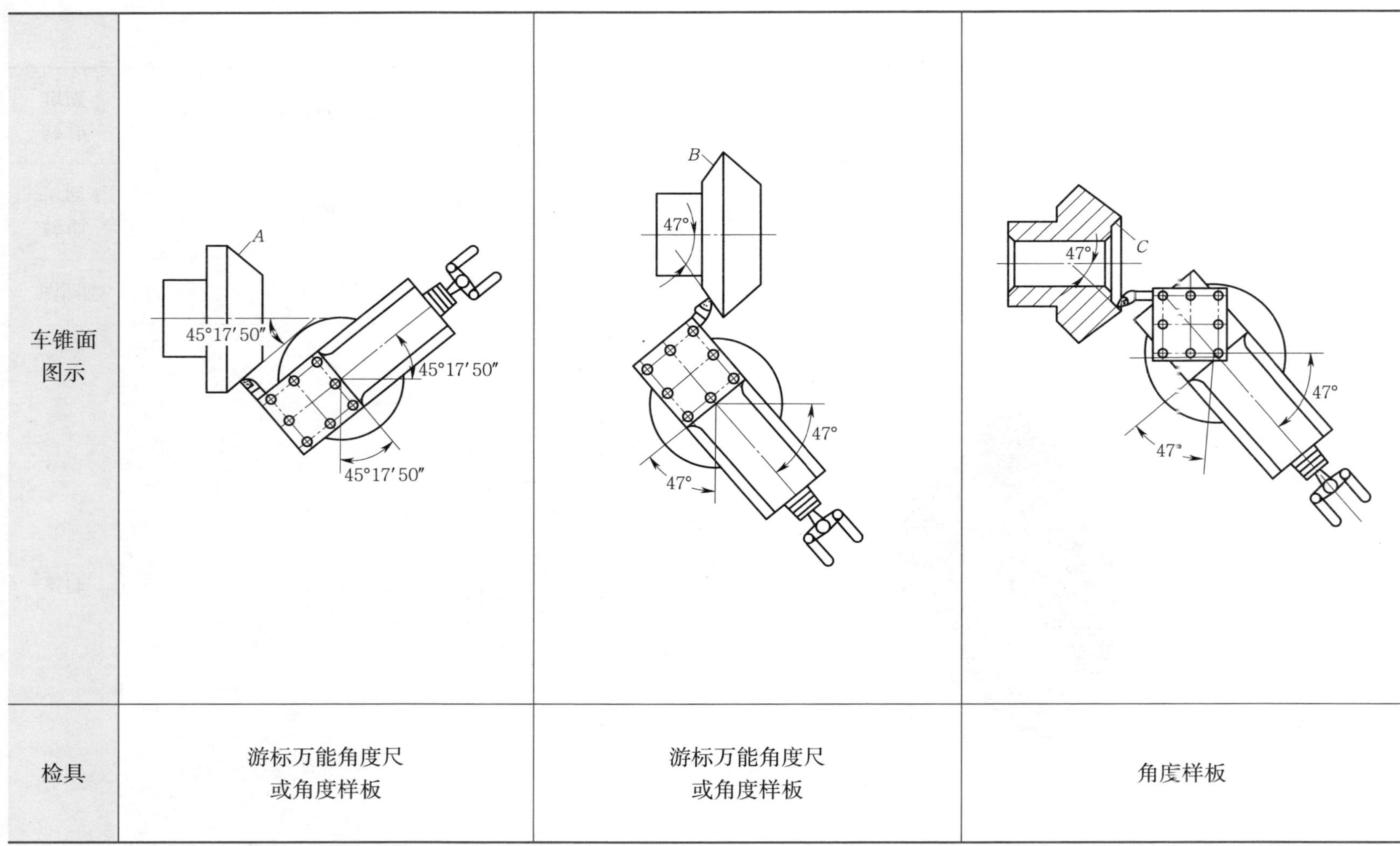

车锥面图示			
检具	游标万能角度尺或角度样板	游标万能角度尺或角度样板	角度样板

续表

游标万能角度尺的度数	90° +45° 17′ 50″ =135° 17′ 50″	180° −45° 17′ 50″ −47° =87° 42′ 10	—
检测图示	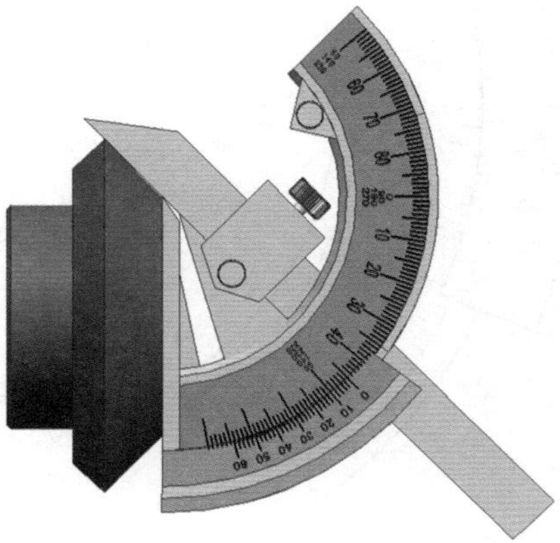		—

任务实施

一、使用游标万能角度尺测量圆锥角度的训练

步骤 1：卸下游标万能角度尺的直角尺，用直尺代替，按图 5-14 所示的位置进行测量。

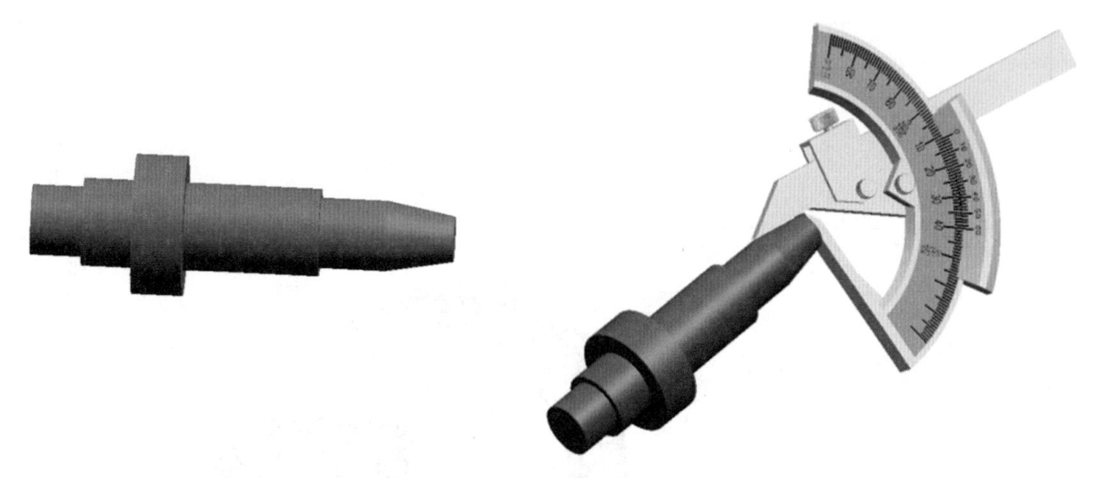

图 5-14　用游标万能角度尺测量圆锥角度

步骤 2：把制动器上的螺母拧松，转动扇形板后面的捏手，使主尺和游标尺相对移动，直到游标万能角度尺两个测量面与工件圆锥部分的被测面接触、贴合。

步骤 3：根据主尺和游标尺的刻线读出被测圆锥角度，如图 5-15 所示。

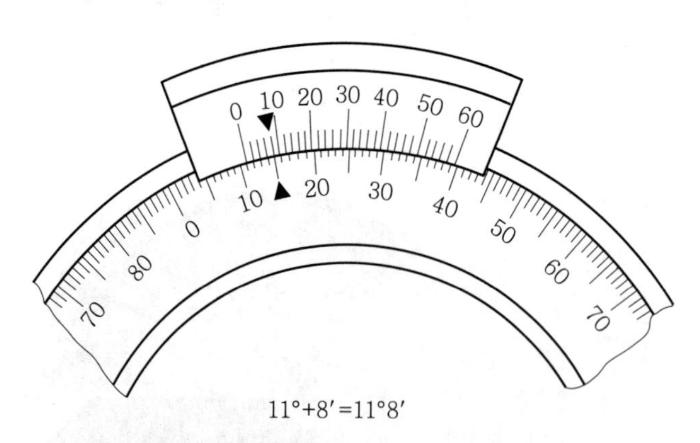

图 5-15　游标万能角度尺的读数方法

（1）从主尺上读出游标尺“0”线左边角度的整数 11°。

（2）用与主尺刻线对齐的游标尺上的刻线格数乘以游标万能角度尺的分度值，得到角度的分值，即 4×2′=8′。

（3）两者相加就是被测的圆锥角度值，即 11°+8′=11°8′。

操作提示

➤ 根据待测量工件的不同角度，应正确搭配游标万能角度尺的结构，选用合适的测量方法。

➤ 使用游标万能角度尺前要检查零线，基尺和直尺贴合面应不漏光，主尺和游标尺的零线应对齐。

➤ 测量时，工件应与游标万能角度尺的两个测量面在全长上接触良好，避免产生误差。

➤ 用游标万能角度尺测量圆锥角度时，测量边应通过工件轴线。

二、准备工作

1. 工艺分析

（1）先半精车锥齿轮的轴颈，并钻好孔（一般比内径小 1 mm）。

（2）锥齿轮的外径应是最大圆锥直径。

（3）图样上齿背角为 47°，即小滑板顺时针方向要转动的角度。

（4）工件数量较多时，一般先车齿面和内孔，再用心轴装夹工件，车左端大端面及精车轴颈，并去毛刺、倒角。

（5）单件生产时，可夹住毛坯，把工件全部精车好再切断下来，但要保证大端面平直、光洁。

（6）单件生产时，可先车轴颈，再夹住轴颈车其他部分。完成本任务的技能训练时采用这种方案。

2. 工件

毛坯尺寸：ϕ95 mm × 50 mm。材料：HT150。数量：1 件 / 人。

3. 工艺装备（见图 5-16）

准备活扳手、呆扳手、90°粗车刀、90°精车刀、45°车刀、内孔车刀、切断刀、麻花钻、分度值为 0.02 mm 的 0 ~ 150 mm 游标卡尺、75 ~ 100 mm 千分尺、杠杆百分表、游标万能角度尺、塞规。

4. 设备

准备 CA6140 型卧式车床。

三、操作步骤

车锥齿轮坯的操作步骤见表 5-15。

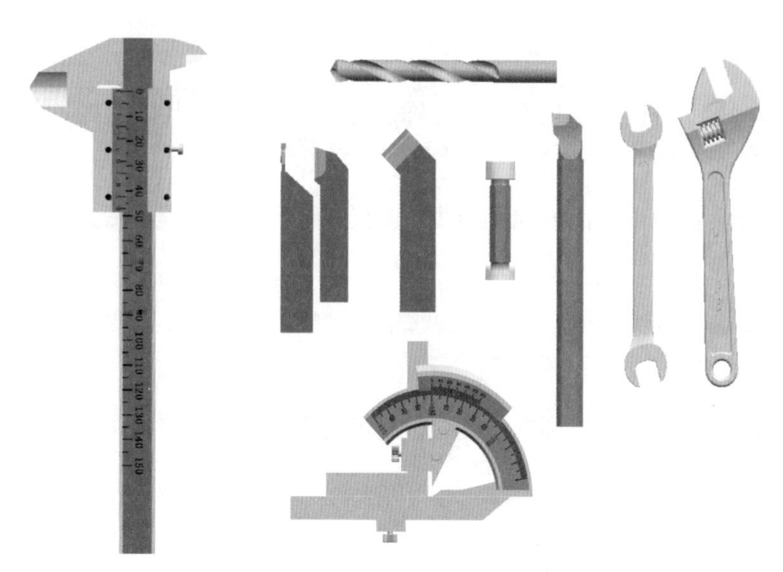

图 5–16　工艺装备（部分）

表 5–15　车锥齿轮坯的操作步骤

步骤	内容	图示
步骤 1：找正、夹紧毛坯并车左端	（1）夹住大外圆处，找正并夹紧 （2）车端面，粗、精车外圆 ϕ56 mm × 16 mm 至图样要求尺寸，表面粗糙度达到要求，倒角 C1 mm，切削速度 v_c=30 ~ 60 m/min，进给量 f=0.15 ~ 0.35 mm/r	16 C1 ϕ56
步骤 2：钻孔	（1）用 ϕ33 mm 麻花钻钻孔，切削速度 v_c=10 ~ 25 m/min，进给量 f=0.15 ~ 0.40 mm/r （2）内孔倒角 C2 mm（考虑内孔精车余量 1 mm）	C2 ϕ33

续表

<table>
<tr><th>步骤</th><th>内容</th><th>图示</th></tr>
<tr><td>步骤3：掉头，找正并夹紧，车右端外圆，控制总长</td><td>（1）掉头，夹住 ϕ56 mm 外圆，夹持长度为 12 mm 左右，找正左端 ϕ56 mm 外圆与毛坯外圆连接处端面
（2）粗、精车外圆 $\phi88.035_{-0.1}^{\ 0}$ mm，控制总长 38 mm</td><td>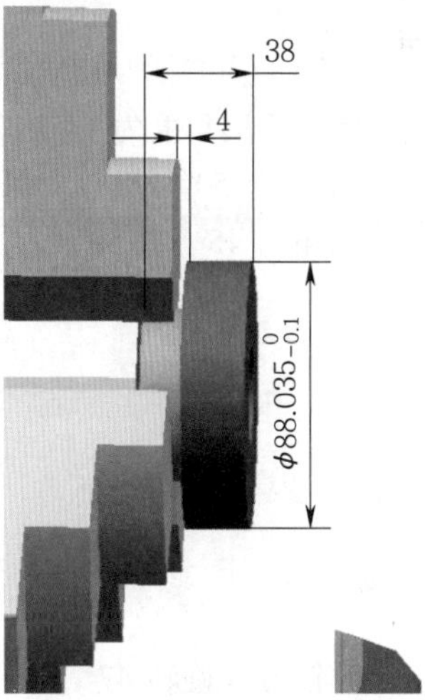
</td></tr>
<tr><td rowspan="2">步骤4：逆时针旋转小滑板，通过车削控制齿面角</td><td>（1）逆时针方向旋转小滑板 45° 17′ 50″</td><td>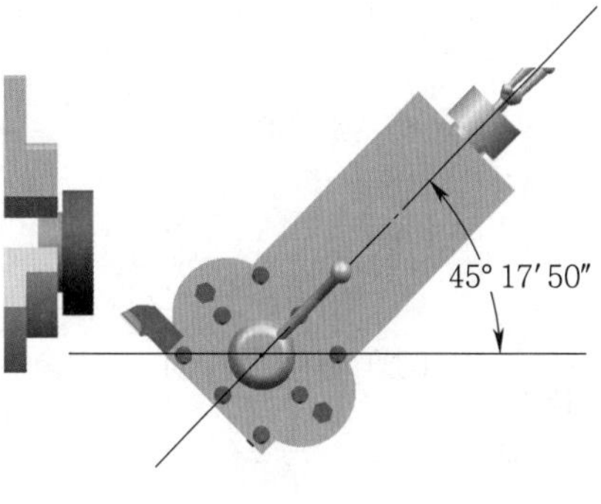
</td></tr>
<tr><td>（2）车削齿面，并控制齿面长度</td><td>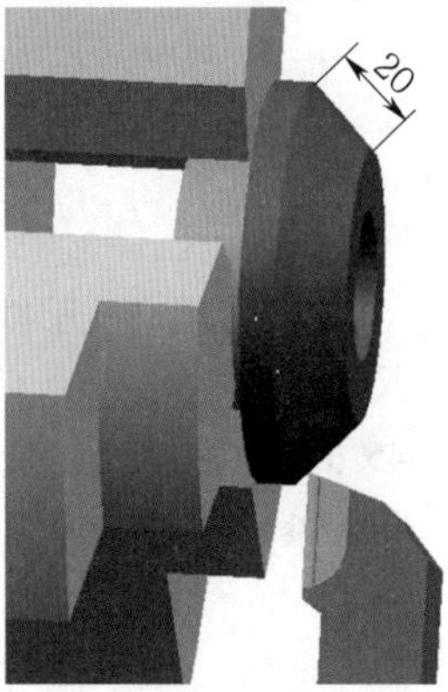
</td></tr>
</table>

续表

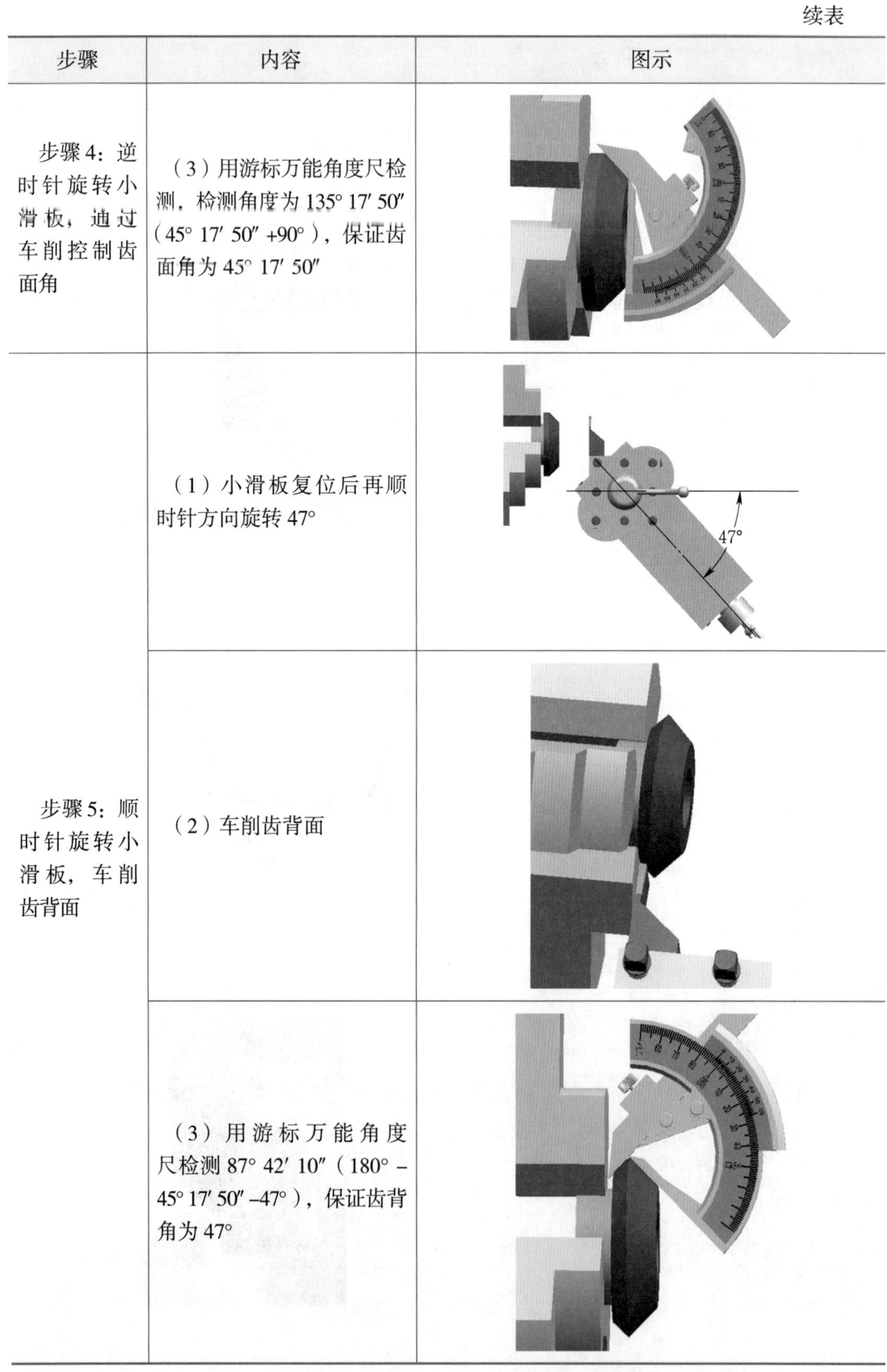

步骤	内容	图示
步骤 4：逆时针旋转小滑板，通过车削控制齿面角	（3）用游标万能角度尺检测，检测角度为 135° 17′ 50″（45° 17′ 50″ +90°），保证齿面角为 45° 17′ 50″	
步骤 5：顺时针旋转小滑板，车削齿背面	（1）小滑板复位后再顺时针方向旋转 47°	
	（2）车削齿背面	
	（3）用游标万能角度尺检测 87° 42′ 10″（180° −45° 17′ 50″ −47°），保证齿背角为 47°	

续表

步骤	内容	图示
步骤6：车内锥面	小滑板顺时针方向旋转47°，车内锥面，深6 mm	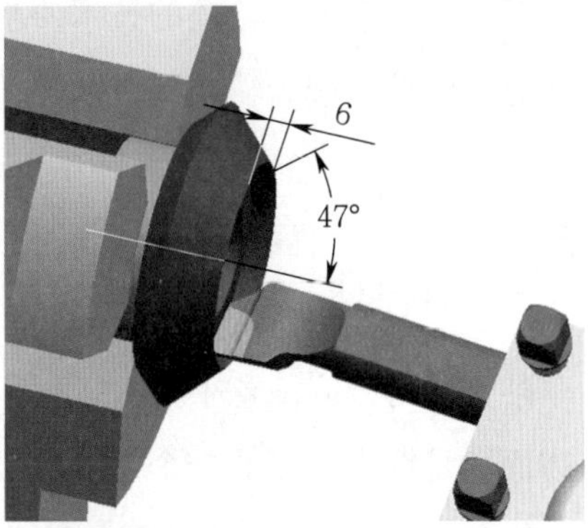
步骤7：加工内孔	（1）粗、精车内孔，用塞规或内径百分表检测	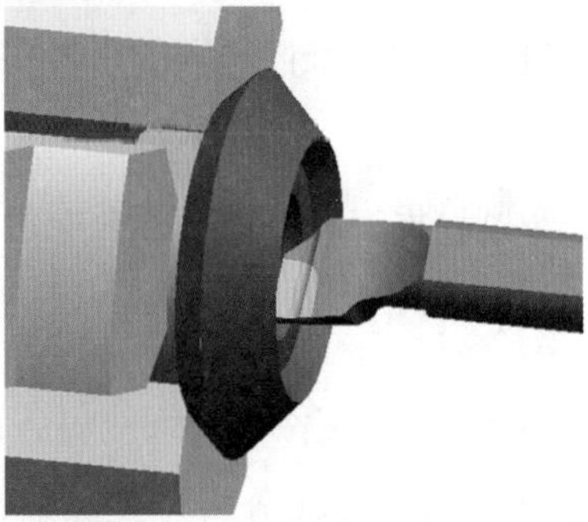
	（2）用塞规检查，控制内孔尺寸 $\phi34^{+0.019}_{0}$ mm，表面粗糙度 Ra 值为1.6 μm	
	（3）内孔倒角 $C1$ mm	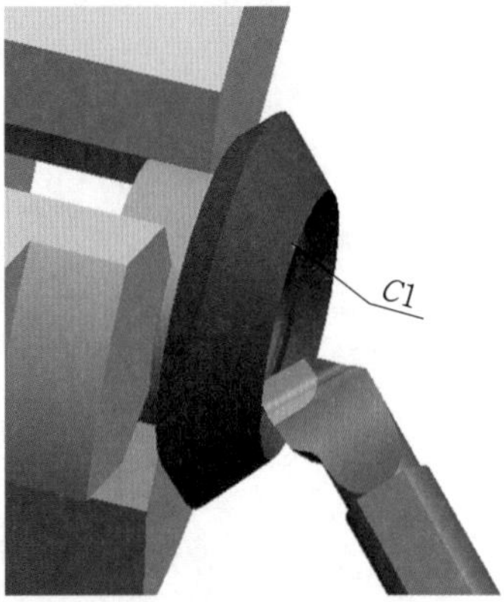

操作提示

➢ 仔细领会车削锥齿轮坯的技术要求。

➢ 通过车削控制锥齿轮坯的齿面角和齿背角前，应准确计算小滑板的转动角度和转动方向。

➢ 通过车削控制齿面角和齿背角时，应注意车刀主偏角、副偏角的选择和车刀装夹位置的确定。

➢ 车削锥面时，应注意小滑板行程和位置是否合理、安全。

➢ 齿面角是锥齿轮坯的一个重要角度，测量齿背角以此为基准，因此要测量正确；否则将影响锥齿轮的精度。

➢ 通过车削控制锥齿轮坯的齿背角时，在与齿锥面交点的外圆处要留约 0.1 mm 的宽度。

➢ 在车削过程中经常用游标万能角度尺或角度样板检测及校正；否则容易产生废品。

四、结束工作

加工完毕，卸下工件，仔细测量各部分尺寸，对自己的练习件进行评价。针对出现的质量问题，结合表 5-11 分析产生原因，并总结出改进措施。最后，清点工具，收拾工作场地。

项目六
加 工 螺 纹

任务一　车螺纹的准备

学习目标

1. 能根据图样正确选用及刃磨普通外螺纹车刀。
2. 能正确检测螺纹车刀的刀尖角。
3. 能判断螺纹是否会产生乱牙并预防其发生。
4. 能独立完成车床手柄和手轮位置的变换。
5. 能熟练掌握提开合螺母法和开倒顺车法。

任务描述

图 6-1 所示为普通外螺纹轴，其中普通外螺纹是主要车削内容。要顺利完成螺纹的车削工作，就要具备加工螺纹的基本知识和基本技能。本任务就是车削螺纹前必须进行的操作准备，见表 6-1。

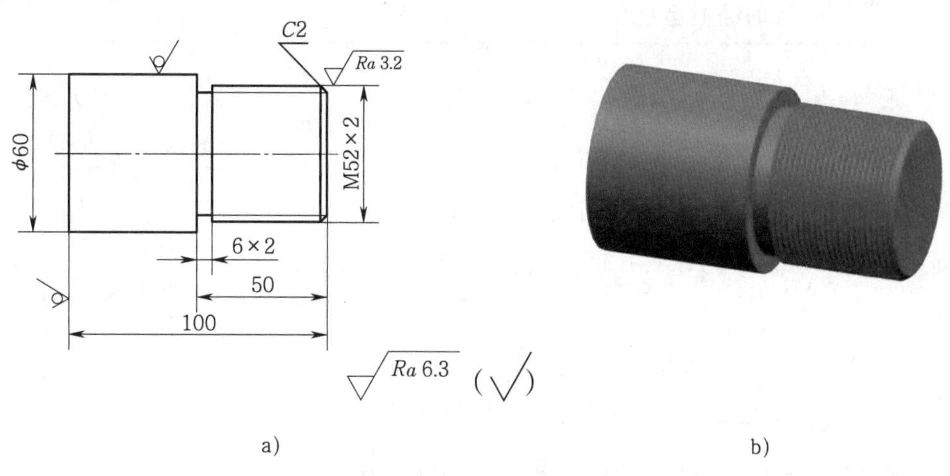

图 6-1　普通外螺纹轴
a）零件图　b）实物图

表 6-1　车削螺纹前的操作准备

序号	内容
1	刃磨普通外螺纹车刀
2	判断螺纹是否会产生乱牙
3	根据螺距调整好车床相关手柄位置
4	调整中滑板、小滑板和开合螺母间隙，确保松紧适当
5	车削螺纹的操作练习

相关理论

一、车刀材料的选择

车削螺纹时，车刀材料选择得合理与否，对螺纹的加工质量和生产效率有很大的影响。

目前广泛采用的螺纹车刀材料一般有高速钢和硬质合金两类，不同材料车刀的特点和应用场合见表 6-2。

表 6-2　不同材料车刀的特点和应用场合

车刀种类	特点	应用场合
高速钢螺纹车刀	刃磨比较方便，容易得到锋利的切削刃，且韧性较好，刀尖不易崩裂，车出的螺纹表面粗糙度值较小，但高速钢的耐热温度较低	低速车削螺纹
硬质合金螺纹车刀	耐热温度较高，但韧性差，刃磨时容易崩裂，车削时经不起冲击	高速车削螺纹

二、螺纹车刀的几何参数

1. 高速钢普通外螺纹车刀

高速钢普通外螺纹车刀的几何角度如图 6-2 所示。

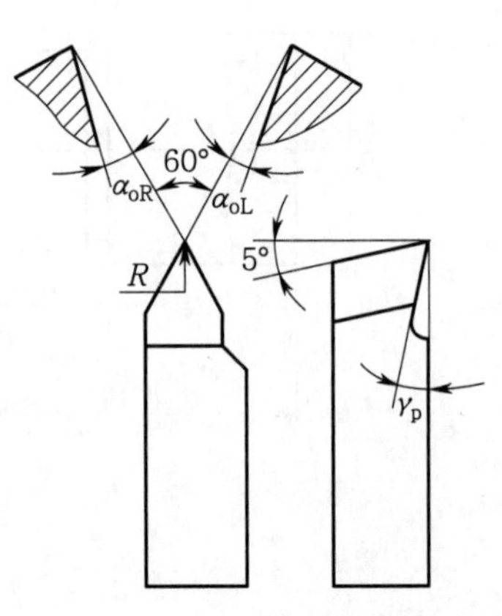

图 6-2　高速钢普通外螺纹车刀的几何角度

对于三角形螺纹车刀，其几何角度一般按以下原则选择：

（1）刀尖角 ε_r 等于牙型角。车削普通螺纹时，ε_r=60°。

（2）对于高速钢螺纹车刀，为使切削顺利及提高表面质量，一般磨有 0° ~ 15° 的背前角 γ_p。粗车时，γ_p=5° ~ 15°；精车时，γ_p=0° ~ 5°。

当背前角等于0°时，刀尖角应等于牙型角；当背前角不等于0°时，必须修正刀尖角。螺纹车刀前面刀尖角ε_r'的修正值见表6-3。

表6-3 螺纹车刀前面刀尖角ε_r'的修正值

牙型角 / 背前角	29°	30°	40°	55°	60°
0°	29°	30°	40°	55°	60°
5°	28° 54′	29° 53′	39° 52′	54° 49′	59° 49′
10°	28° 35′	29° 34′	39° 26′	54° 17′	59° 15′
15°	28° 03′	29° 01′	38° 44′	53° 23′	58° 18′
20°	27° 19′	28° 16′	37° 46′	52° 08′	56° 58′

（3）螺纹升角ψ对螺纹车刀工作后角的影响。车螺纹时，由于螺纹升角的影响，使车刀工作时的后角与车刀静止时的后角数值不相同。螺纹升角ψ越大，对工作后角影响越明显。螺纹车刀的工作后角一般为3°～5°。

螺纹车刀左、右切削刃刃磨后角的计算公式见表6-4。

表6-4 螺纹车刀左、右切削刃刃磨后角的计算公式

螺纹车刀的刃磨后角	左侧切削刃刃磨后角α_{oL}	右侧切削刃刃磨后角α_{oR}
车右旋螺纹	α_{oL}=（3°～5°）$+\psi$	α_{oR}=（3°～5°）$-\psi$
车左旋螺纹	α_{oL}=（3°～5°）$-\psi$	α_{oR}=（3°～5°）$+\psi$

（4）一般刀尖圆弧半径R=0.1P（P为螺距）。

2. 刀具刀尖角的检查

刀具在刃磨过程中通常采用游标万能角度尺或对刀样板进行测量。例如，螺纹车刀的刀尖角一般用螺纹对刀样板通过透光法检查。根据车刀两切削刃与对刀样板的贴合情况反复修正，直到符合图样要求为止。图6-3所示为用螺纹对刀样板检查刀尖角。

测量时，对刀样板应与车刀基面平行放置，再用透光法检查，这样测出的投影角度将等于或近似等于牙型角。

如果将对刀样板平行于车刀前面进行检查，车刀的刀尖角则没有被修正，用这样的螺纹车刀加工出的三角形螺纹，其牙型角将变大。

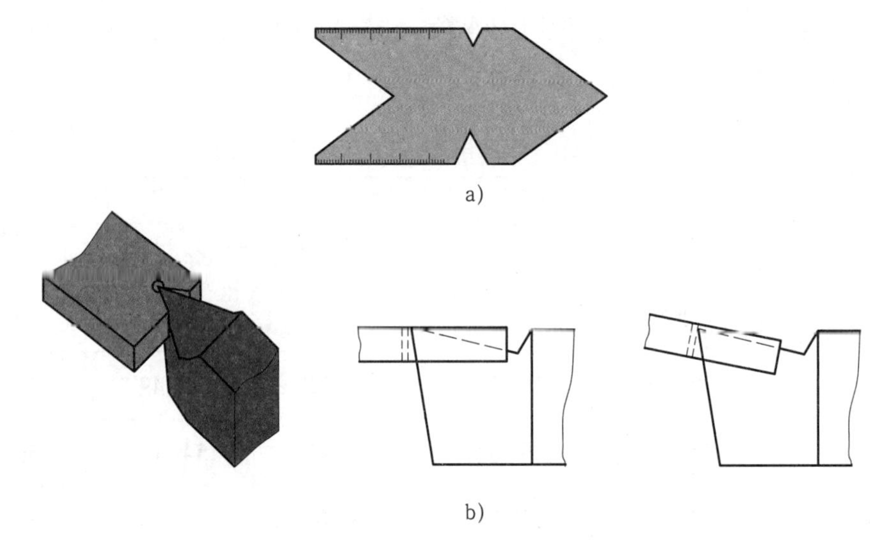

a)

b)

图 6–3　用螺纹对刀样板检查刀尖角

a）螺纹对刀样板　b）检查方法的选择

三、车螺纹时乱牙的预防

车削螺纹时，一般要经过多次进给才能完成。加工过程中，若螺纹车刀的刀尖不在上一次车削的螺旋槽中央，就会把螺旋槽车乱，这种现象称为乱牙。

1. 产生乱牙的原因

产生乱牙的原因是当丝杠转过一转时工件未转过整数转。

车削螺纹时，工件和丝杠都在旋转，车刀沿工件轴线方向进给，开合螺母提起后，车刀停止自动进给，若要再次进给，至少要等丝杠转过一转后才能重新合上开合螺母。当丝杠转过一转时，工件转过整数转，车刀刀尖刚好在原来切削过的螺旋槽内，则不会产生乱牙。如丝杠转过一转，而工件未转过整数转，车刀刀尖不在切削过的螺旋槽内，就会产生乱牙。

例 6–1　车床丝杠螺距为 6 mm，车削螺距为 3 mm 和 8 mm 的两种螺纹，试分别判断是否会产生乱牙。

解： 由于传动比 $i=\dfrac{nP_{工}}{P_{丝}}=\dfrac{n_{丝}}{n_{工}}$

当车削 $P_{工}$=3 mm 的螺纹时，$i=\dfrac{nP_{工}}{P_{丝}}=\dfrac{n_{丝}}{n_{工}}=\dfrac{3}{6}=\dfrac{1}{2}$

即丝杠转过一转时，工件转了两转，不会产生乱牙。

当车削 $P_{工}$=8 mm 的螺纹时，$i=\dfrac{nP_{工}}{P_{丝}}=\dfrac{n_{丝}}{n_{工}}=\dfrac{8}{6}=\dfrac{4}{3}=\dfrac{1}{\dfrac{3}{4}}$

即丝杠转过一转时，工件转了 3/4 转，所以，车刀在第二次进刀车削时，它的刀尖切在 3/4 牙处，将产生乱牙。

2. 预防乱牙的方法

预防车螺纹时乱牙的方法一般是采用开倒顺车法，即在一次工作行程结束后，不提起开合螺母，把车刀沿径向退出后，将主轴反转，使螺纹车刀沿纵向退回，再进行第二次车削。这样反复车削螺纹过程中，因主轴、丝杠和刀架之间的传动没有分离，车刀刀尖始终在原来的螺旋槽中，所以不会产生乱牙。注意，此时中滑板做径向进给，小滑板保持不动。

任务实施

一、刃磨普通外螺纹车刀

1. 识读普通外螺纹车刀图

图 6-4 所示为高速钢普通外螺纹车刀的几何角度。

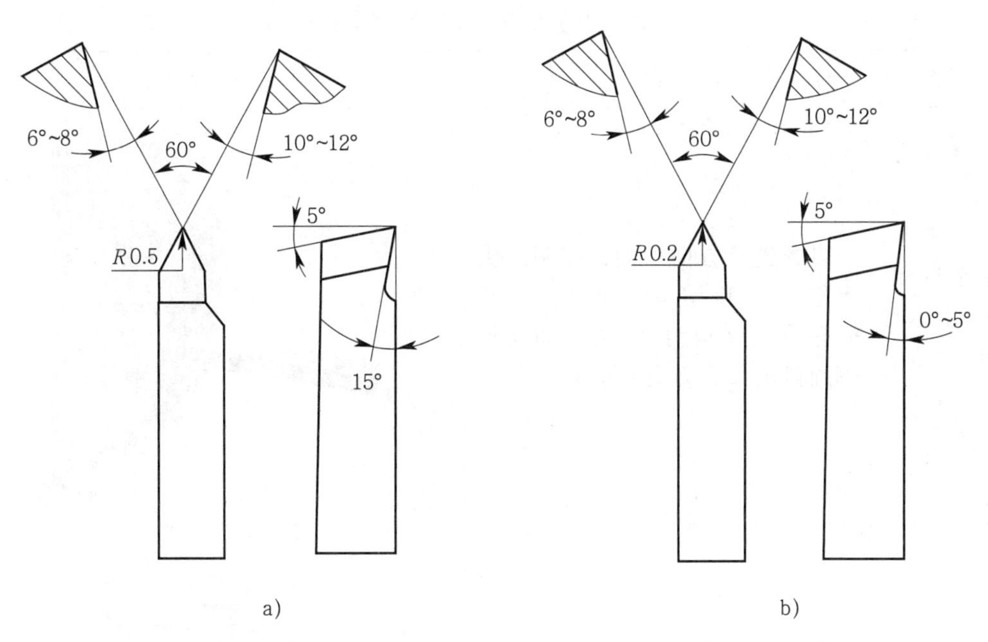

图 6-4　高速钢普通外螺纹车刀的几何角度

a）粗车刀　b）精车刀

2. 普通外螺纹车刀的刃磨准备

准备 12 mm × 12 mm 高速钢刀条、细粒度砂轮（如 F80 的白刚玉砂轮）、防护眼镜、游标万能角度尺、螺纹对刀样板、一字旋具、呆扳手（或活扳手），如图 6-5 所示。

3. 普通外螺纹车刀的刃磨

普通外螺纹车刀的刃磨步骤见表 6-5。

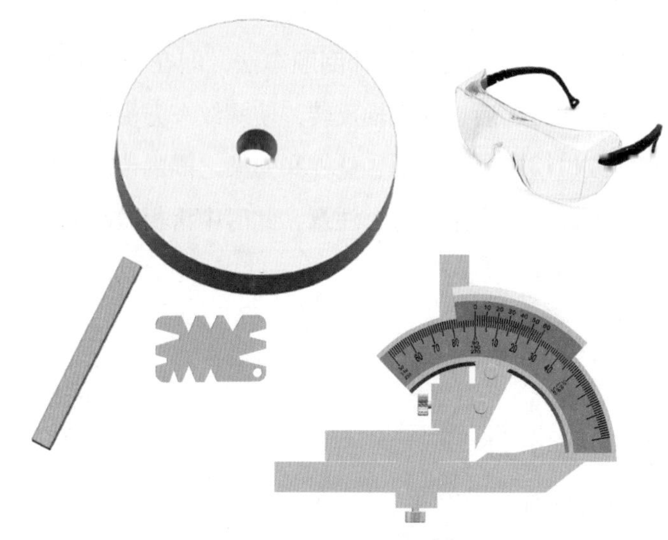

图 6-5　普通外螺纹车刀刃磨准备（部分）

表 6-5　普通外螺纹车刀的刃磨步骤

步骤	内容	图示
步骤 1：刃磨进给方向后面	刃磨进给方向后面，控制刀尖半角 $\varepsilon_r/2$ 和后角 α_{oL}，此时刀柄与砂轮圆周夹角约为 $\varepsilon_r/2$，面向外侧倾斜 $\alpha_o+\psi$，刀头上翘 5°	
步骤 2：刃磨背离进给方向后面	刃磨背离进给方向后面，以初步形成两刃夹角，控制刀尖角 ε_r 和后角 α_{oR}，刀柄与砂轮圆周夹角约为 $\varepsilon_r/2$，面向外侧倾斜 $\alpha_o-\psi$，刀头上翘 5°	

续表

步骤	内容	图示
步骤 3：精磨两后面	精磨两后面，车刀左侧进给方向后角 α_{oL}=10° ~ 12°，右侧背离进给方向后角 α_{oR}=6° ~ 8°，刀头仍上翘 5°，以形成主后角 5°	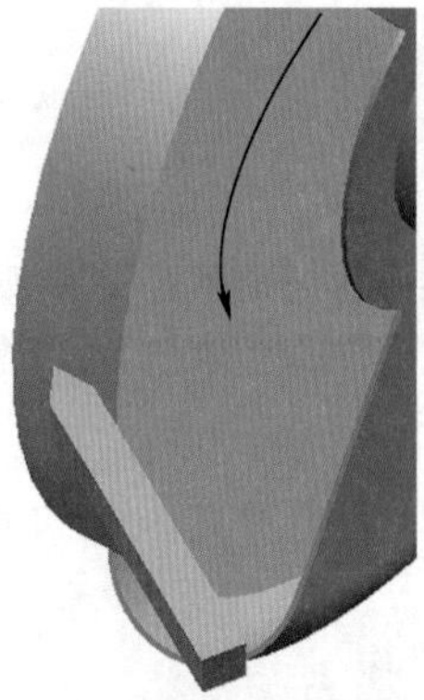 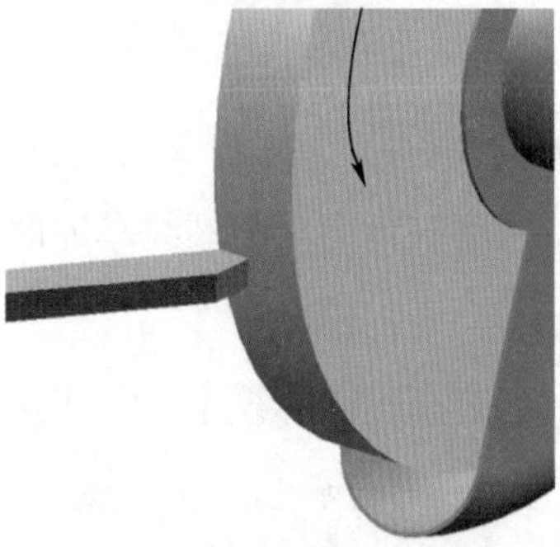
步骤 4：用螺纹对刀样板测量刀尖角	用螺纹对刀样板测量刀尖角，测量时样板应与车刀基面平行，用透光法检查 检查两后面是否面光、刃直且后角正确	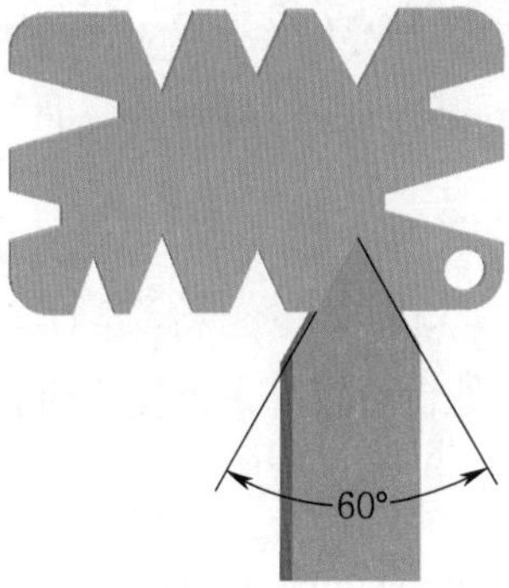 60°
步骤 5：粗磨及精磨前面	（1）粗磨前面，以形成粗车刀背前角 γ_p=15° （2）精磨前面，以形成精车刀背前角 γ_p=0° ~ 5° 刃磨方法是在离开刀尖、大于牙型深度处以砂轮边角为支点，夹角等于背前角，使火花最后在刀尖处磨出	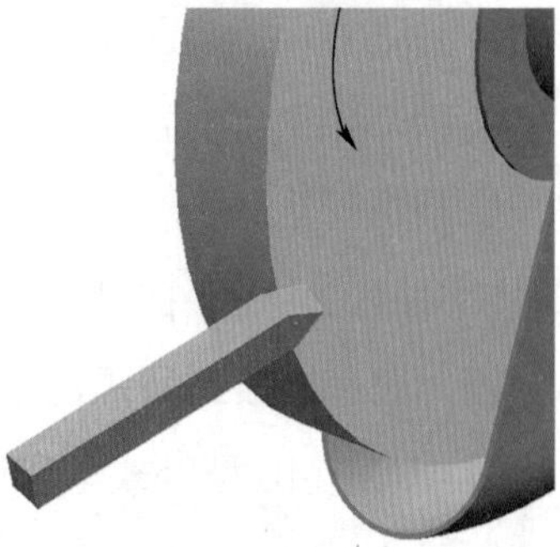

续表

步骤	内容	图示
步骤 6：刃磨刀尖圆弧	刃磨刀尖圆弧，粗车刀刀尖圆弧为 $R0.5$ mm，精车刀刀尖圆弧为 $R0.2$ mm	

操作提示

➢ 粗磨有背前角的螺纹车刀时，可先使刀尖角略大于牙型角，磨好背前角后，再修磨刀尖角。

➢ 刃磨高速钢螺纹车刀时应选用细粒度砂轮（如 F80 的白刚玉砂轮），刃磨时刀具对砂轮的压力应小于一般车刀，并经常浸水冷却，以免退火。

➢ 刃磨切削刃时，车刀要在砂轮表面左右、上下移动，这样容易使切削刃平直。

➢ 刃磨时，操作者的站立姿势要正确。

➢ 磨削高速钢螺纹车刀时，两手握着车刀与砂轮接触的径向压力应小于硬质合金车刀。

➢ 一般情况下，刀尖角平分线应平行于刀柄中心线。本任务所加工的工件中螺纹和沟槽直径处台阶较高，可使靠近台阶的左侧切削刃短些，这样不易擦伤轴肩，如图 6-6 所示。

二、根据螺距调整车床相关手柄

在准备活动中，要特别注意根据被加工螺纹的螺距调整车床手柄和手轮的位置。

在 CA6140 型卧式车床上车削常用螺距（或导程）的螺纹时，根据工件螺距在进给箱铭牌上对应手柄和手轮的位置，把手柄拨到所需的位置上，核对好交换齿轮的齿数。CA6140 型卧式车床进给箱铭牌（部分）如图 6-7 所示。

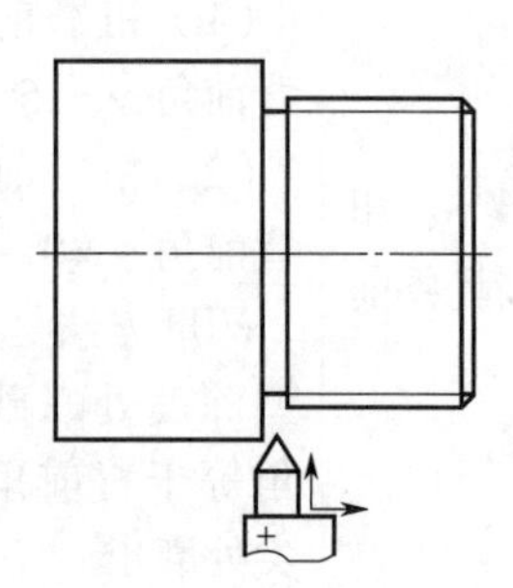

图 6-6　靠近台阶的左侧切削刃短些

	B							
	1/1				X/1			
	Ⅰ	Ⅱ	Ⅲ	Ⅴ	Ⅲ Ⅰ	Ⅴ Ⅱ	Ⅲ	Ⅴ
1								
2		1.75	3.5	7	14	28	56	112
3	1	2	4	8	16	32	64	128
4		2.25	4.5	9	18	36	72	144
5								
6	1.25	2.5	5	10	20	40	80	160
7			5.5	11	22	44	88	176
8	1.5	3	6	12	24	48	96	192

A=63　B=100　C=75

图 6-7　CA6140 型卧式车床进给箱铭牌（部分）

车削 M52×2 螺纹时车床相关手柄和手轮位置的调整见表 6-6。

表 6-6　车削 M52×2 螺纹时车床相关手柄和手轮位置的调整

步骤	手柄和手轮位置
步骤 1：调整加大螺距及左、右螺纹变换手柄位置，选择右旋正常螺距（或导程）位置 1/1	
步骤 2：调整主轴变速手柄位置，选择主轴转速 100 r/min，以满足切削速度的要求	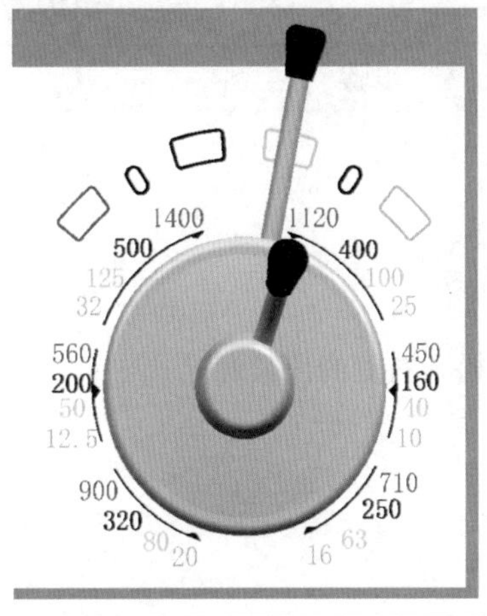

续表

步骤	手柄和手轮位置
步骤 3：调整螺纹种类和丝杠、光杠变换手柄位置，选择手柄位置 B 步骤 4：调整进给量和螺距变换手柄位置，将手柄扳至“Ⅱ”	
步骤 5：调整进给量和螺距变换手轮位置，将手轮转至“3”，以选择所需螺距 P=2 mm	

操作提示

➤ 为防止发生事故，在调整手柄时，可按口诀“一降转速，二变手柄，三合开合螺母”的顺序来操作。

三、调整车床

1. 小滑板间隙的调整

调整小滑板导轨与镶条之间间隙的操作步骤见表 6-7。

表 6-7　调整小滑板导轨与镶条之间间隙的操作步骤

步骤	图示
步骤 1：松开右侧的顶紧螺栓	

续表

步骤	图示
步骤 2：调整左侧的限位螺栓	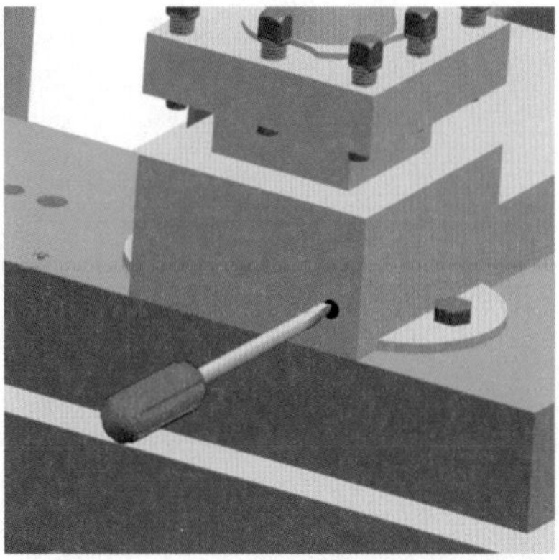
步骤 3：调整合适后，紧固右侧的顶紧螺栓	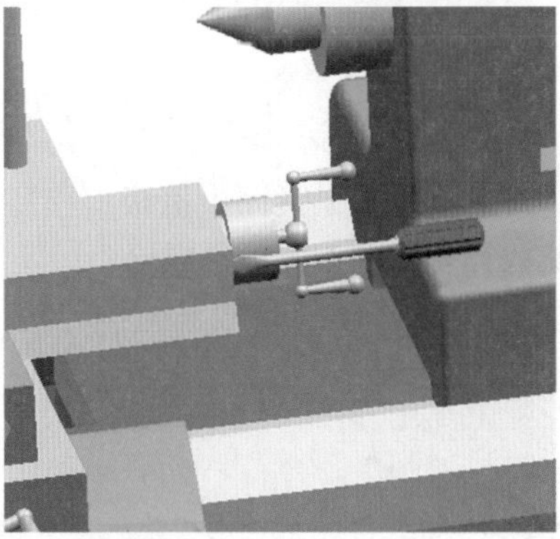

2. 中滑板间隙的调整

调整中滑板导轨与镶条之间间隙的操作步骤见表 6-8。

表 6-8 调整中滑板导轨与镶条之间间隙的操作步骤

步骤	图示
步骤 1：松开中滑板前面（远离操作者方向）的顶紧螺栓	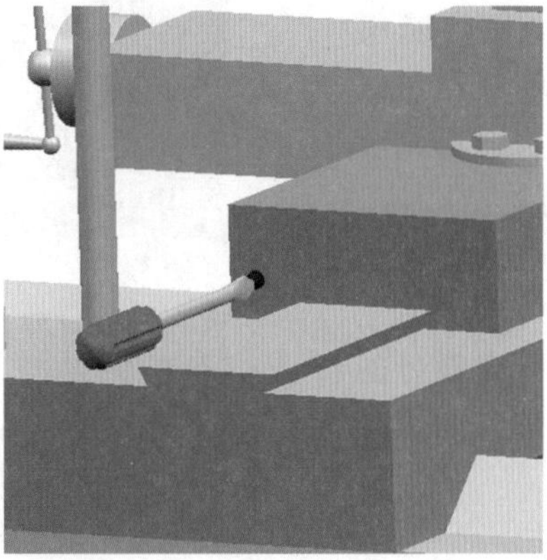

续表

步骤	图示
步骤 2：调整中滑板后面（靠近操作者方向）的限位螺栓	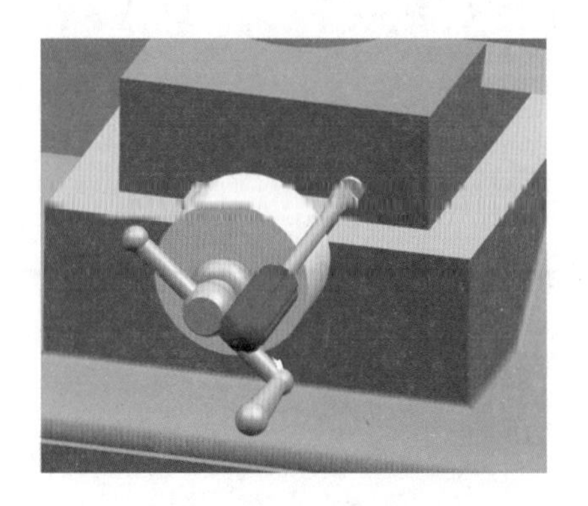
步骤 3：调整合适后，紧固中滑板前面（远离操作者方向）的顶紧螺栓	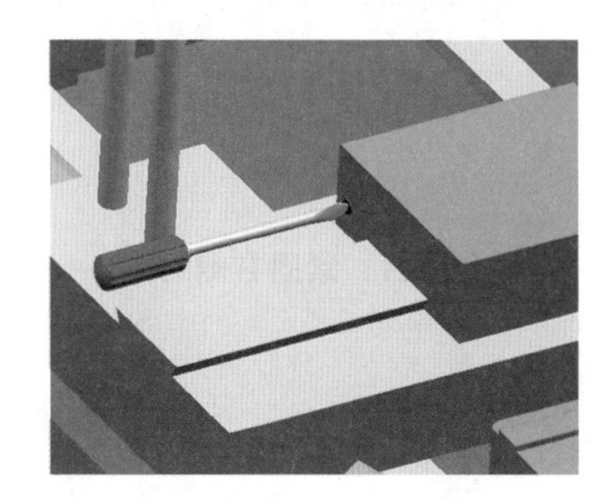

3. 开合螺母松紧的调整

调整开合螺母松紧的操作步骤见表 6-9。

表 6-9　调整开合螺母松紧的操作步骤

步骤	图示
步骤 1：先切断电源，找准溜板箱右侧的三个开合螺母调节螺钉 步骤 2：用呆扳手（或活扳手）从下到上依次拧松开合螺母的三个调节螺钉的锁紧螺母	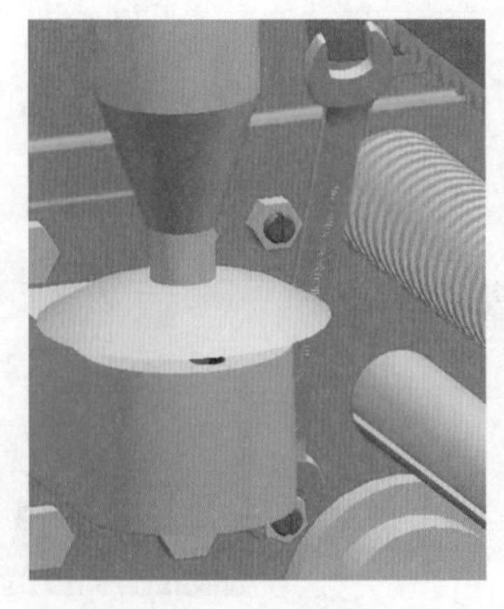 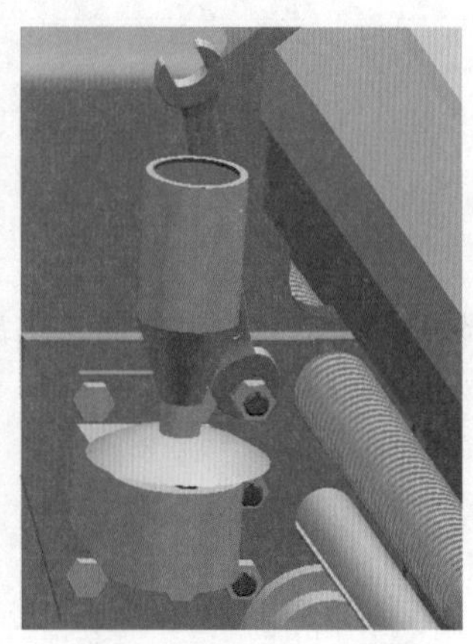

续表

步骤	图示
步骤3：用一字旋具从下到上依次拧紧或放松调节螺钉	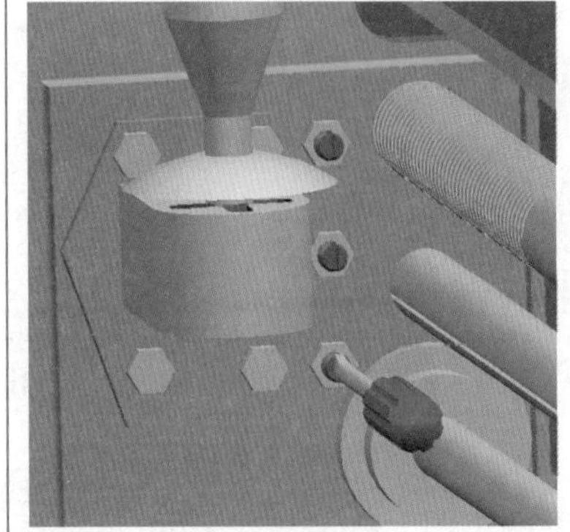 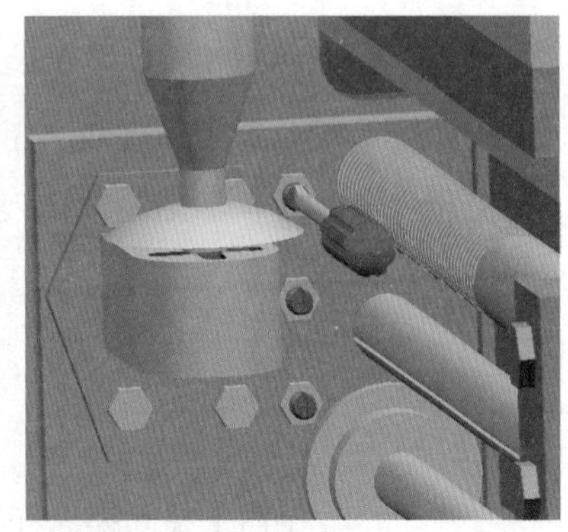
步骤4：将车床主轴转速调整至100 r/min，顺时针和逆时针扳动开合螺母手柄，应操纵灵活、自如，不得有阻滞或卡住现象，无异常声音 步骤5：检查溜板箱的移动情况，应轻重均匀、平稳	 
步骤6：开合螺母的松紧程度调整好后，用呆扳手（或活扳手）从上到下依次锁紧开合螺母的三个调节螺钉的锁紧螺母	 

操作提示

➤ 车削螺纹时，中滑板、小滑板导轨与镶条之间的间隙应适当。若太紧，摇动滑板费力，操作不灵活；若太松，车螺纹时容易产生扎刀现象。

➤ 开合螺母的松紧应适当。过松，车削过程中容易跳起，使螺纹产生乱牙；过紧，开合螺母手柄提起、合下操作不灵活。

➢ 同时满足表 6-9 中步骤 4 和步骤 5 的两个检验要求，即为开合螺母的松紧调整合适；否则应重新调整。

四、车削螺纹的操作练习

1. 提开合螺母法车螺纹的操作

提开合螺母法车螺纹的操作步骤见表 6-10。

表 6-10　提开合螺母法车螺纹的操作步骤

步骤	内容	图示
步骤 1	左手向上提起操纵杆手柄（图中位置①），操作者站在十字手柄和中滑板手柄之间（约 45°方向）（图中位置②），此时车床主轴转速为 100 r/min	
步骤 2	确认丝杠旋转，并在导轨离卡盘一定距离处做标记，或放置非金属构件作为车削时纵向移动的终点	
步骤 3	左手握住中滑板手柄①横向进给 0.5 mm，同时右手压下开合螺母手柄②，使开合螺母与丝杠啮合到位，床鞍与刀架按照一定的螺距做纵向移动	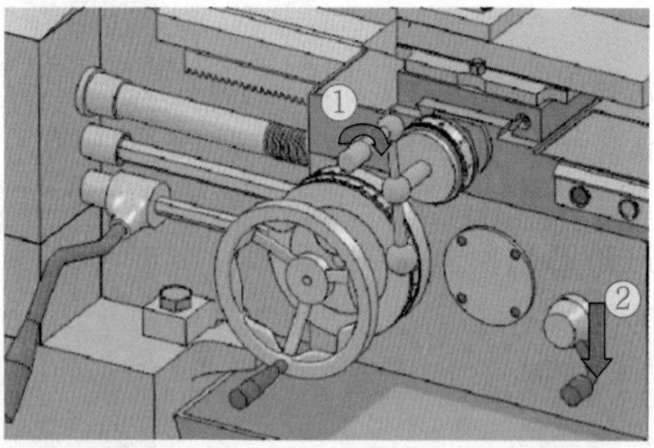
步骤 4	当床鞍移到标记处时，右手迅速提起开合螺母手柄①，左手操纵中滑板手柄②横向退刀	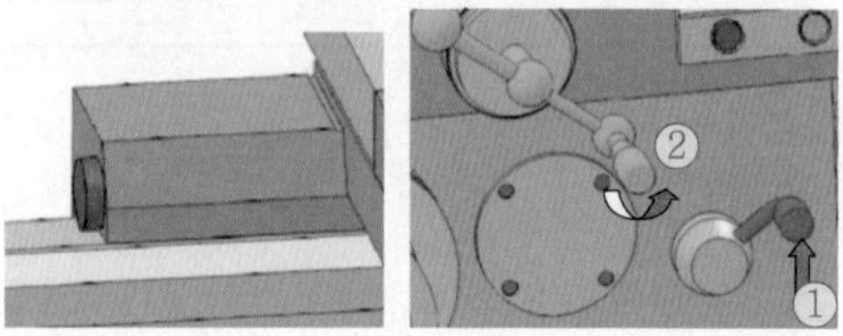
步骤 5	手摇床鞍手轮，将床鞍移到初始位置	—
步骤 6	重复步骤 3 ~ 步骤 5	—

2. 开倒顺车法车螺纹的操作

开倒顺车法车螺纹的操作步骤见表 6-11。

表 6-11　开倒顺车法车螺纹的操作步骤

步骤	内容	图示
步骤 1	操作者站在卡盘和刀架之间（约45°方向），右手在压下开合螺母手柄②后移至中滑板手柄③处，右手操纵中滑板手柄③横向进刀，同时左手提起操纵杆手柄①（操作过程中手不要离开）	
步骤 2	当床鞍移到标记处时（同表 6-10），不提起开合螺母手柄①，右手快速退回中滑板手柄②，左手同时压下操纵杆手柄③，使主轴反转，床鞍纵向退回	
步骤 3	向上提起操纵杆手柄，使床鞍停留在初始位置	—
步骤 4	重复步骤 1 ~ 步骤 3	—

操作提示

➤ 为防止误操作，当开合螺母合上后，床鞍和十字手柄的功能被锁住，此时工件每转一转，车刀移动一个螺距。

➤ 由于是初学车削螺纹，宜采用由低速开始练习的方法，并特别注意操作过程中要集中精力。

➤ 开合螺母要压合到位，如感到未压合到位，应立即提起开合螺母手柄，移动床鞍重新进行压合。

➢ 在离卡盘和尾座一定距离处，可用记号笔在导轨上画出两条安全警示线，床鞍快到警示线时，应立即提起开合螺母手柄或按急停按钮，以避免刀架来不及停止而撞击卡盘或尾座。

➢ 用记号笔在安全警示线之间画出进刀和退刀线。

➢ 提开合螺母法适用于车削有退刀槽或不会产生乱牙的螺纹。

➢ 开倒顺车时，主轴换向不能过快；否则，车床传动部分受到瞬时冲击，易使传动机件损坏。

➢ 开倒顺车时，离进刀和退刀线还有一段距离时，即把操纵杆手柄放到中间位置，利用惯性使床鞍移到进刀和退刀线。

➢ 车螺纹时要集中精力。特别是初学者在开始练习时，主轴转速不宜过高，待操作熟练后，再逐步提高主轴转速或增大螺纹的螺距，最终达到能高速车削普通螺纹的目的。

➢ 反复练习，使操作者反应灵敏，双手的动作配合协调、娴熟、自然。

➢ 开倒顺车法适用于车削各种螺纹，尤其适用于车削无退刀槽或易产生乱牙的螺纹。

任务二　车普通外螺纹

学习目标

1. 能正确装夹螺纹车刀。
2. 具备低速车削普通外螺纹的技能。
3. 具备检测普通外螺纹的技能。

任务描述

本任务的主要内容是车削图 6-1 所示的含退刀槽的细牙普通外螺纹轴，螺距 P=2 mm，倒角为 C2 mm，长度为 50 mm，螺纹两牙侧的表面粗糙度 Ra 值为 3.2 μm，退刀槽宽 6 mm、深 2 mm。

车削普通外螺纹的操作步骤见表 6-12，其中步骤 7 和步骤 8 是主要内容，也是本任务的重点。

表 6-12 车削普通外螺纹的操作步骤

步骤	内容
1	装夹外螺纹车刀
2	选取正确的车削方法
3	车端面
4	粗、精车外圆
5	车槽
6	倒角
7	粗车螺纹
8	精车螺纹，保证中径和表面粗糙度
9	检测

相关理论

一、装夹螺纹车刀

螺纹车刀的装夹方法见表 6-13。

表 6-13 螺纹车刀的装夹方法

内容	说明	图示
装夹螺纹车刀	螺纹车刀不宜伸出刀架过长。一般伸出长度为刀柄厚度的 1.5 倍，为 25 ~ 30 mm	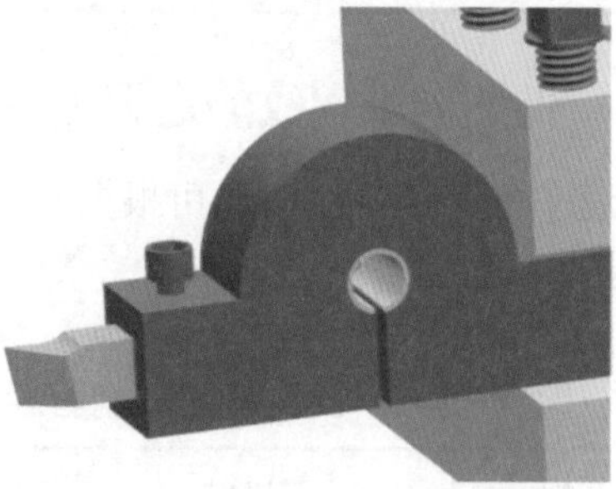
	要求螺纹车刀刀尖与车床主轴轴线等高，一般根据尾座顶尖高度调整及检查	

续表

内容	说明	图示
	采用弹性刀柄，可以吸振及防止扎刀	
装夹螺纹车刀	螺纹车刀的刀尖角平分线应与工件轴线垂直，装刀时可用螺纹对刀样板进行调整，如图a所示 如果车刀装歪，会使车出的螺纹两牙型半角不相等，导致牙型歪斜（俗称“倒牙”），如图b所示	 a) 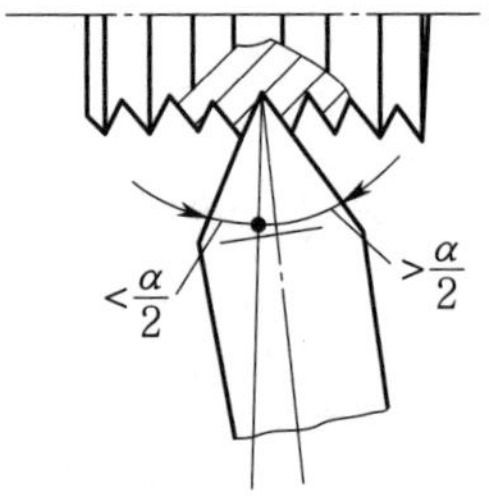 $<\frac{\alpha}{2}$ $>\frac{\alpha}{2}$ b)

二、低速车削螺纹的进刀方法

低速车削普通螺纹时，可根据不同情况选择不同的进刀方法，其各自的加工特点和应用场合见表6-14。

表6-14　低速车削普通螺纹各进刀方法的加工特点和应用场合

进刀方法	直进法	斜进法	左右车削法
图示	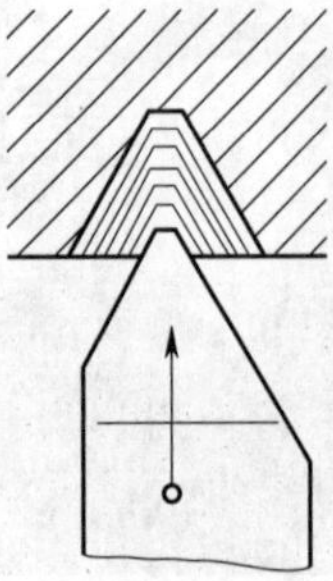	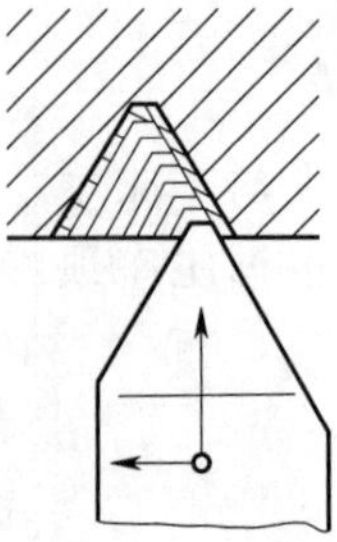	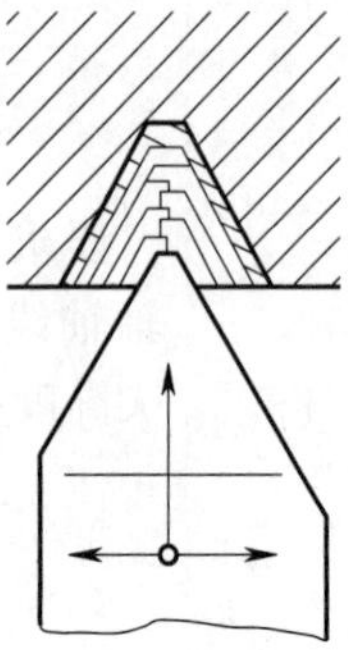

续表

方法	车削时只用中滑板横向进给	每次进刀时，除中滑板横向进给外，小滑板只向一个方向做微量进给	除中滑板做横向进给外，同时小滑板向左或向右做微量进给
加工性质	双面车削	单面车削	
加工特点	容易产生扎刀现象，但是能获得正确的牙型角	不易产生扎刀现象，用斜进法粗车螺纹后，必须用左右车削法精车	不易产生扎刀现象，但小滑板的左右移动量不宜太大
应用场合	车削螺距较小（$P<2.5$ mm）的普通螺纹	车削螺距较大（$P>2.5$ mm）的普通螺纹	

三、螺纹的车削

1. 进刀方式

车削螺纹时进刀方式的选择见表 6-15。

表 6-15　车削螺纹时进刀方式的选择

工件材料	加工性质	车刀的刚度	切削用量	进刀方式
塑性金属	粗车螺纹	车刀刚度高（如外螺纹车刀）	较大	直进法
脆性金属	精车螺纹	车刀刚度低（如内螺纹车刀）	较小	斜进法和左右车削法

2. 切削用量的推荐值

车削螺纹时切削用量的推荐值见表 6-16。

表 6-16　车削螺纹时切削用量的推荐值

工件材料	刀具材料	螺距 /mm	切削速度 v_c/（m · min^{-1}）	背吃刀量 a_p/mm
45 钢	W18Cr4V	1.5	粗车：15 ~ 30	粗车：0.15 ~ 0.30
			精车：5 ~ 7	精车：0.05 ~ 0.08

车削螺纹时，要经过多刀进给才能完成。粗车第 1、2 刀时，由于总的切削面积不大，可以选择相对较大的背吃刀量，以后每次的背吃刀量应逐渐减小。精车时，背吃刀量更小，以获得小的表面粗糙度值。需要注意的是，车削螺纹必须在一定的进给次数内完成。

3. 进刀次数

合理选择粗车、精车普通螺纹的切削用量后，还要在一定的进刀次数内完成车削，低速车螺纹的合理进刀次数见表 6-17（以三种螺距的螺纹为例）。

表 6-17　低速车螺纹的合理进刀次数

进刀次数	P=3 mm			P=2.5 mm			P=2 mm		
	中滑板进刀格数	小滑板进刀格数		中滑板进刀格数	小滑板进刀格数		中滑板进刀格数	小滑板进刀格数	
		左	右		左	右		左	右
1	11	0		11	0		10	0	
2	7	3		7	3		6	3	
3	5	3		5	3		4	2	
4	4	2		3	2		2	2	
5	3	2		2	1		1	1/2	
6	3	1		1	1		1	1/2	
7	2	1		1	0		1/4	1/2	
8	1	1/2		1/2	1/2		1/4		2.5
9	1/2	1		1/4	1/2		1/2		1/2
10	1/2	0		1/4		3	1/2		1/2
11	1/4	1/2		1/2		0	1/4		1/2
12	1/4	1/2		1/2		1/2	1/4		0
13	1/2		3	1/4		1/2	螺纹深度为 1.3 mm n=26 格		
14	1/2		0	1/4		0			
15	1/4		1/2	螺纹深度为 1.625 mm n=32.5 格					
16	1/4		0						
	螺纹深度为 1.95 mm n=39 格								

四、螺纹的检测

车削螺纹时，必须根据不同的质量要求和生产批量选择不同的测量方法，认真进行测量。常用的测量方法有单项测量法和综合测量法两种。

1. 单项测量法

单项测量法是指测量螺纹的某一单项参数，一般是指对螺纹大径、螺距和中径的分项测量，测量的方法和选用的量具也各不相同。螺纹单项测量步骤见表6-18。

表6-18 螺纹单项测量步骤

步骤	测量参数	测量说明	图示
步骤1	大径	螺纹大径公差较大，一般采用游标卡尺或千分尺测量	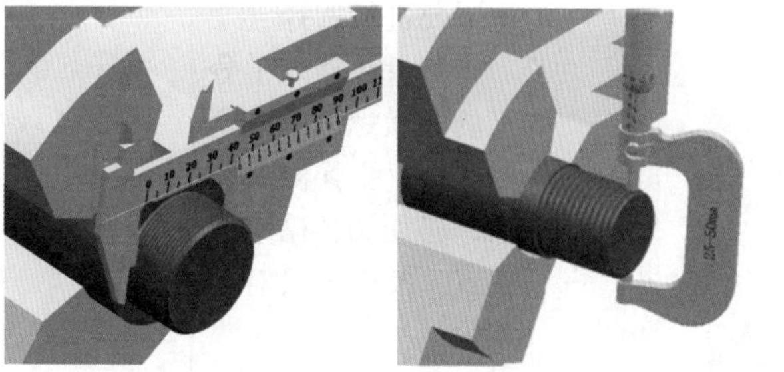
步骤2	螺距	螺距一般可用螺纹样板或钢直尺测量	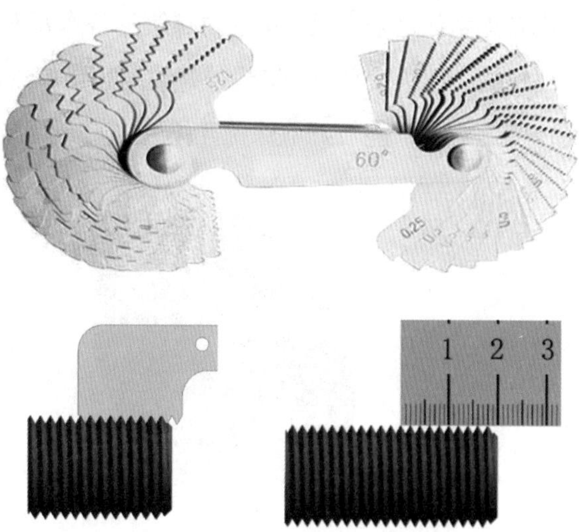

续表

步骤	测量参数	测量说明	图示
步骤 3	中径	测量中径的常用方法包括用螺纹千分尺测量和用三针测量法测量（此方法较精密） 螺纹千分尺附有两对（60° 和 55° 牙型角）适用于不同螺纹的螺距测量头，可根据需要进行选择 将测量头插入千分尺的测微螺杆和砧座的孔中，更换测量头后，必须调整砧座的位置，使千分尺对准零位	25－50mm 0.01mm 上测量头 下测量头

2. 综合测量法

综合测量法是采用极限量规对螺纹的基本要素（如螺纹大径、中径和螺距等）同时进行综合测量的一种测量方法。测量外螺纹时采用螺纹环规，如图 6-8 所示。综合测量法测量效率高，使用方便，能较好地保证互换性，广泛用于对标准螺纹或大批量生产螺纹的检测。

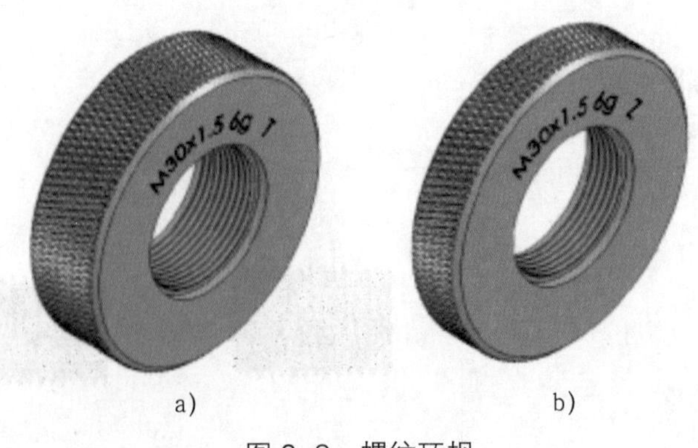

a)　　b)

图 6-8　螺纹环规

a）通规　b）止规

测量时，如果螺纹环规的通规能顺利拧入工件螺纹的有效长度范围（有退刀槽的螺纹应旋合到底），而止规不能拧入（不超过 3/4 圈），则说明螺纹尺寸符合要求。

操作提示

➢ 螺纹千分尺一般用来测量螺距（或导程）为 0.4 ~ 6 mm 的三角形螺纹。

➢ 螺纹千分尺附有两对（牙型角分别为 60°和 55°）测量头，在更换测量头时，必须校正千分尺的零位。

➢ 用螺纹环规测量前，应将量具和工件清理干净，并先检查螺纹的大径、牙型、螺距和表面粗糙度，以免尺寸不对而影响测量。

➢ 螺纹环规是精密量具，使用时不能用力过大，更不能用扳手硬拧，以免降低环规的测量精度，甚至损坏环规。

任务实施

一、准备工作

1. 工件

毛坯尺寸：ϕ60 mm × 105 mm。材料：45 钢。数量：1 件 / 人。

2. 工艺装备（见图 6–9）

准备 90°粗车刀、90°精车刀、45°车刀、车槽刀、高速钢普通外螺纹车刀、分度值为 0.02 mm 的 0 ~ 150 mm 游标卡尺、50 ~ 75 mm 千分尺、螺纹样板、螺纹环规、螺纹对刀样板。

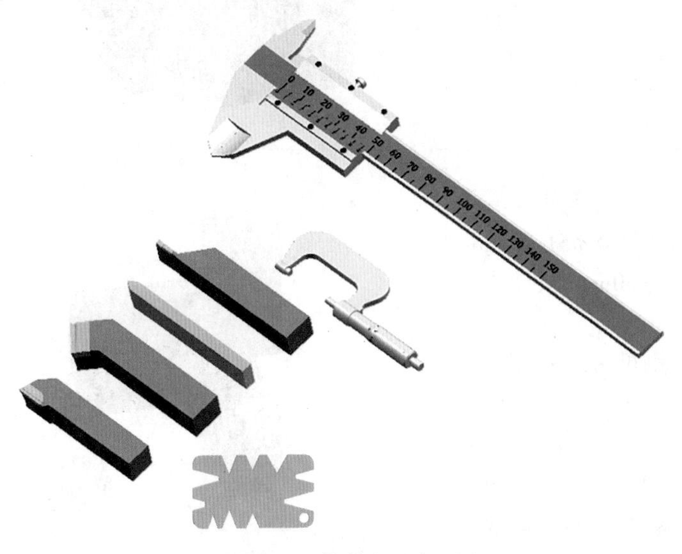

图 6–9 工艺装备（部分）

3. 设备

准备 CA6140 型卧式车床。

二、操作步骤

车削有退刀槽螺纹的操作步骤见表 6-19。

表 6-19　车削有退刀槽螺纹的操作步骤

步骤	内容	图示
步骤 1：找正并夹紧毛坯	夹持毛坯外圆，伸出长度为 60 mm，找正后夹紧	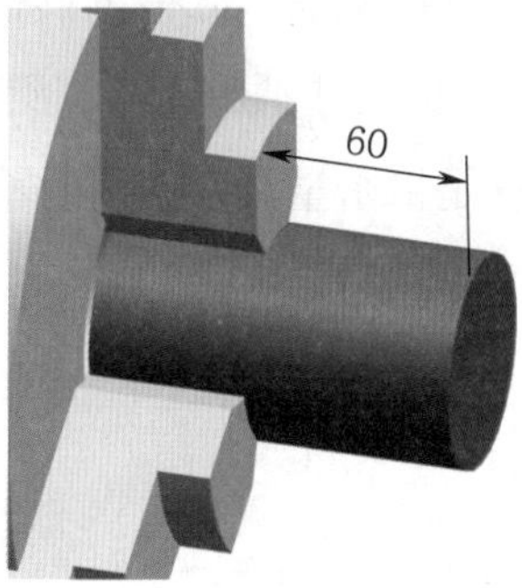
步骤 2：车端面	车端面，车平即可 选择主轴转速 n=630 ~ 800 r/min，进给量 f=0.25 ~ 0.3 mm/r	
步骤 3：粗、精车外圆	粗、精车外圆，控制外圆至 ϕ51.74 mm、长度 50 mm 至尺寸要求 粗车时选 n=320 ~ 500 r/min，f=0.25 ~ 0.3 mm/r；精车时选 n=800 ~ 1 250 r/min，f=0.08 ~ 0.25 mm/r	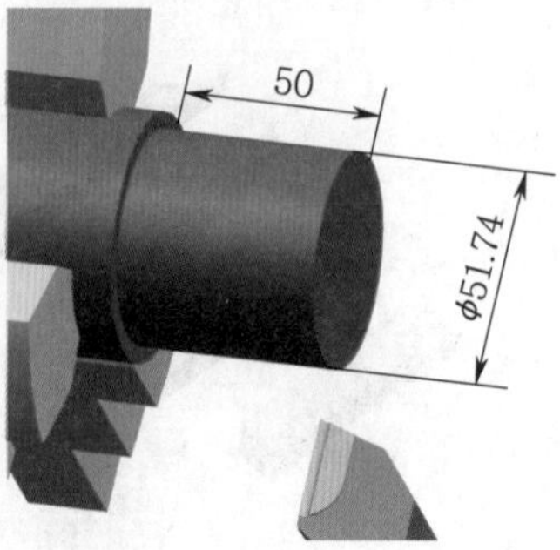

续表

步骤	内容	图示
步骤4：倒角	倒角 C2 mm	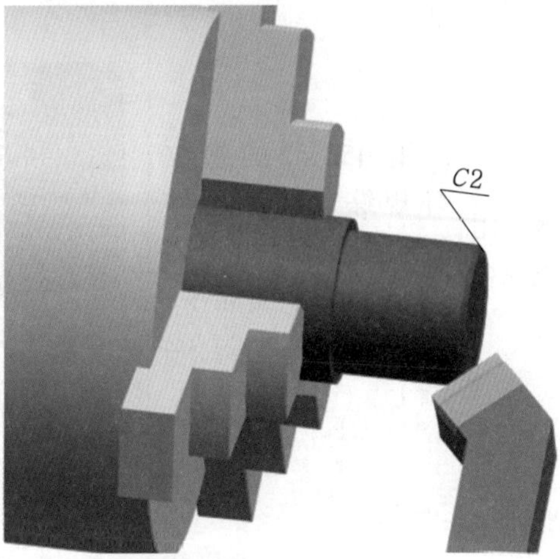 C2
步骤5：车退刀槽	车退刀槽6 mm×2 mm	 6×2
步骤6：调整手柄	按进给箱铭牌上标注的螺距 P=2 mm 调整手柄至相应的位置	
步骤7：选择切削用量	高速钢车刀必须低速车削，建议粗车时主轴转速选55 ~ 105 r/min，精车时主轴转速选28 ~ 45 r/min 开倒顺车，采用直进法精车 M52×2 的螺纹至符合图样要求，螺距 P=2 mm，如不会产生乱牙，也可采用提开合螺母法	

续表

步骤	内容	图示
步骤8：用螺纹环规综合检测	用M52×2的螺纹环规综合检测工件（要求通规通过退刀槽与台阶平面靠平，止规旋入不超过3/4圈）	a）螺纹通规　b）螺纹止规
步骤9：卸下工件	检测合格后卸下工件	

操作提示

➢ 应先调整好床鞍、中滑板和小滑板的松紧程度及开合螺母间隙。

➢ 调整进给箱手柄时，车床在低速下操作或停车用手拨动一下卡盘。

➢ 车螺纹时应注意中滑板进给量，如果多进一圈，容易造成车刀崩刃或工件损坏。

➢ 车螺纹过程中，不准用手摸或用棉纱擦螺纹，以免伤手。

➢ 应始终保持螺纹车刀锋利。中途换刀或刃磨后重新装刀，必须重新调整螺纹车刀刀尖的高度后再次对刀。

➢ 在螺纹车削过程中，若要更换螺纹车刀或进行精车，装刀后，必须先进行静态对刀，再进行动态对刀。静态对刀是指装刀后，让车刀刀尖轻轻接触工件外圆表面，将中滑板刻度盘调至零位，压下开合螺母手柄，工件正转停下，移动中滑板和小滑板将车刀放置到螺旋槽内，记住中滑板刻度。动态对刀是指将车刀退出加工表面，中滑板摇至刚才对刀刻度，压下开合螺母手柄，开低速或晃车，待车刀移至加工区域时，快速移动中滑板和小滑板，使螺纹车刀的刀尖对准螺旋槽，即在刀具移动过程中检查刀尖与螺旋槽的对准程度。

➢ 出现积屑瘤时应及时清除。

➢ 车脆性材料螺纹时，背吃刀量不宜过大；否则会使螺纹牙尖爆裂，产生废品。低速精车螺纹时，最后几刀采取微量进给或无进给车削，以车光螺纹侧面。

三、结束工作

加工完毕，卸下工件，仔细测量各部分尺寸，对自己的练习件进行评价。针对出现的质量问题，结合表 6-20 分析产生原因，并总结出改进措施。最后，清点工具，收拾工作场地。

表 6-20 车螺纹的质量问题、产生原因和改进措施

质量问题	产生原因	改进措施
中径不正确	1. 车刀切入深度不正确 2. 刻度盘使用不当	1. 经常测量中径尺寸 2. 正确使用刻度盘
螺距不正确	1. 交换齿轮计算或组装错误，主轴箱、进给箱有关手柄位置扳错 2. 局部螺距不正确 （1）车床丝杠和主轴的轴向窜动过大 （2）床鞍手轮转动不平衡 （3）开合螺母间隙过大 3. 车削过程中开合螺母抬起	1. 先在工件上车出一条很浅的螺旋线，测量螺距是否正确 2. 保证螺距正确 （1）调整好主轴和丝杠的轴向窜动量 （2）将床鞍手轮拉出，使其与传动轴脱开或加装平衡块使其平衡 （3）调整好开合螺母的间隙 3. 用重物挂在开合螺母手柄上，防止其中途抬起
牙型不正确	1. 车刀刃磨不正确 2. 车刀装夹不正确 3. 车刀磨损	1. 正确刃磨及测量车刀角度 2. 用螺纹对刀样板正确装刀 3. 合理选用切削用量并及时修磨车刀
表面粗糙度值大	1. 产生积屑瘤 2. 刀柄刚度不够，车削时产生振动 3. 车刀背前角太大，中滑板丝杆和螺母间隙过大，产生扎刀现象 4. 工件刚度低，而切削用量选用过大	1. 用高速钢车刀车削时，应降低切削速度，并充分浇注切削液 2. 增大刀柄截面积，并减小车刀悬伸长度 3. 减小车刀背前角，调整中滑板丝杆和螺母的间隙 4. 选择合理的切削用量

任务二　用圆板牙套外螺纹

学习目标

1. 熟悉圆板牙的结构。
2. 能确定套螺纹前的外圆直径。
3. 具备用圆板牙套螺纹的技能。

任务描述

本任务是加工图 6-10 所示的带普通外螺纹的长头螺栓。加工的主要内容是用圆板牙套长度为 25 mm 的 M8 外螺纹，对于这种直径和螺距较小，精度要求较低的螺纹，可以用圆板牙进行切削，又称套螺纹。

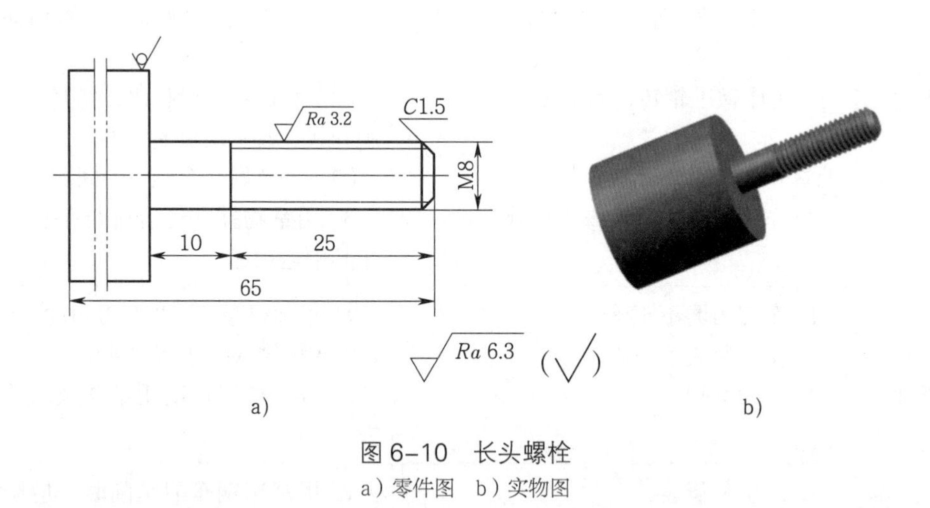

图 6-10　长头螺栓

a）零件图　b）实物图

该工件的加工步骤如下：车端面→粗车外圆→精车外圆→倒角→套螺纹→检测。

相关理论

套螺纹是用圆板牙切削外螺纹的一种加工方法，该方法操作简便，生产效率高。

一、圆板牙

圆板牙大多用高速钢制成，它是一种标准的多刃螺纹加工工具，其结构和形状如图 6-11 所示。圆板牙上有 4 ~ 6 个排屑孔，排屑孔与圆板牙内螺纹相交处为切削刃，圆板牙两端的锥角是切削部分，因此，圆板牙正反都可使用。圆板牙中间完整的齿深为螺纹牙型的校正部分。螺纹的规格和螺距标注在圆板牙端面上。

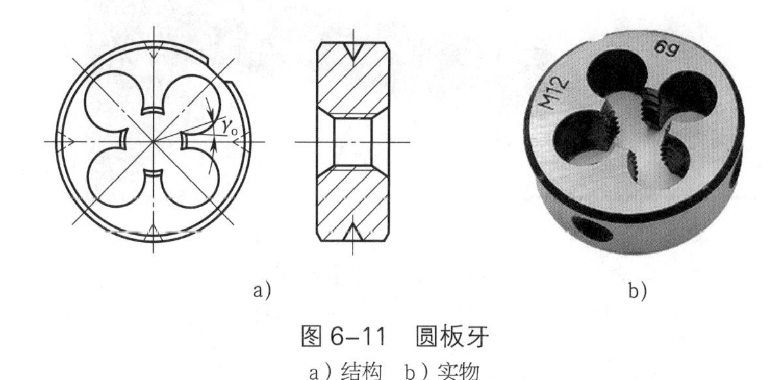

a)　　b)

图 6-11　圆板牙

a）结构　b）实物

二、确定套螺纹前的外圆直径

套螺纹时，工件外圆比螺纹的公称尺寸略小，其直径可按下式近似计算：

$$d_0 \approx d-（0.13 \sim 0.15）P$$

式中　d_0——套螺纹前的外圆直径，mm；

d——螺纹大径，mm；

P——螺距，mm。

三、套螺纹时切削速度的选择

套螺纹时，不同工件材料对应的切削速度见表 6-21。

表 6-21　不同工件材料对应的切削速度

工件材料	钢	铸铁	黄铜
切削速度 v_c/（m · min^{-1}）	3 ~ 4	2 ~ 3	6 ~ 9

四、选择套螺纹时的切削液

切削钢件时，切削液一般选用硫化切削油、机油或乳化液；切削低碳钢或韧性较好的材料（如 40Cr 钢等）时，可选用工业植物油；切削铸铁时，可以用煤油或不使用切削液。

五、套螺纹的方法

如图 6-12 所示，在车床上主要用套螺纹工具套螺纹，其工作原理如下：

将工具体 4 装入尾座套筒的锥孔内，圆板牙 5 装入滑动套筒 2 内，使螺钉 1 对准圆板牙上的锥坑后拧紧，滑动套筒 2 的柄部放入工具体 4 的孔内，并通过销钉 3 与工具体 4 连接在一起，套螺纹时，滑动套筒 2 带动销钉 3 在工具体 4 的直槽内前后移动，完成螺纹的加工。

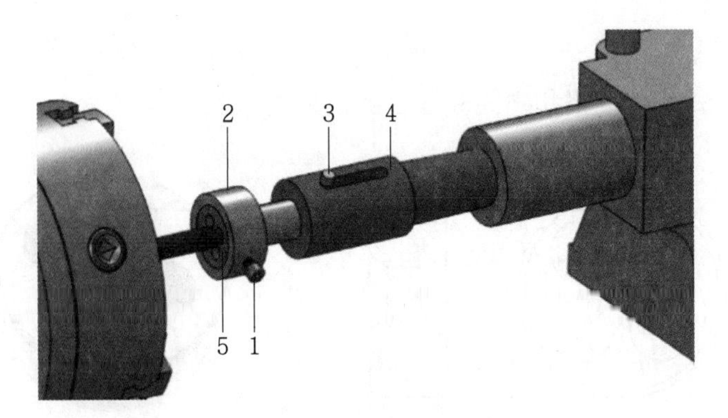

图 6–12　在车床上套螺纹

1—螺钉　2—滑动套筒　3—销钉　4—工具体　5—圆板牙

任务实施

一、准备工作

1. 工件

毛坯尺寸：ϕ30 mm × 70 mm。材料：45 钢。数量：1 件 / 人。

2. 工艺装备（见图 6–13）

准备 45°车刀、90°车刀、M8 圆板牙、套螺纹工具、分度值为 0.02 mm 的 0 ~ 150 mm 游标卡尺、M8 螺纹环规。

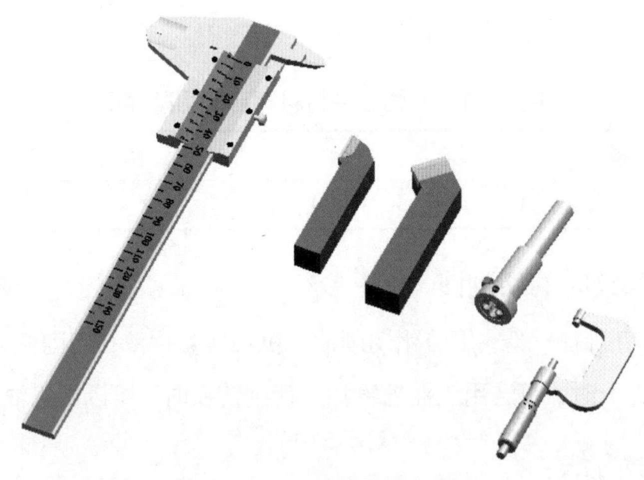

图 6–13　工艺装备（部分）

3. 设备

准备 CA6140 型卧式车床。

二、操作步骤

在车床上套螺纹的操作步骤见表 6–22。

表 6-22　在车床上套螺纹的操作步骤

步骤	内容	图示
步骤 1：找正并夹紧毛坯	夹持毛坯外圆，找正并夹紧	
步骤 2：车端面	车端面（车平即可，建议选择主轴转速 n=800 ~ 1 250 r/min，进给量 f=0.25 ~ 0.3 mm/r）	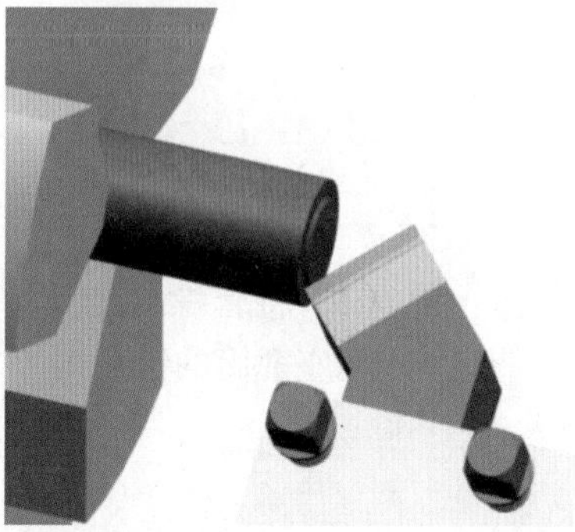
步骤 3：粗、精车套螺纹前的外圆	粗、精车外圆至 ϕ7.84 mm，长 35 mm（粗车时主轴转速 n=320 ~ 500 r/min，进给量 f=0.25 ~ 0.3 mm/r；精车时主轴转速 n=800 ~ 1 250 r/min，进给量 f=0.08 ~ 0.25 mm/r）	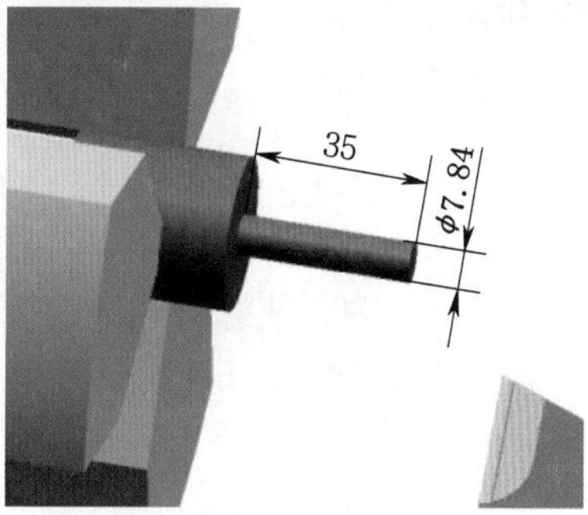
步骤 4：倒角	倒角 C1.5 mm	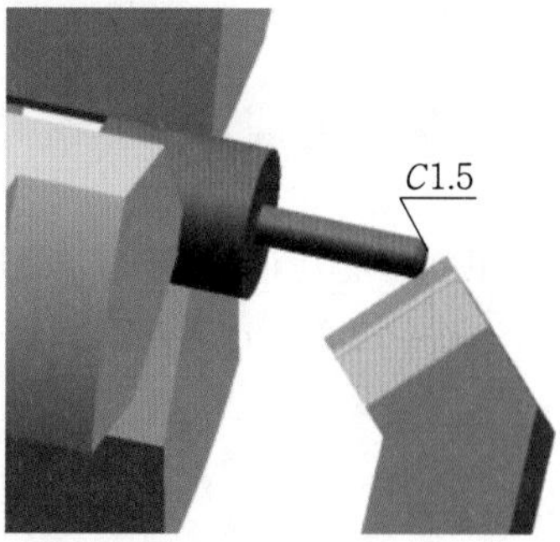

续表

步骤	内容	图示
步骤 5：调整切削用量	变换主轴变速手柄位置，以满足切削速度的要求。建议选择主轴转速 n=80 ～ 100 r/min	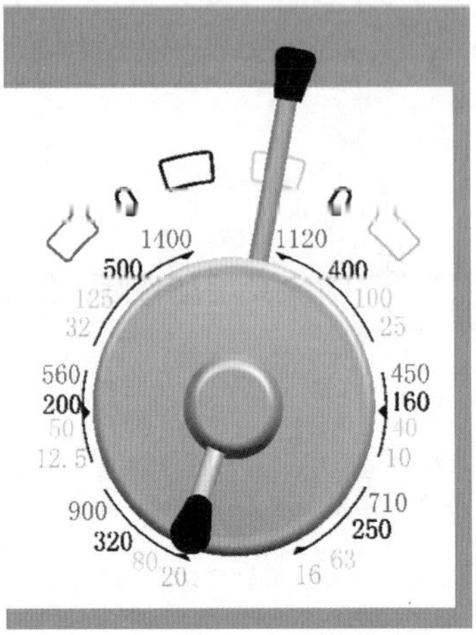
步骤 6：装夹圆板牙和套螺纹工具	（1）将套螺纹工具的锥柄装入尾座套筒的锥孔内	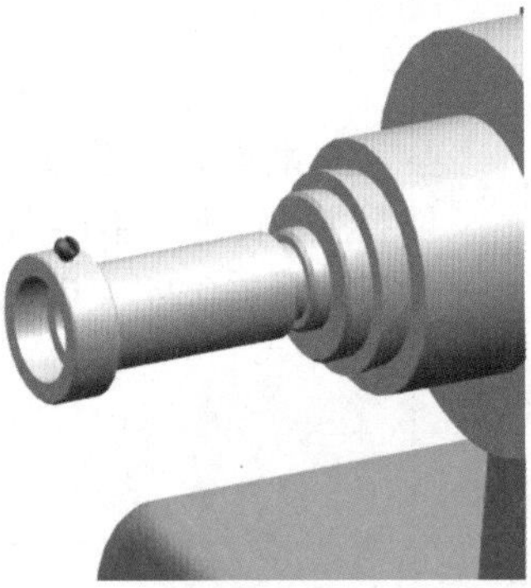
	（2）将圆板牙装入套螺纹工具内，使螺钉对准圆板牙上的锥坑后将其拧紧	
步骤 7：锁紧尾座	将尾座移到工件前适当位置（约 20 mm）处锁紧	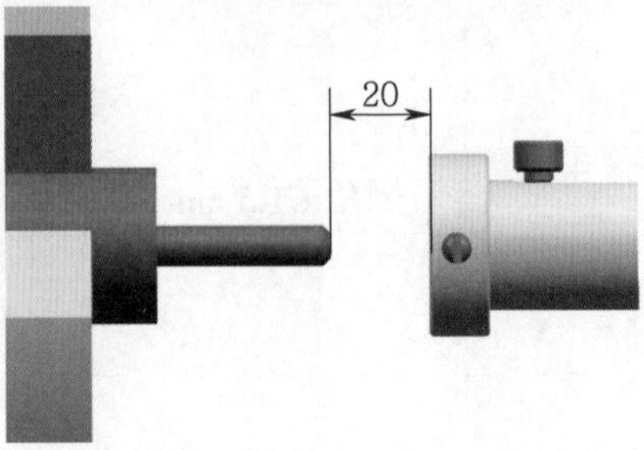

续表

步骤	内容	图示
步骤 8：转动尾座手轮，套螺纹	（1）转动尾座手轮，使圆板牙靠近工件端面，启动车床	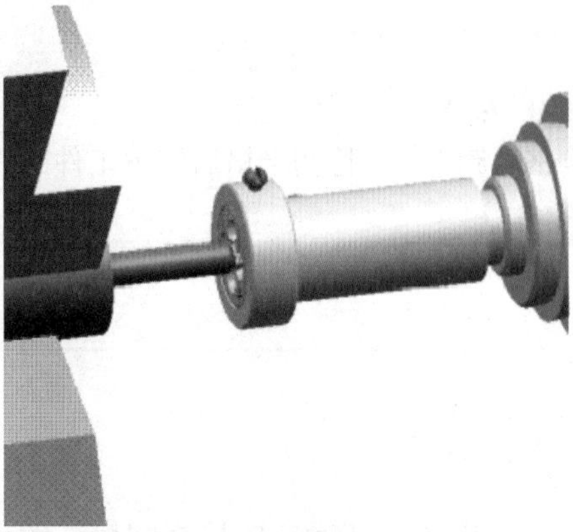
	（2）开动切削液泵加注切削液，继续转动尾座手轮，使圆板牙切入工件后停止转动尾座手轮，此时圆板牙沿工件轴线自动进给，切削工件外螺纹	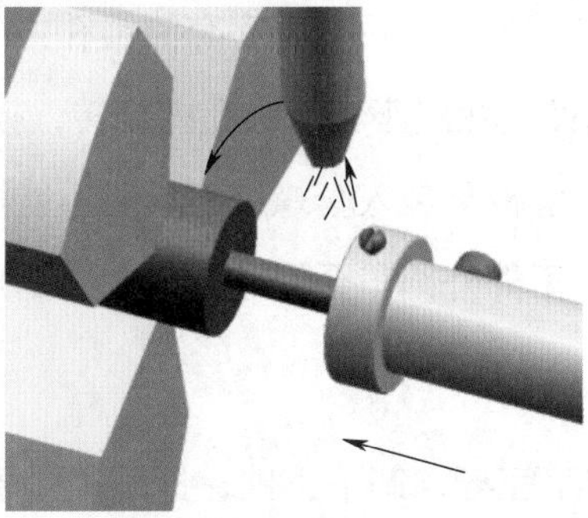
	（3）当圆板牙切削到所需长度位置时，立即使主轴停转	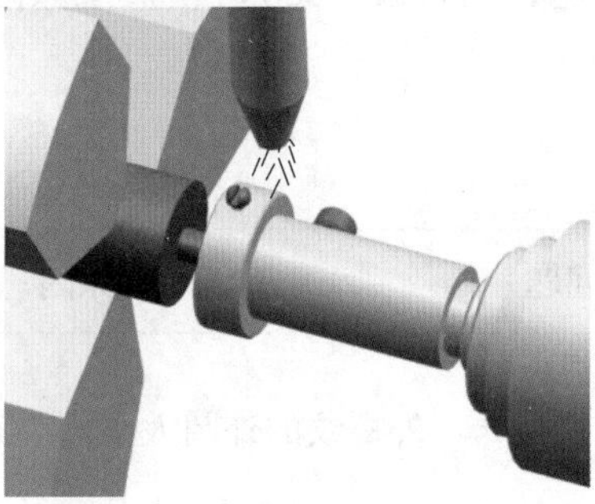
	（4）开反车使主轴反转，退出圆板牙，完成螺纹加工	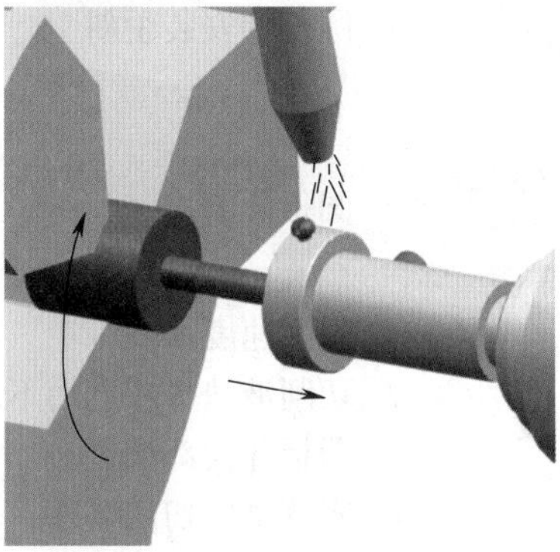

续表

步骤	内容	图示
步骤 9：检测合格后卸下工件	检测合格后卸下工件	

操作提示

➤ 选用圆板牙时，应检查圆板牙的齿型是否有缺损。

➤ 套螺纹工具在尾座套筒锥孔中必须装紧，以防套螺纹时过大的切削力矩引起套螺纹工具的锥柄在尾座套筒锥孔内打转，损坏尾座套筒锥孔表面。

➤ 圆板牙装入套螺纹工具时不能歪斜，必须使圆板牙端面与车床主轴轴线垂直。

➤ 工件外圆车至尺寸后，端面倒角要小于或等于 45°，使圆板牙容易切入。

三、结束工作

加工完毕，卸下工件，仔细测量各部分尺寸，对自己的练习件进行评价。针对出现的质量问题，结合表 6-23 分析产生原因，并总结出改进措施。最后，清点工具，收拾工作场地。

表 6-23　套螺纹的质量问题、产生原因和改进措施

质量问题	产生原因	改进措施
牙型高度不够	外螺纹的外圆太小	按计算尺寸加工外圆
螺纹中径尺寸不正确	1. 圆板牙安装歪斜 2. 圆板牙磨损	1. 校正尾座与主轴，使同轴度误差不大于 0.05 mm，圆板牙端面必须与主轴轴线垂直 2. 更换圆板牙
螺纹表面粗糙度值大	1. 切削速度太高 2. 切削液缺少或选用不当 3. 圆板牙齿部崩裂 4. 容屑槽内切屑堵塞	1. 降低切削速度 2. 合理选择及充分浇注切削液 3. 修磨或调换圆板牙 4. 经常清除容屑槽内的切屑

任务四　高速车削普通外螺纹

学习目标

1. 能刃磨并装夹硬质合金普通外螺纹车刀。
2. 能确定高速车削普通外螺纹前的外径。
3. 具备高速车削普通外螺纹的技能。

任务描述

本任务是加工图 6-14 所示的带普通外螺纹的螺杆，加工的主要内容是车削 M33×2 的外螺纹。

用硬质合金车刀高速车削普通螺纹时，切削速度可比低速车削螺纹提高 15 ~ 20 倍，而且行程次数可以减少 2/3 以上。如低速车削螺距为 2 mm、材料为中碳钢的螺纹时，一般需 12 次左右进给，而高速车削螺纹仅需 3 ~ 4 次进给。

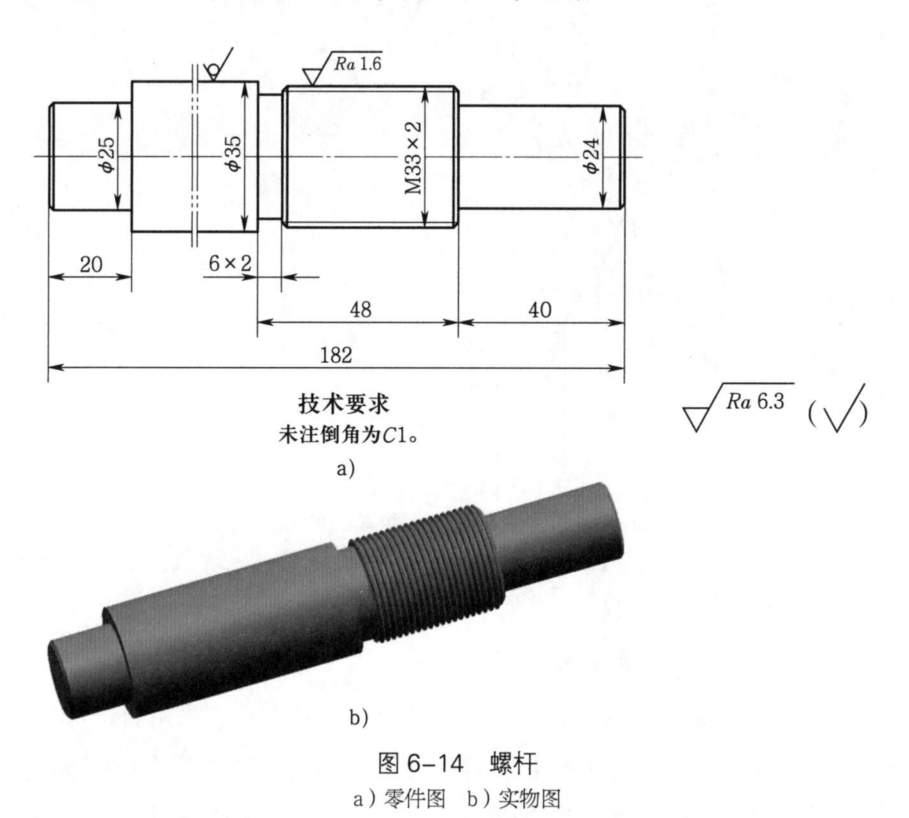

图 6-14　螺杆
a）零件图　b）实物图

高速车削普通外螺纹可以大大提高生产效率，而且螺纹两侧表面质量较高，在生产中已被广泛采用。

图 6-14 所示螺杆的 M33×2 外螺纹可以选用高速车削。

该工件的加工步骤如下：车左端面→粗车外圆→精车外圆→倒角→工件掉头→车右端面→粗车外圆→精车外圆→车槽→倒角→车螺纹→检测。

相关理论

一、硬质合金普通外螺纹车刀

由于高速钢外螺纹车刀在高温下易磨损，加工效率低，因此，在高速车削普通外螺纹和加工脆性材料时常选用硬质合金外螺纹车刀，它硬度高，耐磨性好，加工效率高，但抗冲击能力差。

硬质合金普通外螺纹车刀的几何角度如图 6-15 所示。在车削螺距较大（P>2 mm）以及材料硬度较高的螺纹时，在车刀两侧切削刃上磨出 $b_{\gamma1}$=0.2 ~ 0.4 mm、γ_{o1}=−5°的倒棱。刀尖和左、右侧切削刃还要经过精细研磨。

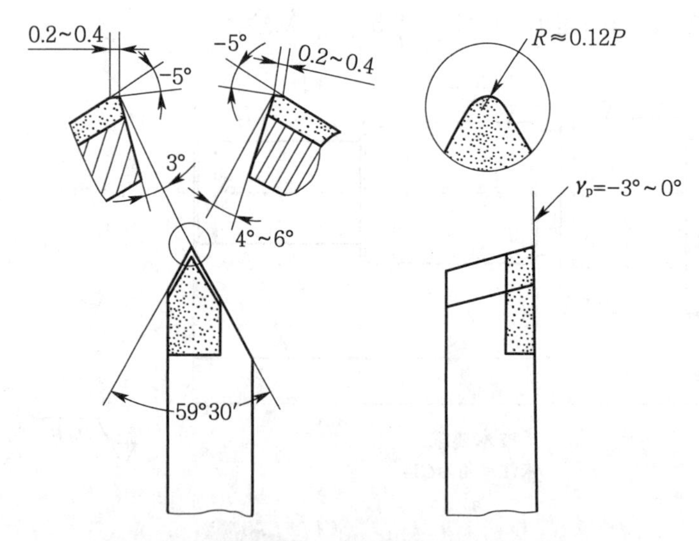

图 6-15　硬质合金普通外螺纹车刀的几何角度

二、高速车削普通外螺纹

1. 高速车削普通外螺纹前的外径

高速车削普通外螺纹时，为了防止切屑使牙侧起毛刺，不宜采用斜进法和左右切削法，只能用直进法车削。高速车削普通外螺纹时，工件受车刀挤压后会使外螺纹大径尺寸变大。因此，车削螺纹前的外圆直径应比螺纹大径小些。当螺距为 1.5 ~ 3.5 mm 时，车削螺纹前的外径一般可以减小 0.2 ~ 0.4 mm。

2. 高速车削普通外螺纹时车刀的装夹

高速车削普通外螺纹时车刀的装夹方法与低速车削普通外螺纹的装刀方法基本相同。为了防止高速车削时产生振动和扎刀现象，车刀刀尖应高于工件轴线 0.1 ~ 0.2 mm。

3. 高速车削普通外螺纹的进刀方法

用硬质合金车刀高速车削普通外螺纹时，一般用直进法进刀；对螺距稍大的螺纹可用微量斜进法，但需注意不要挤掉刀片。

三、高速车削普通外螺纹时的切削用量

用硬质合金车刀高速车削中碳钢或中碳合金钢螺纹时，其进给次数可参考表 6-24。

表 6-24 高速车削中碳钢或中碳合金钢螺纹的进给次数

螺距 /mm		1.5 ~ 2	3	4	5	6
进给次数	粗车	2 ~ 3	3 ~ 4	3 ~ 4	3 ~ 4	3 ~ 4
	精车	1	2	2	2	2

高速车削普通外螺纹时，背吃刀量开始时应大一些，以后逐步减小，但最后一刀不能小于 0.1 mm，其切削用量的推荐值见表 6-25。

表 6-25 高速车削普通外螺纹时切削用量的推荐值

工件材料	刀具材料	螺距 /mm	切削速度 v_c/（m · min^{-1}）	背吃刀量 a_p/mm
45 钢	P10	2	60 ~ 90	加工余量 2 ~ 3 次去除
铸铁	K20	2	粗车：15 ~ 30	粗车：0.2 ~ 0.4
			精车：15 ~ 25	精车：0.05 ~ 0.10

例 6–2 车削螺距 P=2 mm 的螺纹，其进给次数和背吃刀量应如何分配?

解：车削螺距 P=2 mm 螺纹的总背吃刀量 $a_p \approx 0.65P$=1.3 mm。

其进给次数和背吃刀量的分配情况如图 6-16 所示。

粗加工背吃刀量如下：

第 1 次的背吃刀量 a_{p1}=0.6 mm；

第 2 次的背吃刀量 a_{p2}=0.4 mm；

第 3 次的背吃刀量 a_{p3}=0.2 mm。

精加工背吃刀量（第 4 次的背吃刀量）a_{p4}=0.1 mm。

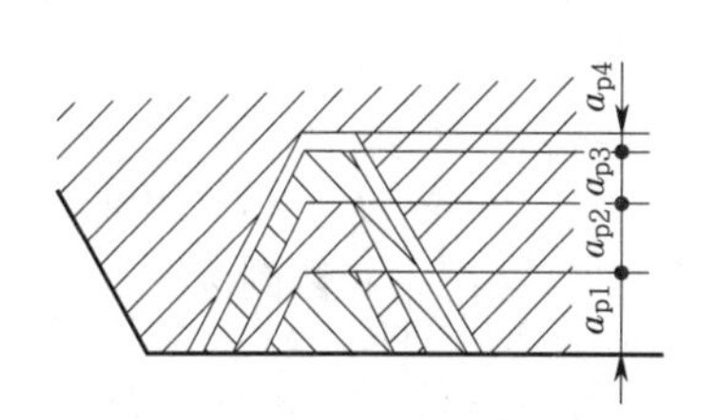

图 6-16 背吃刀量的分配情况

任务实施

一、准备工作

1. 工件

毛坯尺寸：ϕ35 mm×185 mm。材料：45 钢。数量：1 件/人。

2. 工艺装备

准备 45°车刀、90°车刀、车槽刀、硬质合金普通外螺纹车刀、螺纹样板、0 ~ 25 mm 和 25 ~ 50 mm 千分尺、分度值为 0.02 mm 的 0 ~ 200 mm 游标卡尺、M33×2 螺纹环规。

3. 设备

准备 CA6140 型卧式车床。

二、操作步骤

车削螺杆的操作步骤见表 6-26。

表 6-26　车削螺杆的操作步骤

步骤	内容	图示
步骤 1：刃磨并装夹硬质合金普通外螺纹车刀	（1）前角取 0° ~ 3°，以提高刀尖强度	
	（2）用对刀样板检查刀尖角	
	（3）用油石研光车刀两侧倒棱	

续表

<table>
<tr><th>步骤</th><th>内容</th><th>图示</th></tr>
<tr><td rowspan="2">步骤 1：刃磨并装夹硬质合金普通外螺纹车刀</td><td>（4）先调整螺纹车刀的高度</td><td></td></tr>
<tr><td>（5）然后用螺纹对刀样板将车刀装正</td><td>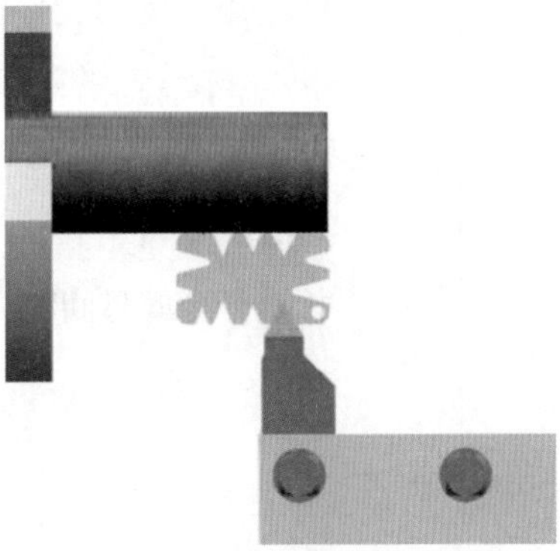</td></tr>
<tr><td>步骤 2：调整车床</td><td>（1）先调整中滑板、小滑板的间隙和松紧度</td><td>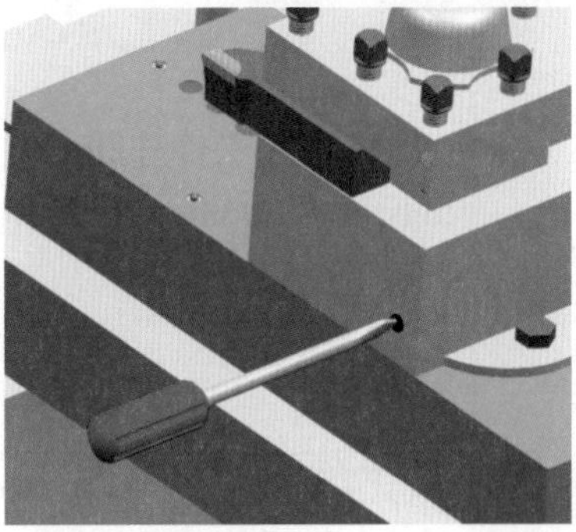
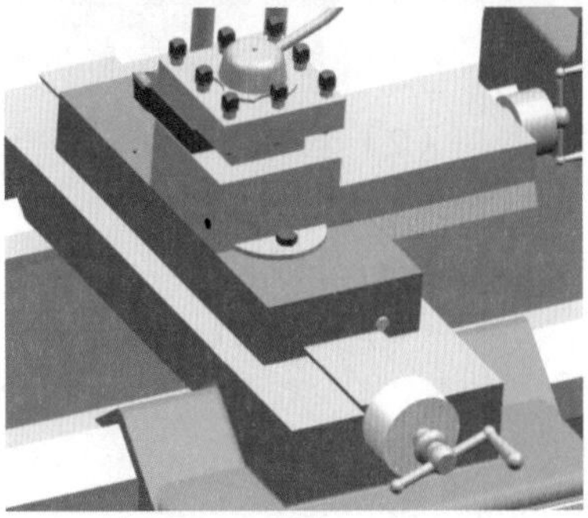</td></tr>
</table>

续表

步骤	内容	图示
步骤 2：调整车床	（2）检查摩擦离合器、制动器是否灵活 （3）根据工件进刀和退刀距离，选择主轴转速为 710 r/min	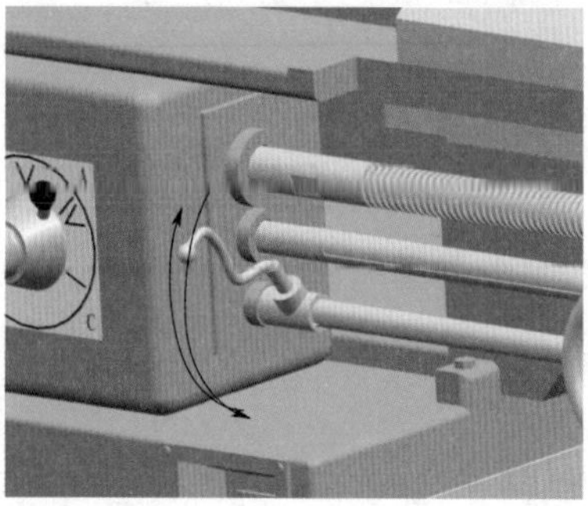
	（4）检查开合螺母间隙	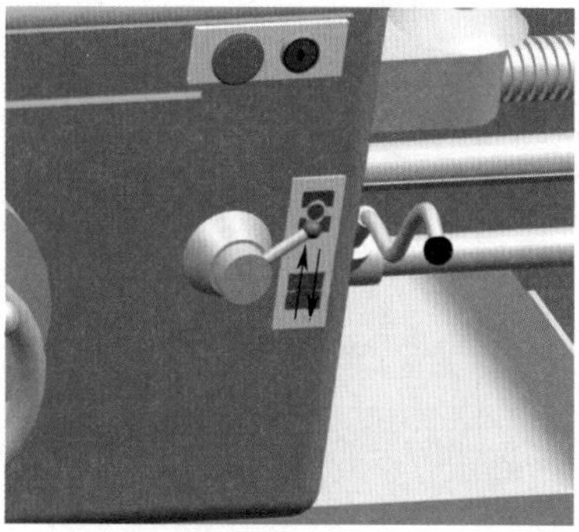
步骤 3：车左端外圆	（1）夹住工件外圆，伸出长度为 30 mm，找正并夹紧	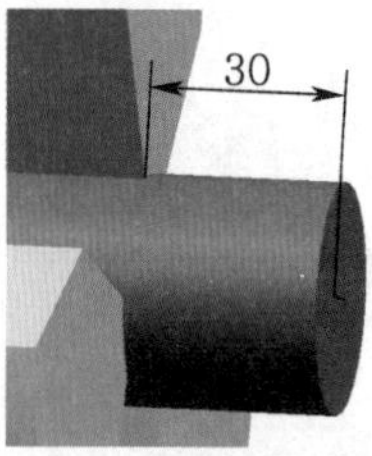
	（2）车端面 （3）车左端 ϕ25 mm × 20 mm 外圆 （4）倒角 C1 mm	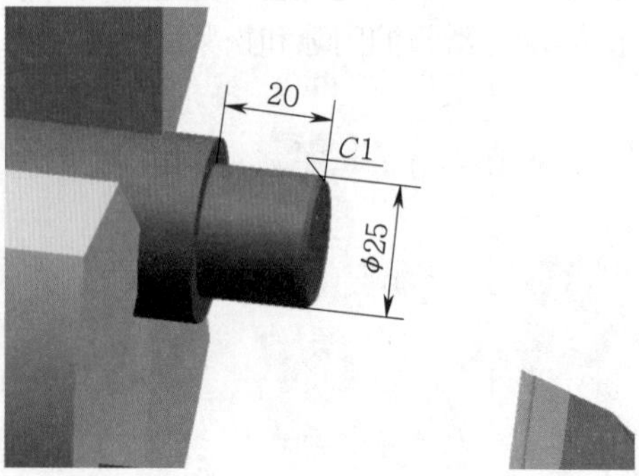

续表

步骤	内容	图示
步骤4：高速车削右端外圆和退刀槽	（1）将工件掉头装夹，伸出长度为100 mm，找正并夹紧	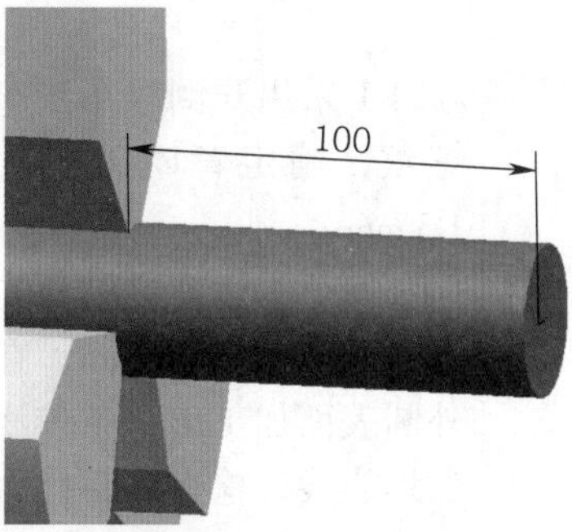
	（2）车平端面 （3）将M33×2的螺纹外圆车成ϕ32.8 mm	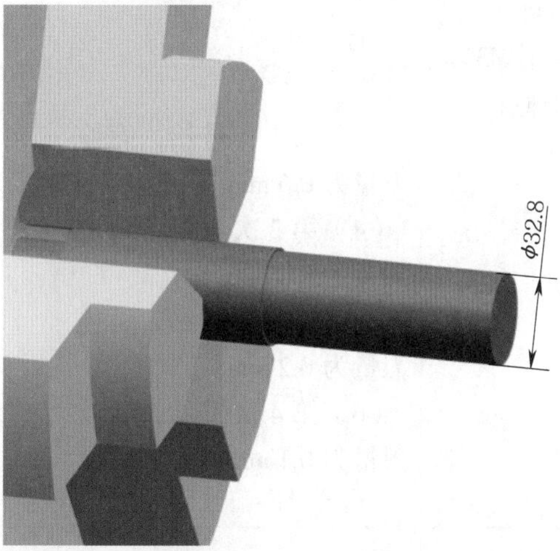
	（4）车右端ϕ24 mm×40 mm外圆	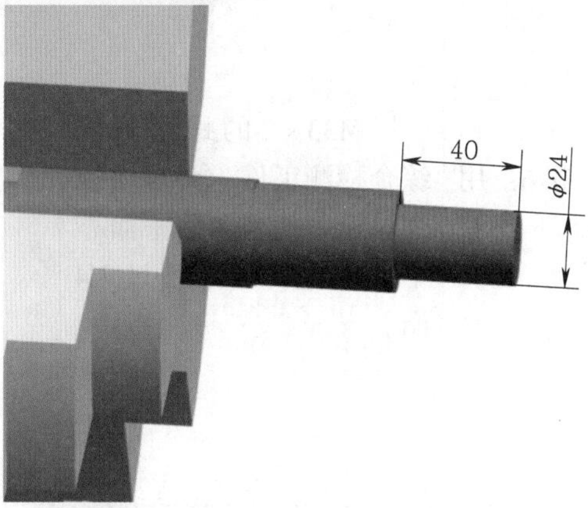
	（5）将螺纹退刀槽车成6 mm×2 mm，保证螺纹和退刀槽部分的长度为48 mm （6）倒角C1 mm	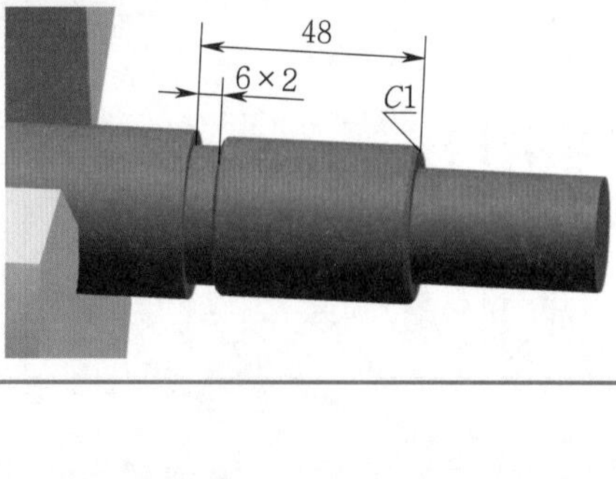

续表

步骤	内容	图示
步骤5：高速车削M33×2的螺纹	（1）采用开倒顺车法车螺纹，确定背吃刀量为1.3 mm （2）正常切削进给前先微量进给约0.50 mm，在外圆表面加工出一条较浅的螺旋线，检查螺距是否正确	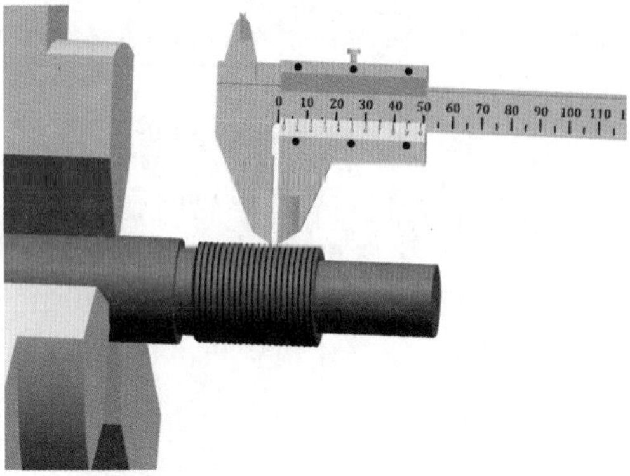
	（3）第1次进给，背吃刀量为0.6 mm （4）第2次进给，背吃刀量为0.4 mm （5）第3次进给，背吃刀量为0.2 mm （6）第4次进给，背吃刀量为0.1 mm	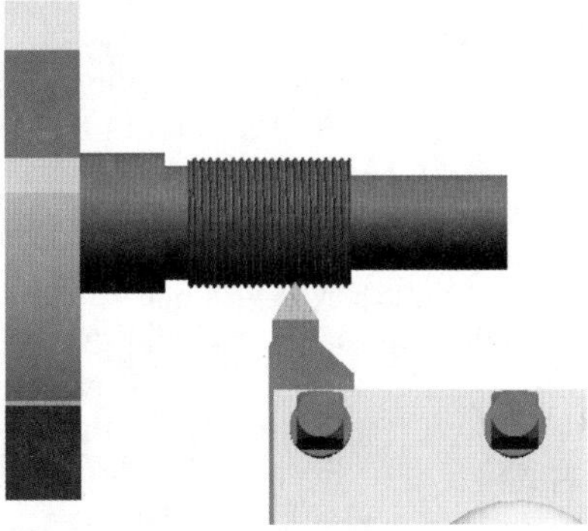
步骤6：用螺纹环规综合检测	用M33×2的螺纹环规综合检测工件（要求通规通过退刀槽与台阶平面靠平，止规旋入不超过3/4圈）	
步骤7：卸下工件	检测合格后卸下工件	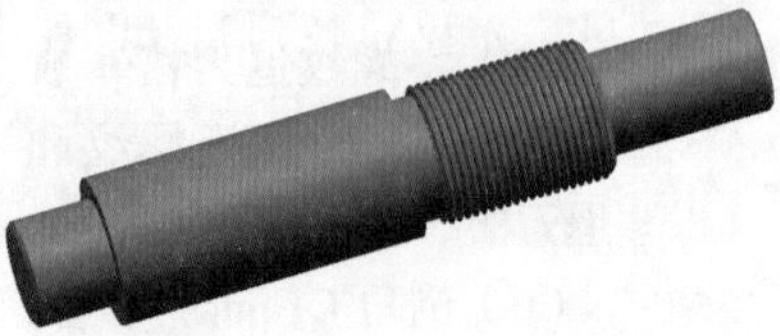

操作提示

➤ 高速车削外螺纹，不论是采用开倒顺车法，还是采用提开合螺母法，都要求车床各调整点准确、灵活，而且机构不松动。

➤ 高速车削螺纹时切削力较大，必须将工件和车刀夹紧，必要时应对工件增加轴向定位装置，以防工件移位。

➤ 车削过程中一般不需加注切削液。

➤ 若车刀崩刃，应立即停止车削，清除嵌入工件的硬质合金碎粒，然后用高速钢螺纹车刀低速修整有伤痕的牙型侧面。

➤ 高速车削螺纹时，最后一刀的背吃刀量一般要大于 0.1 mm；否则会增大表面粗糙度值。

➤ 应使切屑向垂直于螺纹轴线的方向排出；否则，切屑向倾斜方向排出，会拉毛螺纹牙侧。

➤ 车削时要集中精力，胆大心细，在有台阶的工件上高速车螺纹时要及时退刀，以防碰撞工件和卡爪，其退刀路线如图 6-17 所示。

➤ 不能用手去摸螺纹表面，也不能用棉纱擦工件；否则，会使棉纱卷入工件而连带将手指一起卷进去，造成事故。

➤ 用量具检查螺纹时，应先用锉刀或油石修去螺纹牙顶的毛刺。

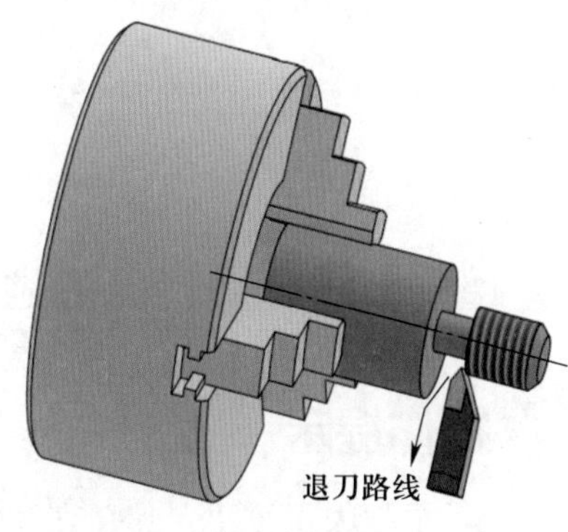

图 6-17　高速车螺纹的退刀路线

三、结束工作

加工完毕，卸下工件，仔细测量各部分尺寸，对自己的练习件进行评价。针对出现的质量问题，分析产生原因，并总结出改进措施。最后，清点工具，收拾工作场地。

任务五　低速车削普通内螺纹

学习目标

1. 能选择、刃磨并正确装夹普通内螺纹车刀。
2. 能确定车普通内螺纹前的底孔直径。
3. 具备普通内螺纹的车削技能。

任务描述

图 6-18 所示为带普通内螺纹的螺孔垫圈，本任务要在 CA6140 型卧式车床上完成该零件的加工。该零件的主要加工内容是一通孔细牙普通内螺纹，螺距 P=2 mm。

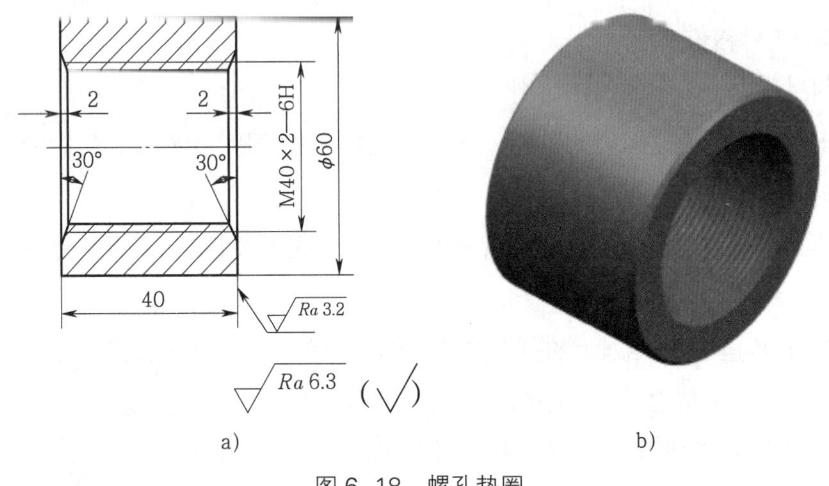

图 6-18　螺孔垫圈

a）零件图　b）实物图

普通内螺纹的车削方法与普通外螺纹的车削方法基本相同，只是进刀与退刀的方向相反。

操作提示

➤ 车削内螺纹（尤其是直径较小的内螺纹）时，由于刀具刚度较低、不易排屑、不易注入切削液及不便于观察等原因，造成车削内螺纹比车削外螺纹困难得多，必须引起足够重视，如图 6-19 所示。

图 6-19　车削内螺纹

相关理论

一、内螺纹

内螺纹通常有通孔内螺纹、盲孔内螺纹和台阶孔内螺纹三种形式，如图 6-20 所示。

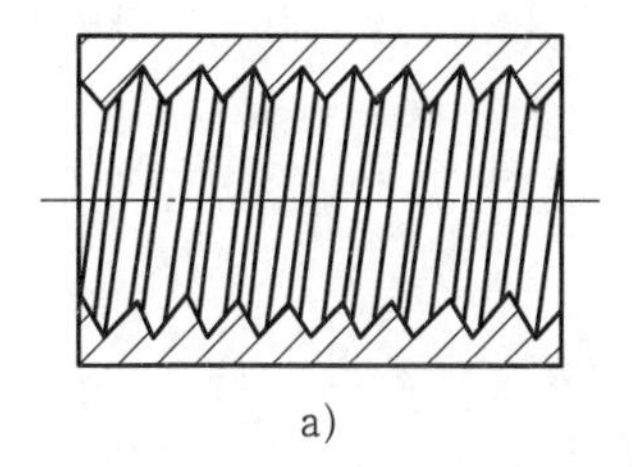

a)

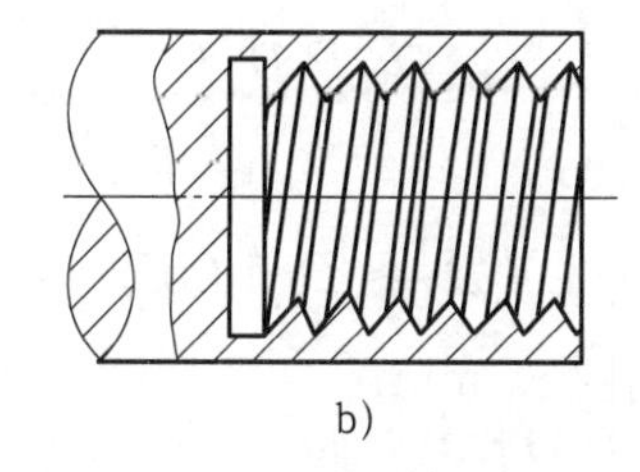

b)

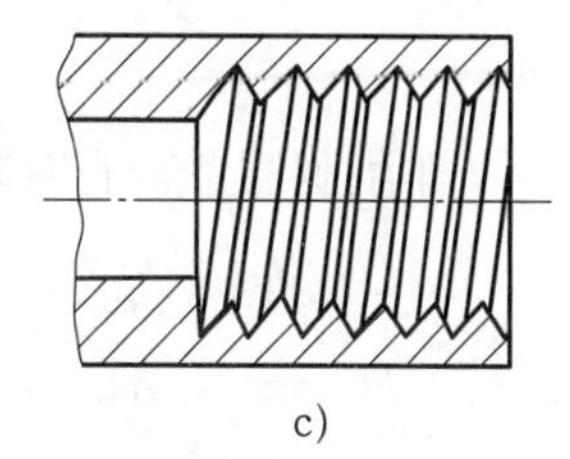

c)

图 6-20　内螺纹的形式

a）通孔内螺纹　b）盲孔内螺纹　c）台阶孔内螺纹

二、普通内螺纹车刀

车削内螺纹时，应根据螺纹形式选用不同的内螺纹车刀，如图 6-21 所示。

内螺纹车刀刀柄受螺纹孔径尺寸的限制，应在保证顺利车削的前提下使刀柄的截面积尽量选大些，一般选用车刀刀柄的径向尺寸比孔径小 3 ~ 5 mm 的螺纹车刀。如果刀柄太细，车削时容易产生振动；如果刀柄太粗，退刀时会碰伤内螺纹牙顶，甚至不能车削。

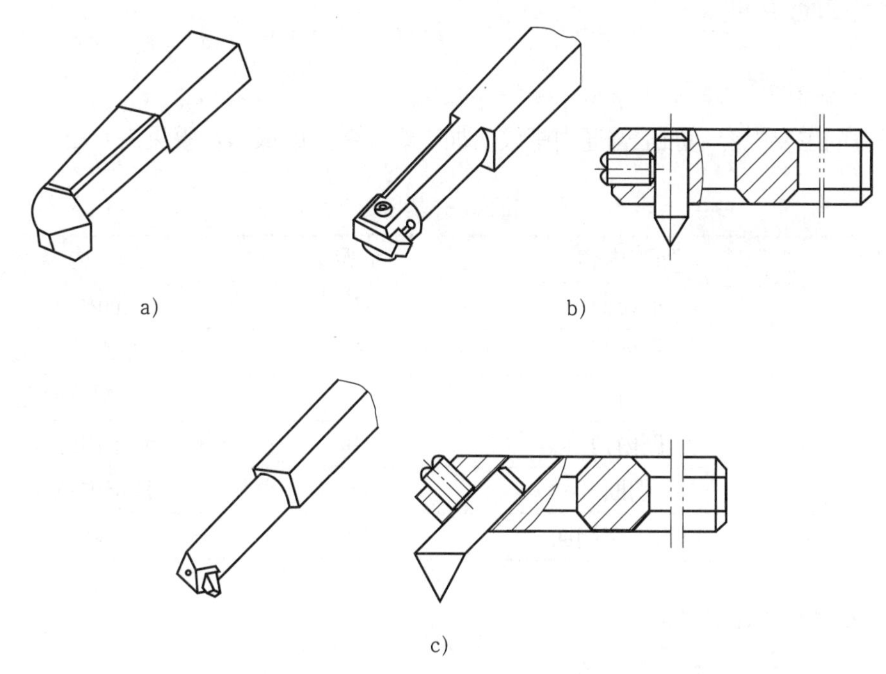

图 6-21　高速钢内螺纹车刀

a）高速钢整体式　b）垂直夹固式　c）斜槽夹固式

三、普通内螺纹底孔直径的确定

车削内螺纹时，因车刀切削时的挤压作用，内孔直径（螺纹小径）会缩小，在车削塑性金属时尤为明显，所以，车削内螺纹前的孔径 $D_{孔}$ 应比内螺纹小径 D_1 的基本尺寸略大些。车削普通内螺纹前的孔径可用下式近似计算：

车削塑性金属的内螺纹时：

$$D_{孔} \approx D-P$$

车削脆性金属的内螺纹时：

$$D_{孔} \approx D-1.05P$$

式中　$D_{孔}$——车削内螺纹前的孔径，mm；

D——内螺纹的大径，mm；

P——螺距，mm。

四、检测内螺纹

普通内螺纹一般采用螺纹塞规（见图 6-22）进行综合检测。

检测时，螺纹塞规通端能顺利拧入工件，而止端不能拧入工件，说明螺纹合格。

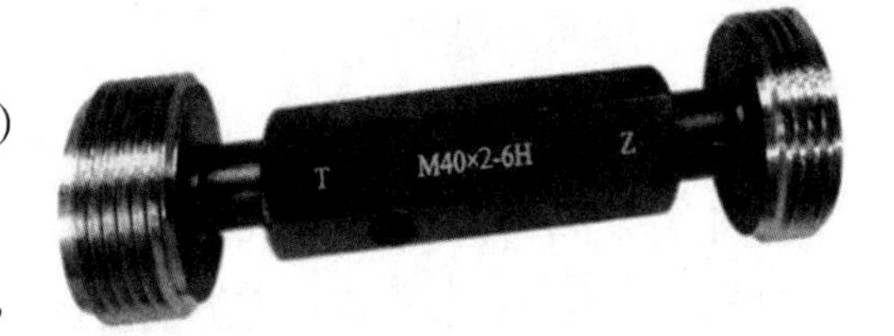

图 6-22　螺纹塞规

任务实施

一、工艺分析

本任务的主要内容是加工普通内螺纹，加工螺孔垫圈的操作步骤见表 6-27。

表 6-27　加工螺孔垫圈的操作步骤

步骤	加工内容	步骤	加工内容
1	车端面	7	倒内角
2	车外圆	8	粗车螺纹底孔
3	钻孔	9	精车螺纹底孔
4	倒内角	10	粗车内螺纹
5	切断	11	精车内螺纹
6	掉头，车端面	12	检测

二、刃磨内螺纹车刀

1. 普通内螺纹车刀的几何角度

图 6-23 所示为高速钢普通内螺纹车刀的几何角度。

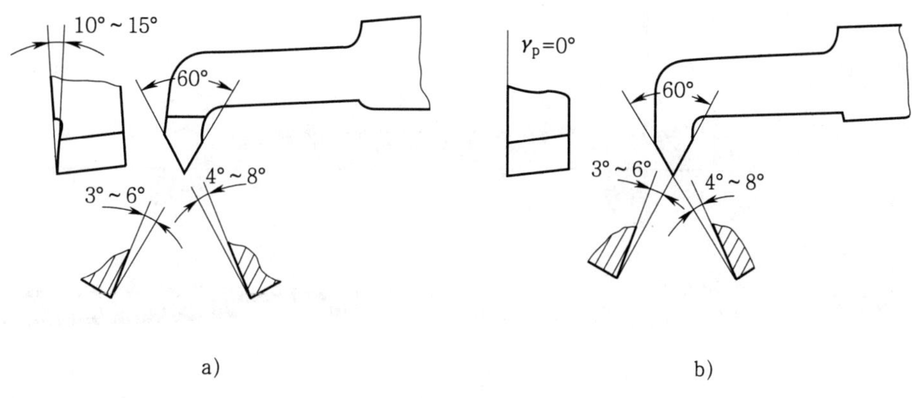

图 6-23 高速钢普通内螺纹车刀的几何角度

a）粗车刀 b）精车刀

操作提示

➤ 根据所加工内螺纹的结构特点选择合适的内螺纹车刀。

➤ 由于内螺纹车刀的尺寸受内螺纹孔的限制，因此，内螺纹车刀刀柄的径向尺寸应比螺纹孔径小 3 ~ 5 mm；否则，退刀时易碰伤螺纹牙顶，甚至无法车削。

➤ 在选择内螺纹车刀时，也要注意内孔车刀的刚度和排屑问题。

➤ 内螺纹车刀除了其切削刃几何角度应具有外螺纹车刀的特点，还应具有内孔车刀的特点。

2. 刃磨及装夹内螺纹车刀的操作准备

准备 8 mm × 20 mm 高速钢刀条、细粒度砂轮（如 F80 的白刚玉砂轮）、防护眼镜、游标万能角度尺和螺纹对刀样板，如图 6-24 所示。

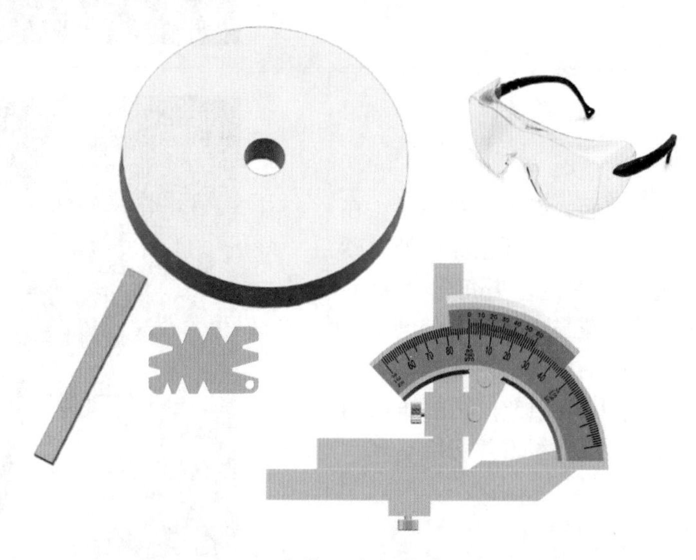

图 6-24 刃磨普通内螺纹车刀操作准备

3. 内螺纹车刀的刃磨步骤

刃磨内螺纹车刀的操作步骤见表 6-28。

表 6-28 刃磨内螺纹车刀的操作步骤

步骤	内容	图示
步骤 1：刃磨刀柄伸出部分	根据螺纹长度和牙型深度，刃磨出留有刀头的刀柄伸出部分	
步骤 2：刃磨进给方向后面，控制刀尖半角和后角	刃磨进给方向后面，控制刀尖半角 $\varepsilon_r/2$ 和后角 $\alpha_{oe}+\psi$（此时刀柄与砂轮圆周夹角约为 $\varepsilon_r/2$，面向外侧倾斜 $\alpha_{oe}+\psi$）	
步骤 3：刃磨背离进给方向后面，初步形成两刃夹角	刃磨背离进给方向后面，以初步形成两刃夹角，控制刀尖角 ε_r 和后角 $\alpha_{oe}-\psi$（此时刀柄与砂轮圆周夹角约为 $\varepsilon_r/2$，面向外侧倾斜 $\alpha_{oe}-\psi$）	
步骤 4：刃磨前面，形成背前角	刃磨前面，以形成背前角（在离开刀尖、大于牙型深度处以砂轮边角为支点，夹角等于背前角，使火花最后在刀尖处磨出）。粗磨车刀前面时，形成粗车刀背前角 γ_p=10° ~ 15°；精磨车刀前面时，形成精车刀背前角 γ_p=0°	

续表

步骤	内容	图示
步骤5：粗、精磨后面，用螺纹对刀样板测量刀尖角	粗、精磨后面，并用螺纹对刀样板测量刀尖角（测量时样板应与车刀基面平行，用透光法检查）	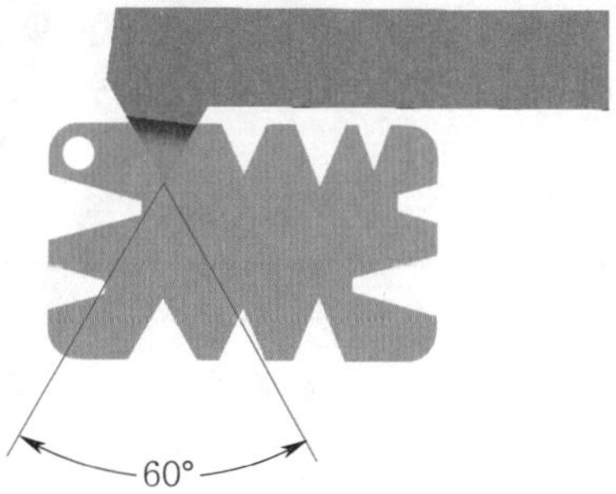 60°
步骤6：修磨刀尖	修磨刀尖（刀尖过渡棱宽度约为0.1P）	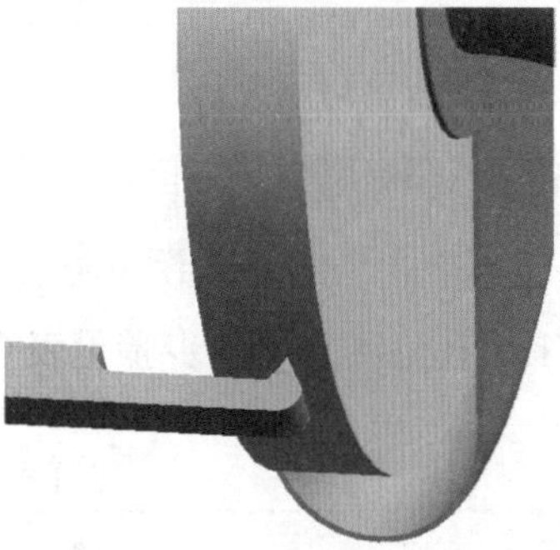
步骤7：磨背后角	磨出径向进给方向背后角，防止与螺纹牙顶相碰（可磨出圆弧或者磨成两个背后角）	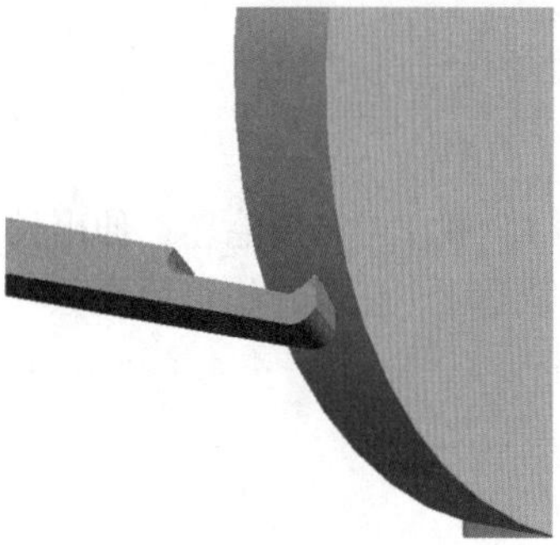

三、车削螺孔垫圈的操作

1. 工件

准备ϕ65 mm×80 mm的45钢棒料。

2. 工艺装备

准备高速钢内螺纹车刀、麻花钻、外圆车刀、端面车刀、切断刀、螺纹对刀样板、分度值为0.02 mm的0 ~ 150 mm游标卡尺、内测千分尺、螺纹样板和螺纹塞规等，如图6-25所示。

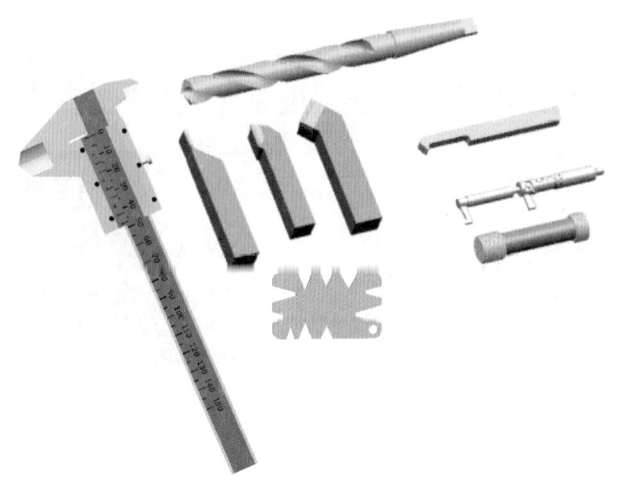

图 6-25　工艺装备

3. 设备

准备 CA6140 型卧式车床。

4. 加工螺孔垫圈的操作步骤

加工螺孔垫圈的操作步骤见表 6-29。

表 6-29　加工螺孔垫圈的操作步骤

步骤	内容	图示
步骤 1：找正并夹紧毛坯	夹持毛坯，伸出长度为 60 mm 左右，找正后夹紧	
步骤 2：调整机床，车端面	车端面（车平即可，建议选择主轴转速 n=630 ~ 800 r/min，进给量 f=0.25 ~ 0.3 mm/r）	

续表

步骤	内容	图示
步骤 3：粗、精车外圆至尺寸要求	车外圆至 ϕ60 mm × 50 mm（粗车时主轴转速 n=320 ~ 500 r/min，进给量 f=0.25 ~ 0.3 mm/r；精车时主轴转速 n=800 ~ 1 250 r/min，进给量 f=0.08 ~ 0.25 mm/r）	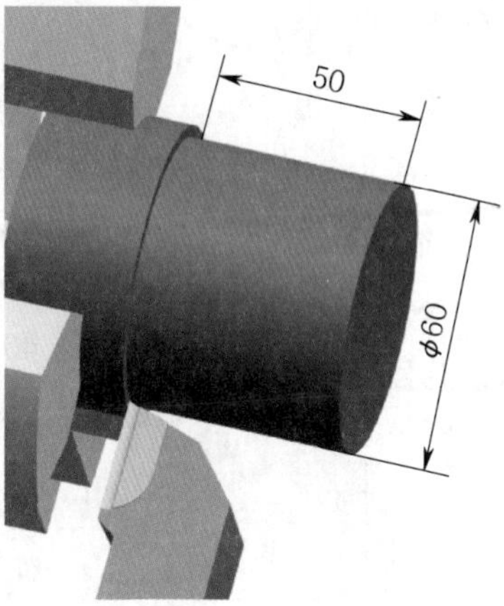 50 ϕ60
步骤 4：钻孔	钻 ϕ36 mm 孔，控制孔深尺寸	
步骤 5：切断	切断，保证总长 41 mm	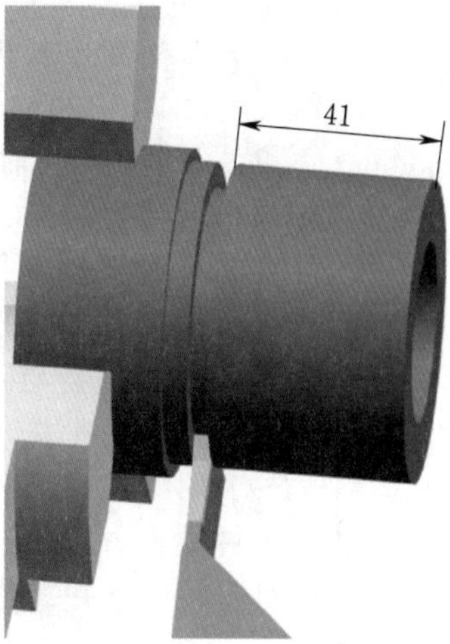 41

续表

步骤	内容	图示
步骤6：掉头装夹，车端面，保证总长	掉头夹持 ϕ60 mm 外圆，车另一端面，保证总长 40 mm	
步骤7：粗、精车螺纹底孔	粗、精车螺纹底孔至 ϕ38 mm	
步骤8：内螺纹车刀的装夹	（1）刀柄伸出长度应比内螺纹长度大 10 ~ 20 mm （2）刀尖应与主轴轴线等高。如果车刀装得过高，车削时工件容易产生振动，使螺纹表面产生鱼鳞斑；如果车刀装得过低，刀头下部会与工件产生摩擦，车刀切不进去 （3）用螺纹对刀样板侧面靠平工件端面，刀尖进入样板槽内对刀，调整并夹紧车刀	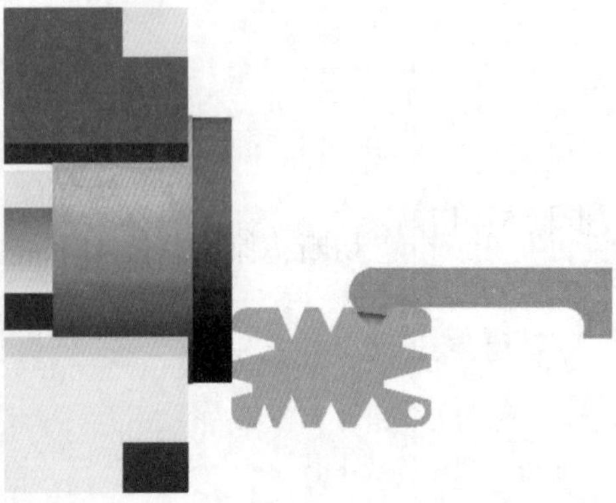

续表

步骤	内容	图示
步骤8：内螺纹车刀的装夹	（4）装夹后车刀应在孔内手动试车一次，以防止刀柄与内孔相碰 （5）车刀装夹好后，启动车床对刀，记住中滑板刻度（或将中滑板刻度盘调至“0”位）	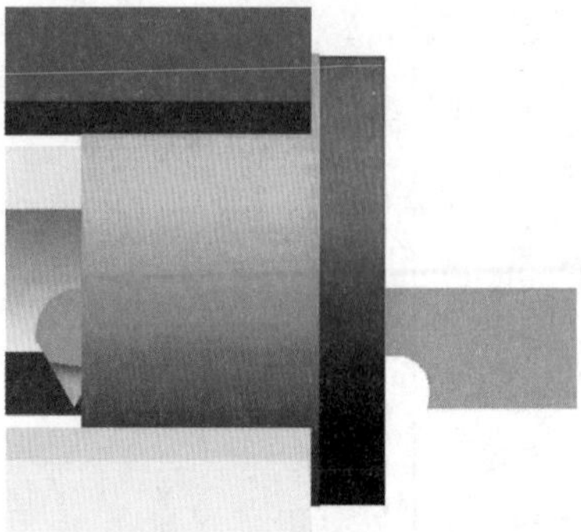
	（6）在车刀刀柄上做标记或用床鞍手轮刻度控制螺纹车刀在孔内车削的长度	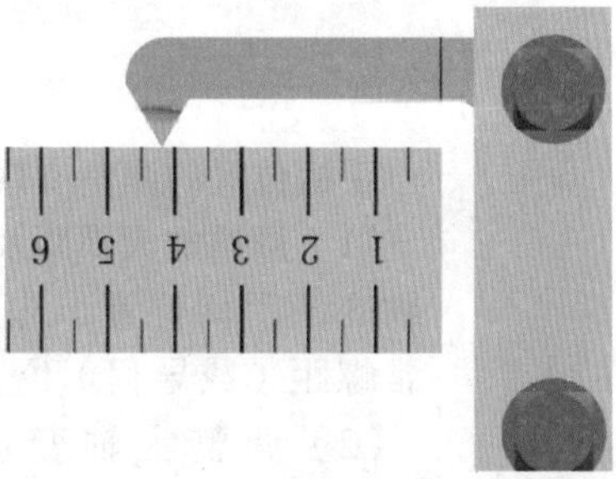 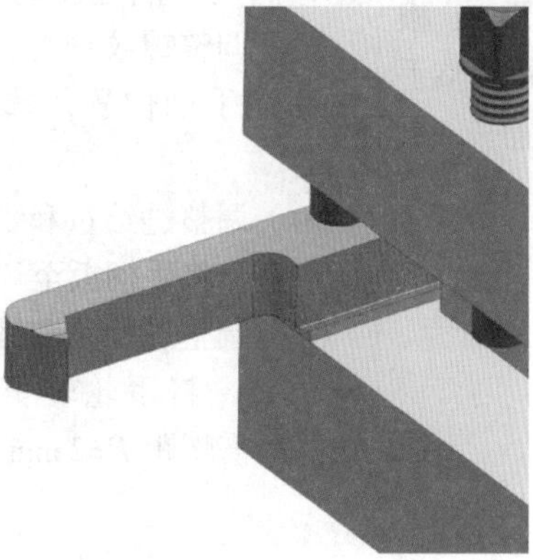
步骤9：孔口倒角	两端孔口倒角 2 mm × 30°	

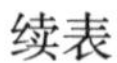
续表

步骤	内容	图示
步骤 10：根据螺距调整手柄位置	手柄位置的调整步骤如下： （1）调整加大螺距及左、右螺纹变换手柄位置，选择右旋正常螺距（或导程）位置 1/1 （2）调整主轴变速手柄位置，满足切削速度的要求 （3）调整螺纹种类和丝杠、光杠变换手柄位置，选择手柄位置 B （4）调整进给量和螺距变换手柄位置，将手柄扳至“Ⅱ” （5）调整进给量和螺距变换手轮位置，将手轮转至“3”，以选择所需螺距 P=2 mm	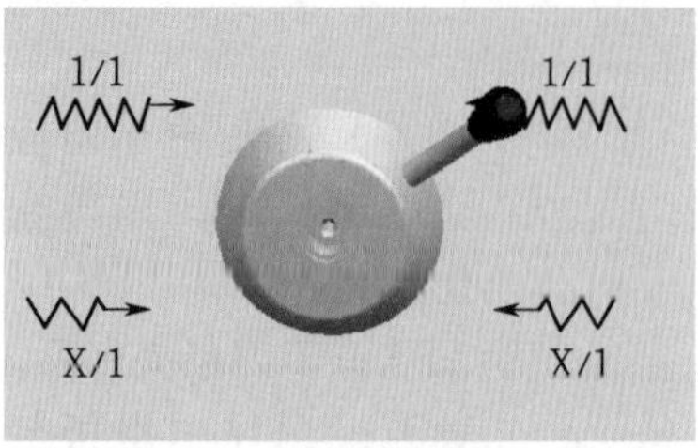 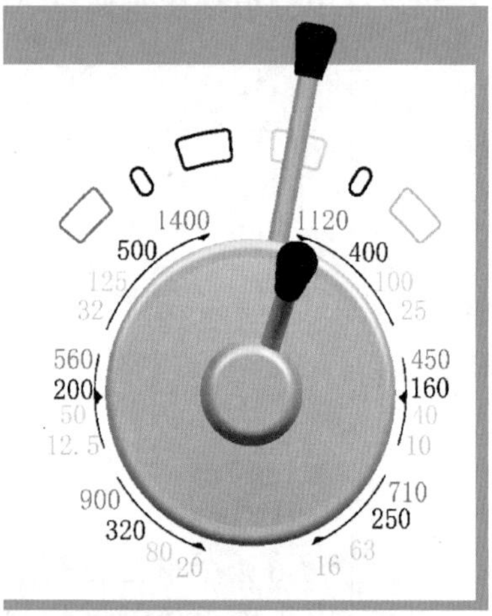  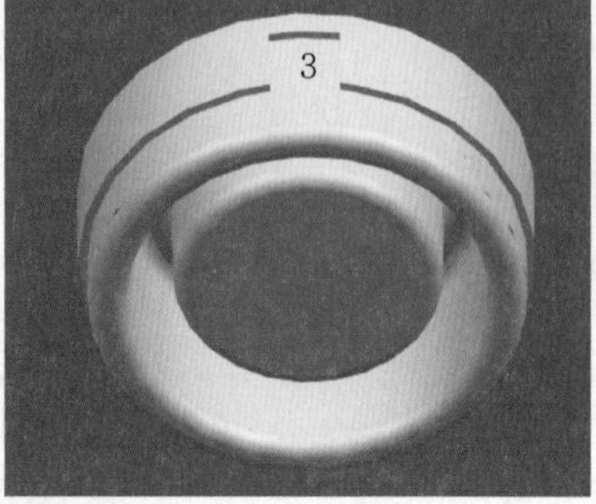

续表

步骤	内容	图示
步骤 11：车削内螺纹	采用开倒顺车法	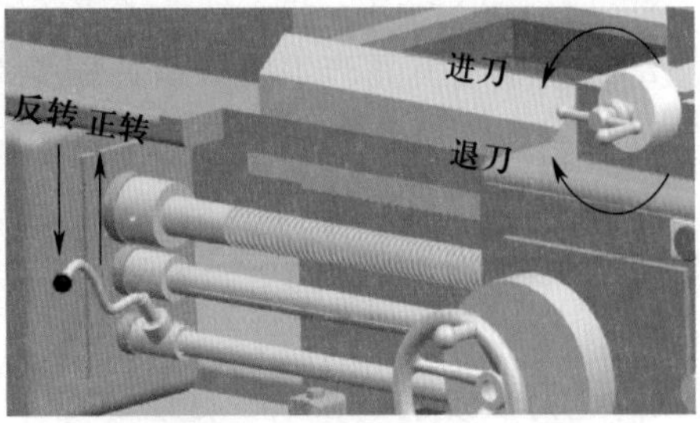
	采用直进法粗车、精车内螺纹 M40 × 2—6H 达到图样要求	
步骤 12：用螺纹塞规进行检测	（1）检测时，若螺纹塞规通端能顺利拧入工件，而止端不能拧入工件，说明螺纹合格	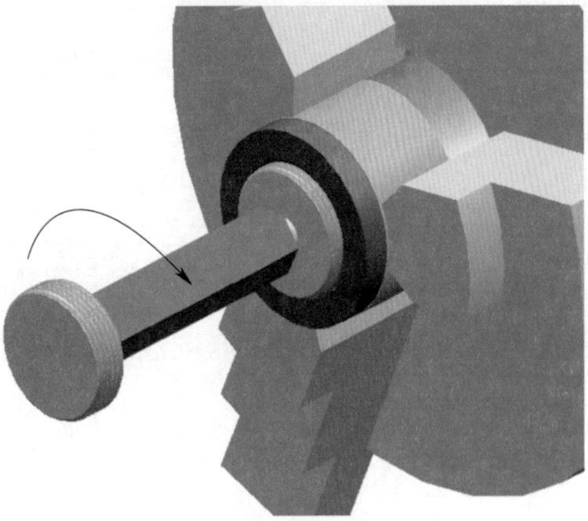
	（2）检测合格后卸下工件	

操作提示

➢ 装夹内螺纹车刀时，车刀刀尖应对准工件轴线。如果车刀装得过高，车削时容易引起振动，使螺纹表面产生鱼鳞斑；如果车刀装得过低，刀头下部会与工件产生摩擦，车刀切不进去。

➢ 应将中滑板和小滑板适当调紧些，以防车削时中滑板和小滑板产生位移而造成螺纹乱牙。

➢ 退刀要及时、准确。退刀过早，螺纹未车完；退刀过迟，刀架容易碰撞到工件端面。

➢ 进刀量不宜过多，以防精车螺纹时没有余量。

➢ 精车时必须保持车刀锋利；否则容易产生让刀现象，导致螺纹产生锥度误差。一旦产生锥度误差，不能盲目增大背吃刀量，而应让螺纹车刀在原背吃刀量上反复进行无进给车削来消除误差。

➢ 工件在回转中不能用棉纱擦拭内孔，绝对不允许用手指摸内螺纹表面，以免将手指卷入而发生事故。

➢ 车盲孔螺纹或台阶孔螺纹时若车刀碰撞孔底，应及时重新对刀，以防因车刀移位而造成乱牙。

➢ 车盲孔螺纹或台阶孔螺纹时还需车好内槽，内槽直径应大于内螺纹大径，槽宽为（2 ~ 3）P。

四、结束工作

加工完毕，卸下工件，仔细测量各部分尺寸，对自己的练习件进行评价。针对出现的质量问题，分析产生原因，并总结出改进措施。最后，清点工具，收拾工作场地。

项目七
滚花、车成形面和车偏心工件

任务一 滚 花

学习目标

1. 能选用及装夹滚花刀。
2. 能确定滚花前工件的直径。
3. 掌握滚花的工作要点，具备滚花的技能。

任务描述

本任务的加工内容是把 ϕ42 mm × 100 mm 的毛坯加工成图 7-1 所示的滚花销。

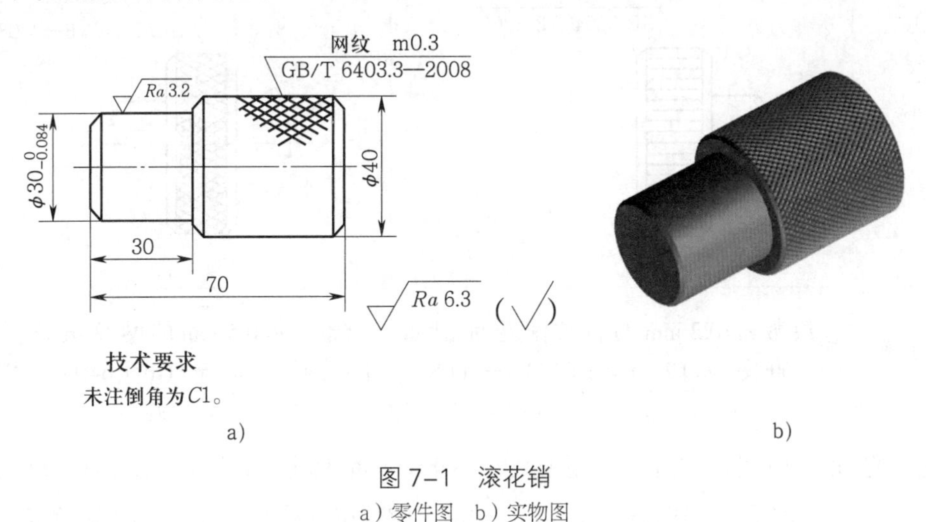

图 7-1 滚花销
a）零件图 b）实物图

相关理论

一、滚花的花纹

千分尺的微分筒、车床中滑板刻度盘等工具和零件的捏手部分都经过滚花加工。滚花的目的是增大摩擦力或使零件表面美观，常在零件表面滚压出各种不同的花纹，如图 7-2 所示。

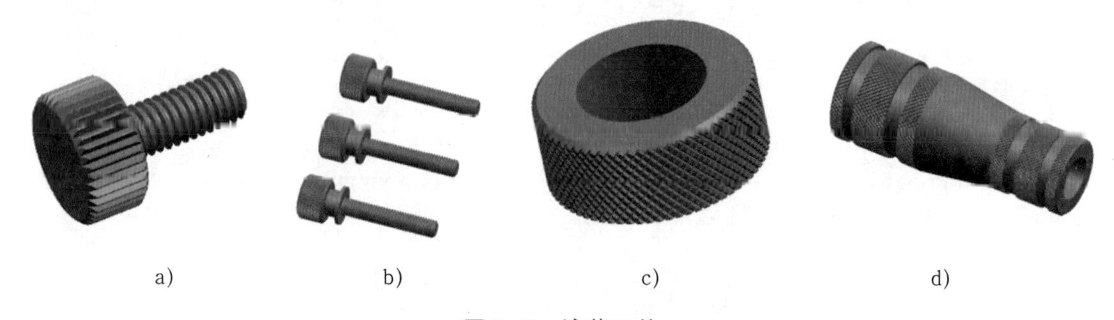

a)　　b)　　c)　　d)

图 7-2　滚花工件

a）直纹滚花螺钉　b）网纹滚花螺钉　c）滚花垫圈　d）滚花手柄

在车床上用滚花刀在工件表面滚压出花纹的加工称为滚花。滚花过程是利用滚花刀的滚轮滚压工件表面的金属层，使其产生一定的塑性变形而形成花纹。

滚花花纹的种类和标记示例见表 7-1。

表 7-1　滚花花纹的种类和标记示例

种类	直纹花纹	网纹花纹
图示	直纹　m0.2 GB/T 6403.3—2008	网纹　m0.5 GB/T 6403.3—2008 30° 30°
标记示例	模数 m=0.2 mm 的直纹滚花标记如下：直纹　m0.2　GB/T 6403.3—2008	模数 m=0.5 mm 的网纹滚花标记如下：网纹　m0.5　GB/T 6403.3—2008

花纹的粗细由节距 P 决定，并用模数 m 区分，模数越大，花纹越粗。滚花花纹的粗细应根据工件滚花表面的直径选择，直径大，选用大模数花纹；直径小，则选用小模数花纹。

相关国家标准规定，零件上的滚花一般采用在轮廓线附近用粗实线局部画出的方法表示，也可省略不画。

二、滚花刀的种类

滚花刀的种类、结构和用途见表 7-2。

表 7-2 滚花刀的种类、结构和用途

种类	单轮滚花刀	双轮滚花刀	六轮滚花刀
图示	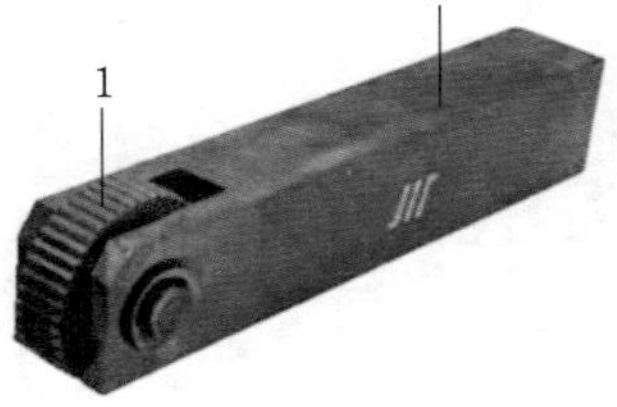 1—滚轮 2—刀柄	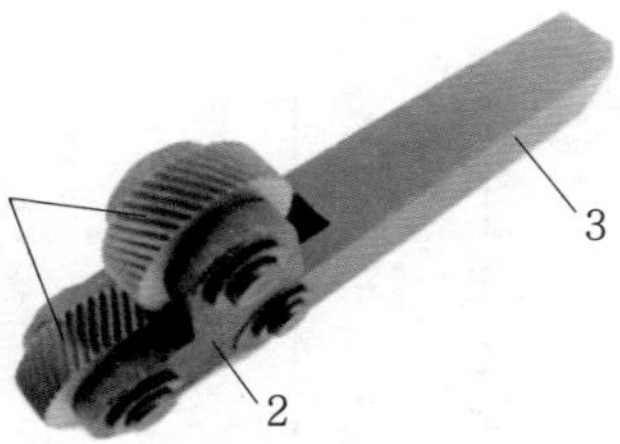 1—滚轮 2—浮动连接头 3—刀柄	
滚轮	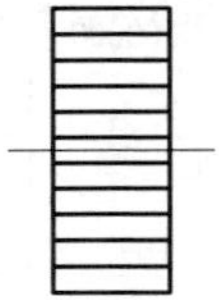 	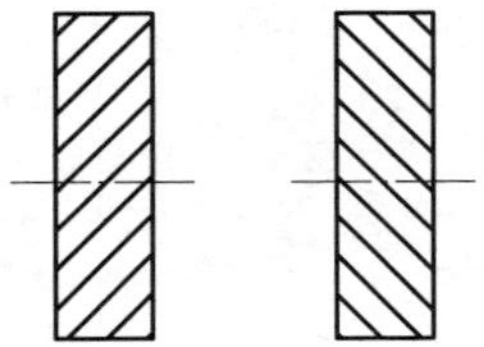 轮 1 轮 2 	
结构	由直纹滚轮和刀柄组成	由两个旋向不同的滚轮、浮动连接头和刀柄组成	由三对不同模数、不同旋向的滚轮，通过浮动连接头与刀柄组成一体
用途	用于滚直纹花纹	用于滚网纹花纹	可根据需要滚出三种不同模数的网纹花纹，应用较广泛

三、滚花的方法

滚花的方法见表 7-3。

表 7-3　滚花的方法

内容	图示	说明
确定滚花前工件的直径	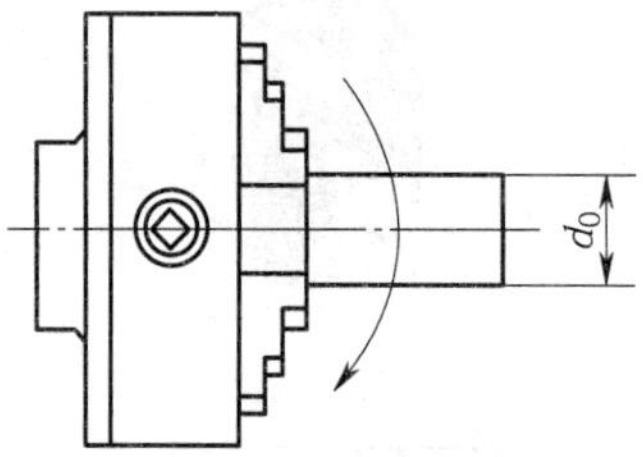	随着花纹的形成，滚花后的工件直径会增大。因此，在滚花前滚花表面的直径 d_0 根据工件材料的性质和花纹的大小相应减小，即：$d_0=d-(0.8\sim1.6)m$ 式中　d_0——滚花前圆柱表面的直径，mm； d——滚花后滚花表面的直径，mm； m——模数，mm
滚轮表面与工件表面接触	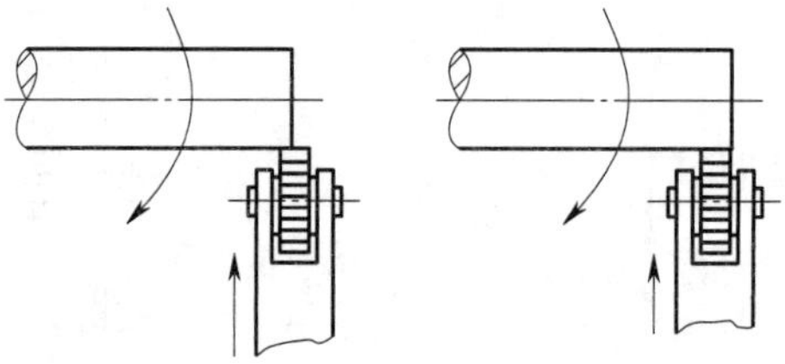 a）正确　b）错误	为了减小滚花开始时的径向力，可以使滚轮表面宽度的 1/3 ~ 1/2 与工件表面接触，使滚花刀更容易切入工件表面
滚轮轴线与工件回转轴线平行	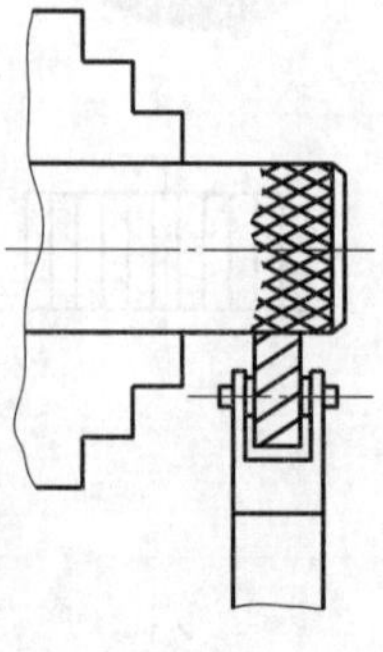	滚压有色金属或滚花表面要求较高的工件时，滚花刀滚轮轴线与工件回转轴线平行

续表

内容	图示	说明
滚轮表面向右倾斜 3° ~ 5°		滚压碳钢或滚花表面质量要求一般的工件时，可将滚轮表面相对于工件表面向右倾斜 3° ~ 5°装夹，以使滚花刀容易切入工件表面且不易产生乱纹

任务实施

一、识读滚花销零件图

图 7-1 所示的滚花销零件图上标注了滚花的标记“网纹　m0.3　GB/T 6403.3—2008”，其含义是 m=0.3 mm 的网纹滚花。ϕ40 mm 的滚花圆柱面直径是指滚花后的尺寸，而非滚花前的直径尺寸。

二、工艺分析

该零件加工的主要内容之一是加工“网纹　m0.3　GB/T 6403.3—2008”的花纹。

1. 由于滚花时出现工件移位现象是难以避免的，因此，车削带有滚花表面的工件时，应安排在粗车之后、精车之前进行滚花。

2. 滚花前，应根据工件材料的性质和花纹模数，将工件滚花表面的直径车小（0.8 ~ 1.6）m=（0.8 ~ 1.6）×0.3 mm=0.24 ~ 0.48 mm。

3. 要选用双轮或六轮滚花刀，并装好滚花刀。

4. 滚花后再进行倒角。

三、准备工作

1. 工件

毛坯尺寸：ϕ42 mm × 100 mm。材料：45 钢。数量：1 件 / 人。

2. 工艺装备

准备 90°粗车刀、90°精车刀、45°车刀、分度值为 0.02 mm 的 0 ~ 150 mm 游标卡尺、25 ~ 50 mm 千分尺、m=0.3 mm 的双轮滚花刀、钢丝刷。

3. 设备

准备 CA6140 型卧式车床。

四、操作步骤

加工图 7-1 所示滚花销的具体操作步骤见表 7-4。

表 7-4　加工滚花销的具体操作步骤

步骤	内容	图示
步骤 1：找正并夹紧毛坯	用三爪自定心卡盘夹持工件毛坯外圆，找正并夹紧	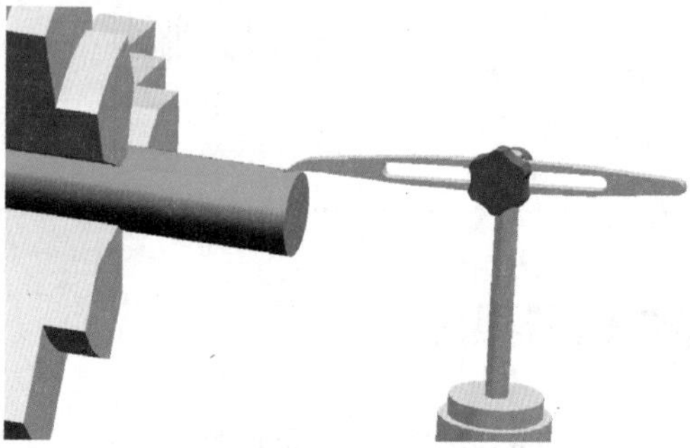
步骤 2：车端面	（1）选取进给量 f=0.20 mm/r，主轴转速 n=710 r/min，背吃刀量 a_p=1 ~ 2 mm （2）用 45° 车刀车端面（车平即可）	
步骤 3：粗车 $\phi30_{-0.084}^{\ 0}$ mm 外圆	用 90° 粗车刀将图样上 $\phi30_{-0.084}^{\ 0}$ mm 外圆粗车至 ϕ31.2 mm，长 30 mm	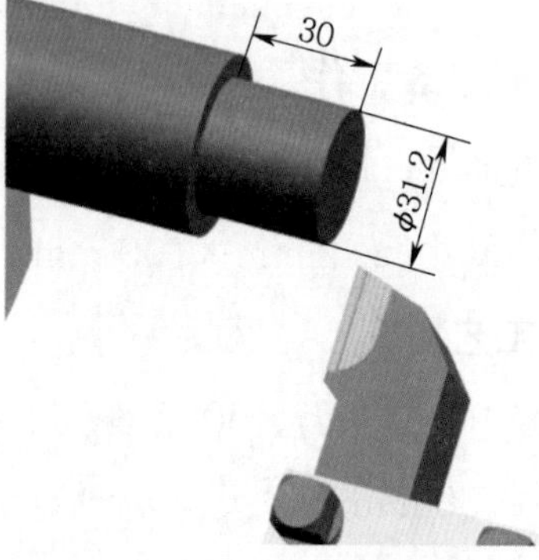

续表

步骤	内容	图示
步骤 4：掉头装夹	掉头夹持 ϕ31.2 mm 外圆，找正并夹紧	
步骤 5：车端面，初定总长，车外圆	（1）选取进给量 f=0.30 mm/r，主轴转速 n=710 r/min，背吃刀量 a_p=1 ~ 2 mm （2）用 45° 车刀车端面，保证总长 70.5 mm （3）用 90° 粗车刀将图样上 ϕ40 mm 外圆车至 ϕ39.65 mm	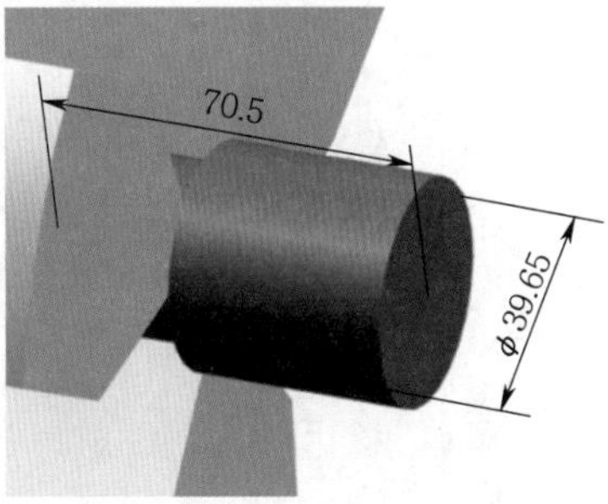
步骤 6：滚花	（1）选取主轴转速 n=63 r/min	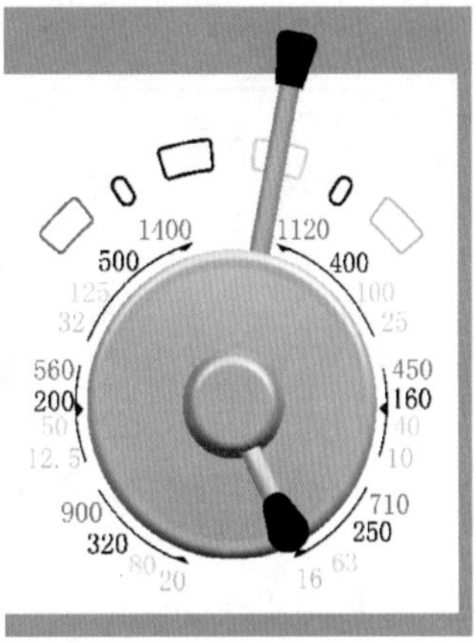

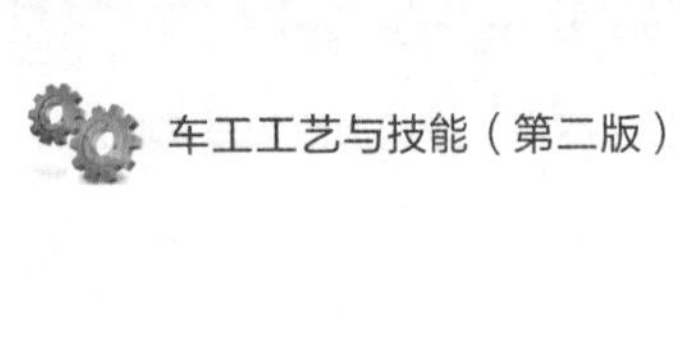

续表

步骤	内容	图示
	（2）选取进给量 f=0.30 ~ 0.60 mm/r，调整进给量变换手柄位置	
步骤 6：滚花	（3）装滚花刀，要求滚花刀的装刀中心与工件回转中心等高，并使滚花刀的滚轮表面相对于工件表面向右倾斜 3° ~ 5°	
	（4）手动试切，使滚轮表面宽度的 1/3 ~ 1/2 与工件接触，使滚花刀容易压入工件表面	

续表

步骤	内容	图示
步骤 6：滚花	（5）加注切削液，以润滑滚轮，降低切削温度	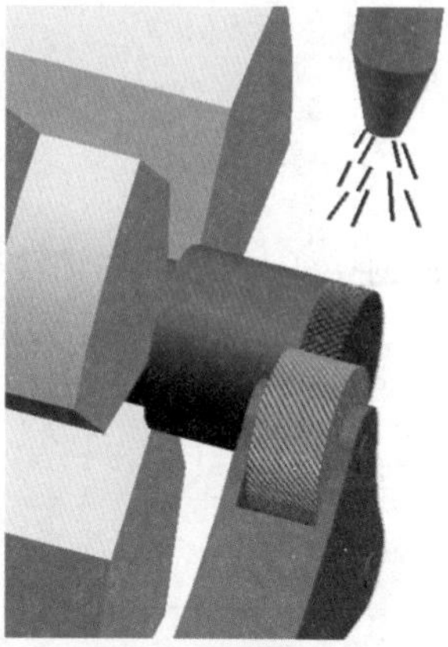
	（6）停车检查滚花花纹是否准确，确定花纹符合要求后，即可纵向机动进给	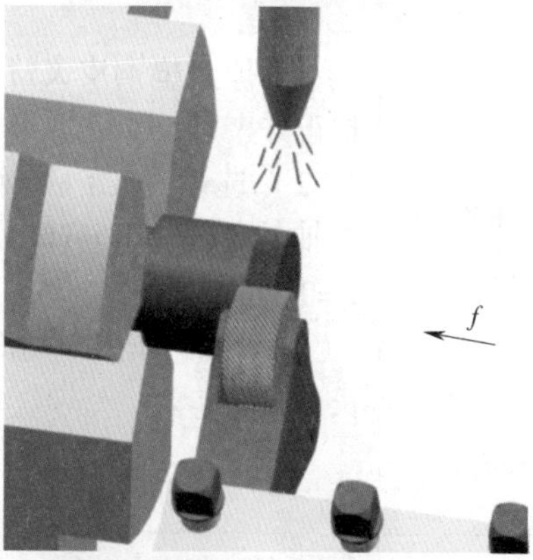 f
	（7）如此往复循环滚压 1 ~ 3 次，直至花纹凸出达到要求为止	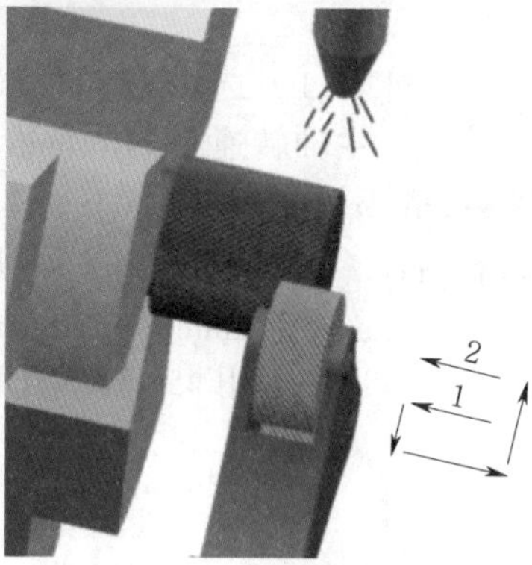 2 1
	（8）要经常用钢丝刷清除滚花刀滚轮内的切屑	

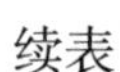
续表

步骤	内容	图示
步骤 7：倒角	（1）选取主轴转速 n=710 r/min （2）用 45° 车刀倒角 $C1$ mm	
步骤 8：保证总长	（1）掉头垫铜皮夹持滚花表面，找正并夹紧 （2）选取进给量 f=0.20 mm/r，主轴转速 n=710 r/min，背吃刀量 a_p=0.5 mm （3）用 45° 车刀车端面，保证总长 70 mm	
步骤 9：精车 $\phi30_{-0.084}^{0}$ mm 外圆	（1）选取进给量 f=0.16 mm/r，主轴转速 n=710 r/min，背吃刀量 a_p=0.6 mm （2）用 90° 精车刀精车外圆 $\phi30_{-0.084}^{0}$ mm，长 30 mm （3）用 45° 车刀倒角 $C1$ mm（2 处）	
步骤 10：检测合格后卸下工件	检测合格后卸下工件	

操作提示

➢ 滚花时的径向力很大，所用车床的刚度应较高，工件必须装夹牢固。

➢ 滚花前工件的表面粗糙度 Ra 值应为 12.5 μm。

➢ 滚花刀装夹在车床刀架上，滚花刀的滚轮中心与工件回转中心等高。

➢ 滚花时应选低的切削速度，一般为 5 ~ 10 m/min。纵向进给量可选择得大些，一般为 0.30 ~ 0.60 mm/r。

➢ 在滚花刀开始滚压时，挤压力要大且猛一些，使工件圆周上一开始就形成较深的花纹，这样就不易产生乱纹。

➢ 停车检查花纹符合要求后，即可纵向机动进给。如此循环往复滚压 1 ~ 3 次，直至花纹凸出达到要求为止。

➢ 滚花开始就应充分浇注切削液，以润滑滚轮及防止滚轮发热损坏，并经常清除滚压产生的碎屑。

➢ 浇注切削液或清除切屑时应避免钢丝刷接触工件与滚轮的咬合处，以防钢丝刷被卷入。

➢ 在滚压过程中，绝对不能用手或棉纱接触滚压表面，以防手指被卷入。

➢ 滚压细长工件时，应防止工件弯曲；滚压薄壁工件时，应防止工件变形。

五、结束工作

加工完毕，卸下工件，仔细测量各部分尺寸，对自己的练习件进行评价。针对滚花时产生的乱纹问题，结合表 7-5 分析产生原因，总结出改进措施。最后，清点工具，收拾工作场地。

表 7-5　滚花时产生乱纹的原因和改进措施

产生原因	改进措施
1. 工件外圆周长不能被滚花刀节距 P 整除	1. 可把外圆略车小一些
2. 滚花开始时，吃刀压力太小，或滚花刀与工件表面接触面过大	2. 开始滚花时就要使用较大的压力，把滚花刀向左倾斜一个很小的类似副偏角的角度
3. 滚花刀转动不灵活，或滚花刀与刀柄小轴配合间隙太大	3. 检查原因或调换小轴
4. 工件转速太高，滚花刀与工件表面产生滑动	4. 降低转速
5. 滚花前没有清除滚花刀中的细屑或滚花刀齿部磨损	5. 清除细屑或更换滚花刀

任务二　双手控制法车成形面

学习目标

1. 具备用双手控制法车成形面的技能。
2. 掌握用锉刀修光、砂布抛光的技术要点。
3. 具备成形面的检测技能。

任务描述

图 7-3 所示的工件为橄榄球手柄，材料为 45 钢，本任务要把 ϕ26 mm×135 mm 的毛坯加工成该工件。

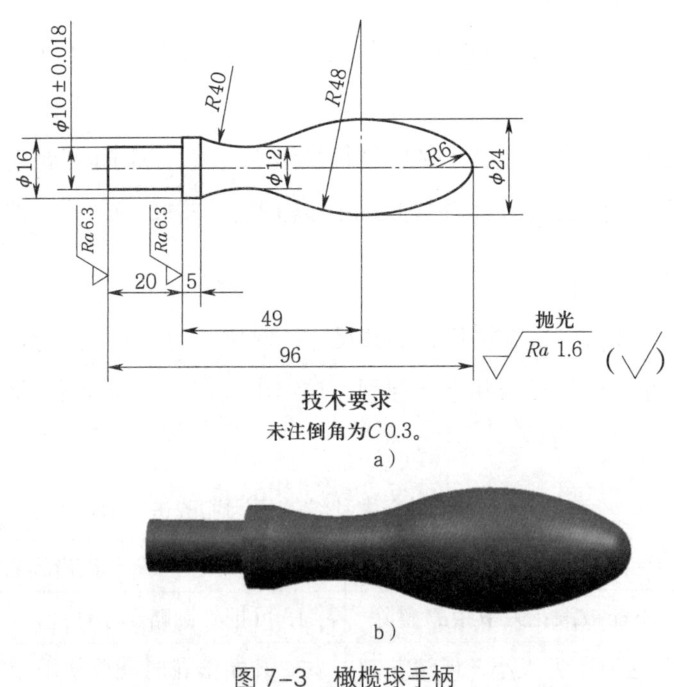

图 7-3　橄榄球手柄
a）零件图　b）实物图

相关理论

一、成形面

有些机器零件表面在零件的轴向剖面中呈曲线形，如单球手柄、三球手柄等，如图 7-4 所示。这些具有曲线特征的表面称为成形面，又称特形面。

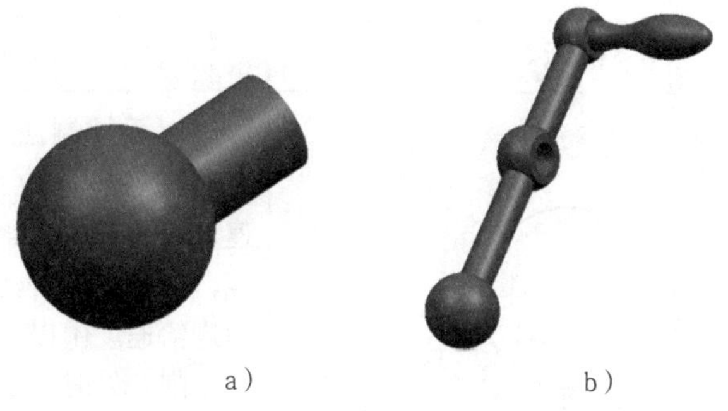

a) b)

图 7-4 具有成形面的零件

a）单球手柄 b）三球手柄

在车床上加工成形面时，应根据工件的表面特征、精度和生产批量等情况，采用不同的车削方法。这些加工方法主要包括双手控制法、成形法（样板刀车削法）、仿形法（靠模仿形法）和专用工具法等。其中，双手控制法是车削成形面的基本方法。

二、双手控制法车单球手柄

双手控制法车单球手柄的相关知识见表 7-6。

表 7-6 双手控制法车单球手柄的相关知识

内容	图示	说明
双手控制法及其特点		1. 用双手控制中滑板、小滑板或者中滑板与床鞍的合成运动，使刀尖的运动轨迹与工件所需求的成形面曲线重合，以实现车成形面目的的方法称为双手控制法 2. 该方法的特点是灵活、方便，不需要其他辅助工具，但需操作者具有较高的技能水平 3. 双手控制法主要用于加工单件或数量较少的成形面工件
圆球部分长度的计算		圆球部分的长度 L 可按下式计算： $L=\frac{1}{2}\left(D+\sqrt{D^2-d^2}\right)$ 式中 L——圆球部分的长度，mm； D——圆球的直径，mm； d——柄部直径，mm

续表

内容	图示	说明
车刀移动速度的分析	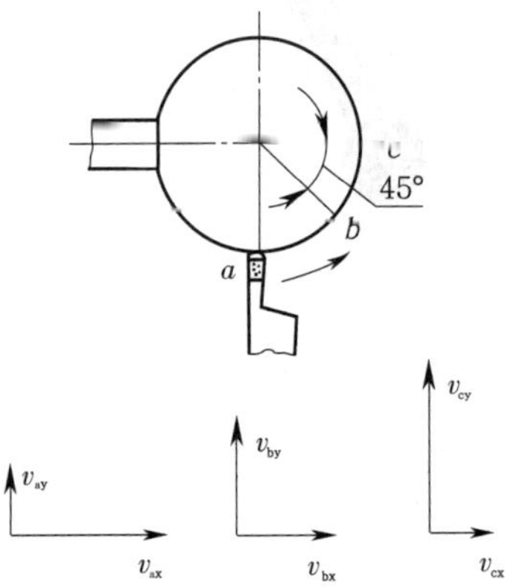	用双手控制法车圆球时，车刀刀尖在圆球各不同位置纵向和横向的进给速度是不相同的。车刀从 a 点出发至 c 点，纵向进给速度由快→中→慢，横向进给速度由慢→中→快 车削 a 处时，中滑板的横向进给速度要比小滑板的纵向进给速度慢；车削 b 处时，横向与纵向进给速度基本相等；车削 c 处时，横向进给速度要比纵向进给速度快 如此，经过多次合成运动进给，才能使车刀刀尖轨迹逐渐逼近所要求的圆弧
单球手柄的车削	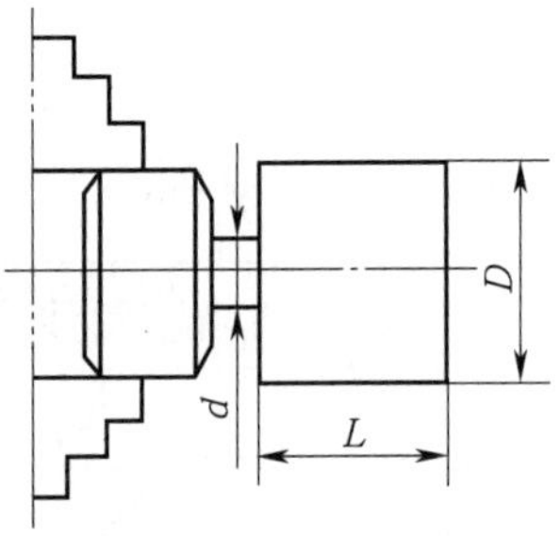 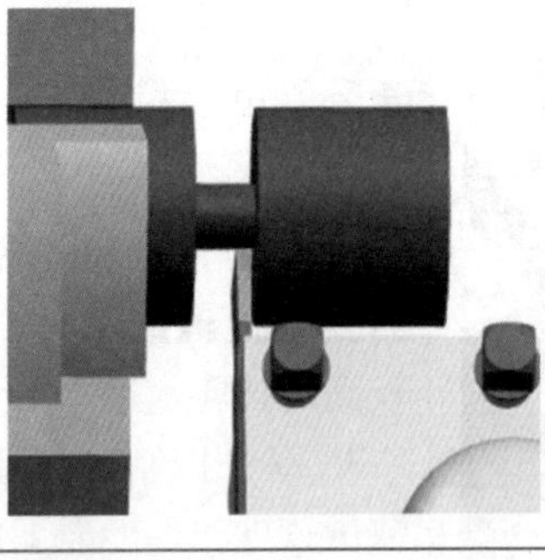	1. 按左图所示先车圆球球头部分和柄部，保证圆球直径 D、柄部直径 d 和圆球部分的长度 L 达到要求，并留精车余量 0.2 ~ 0.3 mm
	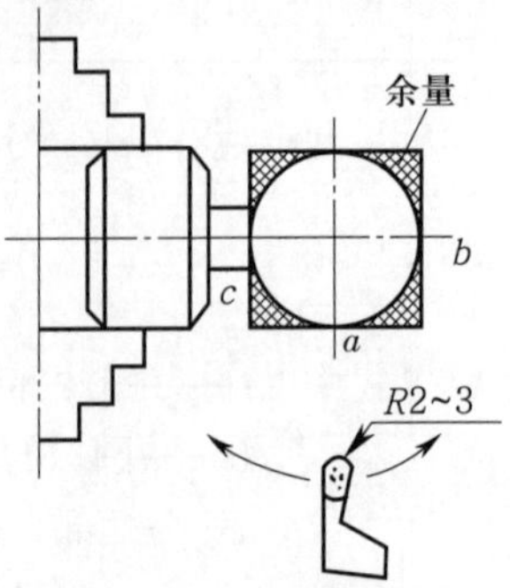	2. 用半径为 2 ~ 3 mm 的圆头车刀分别从 a 点向左至 c 点、向右至 b 点逐步把余量车去

续表

内容	图示	说明
单球手柄的车削		3. 用双手控制法从 a 点向右至 b 点逐步把余量车掉
		4. 用双手控制法从 a 点向左至 c 点逐步把余量车掉
		5. 在 c 点处用切断刀进行清角

三、表面修整

由于双手控制法为手动进给车削，工件表面不可避免地留下高低不平的刀痕，因此，必须先用细齿纹的平锉修光，再用砂布进行抛光。用砂布磨光工件表面的过程称为抛光。

在车床上进行表面修整通常采用锉刀修光和砂布抛光两种方法。

1. 锉刀修光

锉刀修光的方法见表 7-7。

表 7-7　锉刀修光的方法

内容	图示	说明
锉刀		修光用的锉刀常用细齿纹的平锉和整形锉或特细齿纹的油光锉，修光时的锉削余量一般为 0.01 ~ 0.03 mm
握锉方法		在车床上用锉刀修光时，为保证安全，最好用左手握住锉柄，右手扶住锉刀前端进行修光

2. 砂布抛光

砂布抛光的方法见表 7-8。

表 7-8　砂布抛光的方法

内容	图示	说明
砂布		工件表面经过精车或锉刀修光后，如果表面粗糙度值还不够小，可用砂布进行抛光 抛光时常用的细粒度砂布有 0 号或 1 号。砂布越细，抛光后获得的表面粗糙度值就越小

续表

内容	图示	说明
抛光外表面的方法		1. 把砂布垫在锉刀下面进行抛光
	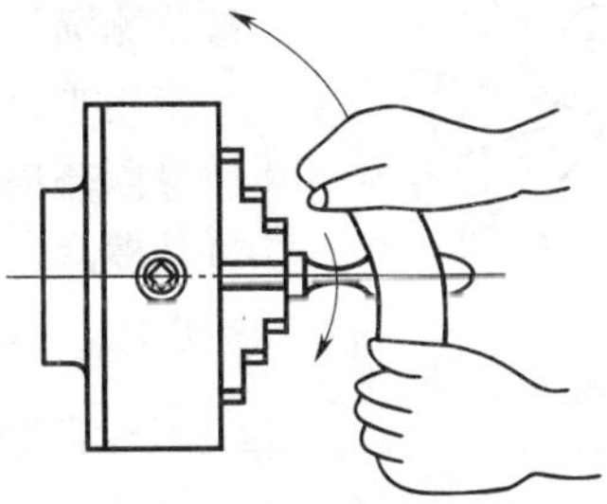	2. 用双手直接捏住砂布两端，右手在前，左手在后进行抛光 抛光时，双手用力不可过大，防止砂布因摩擦过度而被拉断

四、成形面的检测

为保证成形面的外形尺寸正确，在车削过程中应边车削边检测。球面的检测方法见表 7-9。

表 7-9　球面的检测方法

检测方法	图示	说明
用样板检查	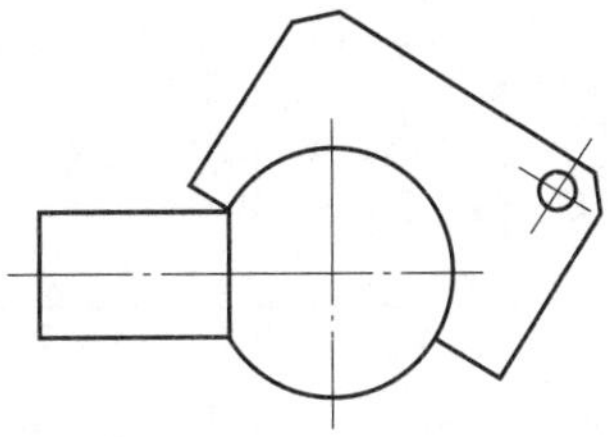 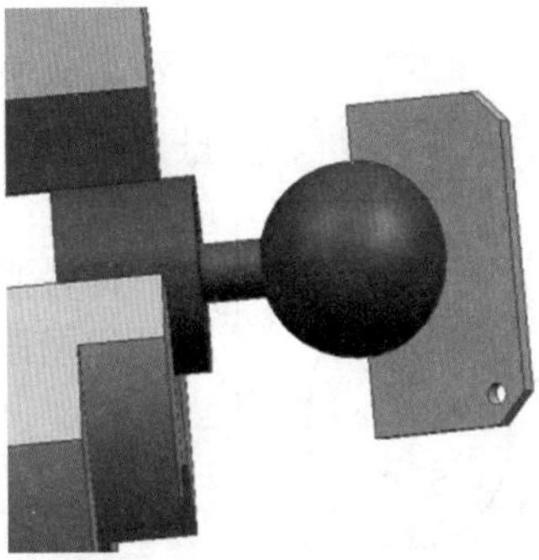	样板应对准工件中心，观察样板与工件之间间隙的大小，并根据间隙情况进行修整，最终使样板与工件成形面轮廓全部重合

续表

检测方法	图示	说明
用半径样板检查	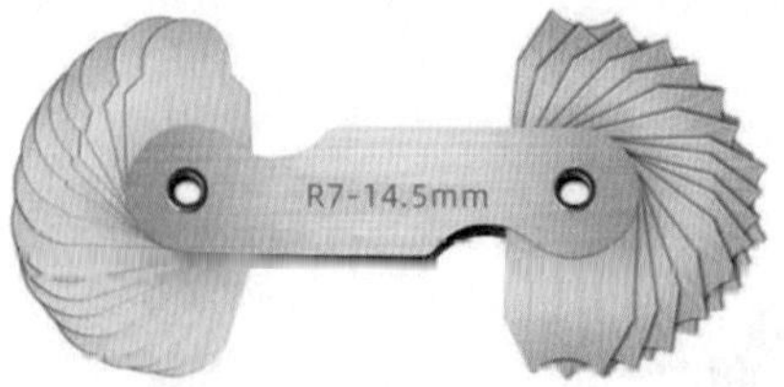 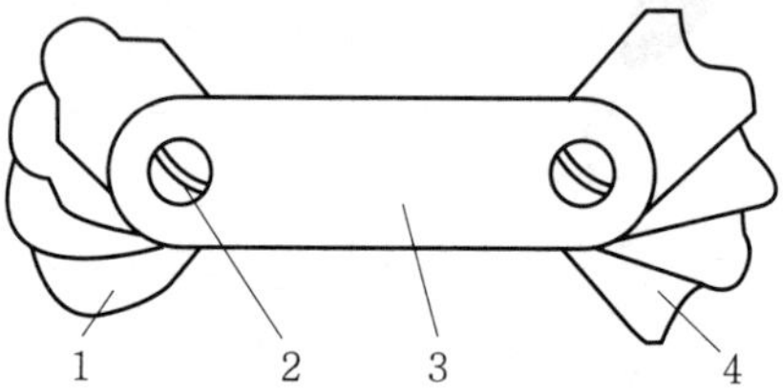 1—凸形样板　2—螺钉或铆钉 3—保护板　4—凹形样板	半径样板又称半径规，是一种具有不同半径的标准圆弧薄钢片，是成组供应的 用比较法依次以不同半径尺寸的样板与被检测的工件圆弧贴合，当密合一致、无光隙或光隙最小时，该半径样板的尺寸即为被检测圆弧的半径尺寸 使用半径样板时，应防止圆弧边缘因碰撞而损坏，使用完毕应将其擦净，涂上防锈油，收回保护板内
用千分尺检测圆球	 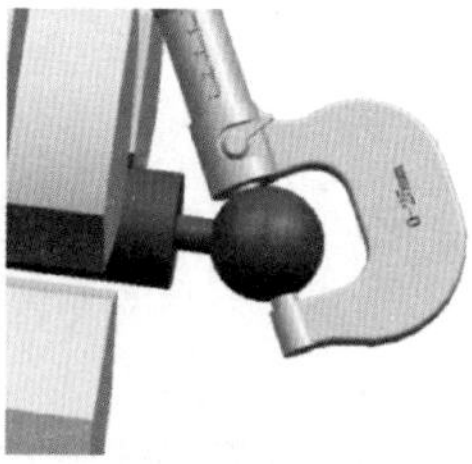 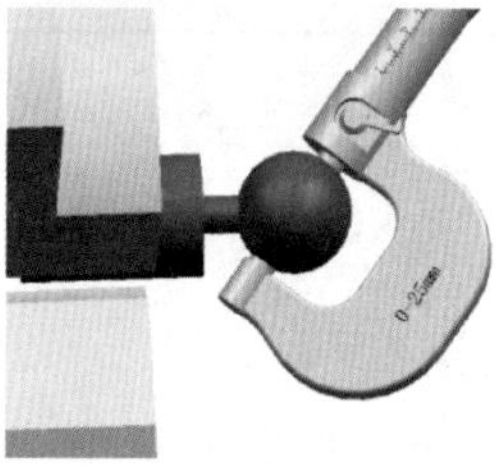	千分尺测微螺杆的轴线应通过工件球面中心，并应多次变换测量方向，根据测量结果进行修整
	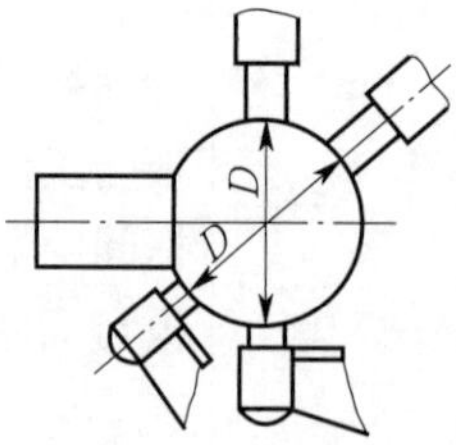 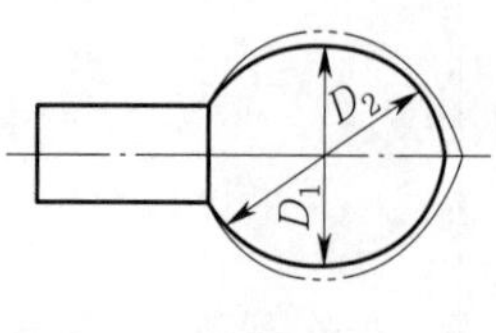 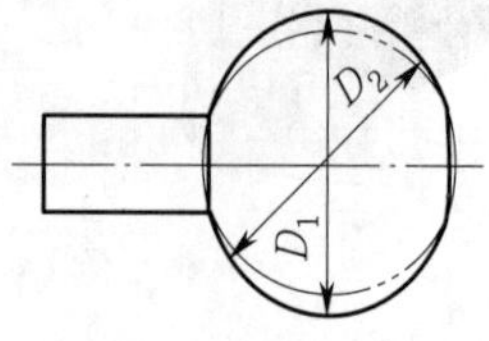	对于加工合格的球面，其各测量方向所得的量值应在图样规定的范围内；对于加工不合格的球面，其各测量所得的量值 D_1 和 D_2 超出图样规定的范围

任务实施

一、工艺分析

1. 成形面一般不能作为工件的装夹表面，因此，车削工件的成形面时，应安排在粗车之后、精车之前进行，也可以在一次装夹中完成车削。因车削数量较少，故车削橄榄球手柄时可采用一夹一顶的装夹方法。

2. 车削橄榄球手柄时采用双手控制法，可用圆弧形沟槽车刀车削。

3. 用锉刀和砂布修整橄榄球手柄。

4. 可用样板和千分尺检测橄榄球手柄的尺寸。

二、准备工作

1. 工件

毛坯尺寸：ϕ26 mm × 135 mm。材料：45 钢。数量：1 件 / 人。

2. 工艺装备

准备 90°车刀（粗车刀和精车刀）、45°车刀、圆弧刃粗车刀、车槽刀、中心钻、细齿纹平锉、1 号或 0 号砂布、0 ~ 25 mm 千分尺、分度值为 0.02 mm 的 0 ~ 150 mm 游标卡尺、游标万能角度尺、钢直尺、样板、半径样板。

3. 设备

准备 CA6140 型卧式车床。

三、操作步骤

加工图 7-3 所示橄榄球手柄的操作步骤见表 7-10。

表 7-10　加工橄榄球手柄的操作步骤

步骤	内容	图示
步骤 1：刃磨及装夹圆弧刃粗车刀	（1）圆弧刃粗车刀的刃磨与 90°车刀刀尖圆弧的刃磨方法基本相同 （2）圆弧刃车刀的装夹要求与车槽刀相同	6° ~ 8° 1° ~ 2° 1° ~ 2° 15° ~ 20°

续表

步骤	内容	图示
步骤 1：刃磨及装夹圆弧刃粗车刀	（3）把圆弧刃粗车刀的圆弧刃中点位置看作刀尖，应使其与工件轴线等高或稍高于工件轴线	
步骤 2：找正及夹紧毛坯	用三爪自定心卡盘装夹毛坯，伸出长度为 110 mm，找正及夹紧毛坯外圆	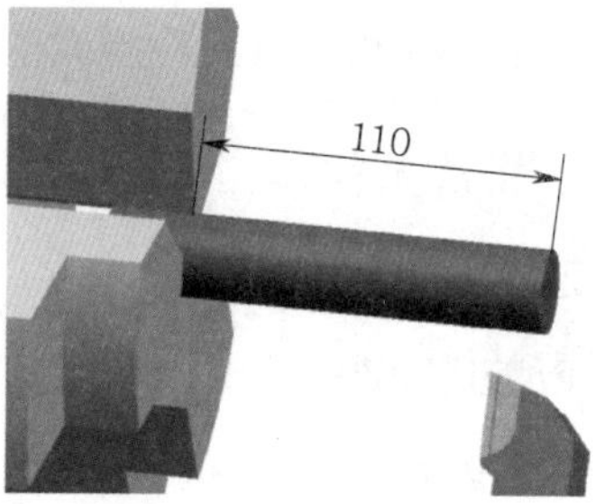
步骤 3：钻中心孔	选择切削速度 v_c=8 ~ 10 m/min，用 A2.0 mm/5.0 mm 中心钻钻中心孔	
步骤 4：粗车各外圆	（1）选择主轴转速 n=900 r/min，背吃刀量 a_p=1 ~ 2 mm，进给量 f=0.20 mm/r （2）粗车外圆 ϕ24 mm，长 100 mm；ϕ16 mm，长 45 mm；ϕ10 mm，长 20 mm。各处均留精车余量约 0.3 mm	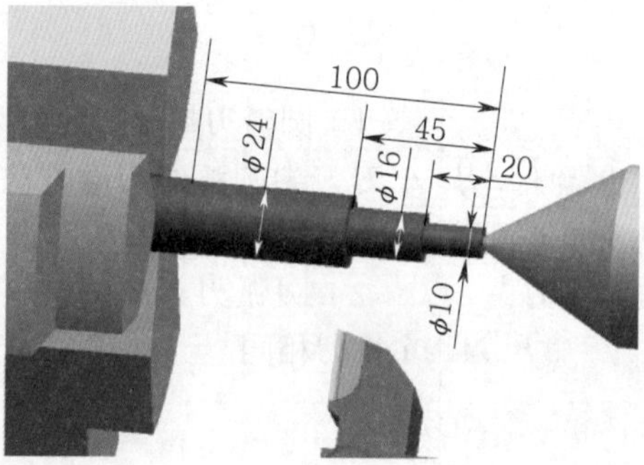

续表

步骤	内容	图示
步骤5：车定位槽	（1）选择主轴转速 n=710 r/min，背吃刀量 a_p=1～2 mm，进给量 f=0.20 mm/r （2）从 ϕ16 mm 外圆的台阶面量起，长 17.6 mm 处为中心线，用圆弧刃粗车刀车出 ϕ12.5 mm 的定位槽	
步骤6：车削凹圆弧面	（1）选择主轴转速 n=710 r/min，背吃刀量 a_p=1～2 mm （2）从 ϕ16 mm 外圆的台阶面量起，大于 5 mm 处开始，用圆弧刃粗车刀向 ϕ12.5 mm 定位槽处移动，车削 R40 mm 圆弧面	
步骤7：车削凸圆弧面和外圆	（1）选择主轴转速 n=710 r/min，背吃刀量 a_p=1～2 mm 从 ϕ16 mm 外圆的台阶面量起，长 49 mm 处为中心线，在 ϕ24 mm 外圆上向左、右方向车 R48 mm 圆弧面 （2）精车 ϕ（10±0.018）mm、长 20 mm 和 ϕ16 mm 的外圆 （3）用锉刀修整 （4）选择主轴转速 n=900～1 120 r/min，用砂布抛光 （5）松开顶尖，用圆弧刃粗车刀车 R6 mm 圆弧面，并切下工件	
步骤8：修整圆弧面	（1）掉头，垫铜皮夹持 ϕ24 mm 外圆，找正并夹紧 （2）选择主轴转速 n=710 r/min，用锉刀修整 R6 mm 圆弧面 （3）选择主轴转速 n=900～1 120 r/min，用砂布抛光	

续表

步骤	内容	图示
步骤 9：检查	用专用样板检查橄榄球手柄曲面轮廓	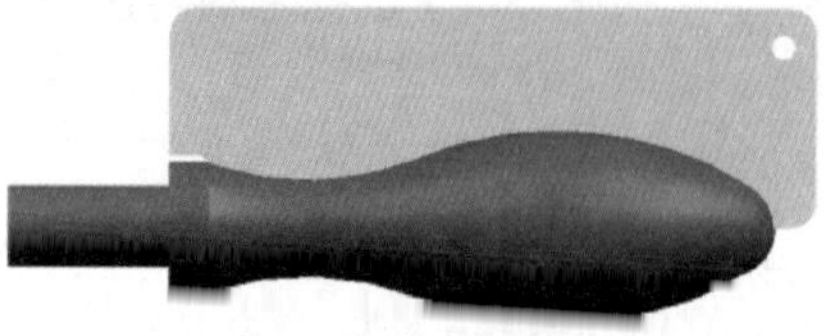

操作提示

一、双手控制法

➢ 双手控制法的操作关键是双手配合要协调、熟练。要求准确控制车刀切入的深度，以防止将工件局部车小。

➢ 装夹工件时，伸出长度应尽量短，以提高其刚度。若工件较长，可采用一夹一顶的方法装夹。

➢ 为使每次接刀过渡圆滑，应采用主切削刃为圆头的车刀。

➢ 车削成形面时，车刀最好从成形面高处向低处进给。为了提高工件刚度，先车离卡盘远的一段成形面，后车离卡盘近的成形面。

➢ 用双手控制法车削复杂成形面时，应将整个成形面分解成几个简单的成形面逐一加工。

➢ 无论分解成多少个简单的成形面，其测量基准都应保持一致，并与整体成形面的基准重合。

➢ 对于既有直线又有圆弧的曲线轮廓，应先车直线部分，后车圆弧部分。

二、锉刀修光和砂布抛光

➢ 用锉刀修光时，不准用无柄锉刀且应注意操作安全。

➢ 操作时，应以左手握锉刀柄，右手握锉刀前端，以免卡盘钩衣伤人。

➢ 用锉刀修光时，应合理选择锉削速度。锉削速度不宜过高，否则容易造成锉齿磨钝；若锉削速度过低，则容易把工件锉扁。

➢ 用锉刀修光时要努力做到轻缓、均匀，推锉的力量和压力不可过大或过猛，以免把工件表面锉出沟纹或锉成节状等；推锉速度要缓慢（一般为 40 次 /min 左右）。

➢ 要尽量利用锉刀的有效长度。同时，锉刀纵向运动时，注意使锉刀平面始终与成形表面各处相切；否则，会将工件锉成多边形等不规则形状。

➢ 进行精细修锉时，除选用油光锉外，可在锉刀的锉齿面上涂一层粉笔末，并经常用钢丝刷清理齿缝，以防锉屑嵌入齿缝而划伤工件表面。

➢ 用砂布抛光工件时，应选择较高的转速，并使砂布在工件表面来回缓慢而均匀地移动。

➢ 在最后精抛光时，可在砂布上加些机油或金刚砂粉，这样可以获得更好的表面质量。

三、结束工作

加工完毕，卸下工件，仔细测量各部分尺寸，对自己的练习件进行评价。针对出现的质量问题，结合表 7-11 分析产生原因，并总结出改进措施。最后，清点工具，收拾工作场地。

表 7-11 用双手控制法车成形面的质量问题、产生原因和改进措施

质量问题	产生原因	改进措施
轮廓不正确	用双手控制法车削时，纵向进给和横向进给配合不协调	加强车削练习，使左手和右手的纵向、横向进给速度配合协调
表面粗糙度达不到要求	1. 与“车台阶轴时表面粗糙度达不到要求的原因”相同 2. 材料切削性能差，未经预热处理，车削困难 3. 产生积屑瘤 4. 切削液选用不当 5. 车削痕迹较深，抛光后未达到要求	1. 与“车台阶轴时表面粗糙度达不到要求的改进措施”相同 2. 对工件进行预热处理，改善切削性能 3. 控制积屑瘤的产生，尤其是避开产生积屑瘤的切削速度 4. 正确选用切削液 5. 先用锉刀粗锉及修光，再用粗砂布和细砂布抛光

任务二 成形法车成形面

学习目标

1. 能选用及装夹成形刀。
2. 具备用成形法车成形面的技能。
3. 具备用圆弧样板等检测成形面的技能。

4. 能进行成形法车成形面的质量分析，并针对出现的质量问题提出改进措施。

任务描述

图 7-5 所示为椭圆心轴。本任务要在 CA6140 型卧式车床上完成该零件的加工。该零件加工的主要内容包括：长度 18 mm，曲线方程为 $\frac{x^2}{8^2}+\frac{y^2}{12^2}=1$ 的椭圆；ϕ20 mm、ϕ13.86 mm 两外圆，两处倒角 C1 mm，工件总长为 100 mm。该零件有两个部分要求表面粗糙度值较小，$Ra \leqslant 0.8$ μm。

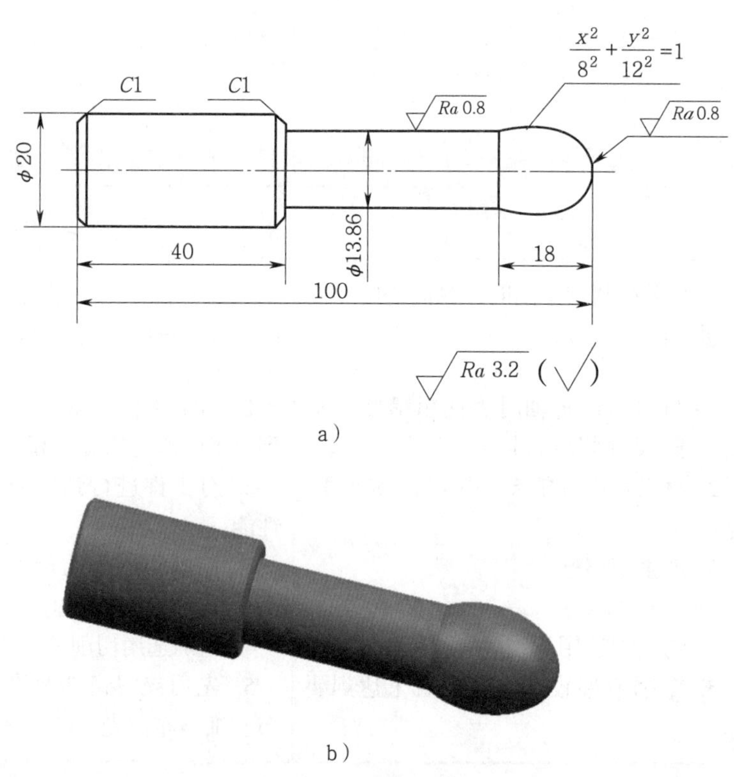

图 7-5　椭圆心轴

a）零件图　b）实物图

相关理论

一、成形刀

用成形刀对工件进行加工的方法称为成形法。成形法适用于加工数量较多、成形面轴向尺寸不长且较简单的成形面工件。

切削刃的形状与工件成形面表面轮廓形状相同的车刀称为成形刀，又称样板刀。成形刀的种类及其应用见表 7-12。

表 7-12　成形刀的种类及其应用

种类	整体式成形刀	棱形成形刀	圆轮成形刀
成形刀图示	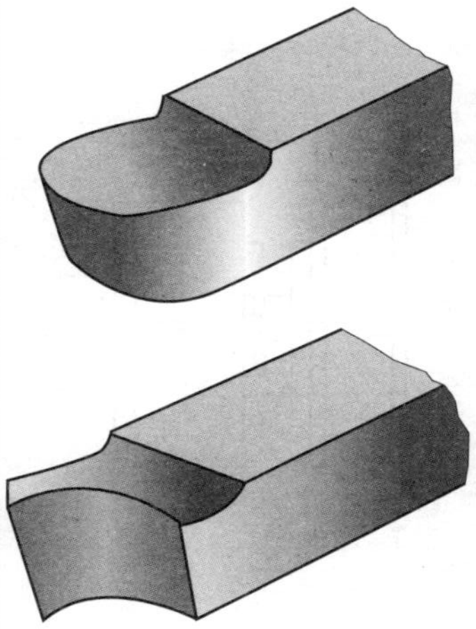	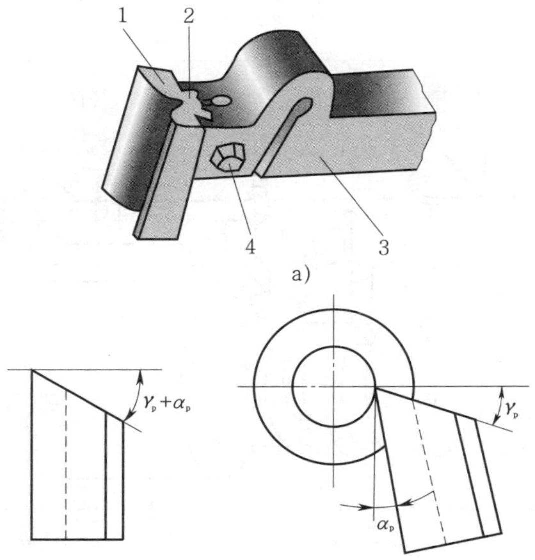 1 2 4 3 a) $\gamma_p+\alpha_p$ b) γ_p α_p c) a）棱形成形刀　b）装刀前　c）装刀后 1—刀头　2—燕尾块 3—弹性刀柄　4—紧固螺栓	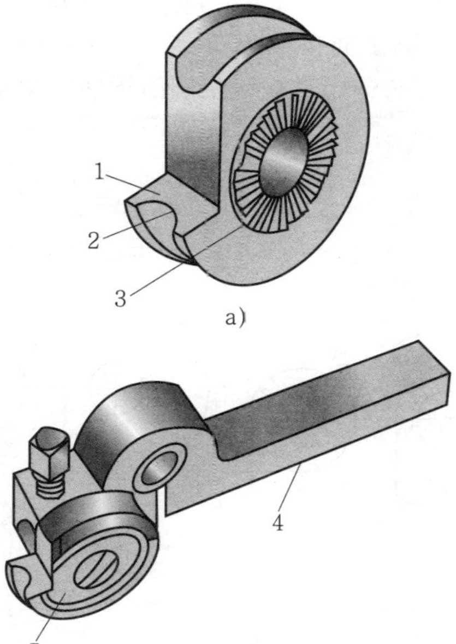 1 2 3 a) 4 5 b) a）圆轮成形刀 b）用弹性刀柄装夹成形刀 1—前面　2—主切削刃 3—端面齿　4—弹性刀柄 5—圆轮成形刀
说明	该整体式高速钢成形刀与普通车刀相似，其特点是将切削刃磨成与成形面表面轮廓素线相同的曲线形状	棱形成形刀由刀头 1 和弹性刀柄 3 两部分组成（见图 a）。刀头切削刃按工件形状在工具磨床上磨出，刀头后部的燕尾块 2 装夹在弹性刀柄 3 的燕尾槽中，用紧固螺栓 4 紧固	此成形刀做成圆轮形，在圆轮上开有缺口，从而形成前面 1 和主切削刃 2（见图 a）

续表

种类	整体式成形刀	棱形成形刀	圆轮成形刀
说明	车削精度要求不高的成形面时，其切削刃可用手工刃磨；车削精度要求较高的成形面时，切削刃应在工具磨床上刃磨	刀头前面磨出前角为 $\gamma_p+\alpha_p$（见图 b） 弹性刀柄上燕尾槽做成角度为 α_p 的倾斜面，这样刀头装好后就能保证背前角 γ_p 和背后角 α_p 不变（见图 c） 棱形成形刀磨损后，只需刃磨前面，并将刀头稍向上升，可以用到刀头无法夹持为止 该成形刀加工精度高，使用寿命长，但制造较复杂	使用时，圆轮成形刀 5 装夹在主刀柄或弹性刀柄 4 上（见图 b）。为防止圆轮成形刀转动，侧面有端面齿 3，使之与刀柄侧面的端面齿啮合
成形法图示	1—成形面　2—整体式成形刀	1—刀头　2—燕尾块　3—紧固螺栓　4—弹性刀柄	a）$\alpha_p=0°$　b）$\alpha_p>0°$
应用	常用于车削简单的成形面	主要用于车削较大直径的成形面	圆轮成形刀的主切削刃与圆轮中心等高，其背后角 $\alpha_p=0°$（见图 a）；当主切削刃低于圆轮中心时，可产生背后角 α_p（见图 b） 圆轮成形刀允许重磨的次数最多，较易制造，常用于车削直径较小的成形面

圆轮成形刀的主切削刃低于中心 O 的距离 H 可按下式计算：

$$H=\frac{D}{2}\sin\alpha_{\mathrm{p}}$$

式中　D——圆轮成形刀直径，mm；

α_{p}——成形刀的背后角，一般 $\alpha_{\mathrm{p}}=6^\circ \sim 10^\circ$。

例 7–1　已知圆轮成形刀的直径 D=50 mm，需要保证背后角 $\alpha_{\mathrm{p}}=8^\circ$，求主切削刃低于中心的距离 H。

解：

$$H=\frac{D}{2}\sin\alpha_{\mathrm{p}}=\frac{50\ \mathrm{mm}}{2}\times\sin8^\circ\approx 25\ \mathrm{mm}\times0.139\ 2=3.48\ \mathrm{mm}$$

二、用成形法车削成形面时防止振动的措施

用成形刀车削工件时易产生振动，防止振动的措施如下：

1. 车床要有足够的刚度，同时应尽量将车床各部分的间隙，尤其是主轴、中滑板、床鞍的运动间隙调整得较小。

2. 成形刀的角度选择要恰当并始终保持锋利。为减小振动，成形刀的主后角一般选得较小（6° ~ 10°），其前角比 90°车刀的前角略大（15° ~ 20°），以保证车刀的楔角 β_{o} 较小，切削刃锋利。

3. 成形刀的刃口要对准工件轴线，装高，容易扎刀；装低，会引起振动。

4. 必要时，可将成形刀反装，采用反切法进行车削。此时工件反转，正好使切削力与主轴、工件的重力方向相同，减小了振动。此时必须防止主轴反转时卡盘松脱，以免发生事故。

5. 选用较小的进给量和切削速度。

6. 注意采用正确的润滑方法，车削钢件时必须加乳化液，车削铸铁件时可以加煤油。

三、成形面的检测

精度要求不高的成形面可用样板检测，如图 7–6 所示。

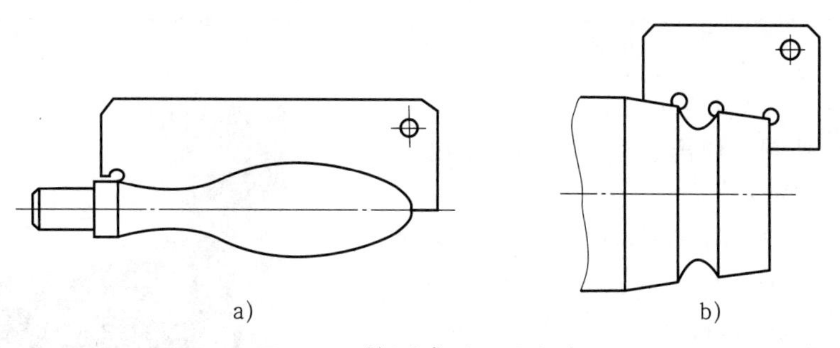

图 7–6　检测成形面的方法

a）检测橄榄球手柄　b）检测锥面圆弧

任务实施

一、准备工作

1. 工件

毛坯尺寸：ϕ25 mm × 105 mm。材料：45 钢。数量：1 件 / 人。

2. 工艺装备（见图 7-7）

准备 90°粗车刀、90°精车刀、45°车刀、圆弧刃粗车刀、椭圆成形刀、车槽刀、细齿纹平锉、1 号或 0 号砂布、分度值为 0.02 mm 的 0 ~ 150 mm 游标卡尺、椭圆样板。

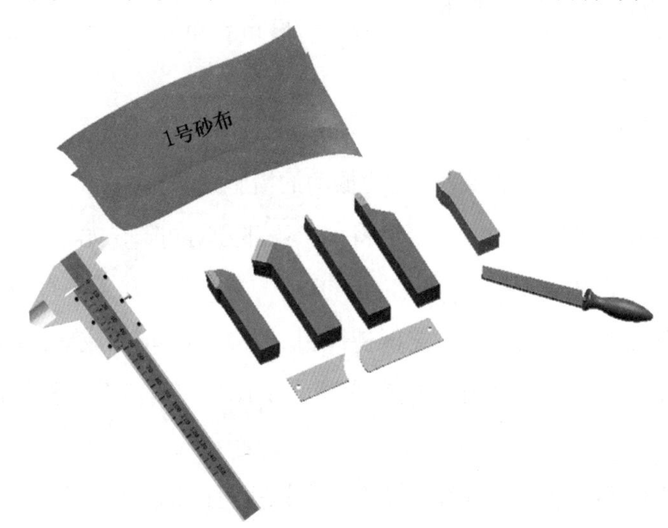

图 7-7　工艺装备（部分）

3. 设备

准备 CA6140 型卧式车床。

二、操作步骤

加工椭圆心轴的操作步骤见表 7-13。

表 7-13　加工椭圆心轴的操作步骤

步骤	内容	图示
步骤 1：找正及夹紧毛坯，车椭圆心轴左端	（1）用三爪自定心卡盘夹住毛坯外圆，伸出长度为 50 mm，找正并夹紧 （2）用 90° 车刀，选择切削速度 v_c=80 ~ 150 m/min，进给量 f=0.15 ~ 0.35 mm/r，车端面，车平即可 （3）车外圆 ϕ20 mm 至尺寸，长度大于 40 mm	50 >40 ϕ20

续表

步骤	内容	图示
步骤1：找正及夹紧毛坯，车椭圆心轴左端	（4）倒角 $C1$ mm	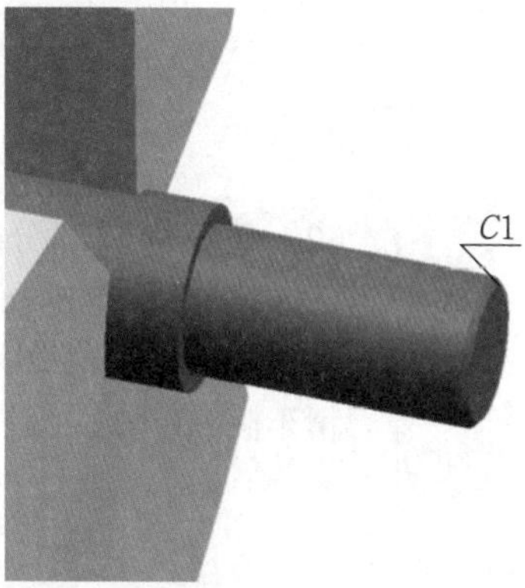
步骤2：掉头，找正并夹紧，车端面，保证总长	（1）掉头，垫铜皮夹持 ϕ20 mm 外圆，找正并夹紧 （2）车 ϕ16.5 mm 外圆（椭圆部分外圆留余量 0.5 mm），保证左端 ϕ20 mm 外圆长度为 40 mm （3）倒角 $C1$ mm （4）车端面，保证总长 100 mm	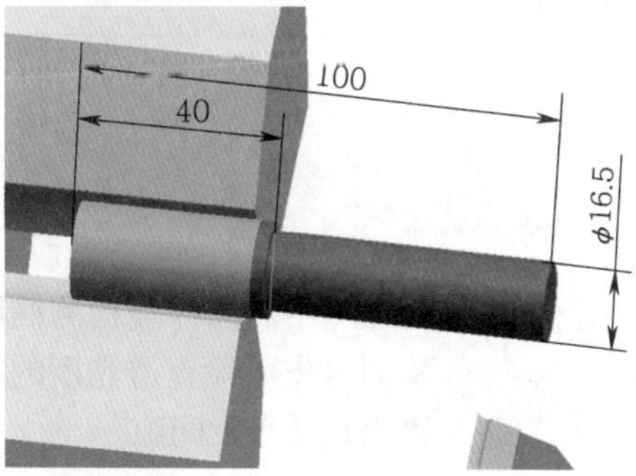
步骤3：车槽	（1）选择切削速度 v_c=80 ~ 120 m/min，进给量 f=0.10 ~ 0.20 mm/r （2）用车槽刀车外圆 ϕ13.86 mm，右端让出椭圆部分长度 18.5 mm（椭圆部分长度留余量 0.5 mm）	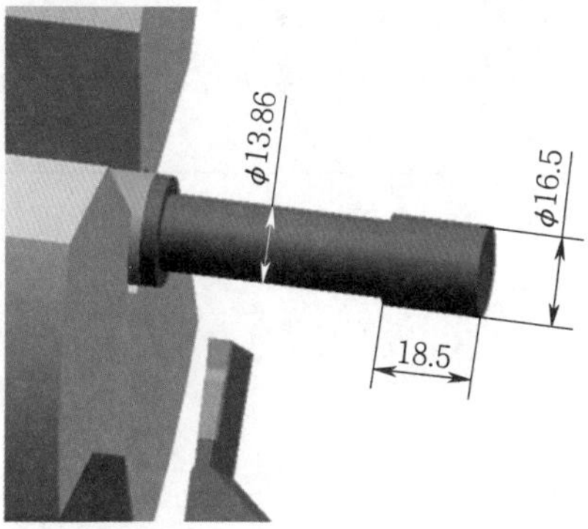
步骤4：车椭圆	（1）粗车椭圆部分时选择切削速度 v_c=80 ~ 120 m/min，进给量 f=0.10 ~ 0.20 mm/r，用圆弧刃粗车刀，采用双手控制法粗车椭圆部分	

续表

步骤	内容	图示
步骤4：车椭圆	（2）精车椭圆部分时选择切削速度 v_c=25 ~ 50 m/min，进给量 f=0.02 ~ 0.10 mm/r，用椭圆成形刀精车椭圆部分	
	（3）用椭圆样板检测椭圆部分，检测时先要检查透光度的均匀性，再检查透光度间隙	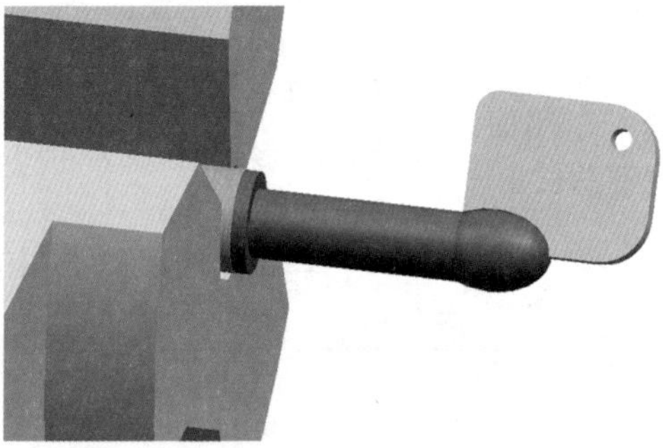
步骤5：整形及抛光	（1）对不符合要求的椭圆部分用锉刀进行修整	

续表

步骤	内容	图示
步骤 5：整形及抛光	（2）用砂布对椭圆和槽底外圆进行抛光，表面粗糙度 $Ra \leqslant 0.8\,\mu m$	
	（3）再用椭圆样板重复检测椭圆部分，合格后卸下工件	

操作提示

➢ 用成形法加工成形面时，只有把成形刀的形状刃磨准确，才能保证工件轮廓准确。

➢ 只有提高工艺系统的刚度，才能保证工件表面粗糙度达到要求。

三、结束工作

加工完毕，卸下工件，仔细测量各部分尺寸，对自己的练习件进行评价。针对出现的质量问题，结合表 7-14 分析产生原因，并总结出改进措施。最后，清点工具，收拾工作场地。

表 7-14 车削成形面的质量问题、产生原因和改进措施

质量问题	产生原因	改进措施
成形面轮廓不正确	1. 成形刀形状刃磨得不正确 2. 成形刀没有对准车床主轴轴线，工件受切削力产生变形而造成误差	1. 仔细刃磨成形刀 2. 确保装夹车刀时高度正确，适当减小进给量
表面粗糙度达不到要求	与“用双手控制法车成形面时表面粗糙度达不到要求的原因”相同	与“用双手控制法车成形面时表面粗糙度达不到要求的改进措施”相同

任务四　在三爪自定心卡盘上车偏心工件

学习目标

1. 能正确区分偏心工件，如偏心轴、偏心套的偏心距。
2. 能确定在三爪自定心卡盘上车偏心工件时的垫片厚度。
3. 具备在三爪自定心卡盘上车偏心轴的技能。
4. 具备在三爪自定心卡盘和 V 形架上检测偏心距的技能。

任务描述

本任务要将 ϕ35 mm × 70 mm 的毛坯加工成图 7-8 所示的偏心轴。

应根据工件的数量、形状、偏心距的大小和精度要求相应地采用不同的装夹方法，如可用三爪自定心卡盘、四爪单动卡盘和两顶尖装夹车偏心轴。偏心距精度要求一般、长度较短、形状较简单、加工数量较多且偏心距 $e \leqslant 6$ mm 的短偏心轴，比较适合用三爪自定心卡盘装夹车削。

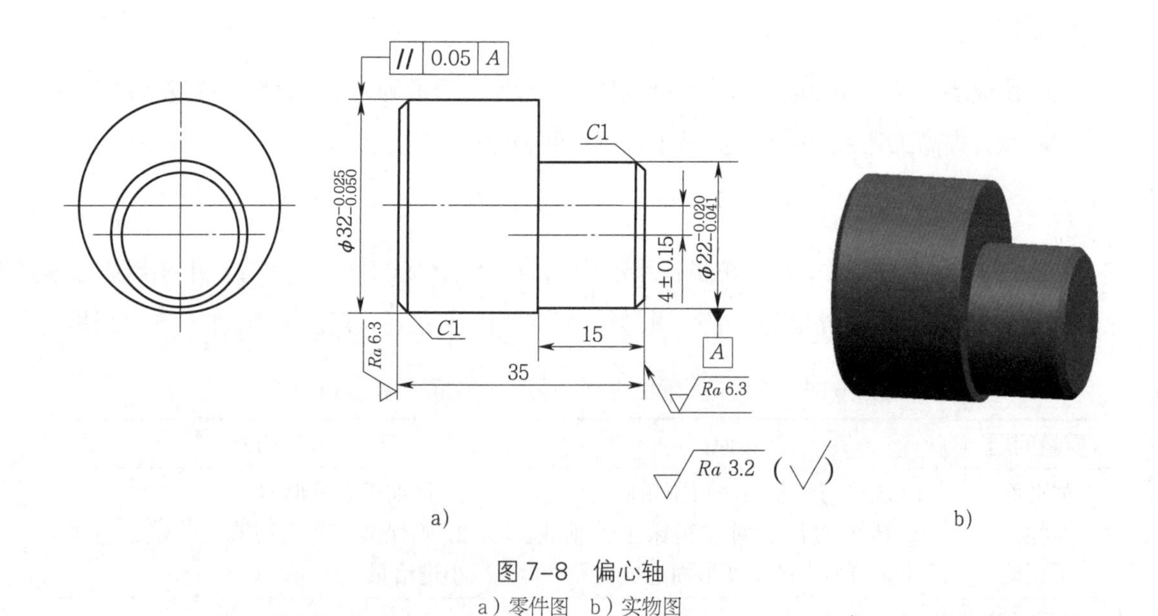

图 7-8　偏心轴
a）零件图　b）实物图

相关理论

一、在三爪自定心卡盘上车偏心工件的方法

如图 7-9 所示，在三爪自定心卡盘的任意一个卡爪与工件基准外圆柱面（已加工好）的接触部位之间垫上一片预先选好厚度的垫片，使工件的轴线相对车床主轴轴线产生等于工件偏心距 c 的位移，夹紧工件后即可车削。

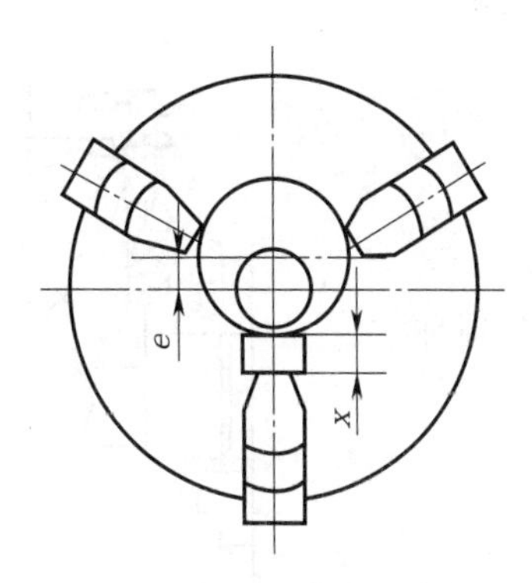

图 7-9　在三爪自定心卡盘上车偏心件

二、选择垫片厚度

垫片厚度 x 可用以下近似公式计算：

$$x=1.5e+k$$

$$k \approx 1.5\Delta e$$

$$\Delta e=e-e_{测}$$

式中　x——垫片厚度，mm；

e——工件偏心距，mm；

k——偏心距修正值，其正负值按实测结果确定，mm；

Δe——试切后实测偏心距误差，mm；

$e_{测}$——试切后实测偏心距，mm。

例 7-2　车削偏心距 e=2 mm 的工件，试用近似公式计算垫片厚度 x。

解：（1）先不考虑偏心距修正值，按近似公式计算垫片厚度 x：

$$x=1.5e=1.5\times 2\text{ mm}=3\text{ mm}$$

（2）垫入 3 mm 厚的垫片进行试车削，试车后检查其实测偏心距 $e_{测}$，如实测偏心距为 2.04 mm，则偏心距误差 Δe 为：

$$\Delta e=e-e_{测}=2\text{ mm}-2.04\text{ mm}=-0.04\text{ mm}$$

（3）计算偏心距修正值 k：

$$k \approx 1.5\Delta e=1.5\times(-0.04)\text{ mm}=-0.06\text{ mm}$$

（4）修正垫片厚度 x：

$$x=1.5e+k=1.5\times 2\text{ mm}-0.06\text{ mm}=2.94\text{ mm}$$

三、偏心轴的检测

偏心轴的检测方法见表 7-15。

表 7-15　偏心轴的检测方法

检测方法	图示	说明
用游标卡尺检测	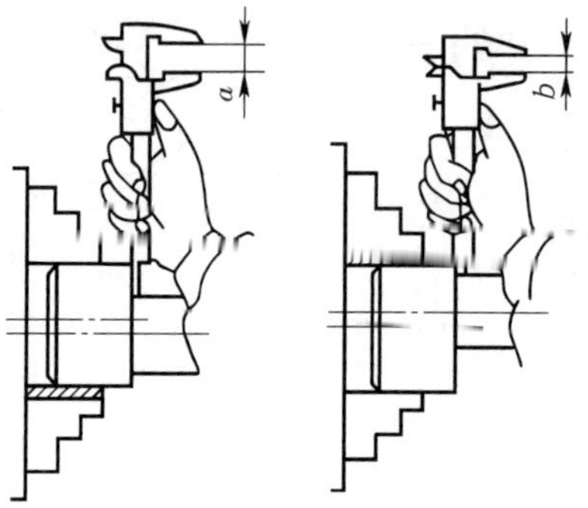a b a）测量最大距离 a　b）测量最小距离 b	用分度值为 0.02 mm 的游标卡尺（或游标深度卡尺）检测两外圆间的最大距离和最小距离，其差值的一半即为偏心距 e，即： $e=\frac{1}{2}(a-b)$
用百分表检测	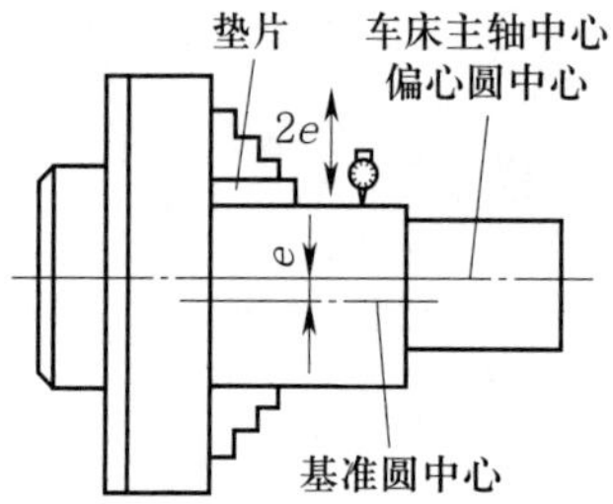垫片 车床主轴中心 偏心圆中心 2e e 基准圆中心	将百分表测头与工件基准外圆接触，使卡盘缓慢转过一圈，百分表指示的最大值与最小值之差的一半即为偏心距 e
在 V 形架上检测	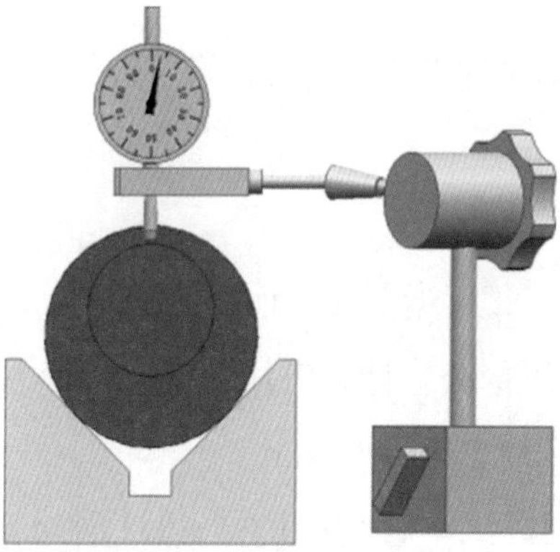	无中心孔或长度较短、偏心距 e<5 mm 的偏心工件可在 V 形架上检测偏心距。检测时，将工件基准圆柱放置在 V 形架上，使百分表测头与被测偏心外圆表面垂直接触，均匀、缓慢转动工件一周，百分表指示的最大值与最小值之差的一半即为偏心距 e
在 V 形架上间接检测	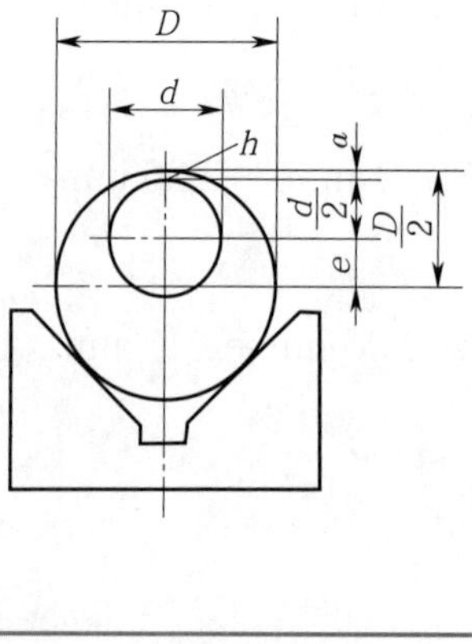D d h a d/2 D/2 e	对于偏心距较大（$e \geqslant 5$ mm）的工件，因为受到百分表测量范围的限制，或对于无中心孔的偏心工件，采用间接测量偏心距的方法测量时，把 V 形架放在平板上，再把工件放在 V 形架中，转动偏心轴，用百分表测量出偏心轴的最高点 h，找出最高点后，把工件固定。水平移动百分表，测量出偏心轴外圆到基准轴外圆之间的距离 a，然后用下式计算出偏心距 e：

续表

检测方法	图示	说明
在V形架上间接检测		$e=\frac{D}{2}-\frac{d}{2}-a$ 式中 D——基准轴直径，mm； d——偏心轴直径，mm； a——基准轴外圆到偏心轴外圆之间的最小距离，mm 采用该方法时，必须用千分尺准确测量出基准轴直径 D 和偏心轴直径 d 的实际值；否则，计算时会产生误差

任务实施

一、工艺分析

1. 车削偏心轴的基本原理如下：把所要加工偏心部分的轴线找正到与车床主轴轴线重合，但应根据工件的数量、形状、偏心距的大小和精度要求相应地采用不同的装夹方法。

2. 车削偏心轴的关键技术是保证轴线间的平行度和偏心距的精度。

3. 偏心工件可以在车床上用三爪自定心卡盘、四爪单动卡盘和两顶尖装夹进行车削。在成批生产或偏心距精度要求较高时，则采用专用偏心夹具装夹车削。

4. 在三爪自定心卡盘上车偏心工件适用于偏心距精度要求一般、长度较短、形状较简单、加工数量较多且偏心距 $e \leqslant 6$ mm 的短偏心工件。

5. 在图 7-8 所示的偏心轴中，$\phi22^{-0.020}_{-0.041}$ mm 外圆与 $\phi32^{-0.025}_{-0.050}$ mm 外圆的轴线平行但不重合，有（4 ± 0.15）mm 的偏心距要求，可用在三爪自定心卡盘的卡爪上加垫片的方法车削。

6. 本任务的关键是如何选择垫片的厚度以保证图中所要求的（4 ± 0.15）mm 偏心距。

二、准备工作

1. 工件

毛坯尺寸：$\phi35$ mm × 70 mm。材料：45 钢。数量：1 件 / 人。

2. 工艺装备

准备三爪自定心卡盘、45° 车刀、90° 车刀、切断刀、0 ~ 25 mm 和 25 ~ 50 mm 千分尺、分度值为 0.02 mm 的 0 ~ 150 mm 游标卡尺、0 ~ 10 mm 百分表和磁性表座、5.85 mm 厚的弧形垫片等。

3. 设备

准备 CA6140 型卧式车床。

三、车削偏心轴的操作步骤

车削偏心轴的操作步骤见表 7-16。

表 7-16　车削偏心轴的操作步骤

步骤	内容	图示
步骤 1：车削偏心轴左端	（1）在三爪自定心卡盘上夹持毛坯外圆，伸出长度为 50 mm 左右，找正并夹紧	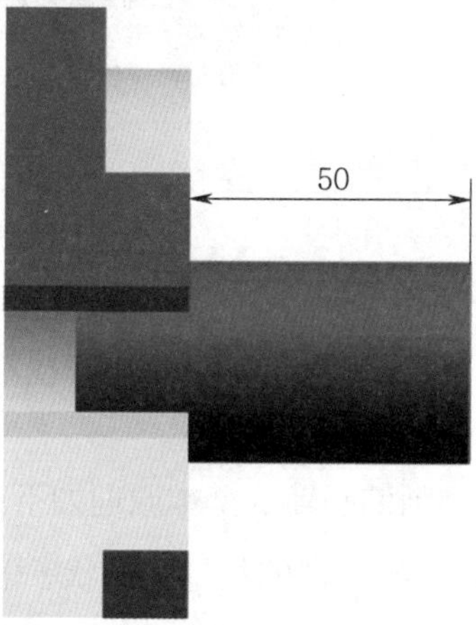 50
	（2）用 45°车刀车平端面 （3）粗车、精车 $\phi32_{-0.050}^{-0.025}$ mm 外圆，长 40 mm	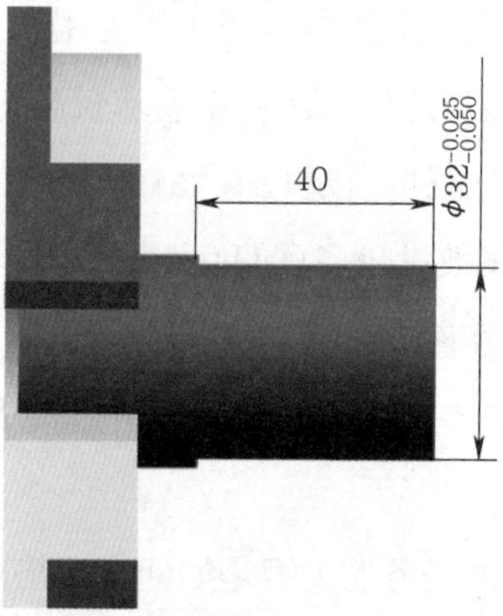 40 $\phi32_{-0.050}^{-0.025}$
	（4）倒角 $C1$ mm	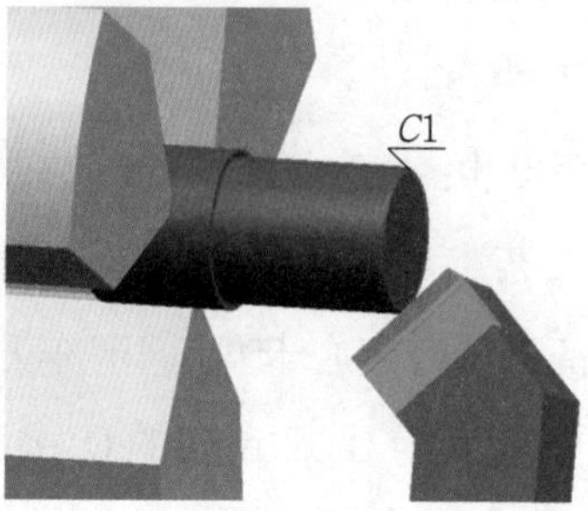 $C1$

续表

步骤	内容	图示
步骤2：切断，保证总长	（1）切断，保留长度36 mm	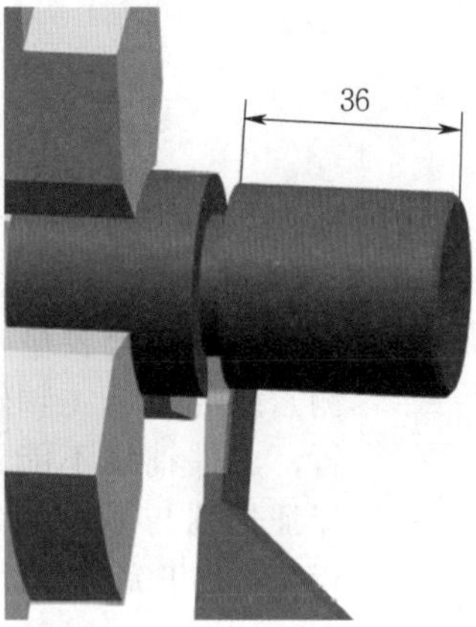
	（2）在$\phi32_{-0.050}^{-0.025}$ mm外圆处垫铜皮找正并夹紧，车另一端面，保证总长35 mm	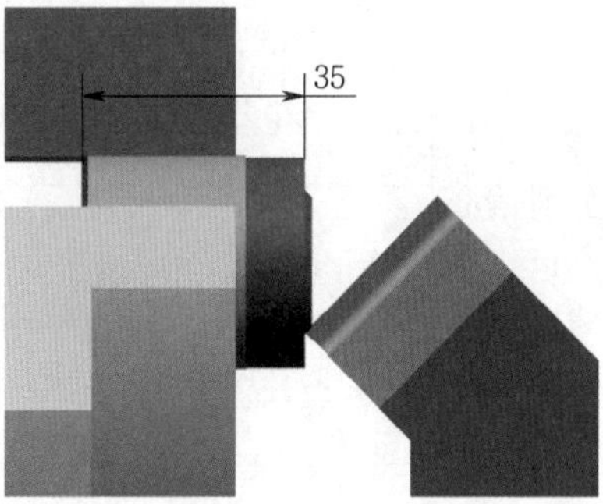
步骤3：找正、车削偏心外圆	（1）选择垫片厚度为5.85 mm，并将其垫在三爪自定心卡盘的任一卡爪上，将工件初步夹住	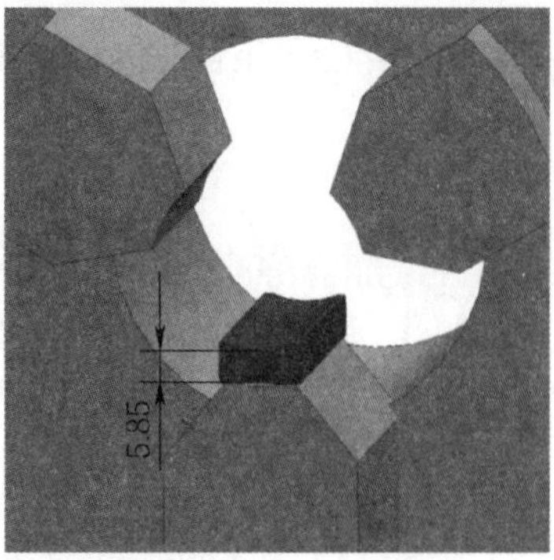

续表

<table>
<tr><th>步骤</th><th>内容</th><th>图示</th></tr>
<tr><td rowspan="2">步骤3：找正、车削偏心外圆</td><td>（2）用百分表检查工件外圆侧素线与车床主轴轴线是否平行，工件轴线不能歪斜，从而保证外圆与偏心部分轴线的平行度，找正完毕夹紧工件</td><td>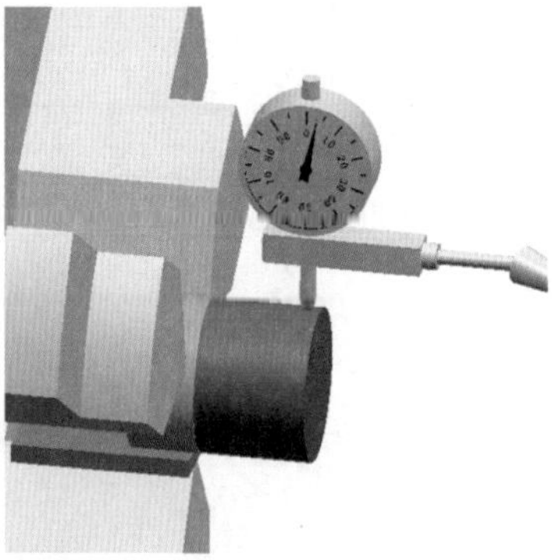
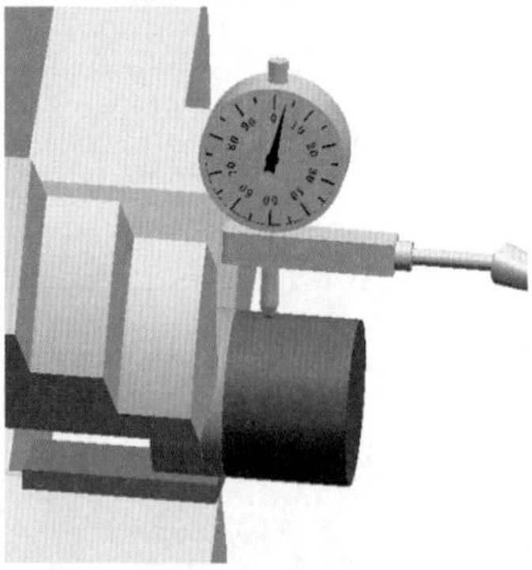</td></tr>
<tr><td>（3）用百分表检测偏心距</td><td>
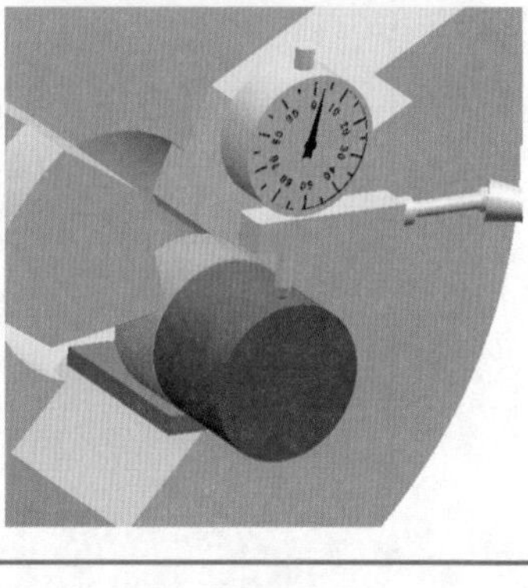</td></tr>
</table>

续表

步骤	内容	图示
步骤3：找正、车削偏心外圆	（4）粗车 $\phi 22.5$ mm 偏心外圆，留精车余量0.5 mm，保证长度14.5 mm	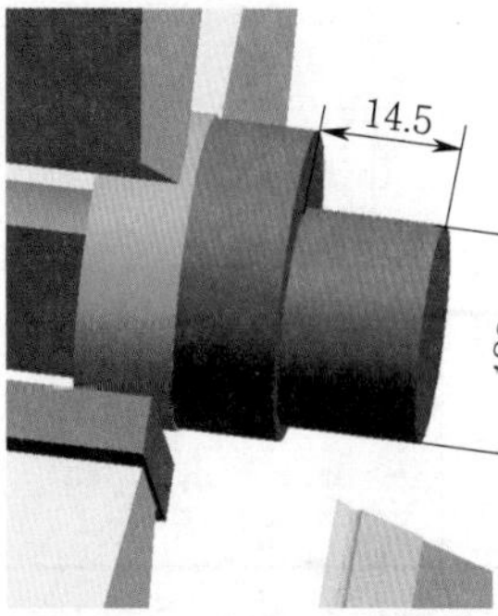 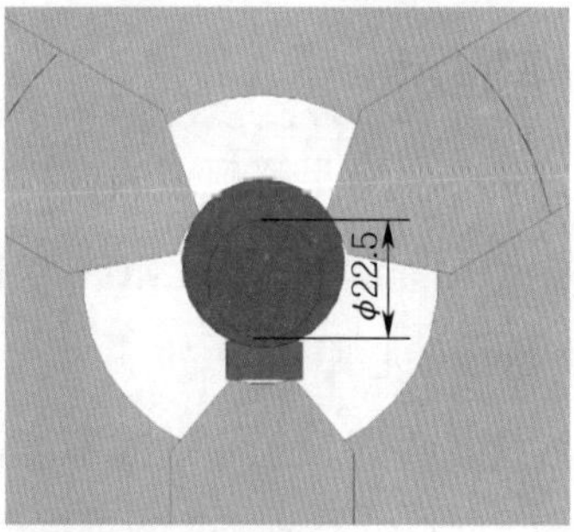
	（5）精车 $\phi 22_{-0.041}^{-0.020}$ mm 偏心外圆，保证长度15 mm	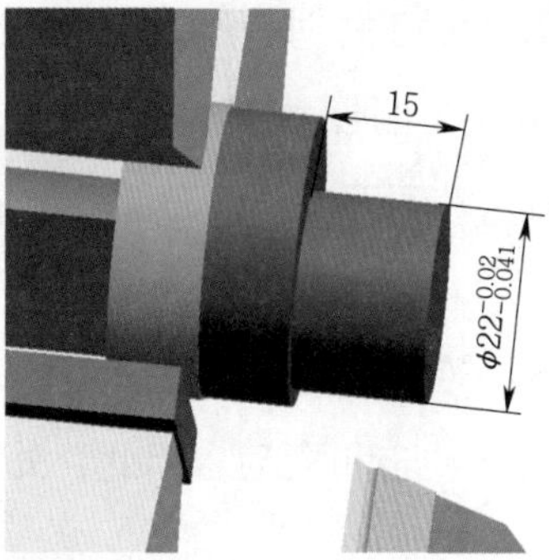
步骤4：检测	检测 $\phi 22_{-0.041}^{-0.020}$ mm 和15 mm	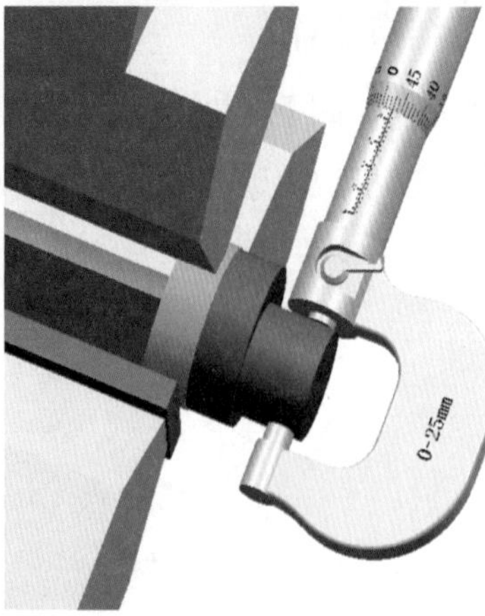

续表

步骤	内容	图示
步骤5：倒角并卸下完工工件	外圆倒角 $C1$ mm 并卸下完工工件	

操作提示

➢ 应选择具有足够硬度的材料制作垫片，以防止装夹时发生挤压变形。垫片与三爪自定心卡盘卡爪接触的一面应做成与卡爪圆弧相匹配的圆弧面；否则，垫片与卡爪之间会产生间隙，造成偏心距误差。

➢ 装夹工件时，工件轴线不能歪斜，以免影响加工质量。调整偏心距后仍要重新找正外圆侧素线与车床主轴轴线的平行度。

➢ 车偏心工件时，建议选用高速钢车刀车削。垫上垫片的卡爪应做好标记。

➢ 开始车偏心部分时，由于偏心部分两边的切削量相差很多，车刀应先远离工件后再启动主轴。车刀刀尖从偏心部分的最外点逐步切入工件进行车削，这样可有效地防止工件碰撞车刀。

➢ 粗车偏心圆柱面是在光轴的基础上进行的，加工余量极不均匀，且为断续切削，会产生一定的冲击和振动。因此，外圆车刀应取负刃倾角；刚开始车削时，背吃刀量稍大些，进给量要小些。

四、结束工作

加工完毕，卸下工件，仔细测量各部分尺寸，对自己的练习件进行评价。针对出现的质量问题，分析产生原因，并总结出改进措施。最后，清点工具，收拾工作场地。